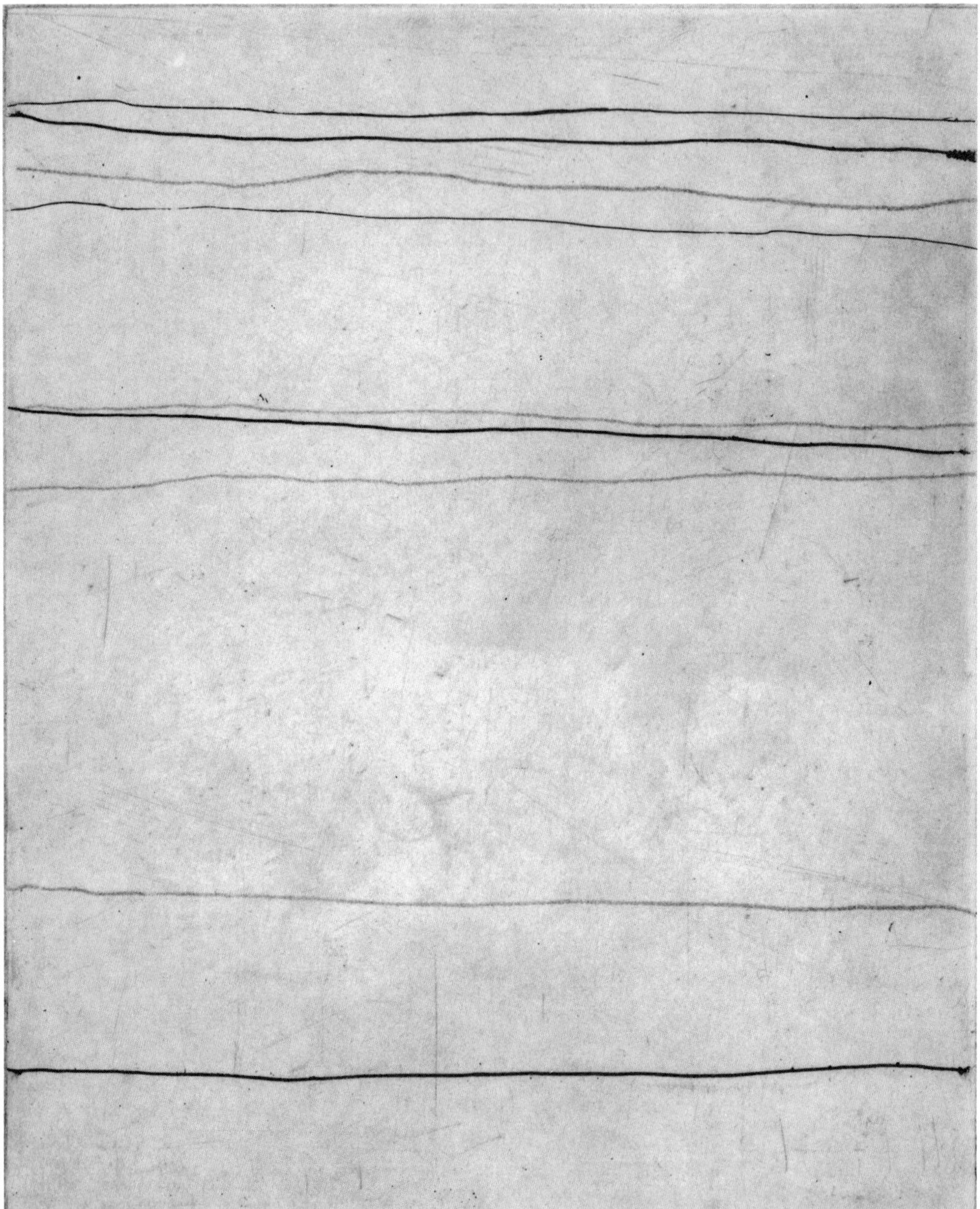

Controlling
Wichtigste Methoden und Techniken

Gerd Peters · Dieter Pfaff

3. Auflage

Versus · Zürich

Durch das großzügige Engagement von veb.ch war es möglich,
eine französische und italienische Übersetzung dieses Buches zu realisieren.
Verlag und Autoren danken herzlich für diese Unterstützung.

Dieses Buch ist auch auf Französisch und Italienisch erhältlich:
Contrôle de gestion: Méthodes et techniques principales
Zürich 2008, ISBN 978-3-03909-087-7
Controlling: Metodi e tecniche principali
Zürich 2008, ISBN 978-3-03909-088-4

Bibliografische Information der Deutschen Nationalbibliothek

Die Deutsche Nationalbibliothek verzeichnet diese Publikation in der Deutschen Nationalbibliografie; detaillierte bibliografische Daten sind im Internet über http://dnb.dnb.de abrufbar.

Weitere Informationen zu Büchern aus dem Versus Verlag unter
www.versus.ch

Umschlagbild und Kapitelillustrationen: Massimo Danielis
Satz und Herstellung: Versus Verlag · Zürich
Druck: Comunecazione · Bra
Printed in Italy

ISBN 978-3-03909-333-5

Inhaltsverzeichnis

Vorwort ... **11**

Vorbemerkung: Die zwei »Grundrechenarten« des Controllings ... **15**

Kapitel 1 Vermögenszuwachs und Kapitalrendite ... **17**

1.1 Das finanzmathematische Erklärungsmodell ... 17
1.2 Das Wertepaar Umsatzrendite und Kapitalumschlag ... 25
1.3 Financial Leverage ... 28
1.4 Das ROCE-Konzept für die Gesamtsteuerung ... 31
1.5 Kapital- und Ergebnisebenen für die interne Steuerung ... 36

Kapitel 2 Systeme und Daten des Rechnungswesens ... **41**

2.1 Vorbemerkung ... 41
2.2 Kostenarten- und Kostenstellenrechnung ... 42
2.3 Kostenträgerrechnungen und Produktergebnisrechnung ... 44

Kapitel 3 Voraussetzungen controllingrelevanter Daten und Datenstrukturen 47

3.1 Die Flut der Finanzdaten: der Rohstoff des Controllings 47
3.2 Trennung fixer und variabler Kosten 48
3.3 Trennung verschiedener Warenursprünge 50
3.4 Trennung in Einzel- und Gemeinkosten 51
3.5 Kompatibilität der Systeme und Systemdaten 54
3.6 Arbeitsteilung und Wirtschaftsstufe: die richtige Schnittstelle zwischen Leistungs-Centern 54

Kapitel 4 Vom Finanzbericht zum Controlling-Cockpit 59

4.1 Ableitung der Profit-Center-Renditen 59
4.2 Kosten- und Ertragsstruktur eines Profit-Centers und seine Steuerungsgrößen 62
4.3 Das Controlling-Cockpit 70

Kapitel 5 Methoden zur Entscheidungsfindung und Steuerung im Unternehmen 77

5.1 Investitionsrechnung 77
5.1.1 Bedeutung von Investitionen 77
5.1.2 Methoden der Investitionsrechnung – Überblick 79
5.1.3 Klassische Kapitalwertmethode 82
5.1.4 Die Reale Zinsfußmethode 85
5.1.5 Splittung von Zahlungen 88
5.1.6 Vergleichbarkeit alternativer Investitionsprojekte 89
5.1.7 Statische Investitionsrechnung 90
5.1.8 Wie man es nicht machen sollte! 91
5.1.9 Wiedereinbringungszeit (Amortisationszeit) 94
5.1.10 Lebensdauer der Investition und Kalkulationszeitraum 95
5.1.11 Dualität von projekt- und produktbezogener Rechnung 96
5.1.12 Plausibilität oder qualitative Risikobetrachtung 98
5.1.13 Sensitivität oder quantitative Risikobetrachtung 99
5.1.14 Abschließende Bemerkungen zur Investitionsrechnung 103
5.2 Dispositionsrechnung 105
5.3 Break-even-Analyse 108
5.3.1 Definition und Ableitung des Break-even 108
5.3.2 Kritische Menge und kritischer Preis 111
5.3.3 Veränderung des Break-even 113
5.3.4 Ergebnisschätzung mit bekanntem Break-even 116

5.4 Planergebnisrechnung ... 120
5.5 Preisfindung ... 122
5.5.1 Preisgrenzen ... 122
5.5.2 Die klassische Angebotspreiskalkulation ... 123
5.5.3 Preisuntergrenze bei knapper Kapazität ... 126
5.6 Transfer- und Verrechnungspreise in verbundenen Unternehmen ... 128
5.6.1 Der Verbund ... 128
5.6.2 Typen des Verbunds ... 130
5.6.3 Das Prinzip des »dealing at arm's length« ... 132
5.6.4 Methoden der Verrechnungspreisfindung ... 133
5.6.5 Der Transfer ... 136

Kapitel 6 Techniken zur optimalen Nutzung von Daten und Informationen ... 141

6.1 Glättung von Fixkosten ... 141
6.2 Die Zwillinge Auftragseingang und Umsatz ... 143
6.3 Rollierende Daten ... 144
6.4 Die Zwillinge Vorräte und Forderungen ... 146
6.5 Die Zwillinge Investitionen und Reparaturen ... 150
6.6 Die Zwillinge Investitionen und Abschreibung ... 151
6.7 Konsolidierte Daten ... 153
6.8 Opportunitätskosten und versunkene Kosten ... 154
6.8.1 Opportunitätskosten ... 154
6.8.2 Versunkene Kosten ... 156
6.9 Pareto-Prinzip und ABC-Analyse ... 156
6.9.1 Das Pareto-Prinzip ... 156
6.9.2 ABC-Analyse ... 158
6.10 Inflationsneutrale Daten ... 165
6.11 Plausibilität und Sensitivität von Daten ... 166
6.11.1 Historische Daten ... 166
6.11.2 Hockey-Stick-Effekt und quantitative Prüfung ... 169
6.11.3 Die qualitative Prüfung ... 170
6.11.4 Sensitivität von Daten ... 173
6.12 »Falsche« Daten ... 174
6.12.1 Gewinnveränderung in Prozent ... 175
6.12.2 Fixe Stückkosten und absolute variable Kosten ... 177

Kapitel 7 Sonderthemen ... **179**

7.1 Vorbemerkungen ... 179
7.2 Die Kennzahl EVA® ... 180
7.3 Risikocontrolling ... 184
7.4 Balanced Scorecard (BSC) ... 186
7.5 Lebenszyklus-, Ziel- und Prozesskostenrechnung ... 189
7.5.1 Life Cycle Costing ... 189
7.5.2 Target Costing ... 191
7.5.3 Prozessorientierte Kostenrechnung ... 194
7.6 Konzernkostenrechnung ... 197
7.6.1 Gründe und Anforderungen ... 197
7.6.2 Organisation ... 199
7.6.3 Bezugsobjekte der Kosten- und Erlösrechnung ... 201
7.6.4 Einheitliche Ordnungssysteme, Kostenerfassung und -bewertung ... 203
7.6.5 Zwischenerfolgseliminierung sowie Kosten- und Leistungskonsolidierung ... 204
7.6.6 Konzernprimärkostenrechnung ... 204
7.6.7 Wirtschaftlichkeit der Rechnungen ... 206
7.7 Benchmarking ... 207

Kapitel 8 Fallbeispiele ... **211**

Vorbemerkungen ... 211
8.1 Aufbau eines Controllingsystems ... 213
8.2 Modellbetrachtung »Sanierung einer Produktlinie« ... 220
8.3 Zukauf von Handelswaren: ja oder nein? ... 223
8.4 Schließung eines Produktionsbetriebs ... 228
8.5 Verlagerung einer Produktlinie ... 233
8.6 Umsatz- und Ergebnisschätzung im Monats-Schnellbericht ... 236
8.7 Umsatz- und Ergebnisprognose in der Jahreshochschätzung ... 242
8.8 Preisfindung bei der Auftragsfertigung ... 247
8.9 Ergebniskonsolidierung Produktion und Vertrieb ... 251
8.10 Ergebniskonsolidierung im internen Transfer ... 256
8.11 Sortimentsanalyse ... 262
8.12 Investitions- und Wirtschaftlichkeitsrechnung ... 266

8.13 Desinvestition einer Produktlinie 273
8.14 Ergebnisplanung 278
8.15 Der Wirtschaftsteil von Tageszeitungen 282

Literaturverzeichnis 291

Abbildungsverzeichnis 303

Anhang 309
Abkürzungen deutsch – englisch 310
Wörterbuch deutsch – französisch – italienisch – englisch 312
Wörterbuch französisch – deutsch – italienisch – englisch 328
Wörterbuch italienisch – deutsch – französisch – englisch 342
Wörterbuch englisch – deutsch – französisch – italienisch 357
Glossar 371
Controlling-Cockpit (Bruttobetriebsergebnis): Formular 386
Controlling-Cockpit (Gross Operating Result): Form 387
Controlling-Cockpit (Bruttobetriebsergebnis): Beispiel 388
Controlling-Cockpit (Gross Operating Result): Example 389
Cockpit du contrôle de gestion (excédent brut d'exploitation): exemple 390
Controlling cockpit (Risultato lordo d'esercizio): esempio 391

Stichwortverzeichnis 393

Die Autoren 405

Vorwort

Es freut uns sehr, dass unser Buch nun in der dritten Auflage vorliegt. Die bewährte Kapitelstruktur wurde auch in dieser Auflage beibehalten. Die Literaturangaben wurden nachgeführt und kleinere Fehler eliminiert.

Wertorientierung bei unternehmerischen Entscheidungsprozessen ist zu einem zentralen Begriff in der finanz- und betriebswirtschaftlichen Theorie und Praxis geworden.

Im Grunde sind sich alle einig: Ein Unternehmen als Ganzes wie auch seine einzelnen Profit-Center sollen Wert generieren. Nur, was bedeutet eigentlich Wert? Kann man diese Größe messen wie zum Beispiel den Impuls oder die Leistung in der Physik? Und wie kann man Strategien und Maßnahmen beurteilen, die zu einer Werterhöhung des Unternehmens beitragen sollen? Wie wirken traditionelle Stellgrößen des operativen Geschäfts auf die von der Geschäftsleitung geforderte Wertgenerierung? Allesamt schwierige Fragen, die in der Praxis immer wieder für Konfliktstoff sorgen, insbesondere dann, wenn die ingenieur- oder naturwissenschaftliche Denkweise und die betriebs- oder finanzwirtschaftliche Sicht »ungeschminkt« aufeinander treffen. Die eine Seite sorgt sich mehr um die Technik oder das Verfahren, die andere mehr um die Wirtschaftlichkeit oder Rendite, und dazwischen steht das Controlling.

Bei der technischen Diskussion herrscht noch relative Ordnung. Wenn man streitet, dann höchstens über Dinge wie die Reproduzierbarkeit einer

Rezeptur oder über den Sinn oder Unsinn einer Prüfvorschrift. Bei der Übersetzung in betriebs- und finanzwirtschaftliche Daten beginnt in der Regel das Problem.

Das Controlling kann davon ein Lied singen. Und es ist stets dasselbe Lied: Man redet aneinander vorbei und missachtet elementare Regeln oder Prinzipien finanzwirtschaftlicher Zusammenhänge. Ein wichtiger Grund dafür ist die **babylonische Sprachverwirrung** in der Betriebswirtschaft, die mit fast beliebig vielen Renditedefinitionen arbeitet. So kennen Theorie und Praxis den ROA (Return on Assets), RONA (Return on Net Assets), ROI (Return on Investment), ROIC (Return on Invested Capital), ROC (Return on Capital), ROCE (Return on Capital Employed), ROE (Return on Equity) oder den CFROI (Cash Flow Return on Investment), um nur wenige bekannte Kapitalrenditegrößen zu nennen.

Bei den Gewinn- oder Ergebnisgrößen scheiden sich die Geister am EBIT (Earnings Before Interest and Taxes), EBITA (Earnings Before Interest, Taxes and Amortization), EBITDA (Earnings Before Interest, Taxes, Depreciation and Amortization), NOPAT (Net Operating Profit After Taxes), am Betriebsergebnis oder am Jahresüberschuss.

Erschwerend kommt hinzu, dass sich Praktiker nicht immer präzise zwischen Rentabilität und Gewinn als Zielgröße entscheiden können. Die Folge sind **falsche Erklärungsmodelle** und die Betrachtung untauglicher Alternativen. Am Ende stehen Entscheidungen, die eher Wert vernichten, als zu einer Werterhöhung beitragen.

Der Teufel steckt darüber hinaus im Detail, wenn zum Beispiel der Forscher seine Verfahrensverbesserung in der Senkung der Herstellkosten zum Ausdruck bringt – und das auch noch als Stückkosten –, statt zu präzisieren, dass die variablen Kosten der Rezeptur oder die fixen Fertigungskosten gesenkt werden konnten und wie viel Anlagevermögen mit dem neuen Verfahren für eine bestimmte Menge nur noch benötigt wird. Ohne derartige präzise Angaben weiß niemand genau, was der Forscher eigentlich betriebswirtschaftlich erreicht hat oder erreichen will.

Vorrangiges Ziel dieses Buches ist es daher, die **Prinzipien und grundlegenden Instrumente** für das Controlling im Rahmen einer renditeorientierten Unternehmensführung zu beschreiben. Adressaten sind die Entscheidungsträger in der Praxis, wie zum Beispiel Geschäftsleitung, Bereichsmanagement, Abteilungs- und Kostenstellenleitung, aber auch Studierende und Berufseinsteiger, um Entscheidungsprozesse in – mehr oder weniger komplexen – Unternehmen und Konzernen verstehen zu lernen.

Die **Gliederung** des Buches orientiert sich an der Arbeit des Controllers, der an der Schnittstelle zu allen Entscheidungsträgern die Entscheidungsprozesse koordiniert und die Methodenkompetenz wahrnimmt. Die **Beschreibung des Werkzeugkastens,** der Instrumente, Regeln, Prinzipien und auch der Erfahrung sowie des gesunden Menschenverstands des Controllers bilden den ersten – methodischen – Teil des Buches. Dieses Wissen muss das Controlling vermitteln und konsensfähig machen, sonst sind Entscheidungsprozesse mühselig und ineffizient, wenn nicht sogar irrational. Sonderthemen wie eine Einführung in die Kennzahl Economic Value Added, in die Prozesskostenrechnung, das Target Costing, die Balanced Scorecard und das Benchmarking runden diesen ersten Teil ab.

Im zweiten Teil werden **Fallbeispiele** beschrieben, die einen repräsentativen Querschnitt unternehmerischer Entscheidungen darstellen und aus der Praxis stammen. Bei ihrer Lösung kommt mit Ausnahme der Sonderthemen das komplette, im ersten Teil behandelte Instrumentarium des Controllings zur Anwendung. Im Zentrum dieser Fallstudien steht das **Controlling-Cockpit,** das als **Excel-Datei** in der Praxis entwickelt und eingesetzt wurde. Die Excel-Dateien der Fallstudien sind als Download verfügbar: www.versus.ch/controlling.

Ein Vorwort wäre unvollständig, wenn wir nicht zugleich auf die Themen hinweisen würden, die wir aus Gründen der Verständlichkeit und Stringenz hintangestellt haben. Bewusst haben wir den Schwerpunkt auf das operative Controlling oder die **Steuerung von Profit-Centern** gelegt. Damit werden das Finanzcontrolling sowie das strategische Controlling nur am Rande behandelt. Weiterhin werden verschiedene Facetten des Funktionscontrollings, wie Logistik-, Marketing-, Personal- und DV-Controlling, nicht berücksichtigt. Ebenfalls wurde das Projektcontrolling ausgeklammert, auch wenn sich große Teile der Ausführungen auf diese Thematik, zumindest was die Rentabilitätsziele anbelangt, übertragen lassen.

Weiterhin ist uns wichtig, darauf aufmerksam zu machen, dass sich das Buch durchgängig an den **Problemen der Industrie** orientiert. Gleichwohl sind die dargestellten Prinzipien und Elemente des Werkzeugkastens derart allgemein, dass sie sich ohne weiteres auf andere Branchen oder Geschäfte übertragen lassen.

Da im vorliegenden Buch die **praktischen Grundlagen des Controllings** im Vordergrund stehen, wurde auf eine explizite wissenschaftliche Untermauerung der Ausführungen verzichtet. Dies bedeutet im Umkehrschluss aber nicht, dass das Buch theorielos wäre. Im Gegenteil, es basiert durchgängig auf den wesentlichen Grundsätzen einer betriebswirtschaftlichen Denkweise, die mit den Erfordernissen praktischer Probleme abgestimmt wird. Das Buch soll damit Praktikern wie Studierenden helfen, sich mit den Controllingproblemen der Praxis sowie den zur Verfügung stehenden Werkzeugen vertraut zu machen und diese, wo immer möglich, anzuwenden.

Das Fachbuch kombiniert jahrzehntelange Industrieerfahrung in Management und Controlling mit den Anforderungen an die Wissensvermittlung in der Hochschule sowie in Aus- und Weiterbildungsprogrammen für die Praxis. Allen, die uns bei der Entstehung unterstützt und ermutigt haben, möchten wir auf diesem Weg herzlich danken. Besonders zu nennen sind Corinne Elliker, die das Manuskript mehrfach Korrektur gelesen und redaktionell verbessert hat, Roland Bardy, dem wir wertvolle Hinweise zu einigen Kapiteln, insbesondere Benchmarking, verdanken, sowie Silvia Allmendinger, Dieter Gathge, David Klett und Jochen Kühn für ihre kritische Begleitung.

Judith Henzmann und Anne Buechi vom Versus Verlag danken wir herzlich für die gute Zusammenarbeit sowie ihre Ansprüche an das Lektorat und an die künstlerische Gestaltung des Buchs.

Durch das großzügige Engagement von **veb.ch** war es möglich, eine **französische und italienische Übersetzung** dieses Buches zu realisieren. Das praktische Wörterbuch im Anhang liegt in deutscher, französischer, italienischer und englischer Sprache vor. Ebenso sind auf der Downloadseite www.versus.ch/controlling alle Cockpits und Fallstudien mehrsprachig verfügbar.

Ein solches Buch zu übersetzen, bedeutet einen erheblichen finanziellen Aufwand. Wir sind daher veb.ch für die Übernahme der Übersetzungskosten außerordentlich dankbar. Ohne diese großartige Unterstützung wäre das Projekt nicht realisierbar gewesen. Wir danken darüber hinaus Anne Anderson (französisch) und Thomas Ernst (italienisch) für die gelungene Übersetzungsarbeit. Weiterhin möchten wir Marie-Christine Molitor von Mühlfeld, Marco Roos, Prof. Dr. Sergio Beretta und Prof. Dr. Orlando Nosetti (italienische Bibliografie) sowie Cyrille Gueden (französisch) für wertvolle Hinweise zur Übersetzung danken.

Gerd Peters und Dieter Pfaff

Vorbemerkung

Die zwei »Grundrechenarten« des Controllings

»Vor der Hacke ist es dunkel!« So beschreibt der Bergmann in der Grube seine schwierige Situation bei der Suche nach der vermuteten Goldader. Dafür wünscht man ihm Glückauf, das heißt einen glücklichen Aufschluss. Sein Instrumentenkasten ist die sogenannte Gezähekiste, in der er »vor Ort« alle wichtigen Werkzeuge zur Verfügung hat.

Dem Controller geht es ähnlich. Als Lotse muss er stets für Licht und Aufschluss im unternehmerischen Entscheidungsprozess sorgen. In seinem Werkzeugkasten hat er die Instrumente und Methoden für das jeweilige Problem bereitzuhalten.

Die **Mathematik des Controllers** lässt sich im Wesentlichen auf zwei Grundrechenarten reduzieren:

Die erste ist das **»kleine Einmaleins«.** Hinter diesem anscheinend simplen Ausdruck steht der wichtige und fundamentale Anspruch des Controllings, die Probleme möglichst einfach und damit – für alle am Entscheidungsprozess Beteiligten – verständlich zu halten. Das bedeutet auch, sich auf das **Wesentliche** zu konzentrieren. Ein Problem mag noch so komplex oder kompliziert sein, das Controlling muss es auf wenige wichtige Einflussgrößen reduzieren können.

Die zweite Rechenart ist auf den ersten Blick etwas komplizierter. Es ist die **Zinseszinsrechnung,** mathematisch eine geometrische Reihe. Für den Endwert einer **Finanzinvestition** mit stetigem Zins und Zinseszins bei einmaliger Einzahlung lautet die Reihe wie folgt:

$$E_t = A_F \cdot q^t$$

t = Laufzeit (Jahre)
E_t = Endwert nach t Jahren
A_F = Anfangsauszahlung (= Finanzinvestition)
q = Aufzinsungsfaktor ($q = 1 + i$)
i = Zinssatz oder Zinsfuß

Mit dieser **Aufzinsungsformel** oder **Formel vom Zins und Zinseszins** wird die Wertentwicklung einer Größe (typischerweise eines Vermögens oder einer Zahlung) beschrieben. Diese Formel wird uns noch häufiger begegnen.

Kapitel 1

Vermögenszuwachs und Kapitalrendite

1.1 Das finanzmathematische Erklärungsmodell

In der Praxis sind die unterschiedlichsten Entscheidungen zu treffen, von relativ einfachen Kostenvergleichen bis zu komplexen, mehrperiodischen Unternehmensbewertungen (▶ Abb. 1-1).

▼ Abb. 1-1 **Mögliche Entscheidungssituationen in Unternehmen**

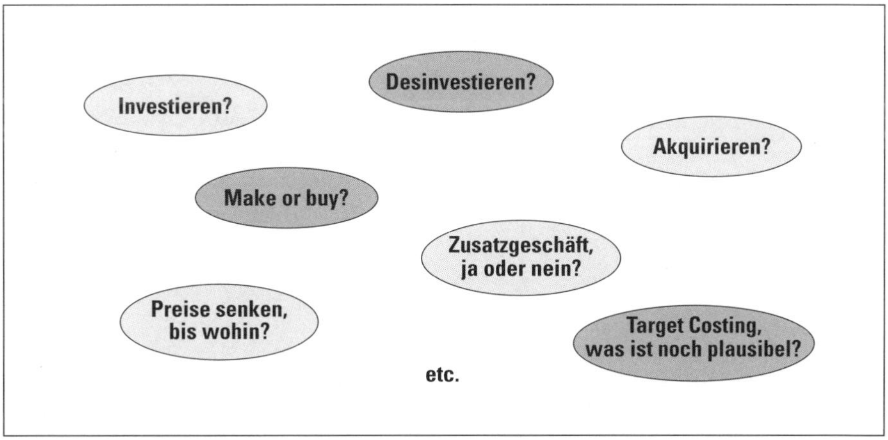

Bei jedem dieser Probleme stellt sich die Frage der Vorteilhaftigkeit der getroffenen Entscheidung. Und natürlich auch die Frage, ob es nicht vielleicht doch besser gewesen wäre, man hätte das Geld auf die Bank getragen, um es dort günstiger und mit geringerem Risiko zu verzinsen.

Statt Geld in einem Unternehmen arbeiten zu lassen **(Realinvestition)**, besteht also immer die Alternative einer **Finanzinvestition** und umgekehrt.

Die Frage der Vorteilhaftigkeit einer Realinvestition – will man sie direkt mit einer Finanzanlage vergleichen – kann also nur in derselben »Währung«, das heißt als Verzinsung des eingesetzten Kapitals gemessen werden. Nicht der Gewinn allein bestimmt die rentabelste Lösung, sondern ein **Gewinn in Relation zum Kapitaleinsatz.**

Wie funktioniert eigentlich eine **Finanzinvestition?**

Eine Finanzanlage – zum Beispiel ein Sparkonto – verzinst sich zum fest vereinbarten und garantierten Zins. Der Nominalwert des Geldvermögens steigt stetig und hat in jedem Zeitpunkt der Laufzeit dieselbe Rendite, identisch mit dem Zinssatz (▶ Abb. 1-2).

Der stetige Verlauf der Finanzinvestition wird durch die in der Vorbemerkung zitierte Finanzformel, also durch eine geometrische Reihe beschrieben: $E_t = A_F \cdot q^t$.

Die Anfangsinvestition A_F im Zeitpunkt t = 0 erhöht sich stetig um den vorgegebenen, vereinbarten Zinssatz; zu jedem Zeitpunkt kann der jeweils aktuelle Vermögenswert (Endwert) – zum Beispiel E_t nach t Jahren – festgestellt werden. Kennt man End- und Anfangswert einer Finanzinvestition, kann man die geometrische Durchschnittsrendite, also die pro Jahr erzielte durchschnittliche Verzinsung des investierten Kapitals ermitteln. Die **Ab-**

▼ Abb. 1-2 **Wertentwicklung einer Finanzinvestition**

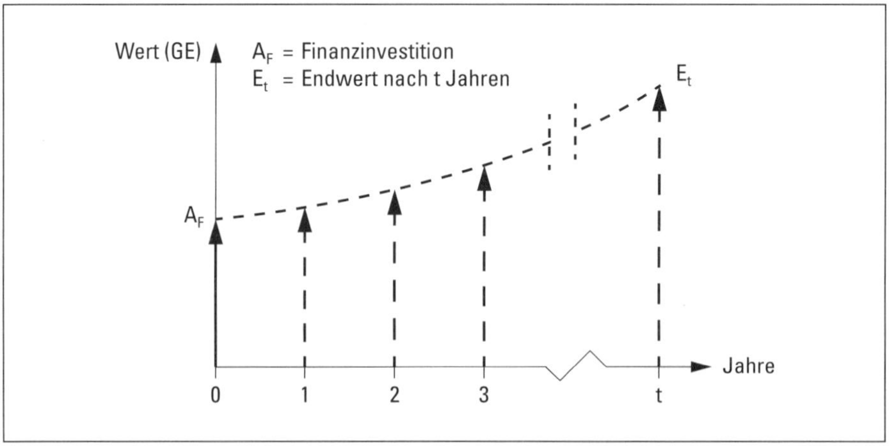

▼ Abb. 1-3 **Zinstabelle: Aufzinsungsfaktoren**

	Jahre											
Zinsfuß	**1**	**2**	**3**	**4**	**5**	**6**	**7**	**8**	**9**	**10**	A_F	E_{10}
1%	1,010	1,020	1,030	1,041	1,051	1,062	1,072	1,083	1,094	1,105	10.000	11.050
2%	1,020	1,040	1,061	1,082	1,104	1,126	1,149	1,172	1,195	1,219	10.000	12.190
3%	1,030	1,061	1,093	1,126	1,159	1,194	1,230	1,267	1,305	1,344	10.000	13.440
4%	1,040	1,082	1,125	1,170	1,217	1,265	1,316	1,369	1,423	1,480	10.000	14.800
5%	1,050	1,103	1,158	1,216	1,276	1,340	1,407	1,477	1,551	1,629	10.000	16.290
6%	1,060	1,124	1,191	1,262	1,338	1,419	1,504	1,594	1,689	1,791	10.000	17.910
7%	1,070	1,145	1,225	1,311	1,403	1,501	1,606	1,718	1,838	1,967	10.000	19.670
⋮												
10%	1,100	1,210	1,331	1,464	1,611	1,772	1,949	2,144	2,358	2,594	10.000	25.940

leitung der Verzinsung i – der Rendite – aus der Endwertformel für Finanzinvestitionen kann wie folgt veranschaulicht werden:

$$E_t = A_F \cdot q^t$$

$$q^t = \frac{E_t}{A_F}$$

$$q = \sqrt[t]{\frac{E_t}{A_F}}$$

$$i = \sqrt[t]{\frac{E_t}{A_F}} - 1$$

Die Wirkung des Zinses auf das eingesetzte Kapital kann an dieser Stelle mit Hilfe eines Ausschnitts aus der Zinstabelle (◀ Abb. 1-3) demonstriert werden: Bereits bei einer Verzinsung von i = 7% p.a. verdoppelt sich das Kapital innerhalb von 10 Jahren und innerhalb von 7 Jahren bei einer Verzinsung von i = 10% p.a. **(Sieben-Zehner-Regel).**

Reduziert man den **Betrachtungszeitraum auf eine Periode,** reduziert sich die Zinsformel sehr anschaulich auf die allgemeine Renditeformel als Relation des Gewinns – die Differenz des Endwerts zum Anfangswert einer Periode – zum eingesetzten Kapital:

$$i = \sqrt[t]{\frac{E_t}{A_F}} - 1$$

also bei einer Periode von t = 1:

$$i = \frac{E_1}{A_F} - 1 \text{ oder } \frac{E_1 - A_F}{A_F}$$

oder in allgemeiner Form:

$$\text{Rendite} = \frac{\text{Gewinn}}{\text{Kapital}}$$

Die Zinseszinsformel zur Beschreibung einer Vermögensentwicklung ist nichts anderes als die Grundformel unternehmerischen Handelns mit der Kapitalrendite als oberste Zielgröße.

Betrachten wir jetzt das Zahlungsbild einer **Realinvestition** und fragen auch hier nach der Verzinsung dieses eingesetzten Kapitals.

Bevor man jedoch die Rendite einer Realinvestition errechnen kann, muss man eine Vermögensrechnung voranstellen. Denn das Geld, das in einem Unternehmen zum Beispiel für Anlage- und Umlaufvermögen investiert wird, ist zunächst einmal weg.

Bei einer Realinvestition wird das eingesetzte Kapital zu »Stahl und Beton« oder zu Know-how, es wird in Anlagen, Gebäude, Maschinen und Lizenzen umgewandelt. Das eingesetzte und zunächst verlorene Geld oder Kapital kann nur durch zukünftige Geschäfte aus der Investition zurückgewonnen werden. Die damit verbundenen Rückflüsse (Cash Flows), die in einzelnen Jahren auch einmal negativ sein können, müssen sowohl den Kapitaleinsatz wieder erwirtschaften als auch zusätzlich einen Mehrwert generieren.

▼ Abb. 1-4 **Zahlungsstrom einer Realinvestition (zu Nominalwerten)**

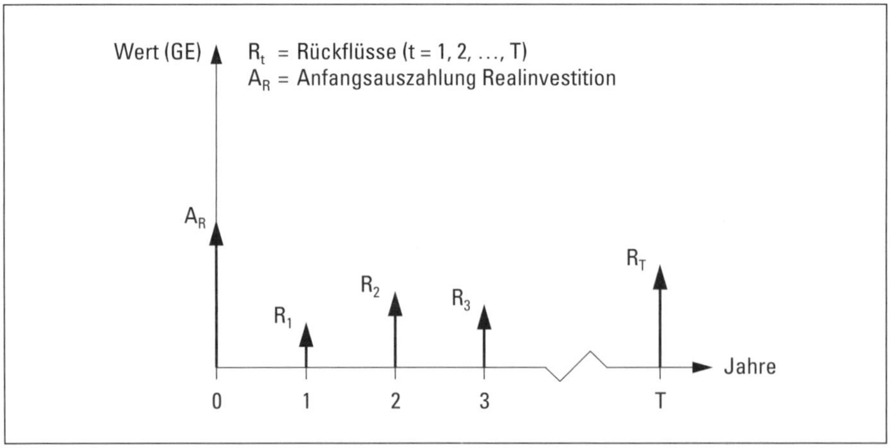

Jede Investitionsrechnung beginnt also mit der Planung der Rückflüsse während der angenommenen Lebensdauer der Realinvestition. Graphisch dargestellt (◀ Abb. 1-4) entspricht die Länge der Pfeile den Nominalwerten der Rückflüsse in den jeweiligen Perioden, sie repräsentiert also die Rückflüsse »so, wie sie sind« (tel quel).

Die Rückflüsse in den unterschiedlichen Jahren sind jedoch – unabhängig vom Betrachtungszeitraum – nicht direkt vergleichbar, sondern müssen finanzmathematisch durch Aufzinsen **(Endwert)** oder Abzinsen **(Barwert)** auf denselben Zeitpunkt vergleichbar, also summierbar gemacht werden.

Gesucht ist im ersten Schritt zunächst der Endwert einer Investition, um im zweiten Schritt – wie bei einer Finanzinvestition – aus dem Endwert die Verzinsung (Rendite) errechnen zu können (▶ Abb. 1-5).

▶ Abb. 1-5 zeigt die **reine Addition der Nominalwerte.** Damit würde jedoch unterstellt, dass ein Rückfluss von zum Beispiel 10 GE im Jahr 1 denselben absoluten Wert hat wie ein gleich großer Rückfluss von 10 GE erst im Jahr 3. Dem widerspricht die Logik der Finanzmathematik, weil der Rückfluss von 10 GE im Jahr 1 mindestens zum Zinssatz i bis zum Jahr 3 angelegt werden kann. Nur wenn sich die Rückflüsse tatsächlich zu 0 % verzinsen – was in Ausnahmefällen möglich, als generelles Erklärungsmodell jedoch unplausibel ist –, führt die reine Addition der Nominalwerte zu vernünftigen Ergebnissen.

Im Regelfall werden also die Rückflüsse gemäß der Wiederanlageprämisse der Aufzinsungsformel aus der Vorbemerkung stets als verzinst angenommen (▶ Abb. 1-6).

▼ Abb. 1-5 **Zahlungsstrom einer Realinvestition (Nominalwerte summiert)**

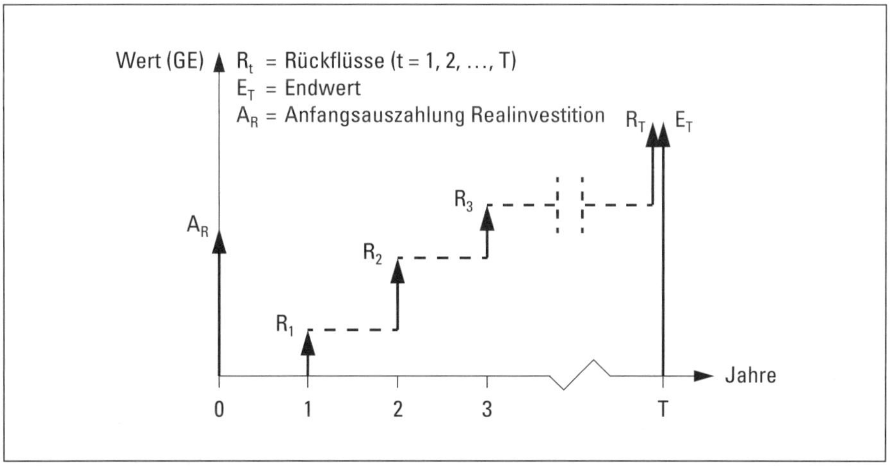

▼ Abb. 1-6 **Zahlungsstrom einer Realinvestition (summiert dynamisch)**

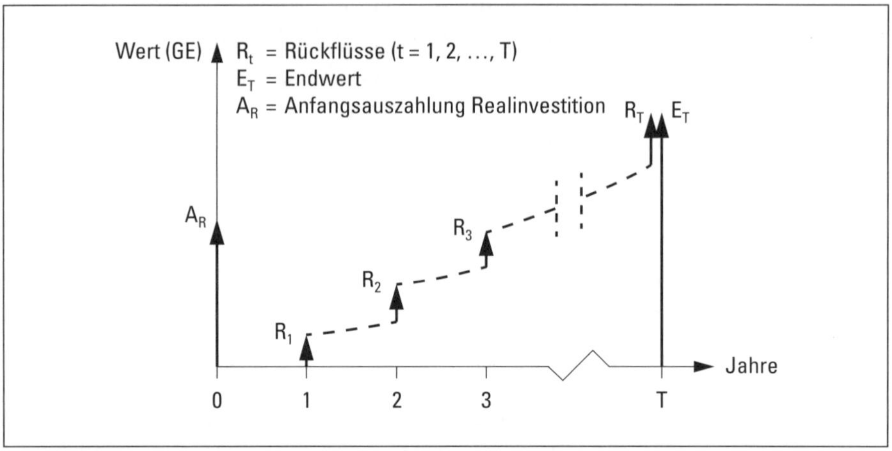

Die Höhe des Kalkulationszinsfußes muss dem Zinsfuß entsprechen, den der Investor bei Wiederanlage der Rückflüsse erzielt. Der **Endwert E_T** der Rückflüsse ergibt sich aus:

$$E_T = R_1 \cdot q^{T-1} + R_2 \cdot q^{T-2} + \ldots + R_T \cdot q^0$$

oder unter Verwendung des Summenzeichens als

$$E_T = \sum_{t=1}^{T} R_t \cdot q^{T-t}$$

T = Laufzeit (Jahre)
t = Bezugszeitpunkt oder Periode (Jahr)
E_T = Endwert nach $t = T$ Jahren
R_t = Rückfluss im Jahr t
q = Aufzinsungsfaktor ($q = 1 + i$)
i = Kalkulationszinssatz

Die Rendite oder Wirtschaftlichkeit einer Realinvestition baut sich allmählich über die geplante Laufzeit auf (▶ Abb. 1-7). Erst nach Ablauf der gesamten Geschäftsperiode – und der Kenntnis der Anfangsinvestition und des Endwerts – kann die geometrische Durchschnittsrendite definitiv festgestellt werden.

Nach der Ermittlung des Endwerts kann die Zinsformel aus der Vorbemerkung auch für Realinvestitionen genutzt werden, indem der Endwert der Zahlungsreihe in Relation zur Anfangsauszahlung (= Investitions-

▼ Abb. 1-7 **Endwert in Relation zur Anfangsauszahlung**

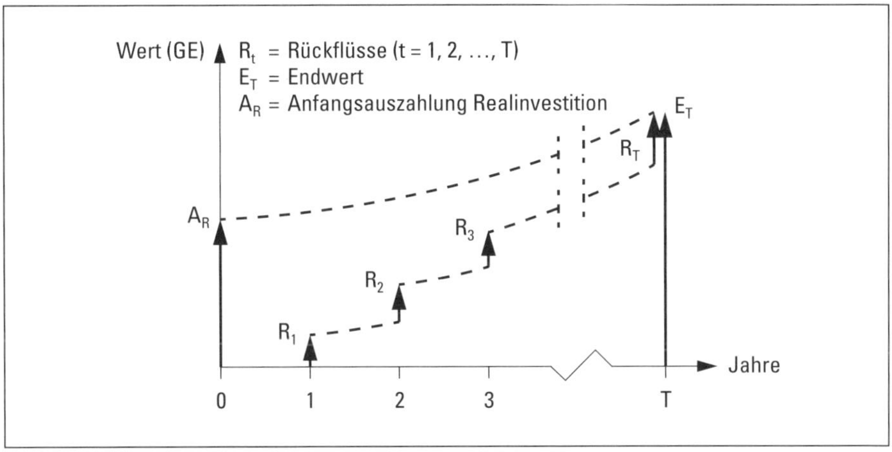

auszahlung) gesetzt wird. Diese Relation ist finanzmathematisch der Aufzinsungsfaktor q^T. Der dazugehörige Zinssatz (i = q – 1) ist die **geometrische Durchschnittsrendite** der Realinvestition und wird in Abschnitt 5.1 »Investitionsrechnung« als **Realer Zins** bezeichnet.

Die einfache Endwert- oder Aufzinsungsformel für Realinvestitionen lautet demnach wie folgt:

$$E_T = A_R \cdot q^T$$

T = Laufzeit oder Nutzungsdauer (Jahre)
E_T = Endwert nach T Jahren
A_R = Anfangsauszahlung (einer Realinvestition)
q = Aufzinsungsfaktor ($q = 1 + i$)
i = Realer Zins

Damit ist auch die Realinvestition – identisch zur Finanzinvestition – durch die gleiche Formel aus Anfangsauszahlung (Investitionsauszahlung) und Endwert beschrieben.

Dennoch gibt es einen »kleinen« Unterschied beider Formeln, der die Übertragbarkeit der Finanzformel auf Realinvestitionen problematisch macht. Es ist dies die Frage nach der Höhe des Zinsfußes, mit dem die Rückflüsse – **erzwungenermaßen** – wiederangelegt werden müssen, um zunächst den Endwert zu ermitteln.

Diese Frage stellt sich explizit bei einer Finanzinvestition nicht, denn bei stetiger Verzinsung gibt es mathematisch nur den einen – internen – Zinsfuß, mit dem sich die Finanzanlage verzinst, solange man die Zinsen nicht entnimmt. Bei **unternehmerischen Prozessen** muss der Kalkulationszinsfuß zur Verzinsung der Cash Flows vom Unternehmer festgelegt werden. Dies ist exakt der Zinsfuß, zu dem sich die Rückflüsse tatsächlich wiederanlegen lassen. Da man diesen Wert jedoch zum Zeitpunkt der Entscheidung nicht kennt, setzt der Entscheidungsträger eine **Mindestverzinsung**, die Hurdle Rate oder den sogenannten Kalkulationszinssatz, ein. Dieser entspricht zum Beispiel dem sicheren Bankzinsfuß plus einem Aufschlag für das unternehmerische Risiko. Mit diesem Kalkulationszinsfuß – zum Beispiel 4 % + 6 % = 10 % – werden alle Zahlungsströme unternehmerischer Entscheidungsprozesse vergleichbar gemacht, entweder als Endwert oder als Barwert.

Sowohl bei der Finanzanlage als auch bei der Realinvestition fragt man nach der Rentabilität des Kapitaleinsatzes, das heißt dem Gewinn im Verhältnis zum eingesetzten Kapital. Die Frage nach einem Gewinn, *ohne* gleichzeitig den Kapitaleinsatz zu nennen, ergibt wenig Sinn. Man sagt ja auch nicht, dass man bei einer Bank 1.000 Geldeinheiten Zinsen im Jahr bekommen habe – das wäre der Gewinn –, sondern zum Beispiel 5 % Zinsen. Erst wenn dann noch feststeht, dass die Finanzanlage 20.000 Geldeinheiten beträgt, sind die aufgelaufenen 1.000 Geldeinheiten Zinsen eindeutig bestimmt.

Damit ist aber noch nicht die Frage beantwortet, ob denn die Investition in der Periode auch einen **»Mehrwert«** oder **»Übergewinn«** im Vergleich zur besten Alternative – zum Beispiel einer Anlage des investierten Gelds am Kapitalmarkt – geschaffen hat. Zur Beantwortung dieser Frage ist es notwendig, die ermittelte Rendite einer **Ziel-Rendite** gegenüberzustellen. Sie wird bei unternehmerischen Prozessen von den Eigentümern des Unternehmens oder der von ihnen eingesetzten Geschäftsleitung bestimmt. Die Ziel-Rendite, die häufig auch mit dem Kapitalkostensatz gleichgesetzt wird, sollte die Verzinsungsansprüche der Kapitalgeber und damit auch die eingegangenen unternehmerischen Risiken abbilden. Ist die Investition »risikolos«, wäre die Ziel-Rendite der für die betrachtete Periode geltende risikolose Zins. Werden hingegen Risiken eingegangen, muss die Ziel-Rendite einen Risikozuschlag enthalten. **Grundsätzlich gilt:** Je höher das unternehmerische Risiko der Investition ist, desto höher muss der Risikozuschlag und damit die geforderte Ziel-Rendite ausfallen. Der Wertbeitrag oder Übergewinn einer – einperiodischen – Investition lässt sich daher mit folgender **Grundformel wirtschaftlichen Handelns** beschreiben:

$$\text{Übergewinn} = (\text{Rendite} - \text{Ziel-Rendite}) \times \text{Kapitaleinsatz} \Rightarrow \text{max!}$$

Der so gemessene Übergewinn ist ein **residualer Reinvermögenszuwachs,** weil nur das als Überschuss ermittelt wird, was *über* die von den Kapitalgebern geforderte übliche Rendite hinausgeht. In der Sprache der Kostenrechnung ist das Produkt aus Ziel-Rendite und Kapitaleinsatz nichts anderes als die **Opportunitätskosten des eingesetzten Kapitals:** Ein Überschuss wird aus Sicht der Eigentümer des Kapitals nicht schon bei Ausweis eines positiven Gewinns geschaffen, sondern erst dann, wenn es gelingt, die Ziel-Rendite (die Kapitalkosten) auf das eingesetzte Kapital zu erwirtschaften. Diese Zusammenhänge lassen sich grundsätzlich auch auf den Mehrperiodenfall übertragen (siehe dazu ausführlicher Abschnitt 7.2 »Die Kennzahl EVA®«).

Zentrale Größe in der Grundformel wirtschaftlichen Handelns ist die Rendite oder Rentabilität (Return on Investment, ROI), die es bei **knappem Kapital** zu maximieren gilt:

$$\text{Rendite} = \frac{\text{Gewinn}}{\text{Kapital}} \Rightarrow \text{max!}$$

Sie soll im Folgenden näher betrachtet, zur **Steuerung des operativen Geschäfts** weiter aufgebrochen und dem zu entwickelnden Controlling-Cockpit zugrunde gelegt werden.

1.2 Das Wertepaar Umsatzrendite und Kapitalumschlag

In der generellen Kapitalrenditeformel **(Rendite = Gewinn : Kapital)** fehlt eine wichtige Größe – ein Bezug zum Geschäft –, nämlich der Umsatz.

Das hat bereits vor über einem Dreivierteljahrhundert die Manager des Unternehmens DuPont beschäftigt. Ein Controller kam auf die geniale Idee, den Zähler und Nenner der Renditeformel mit dem Umsatz zu erweitern:

$$\textbf{R}\text{endite} = \frac{\textbf{G}\text{ewinn} \times \textbf{U}\text{msatz}}{\textbf{U}\text{msatz} \times \textbf{K}\text{apital}}$$

$$= \begin{array}{c}\text{Umsatz-}\\ \text{rendite}\end{array} \times \begin{array}{c}\text{Kapital-}\\ \text{umschlag}\end{array}$$

Damit generierte man eine der wichtigsten Formeln der Betriebswirtschaft, nämlich die Kapitalrendite als Produkt aus Umsatzrendite und Kapitalumschlag. Dieses Wertepaar ist stets gemeinsam zu betrachten und jeweils typisch für unterschiedliche Geschäfte oder Branchen.

Dieser logische Zusammenhang geht in der Praxis leider zu oft wieder verloren und wird dann nicht selten ignoriert. Statt die Rendite stets als mathematisches Produkt der beiden eigenständigen Größen Umsatzrendite und Kapitalumschlag – als **untrennbares Wertepaar** – zu verstehen und darzustellen, hat sich die Umsatzrendite mehr oder weniger auf allen Ebenen verselbstständigt.

Der Kapitalumschlag ist in der offiziellen Berichterstattung praktisch unbekannt. Er steht explizit – mit seltenen Ausnahmen – in keinem Geschäftsbericht und in keinem Wirtschaftskommentar. Alle sprechen und schreiben über die Umsatzrendite, obwohl sie doch allein nichts Entscheidendes aussagt. Sie wird erst durch die Multiplikation mit dem jeweiligen Kapitalumschlag »zum Sprechen« gebracht.

Stellt man Umsatzrendite und Kapitalumschlag als Koordinaten eines **Kapitalumschlag-Umsatzrendite-Diagramms** dar (im Folgenden auch einfach als Kapitalrendite-Diagramm bezeichnet), werden die Zusammenhänge der beiden Größen deutlich. Eine bestimmte Kapitalrendite kann mit beliebig vielen Wertepaaren gebildet werden. Diese ergeben die Iso-Kapitalrendite-Linie im Diagramm in ▶ Abb. 1-8, eine Hyperbel. Ein einzelnes Unternehmen wird jedoch seine optimale Kapitalrendite durch eine ganz spezifische Kombination beider Werte erreichen. Definiert man jetzt branchentypische Standards für Umsatzrendite und Kapitalumschlag, ist das Zielfeld für ein rentables Unternehmen definiert (▶ Abb. 1-8).

▼ Abb. 1-8 **Iso-Kapitalrenditen und Zielfeld der Kapitalrendite**

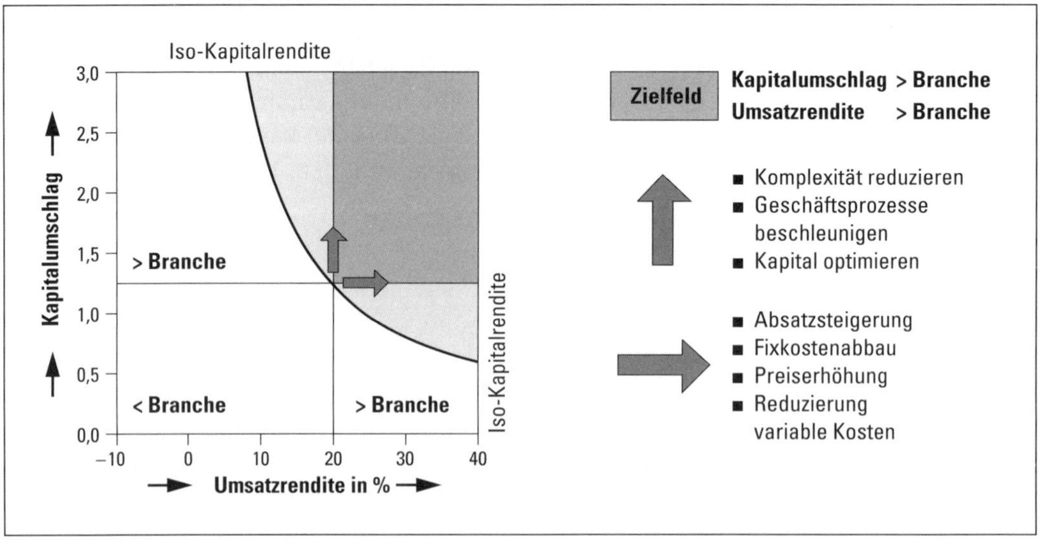

▼ Abb. 1-9 **Der Kapitalumschlag als Renditehebel**

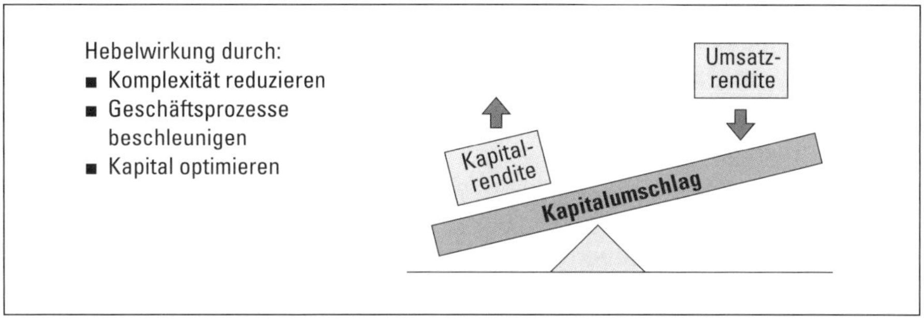

Liegt ein Unternehmen nicht im Zielfeld der Branche, kann sehr schnell festgestellt werden, wodurch der Abstand zum Branchenprimus entstanden ist.

Die **Umsatzrendite** – der Gewinn in Prozent vom Umsatz – beschreibt die Effizienz der Kosten- und Ertragsstruktur, der **Kapitalumschlag** – der Umsatz im Verhältnis zum Kapital – die Stärken und Schwächen der Kapitalstruktur und die Nutzung des betrieblichen Vermögens.

Der Optimierung des Kapitalumschlags kommt in der Regel sogar eine höhere Bedeutung zu als ein einseitiges »Drehen« an der Kostenschraube und damit nur an der Umsatzrendite.

Der Kapitalumschlag lässt sich als Hebel denken, der vor allem die Effizienz der Geschäftsprozesse betriebswirtschaftlich erfasst und berücksichtigt (◄ Abb. 1-9).

Eine Analogie aus der Physik möge dieses Hebelprinzip nochmals – mit anderen Worten – verdeutlichen:

Rendite = **U**msatzrendite × **K**apitalumschlag

entspricht in der Physik

Impuls = **M**asse × **G**eschwindigkeit

Kein Physiker würde den **Impuls** allein mit der Masse gleichsetzen. Denkt man etwa an einen Schneeball, der an einem Kopf landet, ist nicht die relativ geringe Masse das Problem, sondern zusätzlich oder gleichzeitig die Geschwindigkeit, mit der die Kugel auftrifft.

Dagegen wird immer wieder die allein aussagekräftige Kapitalrendite mit der Umsatzrendite »beschrieben« und vielleicht auch manchmal mit ihr verwechselt. Besonders problematisch wird es beim Vergleich unterschiedlicher Segmente eines Unternehmens oder bei der Beurteilung von Unternehmen unterschiedlicher Branchen, die mit der allein nichts sagenden Umsatzrendite kommentiert werden. Auch der Wirtschaftsjournalist stört sich zumeist nicht daran.

Die Umsatzrendite beschreibt sozusagen das »Gewicht« des Profit-Centers, aber der Kapitalumschlag die »Dynamik«, mit der die Umsatzrendite in die Kapitalrendite »gehebelt« wird.

1.3 Financial Leverage

Die Kapitalrendite als Produkt aus Umsatzrendite und Kapitalumschlag zeigt die Verzinsung des gesamten im operativen Geschäft eingesetzten Kapitals oder Vermögens. Unberücksichtigt bleibt dabei, wie dieses Vermögen finanziert wurde. Berechnet man den Quotienten aus eingesetztem Vermögen (Gesamtkapital) und Eigenkapital, erhält man eine Kennzahl, die angibt, inwieweit das Vermögen durch Eigenkapital abgedeckt ist oder, im Umkehrschluss, inwieweit durch die Aufnahme von Fremdkapital Gläubiger zur Finanzierung des Vermögens des Unternehmens herangezogen werden. Diesen Zusammenhang bezeichnet man als »Financial Leverage« **(Finanzhebel)** oder in Form des Verhältnisses Fremd- zu Eigenkapital als »Gearing« **(Verschuldungsgrad oder Debt-to-Equity Ratio).**

$$\text{Financial Leverage} = \frac{\text{Vermögen}}{\text{Eigenkapital}}$$

$$\text{Gearing (Verschuldungsgrad)} = \frac{\text{Fremdkapital}}{\text{Eigenkapital}}$$

Dass das Verhältnis Vermögen zu Eigenkapital tatsächlich einen gewaltigen Hebel darstellt, wird deutlich, wenn man die (Gesamt-)Kapitalrendite in die Eigenkapitalrendite überführt. Die **Eigenkapitalrendite** (Return on Equity, ROE) ist nichts anderes als der Quotient aus Gewinn und Eigenkapital und lässt sich daher wie folgt in ihre Bestandteile auflösen:

$$\text{ROE} = \frac{\text{Gewinn}}{\text{Eigenkapital}} = \frac{\text{Gewinn}}{\text{Umsatz}} \times \frac{\text{Umsatz}}{\text{Vermögen}} \times \frac{\text{Vermögen}}{\text{Eigenkapital}}$$

oder äquivalent

$$\text{ROE} = \begin{matrix}\text{Umsatz-}\\\text{rendite}\end{matrix} \times \begin{matrix}\text{Kapital-}\\\text{umschlag}\end{matrix} \times \begin{matrix}\text{Financial}\\\text{Leverage}\end{matrix}$$

Mit dem Ersatz von Eigen- durch Fremdkapital kann also die Rentabilität des Eigenkapitals deutlich erhöht werden; in Anlehnung an den Impuls könnte man von einem **»Renditeturbo«** sprechen. Theoretisch geht die Eigenkapitalrendite sogar gegen unendlich, wenn das Eigenkapital gegen null tendiert. Aus praktischer Sicht ist dies allerdings nicht realistisch. Da mit der zusätzlichen Aufnahme von Fremdkapital die Belastung des Unternehmens mit Zins- und Tilgungszahlungen steigt, also das finanzielle Risiko zunimmt, sind dem Verschuldungsgrad und der Wirkung des »Turbo« Grenzen gesetzt. Im Durchschnitt großer Kapitalgesellschaften liegt der Verschuldungsgrad bei circa 3. Sinnvoll ist aber sicherlich eine Branchenbetrachtung, da der Verschuldungsgrad ähnlich wie die Umsatzrendite und der Kapitalumschlag von Branche zu Branche sehr unterschiedlich sein kann. So ist etwa im Baugewerbe ein sehr hoher Verschuldungsgrad zu beobachten (nicht selten bei 50 und mehr), während die chemische Industrie mit einem Verschuldungsgrad von 2 unter dem Durchschnitt aller Branchen liegt.

Die **Zielgröße ROE** ist eine mächtige Steuerungsgröße der Unternehmensführung. Durch die oben gezeigte Auflösung in die drei Schlüsselkennzahlen Umsatzrendite, Kapitalumschlag und Financial Leverage können die wesentlichen Steuerungsfelder eines Unternehmens beurteilt werden. Während die Umsatzrendite Aussagen über die Kosten- und Ertragsstruktur und der Kapitalumschlag über die optimale Nutzung des Vermögens machen, gibt der Financial Leverage den Effekt des Verschuldungsmanagements an.

Der operative Gewinn, von dem zuvor stets die Rede war, ist zunächst ein **Gewinn vor Steuern.** Letztlich interessieren Kapitalgeber und Unternehmen jedoch **Ergebnisse nach Steuern.** Geht man von einer durchschnittlichen Steuerbelastung (Steuerrate) eines Unternehmens aus, lässt sich auch dieser Effekt als weitere Stellschraube der Unternehmensführung mühelos in das oben dargestellte Kennzahlenmodell integrieren. Es gilt:

$$\begin{matrix}\text{ROE} \\ \text{(nach Steuern)}\end{matrix} = \begin{matrix}\text{Umsatz-} \\ \text{rendite}\end{matrix} \times \begin{matrix}\text{Kapital-} \\ \text{umschlag}\end{matrix} \times \begin{matrix}\text{Financial} \\ \text{Leverage}\end{matrix} \times (1 - \text{Steuerrate})$$

Weiterhin kann die **Verbindung zur Dividendenpolitik** eines Unternehmens hergestellt werden. Bezeichnet p die Ausschüttungsquote, also den Anteil der Dividendenausschüttungen am Gewinn nach Steuern, dann ist 1 – p der Anteil am Gewinn nach Steuern, der dem Unternehmen zur Finanzierung von Investitionen aller Art verbleibt. Als Multiplikation mit der Eigenkapitalrendite (ROE) erhält man die Wachstumsrate von Umsatz und Vermögen (die **Sustainable Growth Rate**), die ein Unternehmen aus eigener Kraft aus einbehaltenen Gewinnen finanzieren kann.

$$\text{Sustainable Growth Rate} = \begin{matrix}\text{ROE}\\ \text{nach Steuern}\end{matrix} \times \begin{matrix}\text{Einbehaltungsquote}\\ \text{des Gewinns}\end{matrix}$$

Jeder darüber hinausgehende Finanzbedarf muss durch Aufnahme von zusätzlichem Fremd- oder Eigenkapital gedeckt werden. Die Sustainable Growth Rate beantwortet also die Frage, ob das Unternehmen ein angestrebtes Wachstum selbst finanzieren kann beziehungsweise in der Vergangenheit selbst finanziert hat.

Die hier vorgestellten Kennzahlen stellen ein in sich **geschlossenes** und **verknüpftes Rechensystem** dar, das alle wesentlichen Aspekte des General Management erfasst. Mit seiner Hilfe lassen sich Entscheidungsalternativen schnell und praktisch in einem einheitlichen Denkmodell strukturieren und aus finanzieller Sicht bewerten. Wie aber im Vorwort bereits begründet wurde, wollen wir uns in diesem Buch auf das operative Controlling und die Steuerung von Profit-Centern beschränken und deshalb sowohl Finanzierungsentscheidungen als auch steuerliche Probleme ausklammern.

Somit wird im Folgenden allein der betriebliche Gewinn vor Steuern im Vergleich zu einem Ziel-Gewinn das Maß aller Dinge sein:

$$\begin{aligned}\text{Übergewinn} &= \text{Betriebsgewinn vor Steuern} - \text{Ziel-Gewinn}\\ &= \left(\frac{\begin{matrix}\text{Betriebsgewinn}\\ \text{vor Steuern}\end{matrix}}{\text{Kapital}} - \text{Ziel-Rendite}\right) \times \text{Kapital}\\ &= (\text{ROI} - \text{Ziel-Rendite}) \times \text{Kapital}\end{aligned}$$

Zusätzlich wird stets vorausgesetzt, dass das **Kapital** in einem Profit-Center gegeben und **knapp ist.** Wird also zum Beispiel das in einer Produktlinie beschäftigte Vermögen abgebaut, so wird dieses (zumindest in der betrachteten Periode) nicht an die Zentrale zurückgegeben, sondern muss in einem anderen Geschäft rentabler eingesetzt werden. Unter diesen Bedingungen wird die **Kapitalrendite** zur bestimmenden Größe: Da Kapital knapp ist, muss das verfügbare Vermögen in die jeweils rentabelste Verwendung investiert werden.

Periodenübergreifend muss jedoch die Gefahr im Auge behalten werden, dass Profit-Center versuchen könnten, ihre Performance durch die Beschränkung auf die lukrativsten Geschäfte zu verbessern. Eine leistungsorientierte Entlohnung der Führungskräfte darf sich daher auch niemals allein an einer Kapitalrendite oder sonstigen Renditegröße (des Gesamtunternehmens) orientieren, sondern sollte auf einer **absoluten Performancegröße** wie zum Beispiel dem beschriebenen **Übergewinn** aufbauen.

1.4 Das ROCE-Konzept für die Gesamtsteuerung

Bei knappem Kapital ist also die Kapitalrendite die maßgebliche Steuerungsgröße, mit der die verfügbaren Mittel in die jeweils rentabelste Verwendung gelenkt werden sollen. Grundsätzlich gibt es zwei Sichtweisen auf die Kapitalrendite eines Unternehmens oder Profit-Centers (▶ Abb. 1-10).

▼ Abb. 1-10 **Grundschema der Bilanz**

Aktiva = Kapitalverwendung	**Passiva = Kapitalherkunft**
Anlagevermögen	**Eigenkapital**
▪ Sachanlagen ▪ Immaterielles Vermögen ▪ Finanzanlagen	▪ Gezeichnetes Kapital ▪ Rücklagen/Reserven ▪ Jahresüberschuss/-fehlbetrag
Umlaufvermögen	**Fremdkapital**
▪ Vorräte ▪ Forderungen aus Lieferungen und Leistungen ▪ Sonstige Forderungen ▪ Finanzmittel	▪ Rückstellungen ▪ Verbindlichkeiten aus Lieferungen und Leistungen ▪ Sonstige Verbindlichkeiten
= Bilanzsumme	**= Bilanzsumme**

Schweizer Unternehmen präsentieren im Regelfall das Umlauf- vor dem Anlagevermögen und das Fremd- vor dem Eigenkapital (siehe dazu auch ▶ Abb. 1-14).

Die eine Sicht ist diejenige der **Kapitalherkunft** – also der Investoren –, bei der nach der Verzinsung des Eigenkapitals oder des Gesamtkapitals gefragt wird. Hier stehen die Passivseite der Bilanz sowie die wichtige Frage zur Diskussion, ob das eingesetzte Kapital die von den Kapitalmärkten geforderte Mindestverzinsung erwirtschaftet. Bei dieser Fragestellung ist das operative Controlling nur indirekt tangiert.

Die andere Sicht ist diejenige der **Kapitalverwendung,** also die operative Perspektive, bei der nach der Verzinsung des investierten, betriebsnotwendigen Vermögens gefragt wird. Betrachtet werden hierbei die Aktivseite der Bilanz und die Frage, wie viel Anlage- und Umlaufvermögen man benötigt, um eine bestimmte Geschäftstätigkeit optimal auszustatten.

Der **Return on Invested Capital** (ROIC) sowie der **Return on Capital Employed** (ROCE) sind bewährte Kapitalrenditen zur Messung und Steuerung des operativen Geschäfts und damit Kennzahlen der Kapitalverwendung.

Wie wird das betriebsnotwendige (investierte, beschäftigte) Kapital definiert, und mit welcher Ergebnisgröße wird die Rendite (ROIC, ROCE) ermittelt?

▼ Abb. 1-11 **Bestandteile des betriebsnotwendigen Vermögens**

Anlagevermögen
■ **Sachanlagen**
■ **Immaterielles Vermögen**
■ Finanzanlagen
Umlaufvermögen
■ **Vorräte**
■ **Forderungen aus Lieferungen und Leistungen**
■ Sonstige Forderungen
■ Finanzmittel
Bilanzsumme

Diese Fragen können nicht absolut beantwortet werden, da jedes Unternehmen und jede Branche unterschiedliche Kapital- und Kostenstrukturen aufweisen oder benötigen. Sowohl in der Theorie als auch in der Praxis gibt es jedoch ein Grundschema, das sich für den internen und auch den externen Vergleich eignet. ◀ Abb. 1-11 zeigt zunächst die Bestandteile des **betriebsnotwendigen Vermögens,** also der Nennergröße der gesuchten Kapitalrendite. Es setzt sich im Wesentlichen aus den Sachanlagen und dem immateriellen Vermögen (zum Beispiel Patente, Lizenzen, Goodwill) sowie den Vorräten und Forderungen aus Lieferungen und Leistungen zusammen. Darüber hinaus wird sowohl beim ROIC als auch beim ROCE das zinslose Fremdkapital **(Abzugskapital),** das im Regelfall aus den Verbindlichkeiten aus Lieferungen und Leistungen sowie den kurzfristigen Rückstellungen besteht, vom betriebsnotwendigen Vermögen abgezogen. Man erhält dann das **betriebsnotwendige Kapital.** Da wir aber im Folgenden die Steuerung von Profit-Centern in den Vordergrund stellen und damit die Finanzierungsseite ausblenden können, wollen wir auf diese Korrektur auch hier verzichten.

Als Ergebnisgröße hat sich das **Ergebnis der betrieblichen Tätigkeit** durchgesetzt, das in der Regel dem **EBIT (Earnings Before Interest and Taxes)** entspricht (▶ Abb. 1-12).

Keine der in ▶ Abb. 1-12 genannten Kenngrößen ist per se besser oder schlechter. Jedes Unternehmen muss sich für eine entscheiden, dann aber konsequent dabei bleiben. Nochmals: Die Größe EBIT allein ist nicht entscheidend, sondern nur in Relation zum eingesetzten Kapital – wie bei einer Finanzinvestition die Zinsen zum angelegten Kapital.

Damit das Verhältnis aus Ergebnis und Kapital aber auch wirklich aussagekräftig ist, müssen Zähler und Nenner der Renditeformel zueinander passen. Enthält die Ergebnisgröße zum Beispiel die Ergebnisse aus Beteiligungen, dann ist es zwingend notwendig, dass die Kapitalgröße um den

▼ Abb. 1-12 **Abgrenzung des betrieblichen Ergebnisses**

Gewinn- und Verlustrechnung (Umsatzkostenverfahren)
Nettoumsatz
– Kosten der umgesetzten Leistungen
= Bruttoergebnis vom Umsatz
– Sonstige Funktionskosten (Marketing und Vertrieb, F&E, Verwaltung etc.) ± Sonstige betriebliche Erträge/Aufwendungen
= Betriebliches Ergebnis (= EBIT)
+ Finanzergebnis
= Ergebnis vor Steuern
– Steuern vom Einkommen und Ertrag
= Ergebnis nach Steuern

Wert der Beteiligungen ergänzt werden muss. Sonst wird eine zu hohe Rendite ausgewiesen.

Der Controllingprozess beginnt mit der Festlegung der **Ziel-Kapitalrendite** für das gesamte Unternehmen oder den Konzern. Wo ein homogenes Geschäft betrieben wird, kann weiter in die Ziel-Umsatzrendite und den Ziel-Kapitalumschlag aufgespalten werden.

Wie das Modell in ▶ Abb. 1-13 zeigt, hat jede Branche dabei eine typische Grundstruktur.

Eine Beurteilung eines Unternehmens oder eines Profit-Centers ist eindeutig nur über die Kapitalrendite möglich. Die Umsatzrendite allein ist nicht vergleichbar.

Wie der ROCE aus den Finanzdaten (Bilanz; Gewinn- und Verlustrechnung) eines Modell-Konzerns ermittelt werden kann, zeigen die ▶ Abb. 1-14 und 1-15 (Abschluss nach U.S. GAAP).

▼ Abb. 1-13 **Überblick über Renditestrukturen ausgewählter Branchen** (Basis 2000)

Kapitalrendite (KR in %) = Umsatzrendite (UR in %) × Kapitalumschlag (KU)

Modellannahme: Ziel-KR = 15%; hervorgehoben: veröffentlichte Ziel-Renditen

		KR	=	UR	×	KU
■ **Autoindustrie**	(VW)	15	=	**6,5**	×	2,3
■ **Medien**	(Bertelsmann)	15	=	**10,0**	×	1,5
■ **Chemie**	(BASF)	**15**	=	12,5	×	1,2
■ **Handel**	(Metro)	15	=	**2,0**	×	7,5
■ **Bauindustrie**	(Hochtief)	15	=	3,75	×	4,0

Die hervorgehobenen Umsatz- und Kapitalrenditen entsprechen den Ziel-Renditen aus dem Geschäftsjahr 2000. Die korrespondierenden Werte für den Kapitalumschlag wurden aufgrund einer – im Jahr 2000 branchenübergreifend üblichen – Kapitalrendite von 15% auf das beschäftigte Kapital eingestellt, entsprechend der Geschäftsberichte 2000 der untersuchten Unternehmen sowie eigener Berechnungen.

Übertragen auf ein Excel-Sheet ergibt sich der ROCE-Baum als DuPont-Schema in ▶ Abb. 1-16.

▼ Abb. 1-14 **Ermittlung des Capital Employed aus der Bilanz der Ciba Spezialitätenchemie** (Geschäftsbericht 2007)

in Mio. CHF	2007	2006
Aktiven		
Umlaufvermögen		
▪ Liquide Mittel	665	1.027
▪ Forderungen aus Lieferungen und Leistungen, netto	896	892
▪ Vorräte	1.315	1.241
▪ Rechnungsabgrenzungsposten und übriges Umlaufvermögen	464	394
Total Umlaufvermögen	**3.340**	**3.554**
▪ Sachanlagen, netto	2.426	2.576
▪ Goodwill	1.503	1.559
▪ Andere immaterielle Anlagewerte, netto	949	910
▪ Finanzanlagen	118	121
▪ Übrige Aktiven	452	361
Total Aktiven	**8.788**	**9.081**
Passiven		
Kurzfristige Verbindlichkeiten		
▪ Verbindlichkeiten aus Lieferungen und Leistungen	638	560
▪ Kurzfristige Finanzverbindlichkeiten	599	173
▪ Verbindlichkeiten aus Steuern vom Ertrag	26	38
▪ Rückstellungen und übrige kurzfristige Verbindlichkeiten	709	795
Total kurzfristige Verbindlichkeiten	**1.972**	**1.566**
▪ Langfristige Finanzverbindlichkeiten	1.980	2.709
▪ Latente Ertragssteuern	166	138
▪ Übrige Verbindlichkeiten	1.285	1.379
Total Verbindlichkeiten	**5.403**	**5.792**
Minderheitsanteile	**80**	**75**
Eigenkapital		
▪ Aktienkapital	69	69
▪ Kapitalreserven	3.939	3.929
▪ Gewinnreserven	311	280
▪ Kumuliertes übriges Comprehensive Income (Loss)*	(840)	(928)
▪ Eigene Aktien, zu Anschaffungswerten	(174)	(136)
Total Eigenkapital	**3.305**	**3.214**
Total Passiven	**8.788**	**9.081**

* Comprehensive Income (Loss) sind alle Wertänderungen des Vermögens und der Schulden, die erfolgsneutral erfasst wurden

▼ Abb. 1-15 **Ausweis von Nettoumsatz und EBIT in der Erfolgsrechnung der Ciba Spezialitätenchemie** (Geschäftsbericht 2007)

in Mio. CHF	2007	2006
Nettoumsatz	**6.523**	**6.352**
■ Herstellkosten der verkauften Produkte und Leistungen	(4.649)	(4.503)
Bruttogewinn	**1.874**	**1.849**
■ Vertriebs- und Verwaltungsaufwand sowie allgemeiner Aufwand	(987)	(988)
■ Forschungs- und Entwicklungsaufwand	(262)	(270)
■ Amortisation von anderen immateriellen Anlagewerten	(73)	(60)
■ Restrukturierung, Wertminderung und andere Aufwendungen	(118)	(69)
Betriebsergebnis (EBIT)	**434**	**462**
■ Zinsaufwand	(135)	(122)
■ Zinsertrag	34	23
■ Übriger Finanzaufwand, netto	(24)	(62)
Ergebnis aus fortgeführten Geschäften vor Steuern und Minderheitsanteilen	**309**	**301**
■ Steuern	(84)	(39)
■ Minderheitsanteile	(5)	(3)
Ergebnis aus fortgeführten Geschäften	**220**	**259**
■ Ergebnis aus aufgegebenen Geschäftsbereichen, nach Steuern	17	53
■ Verlust auf Verkauf von aufgegebenen Gechäftsbereichen, nach Steuern	0	(353)
Konzerngewinn (-verlust)	**237**	**(41)**

▼ Abb. 1-16 **ROCE-Baum am Beispiel der Ciba Spezialitätenchemie**

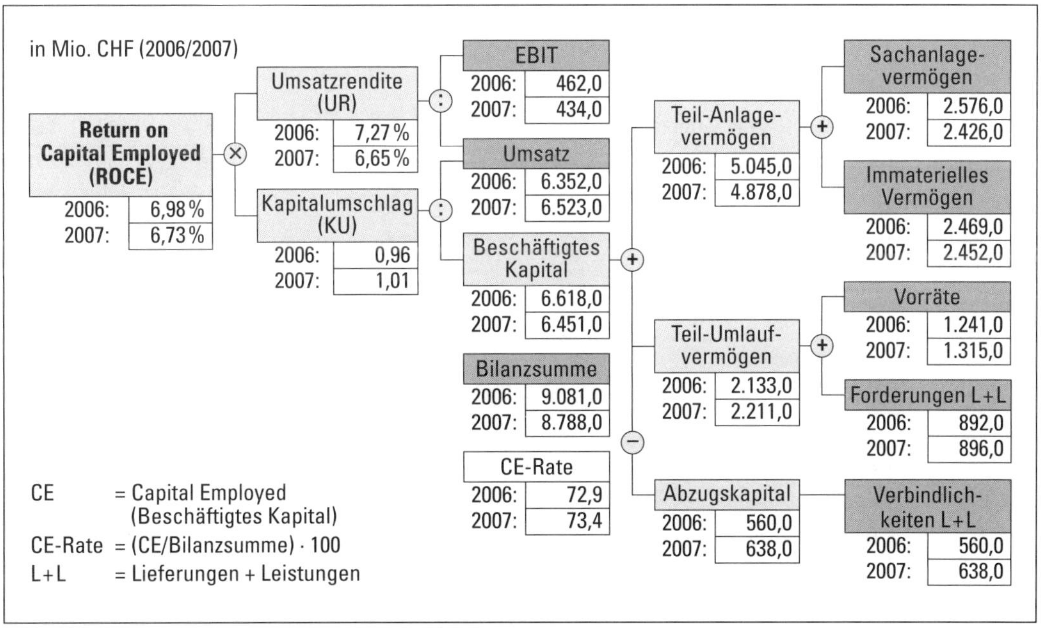

1.5 Kapital- und Ergebnisebenen für die interne Steuerung

Mit der Festlegung einer Ziel-Kapitalrendite durch die Geschäftsführung eines Unternehmens beginnt eine der wichtigsten Aufgaben des Controllings. Es muss die analogen Kapitalrenditen für die gesamte Profit-Center-Hierarchie definieren.

Was heißt das? In den seltensten Fällen besteht ein Unternehmen aus *einer* Maschine, die *ein* Produkt herstellt. Normalerweise sind Unternehmen in mehreren Profit-Centern wie Unternehmensbereiche oder Geschäftseinheiten, Produktbereiche etc. organisiert – bis hin zum Einzelprodukt (▶ Abb. 1-17). Dabei unterscheidet man – entsprechend der Verantwortung – nach der Produktsicht, der Marktsicht und der Gesellschaftssicht. Auf jeder dieser Ebenen gibt es Verantwortliche, die einen spezifischen Beitrag zum Konzernergebnis leisten. Alle wollen mit Daten und Informationen versorgt sein, um diesen Beitrag zu messen und zu optimieren.

Während die Kapitalrendite eines Konzerns oder auch einer Konzerngesellschaft zum Beispiel auf der Ebene EBIT gemessen wird, steuert man einen Produktbereich, einen Produktionsbetrieb oder ein Sortiment auf einer Ergebnisebene, auf der die Kosten- und Kapitalzuordnung noch plau-

▼ Abb. 1-17 **Typische Profit-Center-Hierarchien in einem Konzern**

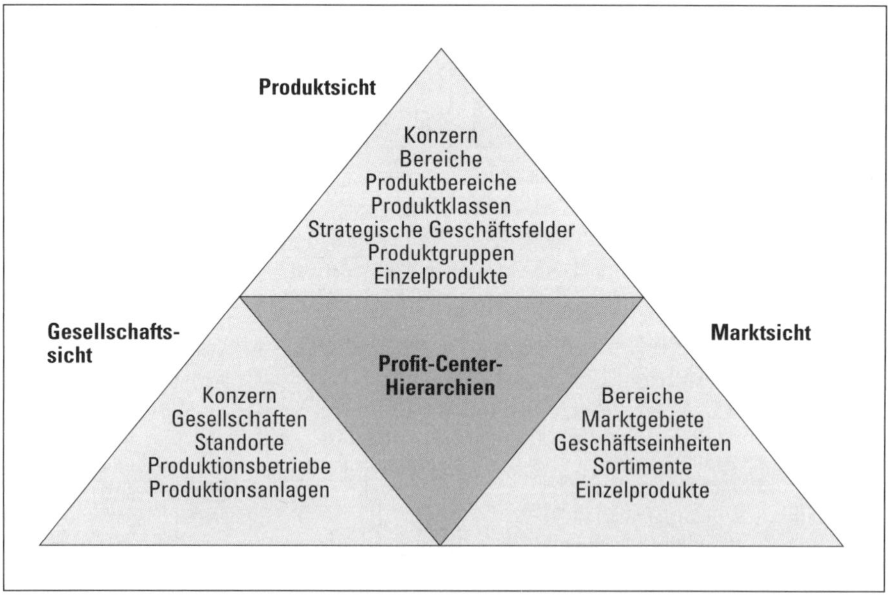

▼ Abb. 1-18 **Ergebnisgrößen einer operativen Berichterstattung (nach Umsatzkosten)**

Operative Berichterstattung						
Gesellschaft: Modell AG						
Perioden		1	2	3	4	5
■ Nettoumsatz Eigenerzeugnisse ■ Nettoumsatz Handelswaren ■ Betriebstypische sonstige Geschäfte						
Nettoumsatz						
■ Absatzkosten (Frachten, Packmittel, Provisionen) ■ Stoffkosten Eigenwaren ■ Variable Fertigungskosten ■ Einstandskosten Handelswaren	}	**variable Kosten**				
Deckungsbeitrag 1 (DB 1)	⇐					
■ Fertigungskosten ■ Versandkosten ■ Vertriebskosten	}	**Fixkosten 1**				
Bruttobetriebsergebnis (BBE = DB 2)	⇐	**Bruttorendite**				
■ Forschungskosten ■ Verwaltungskosten ■ Sonstige Betriebskosten ■ Einmalkosten	}	**Fixkosten 2**				
Betriebsergebnis	⇐					
■ Sonstiges betriebliches Ergebnis						
Ergebnis der Betriebstätigkeit (= EBIT)	⇐	**Rendite auf das BNK* (= ROCE)**				
■ Zinsergebnis						
Ergebnis vor Ertragssteuern	⇐					
■ Steuern						
Ergebnis nach Ertragssteuern	⇐					

* Betriebsnotwendiges Kapital

sibel und sinnvoll ist, also zum Beispiel auf der Ebene des **Bruttobetriebsergebnisses (BBE),** wie im Beispiel der ◀ Abb. 1-18 definiert.

In bestimmten Branchen (zum Beispiel Chemie) ist das **Bruttobetriebsergebnis** – also das Ergebnis vor den Fixkosten 2 (Overheadkosten) – die übliche Ergebnisebene. Dies lässt sich zum einen damit begründen, dass der Großteil des sonstigen betrieblichen Ergebnisses einem Profit-Center nicht direkt zugerechnet werden kann. ▶ Abb. 1-19 zeigt typische Beispiele für diese Ergebnisart.

Zum anderen ist es ebenfalls nicht möglich, den Overhead sinnvoll auf die betrachteten Einheiten umzulegen, um auf der Ebene »Betriebsergebnis« zu operieren. Wenn das der Fall ist, dann lässt man es eben sein und

▼ Abb. 1-19 **Sonstiges betriebliches Ergebnis** (Beispiele)

- Gewinne/Verluste aus Anlageabgängen
- Auflösung/Bildung von Rückstellungen
- Wertberichtigungen auf Forderungen
- Wertberichtigungen auf Vorräte
- Gewinne/Verluste aus Fremdwährungsgeschäften etc.

begnügt sich mit dem Bruttobetriebsergebnis. Allerdings muss man schon wissen, welcher Overhead damit zu überspringen ist. Dies bedeutet, dass die Ziele für das Bruttobetriebsergebnis so festzulegen sind, dass die Summe über alle Bereiche oder Profit-Center den Overhead zuzüglich Ziel-Gewinn nach Kapitalkosten abzudecken in der Lage ist.

Und: Wie ist das dazu passende betriebsnotwendige Kapital definiert? Auch diese Frage muss pragmatisch gelöst werden. Das »Immaterielle Vermögen« wird man teilweise nur für das Unternehmen insgesamt bestimmen können. Aber auch das Umlaufvermögen – Vorräte und Forderungen – liegen in der Regel nur partiell vor, teils bei der Produktionsgesellschaft, teils bei der Vertriebsgesellschaft. In solchen Fällen wird man das Kapital zunächst nur als Sachanlagen (zum Beispiel Produktionsanlagen) definieren und daraus die Bruttorendite definieren. ▶ Abb. 1-20 zeigt beispielhaft den Unterschied zwischen der Kapitalrendite auf Konzernebene (Return on Capital Employed, ROCE) und der Bruttorendite (Return on Investment, ROI) auf Profit-Center-Stufe.

▼ Abb. 1-20 **Kapitalrenditen auf Konzern- und Profit-Center-Ebene**

Allgemein

$$\text{Rendite} = \frac{\text{Gewinn}}{\text{Kapital}}$$

Konzern

$$\text{ROCE} = \frac{\text{Ergebnis der Betriebstätigkeit}}{\text{gesamtes betriebsnotwendiges Kapital}}$$

Profit-Center

$$\text{Bruttorendite} = \frac{\text{Bruttobetriebsergebnis}}{\text{direkt zuordenbares betriebsnotwendiges Kapital}}$$

Allgemein gilt jedoch, dass einem Profit-Center alle jene Vermögensteile zugeordnet werden sollten, die sich **direkt** (also ohne mehr oder weniger willkürliche Schlüssel) zuordnen lassen und die durch das Profit-Center auch beeinflusst werden können (Verantwortlichkeitsprinzip). Weiterhin ist das zinslos zur Verfügung stehende Fremdkapital (Abzugskapital), sofern sinnvoll zuordenbar, vom Vermögen abzusetzen. Daher wird auch von **betriebsnotwendigem Kapital (BNK)** gesprochen.

Sind Ergebnisebene und Kapital entsprechend definiert, kann die Überleitung von der Gesamtkapitalrendite zur Bruttorendite erfolgen. Vorher muss jedoch die Qualität der Daten gesichert werden. Dies ist der Inhalt der beiden folgenden Kapitel.

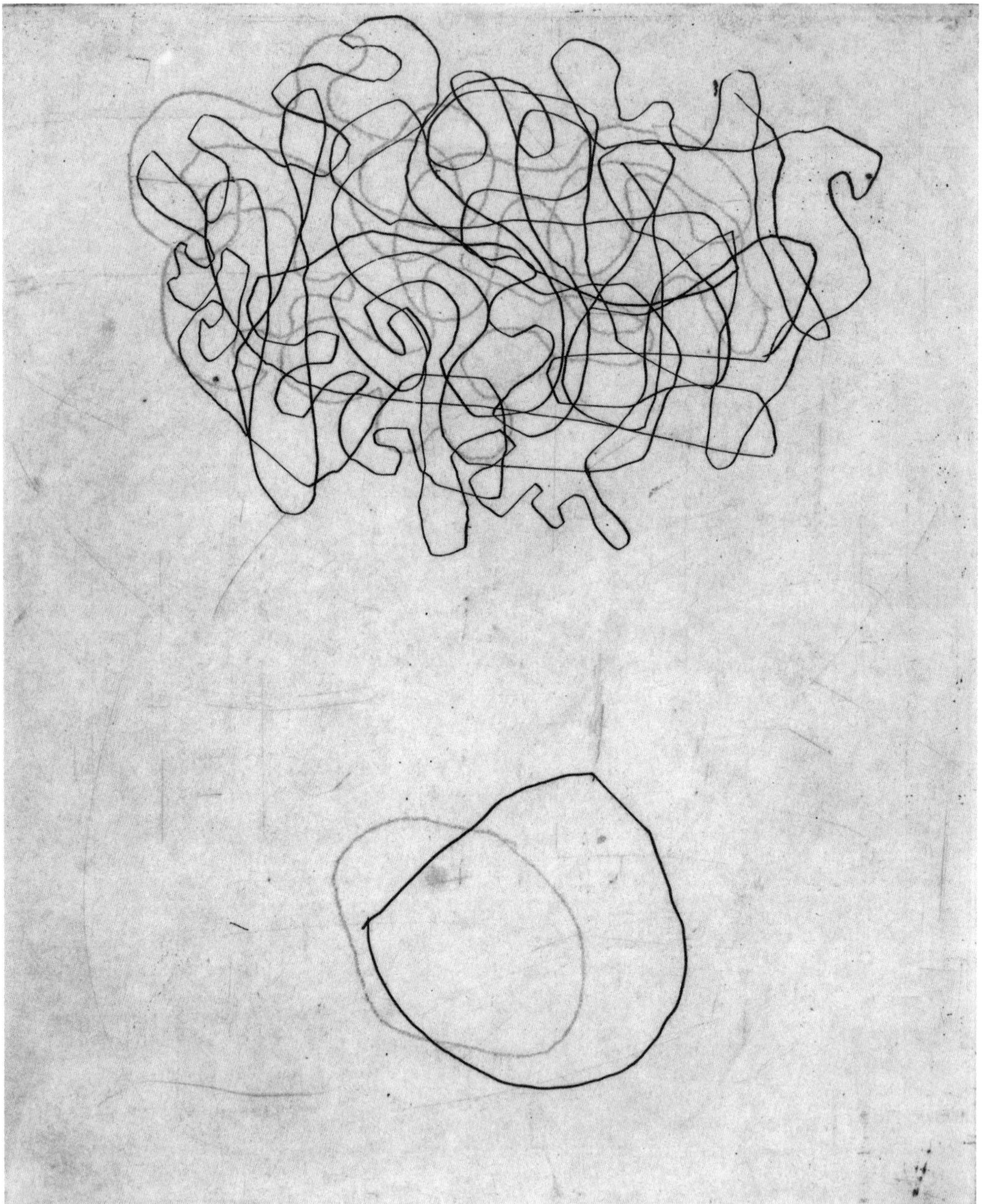

Kapitel 2
Systeme und Daten des Rechnungswesens

2.1 Vorbemerkung

Das Controlling bezieht seine Daten aus dem Rechnungswesen. Die dort generierten Daten dienen primär der Erstellung der Bilanz sowie der Gewinn- und Verlustrechnung (Erfolgsrechnung). Die Adressaten dieser Informationen sind eher die Kapitalgeber und Gläubigerbanken. Zur Analyse und Steuerung des operativen Geschäfts sind diese finanzorientierten Informationen weniger geeignet.

Diese Daten muss das Controlling deshalb weiter aufbrechen und neu ordnen, um sie für betriebswirtschaftliche Entscheidungsrechnungen gebrauchen zu können, nachdem gleichzeitig festgelegt wurde, auf welcher Ergebnisebene die Steuerungs- und Entscheidungsprozesse erfolgen sollen.

Allerdings müssen die im Rechnungswesen gebuchten Daten bereits alle Voraussetzungen für ihre richtige Erfassung und Auswertung mitbringen. Dazu bedarf es eindeutiger Regeln und Richtlinien, wie die unternehmerischen Prozesse – nach Kosten und Leistungseinheiten – periodengerecht abgerechnet werden.

Zu den Grundelementen eines effizienten Rechnungswesens gehören:

- Kostenartenrechnung,
- Kostenstellenrechnung,
- Kostenträgerrechnungen und Produktergebnisrechnung.

2.2 Kostenarten- und Kostenstellenrechnung

Eine Kostenstelle ist die kleinste organisatorische Einheit in einem Unternehmen zur Erfassung der in dieser Einheit anfallenden (fixen) Kosten (die variablen Kosten wie Rohstoffkosten, Frachten etc. werden auf sogenannten Verbrauchskostenstellen geführt). Jede Kostenstelle ist unterteilt in einen originären Teil und einen abgeleiteten Teil.

Originäre Kosten sind alle **direkt** in der Kostenstelle anfallenden Fixkosten, unterteilt in die Kosten (Kostenarten) für:
- Personal,
- Hilfs- und Betriebsstoffe (H&B),
- Abschreibungen (AfA = Absetzung für Abnutzung),
- Reparaturen und
- Sonstiges.

Zusätzlich zu diesen originären Kosten – die also direkt von der Kostenstellenleitung zu beeinflussen und verantworten sind – werden auf jeder Kostenstelle **abgeleitete Kosten** abgerechnet, die einer Kostenstelle von anderen Kostenstellen zugeordnet oder zugeschlüsselt werden, zum Beispiel die anteilige Nutzung zentraler Einheiten wie
- Logistik,
- Energiebetriebe,
- Datenverarbeitung (EDV)

oder dezentraler – im eigenen Verantwortungsbereich geführter – Hilfsbetriebe wie etwa
- Werkstätten,
- Labore etc.

Auf diese indirekten Kosten hat die Kostenstellenleitung – was den Preis der genutzten oder in Anspruch genommenen Leistungen anbelangt – nur bedingt Einfluss. Die Belastung richtet sich nach der Inanspruchnahme der genutzten Leistung, als vereinbarte oder akzeptierte Umlage in Form von
- Stundensätzen (zum Beispiel 100 EUR pro Stunde),
- Leistungssätzen (zum Beispiel 100 EUR pro Auftrag, pro Verkaufsfall, pro Kilogramm, pro Tonne),
- Pauschalsätzen (zum Beispiel 5.000 EUR pro Tag, Dekade, Monat) etc.

Die Summe aus originären und abgeleiteten Kosten ergibt die Gesamtkosten einer Kostenstelle.

Die Kostenstellen werden zu organisatorischen Einheiten verdichtet und – für die Kostenträger- und Ergebnisrechnungen – zu den **Umsatzkosten** aggregiert.

Bis zur Ergebnisebene »Betriebsergebnis« sind das die folgenden Kosten:

- Versandkosten,
- Vertriebskosten,
- Fertigungskosten,
- Verwaltungskosten,
- Forschungskosten,
- sonstige betriebliche Kosten.

Diese Umsatzkosten-Kostenstellen sind **Haupt-** beziehungsweise **Endkostenstellen,** deren Kosten direkt und in voller Höhe in die Ergebnisrechnung übernommen werden. In den Endkostenstellen enthalten sind – als abgeleitete Kosten – die Kosten der **Hilfs- oder Vorkostenstellen,** die nach den bereits genannten Regeln in den üblichen Abrechnungsperioden (Monat, Quartal, Jahr) vollständig auf die Endkostenstellen umgelegt werden (müssen), also letztlich auf null gestellt werden.

Damit wird auch klar, dass man die Kostenstellenleitung einer Vorkostenstelle (zum Beispiel Garagenbetriebe) nicht nach ihren verbleibenden Gesamtkosten messen kann – denn diese werden am Periodenende null –, sondern nur nach ihren originären Kosten. Das gleiche Prinzip der Kostenverantwortung sollte natürlich auch für die Leitung von Endkostenstellen gelten, denn deren Verantwortung bezieht sich zunächst auf die originären Kosten und nur bedingt auf die abgeleiteten Kosten. Allerdings muss sie versuchen, die abgeleiteten Kosten mitzugestalten und zu beeinflussen, zum Beispiel durch angemessene Service Level Agreements (SLA) mit den Leistungsgebern.

Zur Steuerung der Umsatzkosten in einer Ergebnisrechnung muss man also zur »Quelle« der Information, in diesem Fall auf die Kostenstelle oder auf die Summe bestimmter Kostenstellen (organisatorische Einheit), zurückgehen. Dort erfolgt wieder die Aufteilung in die Kostenarten (originäre Kosten) sowie die zugeordneten Kosten (abgeleitete Kosten), um die Frage nach einer Veränderung beantworten zu können.

Auch hier bedarf es klarer Regeln und Richtlinien **(Organisationshandbuch).** Gleiche oder vergleichbare Funktionen in allen organisatorischen

Einheiten eines Unternehmens sind einheitlich zu definieren, wie zum Beispiel bei den Vorkostenstellen

- Einkauf,
- Produktionslabore,
- Werkstätten,
- Lagerhäuser etc.

sowie bei den Endkostenstellen

- Anwendungstechniken (Vertriebskosten),
- Produktionsbetriebe (Fertigungskosten),
- Spedition (Versandkosten),
- Forschungslabore (Forschungskosten) etc.

Damit ist auch jederzeit ein Quervergleich (und ein Benchmarking) zwischen den Kosten und der Effizienz beispielsweise aller Produktions- oder Betriebslabore eines Bereichs untereinander oder im Vergleich zu Laboren in anderen Bereichen möglich.

Die Aggregation von Kostenstellen unter einer gemeinsamen Kostenstellenleitung sollte stets funktionsorientiert sein und nur gleiche Inhalte zusammenfassen. Die Aggregation von zum Beispiel drei Produktionskostenstellen und drei Laborkostenstellen zu einer organisatorischen Einheit – weil dafür dieselbe Person zuständig ist – ergibt lediglich »Datenmüll«, ist aber in der Praxis leider die Regel.

2.3 Kostenträgerrechnungen und Produktergebnisrechnung

Die **Ergebnisrechnung einer organisatorischen Einheit** stellt die Erlöse dieser Einheit den kumulierten Endkostenstellen dieser Einheit, aufgeteilt in die genannten Umsatzkosten, gegenüber. Diese Fixkosten aus der Kostenstellenrechnung werden ergänzt durch die pro Leistungseinheit direkt abgerechneten variablen Kosten, im Wesentlichen Material- oder Rohstoffkosten, Packmittel, Frachten etc.

Die Mengen und Kosten dieser Verbräuche stammen in der Regel aus speziellen Datenbanken, deren Mengen- und Preisgerüste stets aktuell gehalten werden müssen:

- Stückliste (zum Beispiel Maschinenbau),
- Rezeptur (zum Beispiel Chemie),
- Fracht etc.

Werden die Kosten einer Periode darüber hinaus nach Kostenträgern aufgespalten oder getrennt ausgewiesen, spricht man von einer **Kostenträgerzeitrechnung.** Der Einbezug von Erlösen führt zur **Produktergebnisrechnung,** welche die Erfolge der verschiedenen Produkte oder Produktgruppen miteinander vergleicht und die Grundlage einer differenzierten Produktpolitik ist.

Ein weiterer Bestandteil der Kostenträgerrechnung ist die **Kalkulation (Kostenträgerstückrechnung).** In diesem Abrechnungssystem werden – bezogen auf eine Leistungseinheit eines Kostenträgers – die anteiligen Fertigungskosten und Materialkosten zu den Herstellkosten abgerechnet. Die Kalkulation kann vor **(Vorkalkulation)** oder nach **(Nachkalkulation)** der Leistungserstellung erfolgen. Vor allem in Betrieben mit Einzelfertigung ist die Vorkalkulation Grundlage für die Preisstellung (siehe auch Abschnitt 5.5.2 »Die klassische Angebotspreiskalkulation«). Nach der Erstellung der betrachteten Leistung ist die Nachkalkulation erforderlich, um Schätzungsfehler und andere Fehlerquellen der Vorkalkulation sowie Unwirtschaftlichkeiten bei der Leistungserstellung selbst aufzudecken und in Zukunft zu vermeiden.

Werden die – zu Herstellkosten bewerteten – Leistungseinheiten in derselben Periode verkauft (fakturiert), erscheinen diese »verkauften« Herstellkosten in der Ergebnisrechnung. Jede Leistungseinheit, die später verkauft wird, geht zu Herstellkosten »auf Lager« und speist damit das Lagerbuch. Deshalb werden Vorräte stets zu Herstellkosten geführt. Verkäufe aus Vorräten – und nicht direkt ab Produktion – führen deshalb ebenfalls zu Fertigungskosten (und Materialkosten) in der Ergebnisrechnung, auch wenn dem in derselben Periode keine entsprechende Produktion gegenübersteht.

Dieses Prinzip des Umsatzkostenverfahrens bedeutet, dass die Gesamtkosten einer Periode aufgrund der gesplitteten Fertigungskosten praktisch nie identisch mit den Umsatzkosten sind.

Eine wesentliche Problematik der Ergebnisrechnung besteht im Herunterbrechen der Ergebnisse entlang der Profit-Center-Hierarchie bis zum Einzelprodukt. Die Verteilung zum Beispiel der gesamten Vertriebskosten (Stammhauskosten, Außenstellenkosten, Auftragsabwicklungskosten, Werbungskosten, Anwendungstechnik etc.) einer Unternehmenseinheit (Profit-Center) auf Sub-Profit-Center wie Produktbereiche, bestehend aus mehreren Produktgruppen, die wiederum aus mehreren Sortimenten zusammengesetzt sind (etc.), erfordert eine sorgfältige – aber nicht zu aufwendige – Kostenschlüsselung innerhalb der Kostenstellen. Dies leisten **Leitdateien,** von denen sich die Ergebnisrechnung diejenigen Vertriebskosten »abholt«, die über die dort gespeicherte Information erkannt wird (wie zum Beispiel »10% der Werbungskosten«).

An dieser Stelle wird klar, dass Produktergebnisrechnungen von **Einzelprodukten** in der Regel nur bis zum Deckungsbeitrag sinnvolle Ergebnisse zeigen, da die Fixkosten, die zwar über das System von Schlüsseln und Umlagen jedes Einzelprodukt treffen, in der Regel nicht mehr repräsentativ sind.

Hierzu ein konkretes **Beispiel aus der Chemie:** Die Kosten der Auftragsabwicklung werden von der zuständigen zentralen Logistik für alle Geschäftseinheiten **fallbezogen** ermittelt und betragen zum Beispiel 38 EUR pro Verkaufsfall. Ein Produkt mit einer Verkaufsmenge von 10 kg und einem Verkaufspreis von 3 EUR/kg führt zu einem Umsatz von 30 EUR. Dem stehen allein 38 EUR (= 127% vom Umsatz) Fallkosten der Auftragsabwicklung gegenüber, obwohl der Deckungsbeitrag – bei variablen Kosten von 1 EUR/kg – 67% vom Umsatz beträgt. Wird vom gleichen Produkt im nächsten Auftrag 1 Tonne verkauft, betragen die Kosten der Auftragsabwicklung bei einem Umsatz von 3.000 EUR nur 1,26% vom Umsatz.

Kapitel 3
Voraussetzungen controllingrelevanter Daten und Datenstrukturen

3.1 Die Flut der Finanzdaten: der Rohstoff des Controllings

Die Ausgangssituation ist in jedem größeren Unternehmen ähnlich: eine Flut von Daten, so dass man den Wald vor lauter Bäumen kaum noch erkennt.

Zur Beherrschung dieses scheinbar banalen Problems bedarf es einiger Maßnahmen oder einer gewissen Technik für den Umgang und die Strukturierung betriebswirtschaftlicher Daten, ohne die ein Zahlen- oder Rechenwerk unweigerlich zu »Datenmüll« und damit unbrauchbar wird (»garbage in, garbage out«).

Controlling ist nur möglich, wenn die zur Entscheidungsfindung erforderlichen Daten

- hinreichend genau,
- eindeutig,
- periodengerecht,
- plausibel,
- signifikant und
- repräsentativ sind.

Das gilt grundsätzlich für jede Ebene in einem Unternehmen.

Aber auch wenn das Problem der »Datenhygiene« stets gelöst wäre, müsste – für ein effektives Controlling – eine Reihe von weiteren Voraussetzungen gegeben sein:

- eine geeignete **Zielfunktion** für das Gesamtunternehmen,
- **plausible Teilziele** für Profit-Center,
- **Verständnis** und **Akzeptanz** im Management,
- **Umsetzung,** denn Strategie und Maßnahmen müssen realisiert und gelebt werden.

Bei Fehlen einer Gesamt-Zielfunktion oder bei inkompatiblen Zielvorgaben – zum Beispiel Umsatzrendite statt Kapitalrendite und Übergewinn (Gewinn nach Kapitalkosten) – wird es schwierig sein, die betriebswirtschaftlichen Regelkreise innerhalb der Profit-Center richtig zu steuern.

Entscheidend ist, dass das Controlling seine methodische Kompetenz und damit Verantwortung wahrnimmt und durchsetzt. Wichtigstes **Grundprinzip** ist, dass Maßnahmen danach zu beurteilen sind, ob der **Gewinn nach Kapitalkosten** (Übergewinn) oder äquivalent das Maß **»(Kapitalrendite – Ziel-Rendite) × Kapitaleinsatz«** zunimmt.

3.2 Trennung fixer und variabler Kosten

Eine wesentliche Voraussetzung für richtige Datenstrukturen ist die grundsätzliche Trennung **variabler** (beschäftigungsabhängiger) und **fixer** (beschäftigungsunabhängiger) Kosten (▶ Abb. 3-1).

Die Beschäftigungsabhängigkeit (allgemein **Kostenverhalten**) beschreibt die Art und Weise, wie sich Kosten bei Veränderung des Produktionsvolumens verhalten. Kosten, die unabhängig vom aktuellen Produktionsvolumen anfallen (zum Beispiel große Teile der Personalkosten), werden als fix bezeichnet. Materialkosten hingegen, die nur dann entstehen, wenn ein Produkt auch tatsächlich hergestellt wird, sind variabel in Bezug auf das aktuelle Produktionsvolumen.

Das Kostenverhalten in Abhängigkeit von der Beschäftigung muss allerdings immer vor dem Hintergrund des betrachteten **Zeithorizonts** beurteilt werden. Vielfach können in der kurzen Frist bestimmte Ressourcen (insbesondere Potenzialfaktoren wie Maschinen, aber auch die Belegschaft) nicht der aktuellen Nachfrage angepasst werden. Erst in der langen Frist kann das Unternehmen sämtliche Ressourcen auf die erwartete Nachfrage abstim-

▼ Abb. 3-1 **Trennung fixer und variabler Kosten**

Operative Berichterstattung						
Gesellschaft: Modell AG						
Perioden		1	2	3	4	5
■ Nettoumsatz Eigenerzeugnisse ■ Nettoumsatz Handelswaren ■ Betriebstypische sonstige Geschäfte						
Nettoumsatz						
■ Absatzkosten (Frachten, Packmittel, Provisionen) ■ Stoffkosten Eigenwaren ■ Variable Fertigungskosten ■ Einstandskosten Handelswaren	}	**variable Kosten**				
Deckungsbeitrag 1 (DB 1)	⇐					
■ Fertigungskosten ■ Versandkosten ■ Vertriebskosten	}	**Fixkosten 1**				
Bruttobetriebsergebnis (BBE = DB 2)	⇐	**Bruttorendite**				

men. In der kurzen Frist bleiben die Über- oder Unterkapazitäten bestehen. Es können Monate vergehen, bis das Unternehmen eine Alternative für die Überkapazität findet oder im schlechtesten Fall diese Überkapazität eliminiert. Auch eine Überschussnachfrage kann die Unternehmensleistung beeinträchtigen, da das Unternehmen Zeit benötigt, bis zusätzliche Produktionsressourcen zur Verfügung stehen.

Deshalb gibt es oft eine ungenaue zeitliche Abstimmung (»lag«) zwischen der Produktnachfrage seitens des Markts und der im Unternehmen verfügbaren Produktionskapazität.

Hat ein Unternehmen zum Beispiel eine Just-in-time-Produktion, so kann es die Materialbeschaffung relativ einfach der veränderten Nachfragesituation anpassen. Im Gegensatz dazu hat das Unternehmen aber wenig Gestaltungsspielraum, die Produktionskapazität und die damit verbundenen Versicherungs- und eventuellen Leasingzahlungen der Nachfrage anzupassen.

Fixkosten wie zum Beispiel die Umsatzkostenart »Vertriebskosten« und die Gesamtkostenart »Personalkosten« sind in der Regel nicht mengen- oder umsatzproportional; sie sind also beschäftigungsunabhängig. Veränderungen von Fixkosten erfolgen erst bei größeren Beschäftigungsschwankungen, man spricht von **sprungfixen** Kosten.

Variable Kosten wie zum Beispiel Rohstoffkosten oder Packmittel sind dagegen stets mengen- und umsatzproportional und somit als Stückkosten **konstant.**

Ohne die Trennung von fixen und variablen Kosten ist es nicht möglich, den Break-even-Punkt – die Gewinnschwelle – zu errechnen sowie bei unterschiedlichen Beschäftigungsgraden plausible Kosten- und Ergebnisschätzungen durchzuführen. Das bekannte Phänomen der Kostenremanenz – das ist das Beharrungsvermögen von Fixkosten – und der Grad der Abbaubarkeit von Fixkosten – elementare Fragen jeder Dispositionsrechnung (siehe Abschnitt 5.2 »Dispositionsrechnung«) – bedürfen einer eindeutigen Trennung fixer und variabler Kosten.

3.3 Trennung verschiedener Warenursprünge

Ebenfalls zu trennen sind die Daten unterschiedlicher **Warenursprünge.** In der Regel setzt ein Unternehmen nicht nur selbst gefertigte Produkte und Leistungen um **(Eigenerzeugnisse),** sondern vertreibt – im Verbund mit anderen Gesellschaften desselben Konzerns – auch **Konzern-** oder **Gruppenwaren,** oder es tätigt zur Sortimentsergänzung Zukäufe bei Dritten, um damit zu handeln **(Handelswaren).** Die Trennung dieser unterschiedlichen Warenursprünge hängt mit der Unterscheidung von variablen und fixen Kosten direkt zusammen.

Ein **einfaches Beispiel** zeigt die Zusammenhänge: Das Profit-Center A vertreibt im Stammhaus eine Produktlinie, die es sowohl selbst fertigt als auch zur Sortimentsergänzung teilweise bei (fremden) Dritten zukauft. Und um es noch komplexer zu machen: Die Eigenfertigung erfolgt an zwei Standorten, der eine ist im Stammhaus, der andere in einer Tochtergesellschaft. Die Ergebnisrechnung des Stammhauses muss also drei unterschiedliche Warenursprünge unterscheiden (▶ Abb. 3-2).

In einer Gesamtrechnung über alle Warenursprünge werden die Einstandskosten für Gruppenwaren (zu Verrechnungspreisen) und Handelswaren (zu Einkaufspreisen) mit den Rohstoffkosten der Eigenerzeugnisse »in einen Topf geworfen«. In der Praxis findet man dabei nicht selten die Position »Herstellkosten/Einstandskosten«, die ins Verhältnis zum Umsatz gesetzt werden. Bei derartigen Strukturen muss eine Aufteilung in die drei Warenursprünge gemacht werden. Bei Eigenerzeugnissen analysiert man die Rendite der Eigenfertigung, bei Gruppenwaren die Höhe und Plausibilität der Verrechnungspreise und bei Handelswaren von Dritten die Höhe der Zukaufspreise im Vergleich zu Marktpreisen anderer Anbieter sowie zu den Kosten (zum Aufwand) dieses Zusatz- oder Ergänzungsgeschäfts.

▼ Abb. 3-2 **Ergebnisrechnung unterschiedlicher Warenursprünge**

in GE	Eigenerzeugnis	Gruppenware	Handelsware	Gesamt
Absatz (kg)	5.000	3.000	2.000	10.000
Preis (GE/kg)	**10,00**	**10,00**	**10,00**	**10,00**
Nettoumsatz	50.000	30.000	20.000	100.000
Einstandskosten (GE/kg)		**8,00**	**7,50**	
variable Kosten (GE/kg)	**4,00**			
Total variable Kosten	20.000	24.000	15.000	59.000
Deckungsbeitrag (GE/kg)	**6,00**	**2,00**	**2,50**	**4,10**
Deckungsbeitrag	30.000	6.000	5.000	41.000
in % vom Umsatz	***60,0***	***20,0***	***25,0***	***41,0***
Fixkosten	20.000	5.000	3.000	28.000
in % vom Umsatz	***40,0***	***16,7***	***15,0***	***28,0***
Ergebnis	**10.000**	**1.000**	**2.000**	**13.000**

Eine getrennte Erfassung unterschiedlicher Warenursprünge erfordert entsprechende Voraussetzungen in der Datenorganisation (zum Beispiel Data Warehouse), die in der Praxis nicht selbstverständlich sind.

3.4 Trennung in Einzel- und Gemeinkosten

Neben der Aufspaltung in die einzelnen Warenursprünge sowie der Unterscheidung in variable und fixe Kosten spielt die Trennung in Einzel- und Gemeinkosten eine herausragende Rolle. Während sich das Begriffspaar variabel und fix auf das Kostenverhalten bei Veränderung der Leistungsmenge oder Beschäftigung bezieht, geht es bei Einzel- und Gemeinkosten um die Frage der **Zurechenbarkeit**. Lassen sich die Kosten **direkt** einer Bezugsgröße zurechnen, dann spricht man von Einzelkosten. Werden die Kosten hingegen nicht bei einer Bezugsgröße gesondert erfasst, dann handelt es sich um Gemeinkosten.

(Echte) Gemeinkosten eines Bezugsobjekts existieren also immer dann, wenn sie durch Entscheidungen ausgelöst werden, die das betrachtete Bezugsobjekt und weitere **gemeinsam** betreffen. Beispielsweise sind Rohölkosten einer Raffinerie Gemeinkosten in Bezug auf die anfallenden Produktarten (zum Beispiel Gase, Benzin und Dieselöl). Gemeinkosten liegen aber nicht nur für den Fall einer Kuppelproduktion, welche in der chemischen

Industrie besonders häufig anzutreffen ist, sondern bereits dann vor, wenn Tätigkeiten gebündelt oder Produktionspotenziale bereitgestellt werden.

Für die Kostenrechnung stellt sich dann die Schwierigkeit der Schlüsselung oder **Umlage** auf die beteiligten Einheiten. Dabei kommt es sowohl auf der Ebene der Kostenartenrechnung als auch bei der Kostenstellen- und der Kostenträgerrechnung zu einer Aufschlüsselung von Gemeinkosten. Bei der Aufteilung von Periodengemeinkosten im Rahmen der Kostenartenrechnung werden Ausgaben, die für mehrere Perioden (Monate, Quartale oder Jahre) anfallen, diesen einzelnen Perioden zugerechnet. Die Ermittlung von Abschreibungen ist eines der bedeutendsten Beispiele für Periodengemeinkosten. Die Kostenstellenrechnung beinhaltet eine Aufschlüsselung von Kostenstellengemeinkosten. Dabei werden insbesondere die Kosten der Hilfs- oder Vorkostenstellen (Energieerzeugung, Arbeitsvorbereitung etc.) auf Grundlage bestimmter Verrechnungssätze (Kilowattstunden, Arbeitsstunden etc.) auf die Haupt- oder Endkostenstellen umgelegt. In der Kostenträgerrechnung werden die Kostenstelleneinzelkosten (**originäre** Kosten) und die verteilten Kostenstellengemeinkosten (**abgeleitete** Kosten) auf die in den Kostenstellen bearbeiteten Kostenträger weitergewälzt (dazu ausführlicher Kapitel 2 »Systeme und Daten des Rechnungswesens«).

Ziel dieser Vorgehensweise ist es, möglichst alle Kosten den Kostenträgern (Produkte, Aufträge, Kunden etc.) anzulasten, also jenen Bezugsobjekten, welche die Kosten »(er)tragen« müssen. Der in diesem Zusammenhang in der Praxis weit verbreitete Begriff der **»verursachungsgerechten«** Zuordnung der Gemeinkosten ist allerdings **irreführend,** weil sich Gemeinkosten ex definitione nur willkürlich schlüsseln lassen.

Man könnte daher auf die Idee kommen, auf eine Schlüsselung von Gemeinkosten von vornherein zu verzichten und sie nur dort zu erfassen und auszuweisen, wo sie gerade noch als Einzelkosten anfallen. So könnte man beispielsweise die **Overheadkosten** (etwa Kosten der Geschäftsleitung sowie zentraler Servicebereiche) dort stehen lassen, wo sie direkt erfassbar sind, also in den entsprechenden Kostenstellen der Geschäftsleitung oder Servicebereiche, und sie dann in der Ergebnisrechnung als Block ausbuchen. Dieser Vorgehensweise muss jedoch entgegengehalten werden, dass alle Profit-Center in einem Unternehmen diese Overheadkosten anteilig tragen müssen, soll das Unternehmen einen Gesamtgewinn verbuchen können. Daher werden sämtliche Gemeinkosten per Konvention auf die Kostenträger zugerechnet und in der Regel, analog zu den Fixkosten, in Prozent vom Umsatz ausgedrückt.

Häufig handelt es sich bei den Gemeinkosten um Fixkosten. Generell gilt dies jedoch nicht. Der **Zusammenhang zwischen Gemein- und Fixkosten** lässt sich am einfachsten demonstrieren, wenn man die Veränderlichkeit von Kosten (variabel/fix) und die Zurechenbarkeit (Einzel-/Gemeinkosten) auf dieselbe Bezugsgröße (Stück) eines Fertigprodukts bezieht. Die Kostenträgereinzelkosten (Stückeinzelkosten) stellen dann stets beschäftigungsvariable Kosten dar. Ebenfalls zu den beschäftigungsvariablen Kosten zählen die unechten Kostenträgergemeinkosten (zum Beispiel Kleinmaterial wie Nägel oder Schrauben in einer Möbelfabrik), die sich zwar direkt bei jedem einzelnen hergestellten Stück erfassen ließen, deren Zurechnung aber aus Wirtschaftlichkeitsgründen unterlassen wird. Nicht mehr eindeutig ist jedoch die Aussage bei den echten Kostenträgergemeinkosten. Im Fall von Abschreibungen beispielsweise handelt es sich in der Regel um beschäftigungsfixe Kosten. Im bereits angesprochenen Beispiel der Kuppelproduktion können aber auch echte Kostenträgergemeinkosten mit der Höhe der Leistungsmenge variieren. So sind die Kosten für Rohöl echte Gemeinkosten in Bezug auf die aus dem Raffinerieprozess entstehenden Endprodukte (Benzine, Heizöl, Gase etc.), gleichwohl aber variable Kosten in Bezug auf den Ausstoß.

Weiterhin ist zu beachten, dass sich das Begriffspaar variabel/fix in der Regel auf die Leistungsmenge oder Beschäftigung bezieht, während Einzel- und Gemeinkosten sehr **unterschiedliche Bezugsgrößen** haben können. Verwendet man in der Praxis die Begriffe Einzel- und Gemeinkosten ohne nähere Bezeichnung der Bezugsgröße, dann bezieht sich dieses Begriffspaar auf die einzelne Leistungseinheit eines Kostenträgers. Einzel- und Gemeinkosten können sich aber auch auf beliebige für das Unternehmen relevante Bezugsobjekte beziehen (zum Beispiel Artikel, Artikelgruppen, Gesamtumsatz, Aufträge, Verkaufsbezirke oder -gebiete, Kunden oder Kundengruppen, Werke, Kostenstellen und Profit-Center). In diesen Fällen ist stets die dazugehörige Bezugsgröße anzugeben, um Missverständnisse zu vermeiden.

Bei der Diskussion betriebswirtschaftlicher Fragestellungen (zum Beispiel Zusatzgeschäfte, Preisfindung, Schließung von Betriebsteilen) sollten die oben dargestellten Begriffe sowie auch die Frage der Fristigkeit und Abbaubarkeit von Kosten stets klar auseinander gehalten werden. Letztlich sind für jede Alternative die spezifisch **relevanten Kosten** sorgfältig zu bestimmen und gegeneinander abzuwägen. Ob dabei Einzelkosten und anteilige Gemeinkosten, variable und fixe Kosten relevant werden, bestimmt der Einzelfall. Generelle Aussagen sind nicht möglich. Wir kommen darauf in späteren Abschnitten und insbesondere bei der Behandlung der verschiedenen Fallbeispiele zurück.

3.5 Kompatibilität der Systeme und Systemdaten

Heutzutage verfügen – zumindest größere – Unternehmen über ein perfektes **betriebs- und finanzwirtschaftliches Instrumentarium,** das insbesondere folgende Bestandteile umfasst:

- Kostenartenrechnung,
- Kostenstellenrechnung,
- Vor- und Nachkalkulation,
- Produktergebnisrechnung,
- Deckungsbeitragsrechnung,
- Wirtschaftlichkeitsrechnung,
- Unternehmensbewertung etc.

Auch wenn diese Systeme häufig auf Standard-Software (zum Beispiel SAP) mit weitgehend durchgängigen Datenflüssen beruhen, muss sichergestellt sein, dass gleiche Daten in allen Systemen stets dieselben Inhalte haben. Das kann zum Beispiel mit einer entsprechenden Datenbank-Verwaltung sichergestellt werden.

Insbesondere bei Dispositionsrechnungen kommt es jedoch leicht zu Umdefinitionen von variablen zu fixen Kosten und umgekehrt. Das passiert nicht selten bei Plankalkulationen wie der Preiskalkulation, wenn mit fixen Stückkosten gearbeitet wird – ein Albtraum jedes Controllers. Wenn weiterhin die Vertriebskosten einer Produktlinie in einer Ergebnisrechnung näher analysiert werden sollen, dann müssen dieselben Vertriebskosten in der entsprechenden Verdichtung der Kostenstellenrechnung identisch auftauchen, sonst ist jede Analyse sinnlos.

3.6 Arbeitsteilung und Wirtschaftsstufe: die richtige Schnittstelle zwischen Leistungs-Centern

Die Forderung nach hinreichend genauen, eindeutigen, periodengerechten, plausiblen, signifikanten und repräsentativen Daten gilt grundsätzlich für **jede Ebene** in einem Unternehmen.

Mit der Definition einer **Center-Organisation,** das heißt der Strukturierung eines Unternehmens oder einer Unternehmensgruppe (Konzern), werden die notwendigen Voraussetzungen und die Regelkreise zur Steuerung des operativen Geschäfts geschaffen (siehe dazu nochmals ◀ Abb. 1-17 auf Seite 36).

Dabei geht es zum einen um die horizontale Struktur, also die Beziehungen zwischen den Leistungsbereichen, und zum anderen um die Hierarchie der Leistungsverantwortung (vertikale Struktur).

Die **horizontalen Leistungsbeziehungen** sind vorwiegend die zwischen Service-Einheiten und ihren Auftraggebern. Die Gestaltung der Leistungsverrechnung, die richtige Dimensionierung von Service-Centern, das Einrichten von Regeln für Make-or-buy-Entscheidungen von Services, die Budgetierung und die Berichterstattung über die Service-Bereiche, ihre Leistungserstellung und die budgetgerechte Abnahme der Leistungen sind Gegenstand des **Funktionscontrollings.** Die angemessene Verrechnung der Leistungen an interne Kunden, etwa als **Service Level Agreements** (SLA), ist wesentlicher Teil zum Beispiel des F&E-Controllings einer Service leistenden Einheit, oder auch der Logistik. Ein typischer Fall bietet in einem Produktionsunternehmen auch das Ingenieurwesen. Seine Kunden sind die Fertigungsbetriebe, und diese beziehen die unterschiedlichsten »Produkte«. Für diese unterschiedlichen Ausprägungen – zum Beispiel Überwachungsleistungen, Instandhaltung, Design, Konstruktion, Verfahrens- und Anwendungsentwicklung – muss jeweils die zutreffende Art der Verrechnung gefunden werden.

Das Funktionscontrolling wird hier zwar nicht vertiefend behandelt, da der Schwerpunkt dieses Buchs die operativen Entscheidungen im Unternehmen sind. Die im Funktionscontrolling angewandten Methoden sind aber nicht grundsätzlich von denen des operativen Controllings verschieden. Wesentlich ist, das geeignete Abrechnungsobjekt, die »Leistung« (im Sinne eines repetitiven Services oder eines Werkauftrags) zu definieren, die zugehörigen Kosten zu erfassen und dem Verursacher in Rechnung zu stellen. Darüber hinaus kommt es darauf an sicherzustellen, dass Vergleichbarkeit mit den am Markt angebotenen Leistungen besteht und somit zumindest langfristig die internen Services auch marktfähig sind, also im Wettbewerb mit von außen bezogenen Services Bestand haben. Hier liegt eine der wichtigsten Aufgaben des Funktionscontrollings.

Horizontale Leistungsbeziehungen bestehen auch zwischen am Markt operierenden Unternehmensbereichen, wenn der eine Leistungen (Produkte, Zwischenerzeugnisse, Fertigungskapazitäten) des anderen nutzt. Mit dieser Art des Leistungsaustauschs befasst sich die Transferpreisrechnung. Sie wird in Abschnitt 5.6 »Transfer- und Verrechnungspreise in verbundenen Unternehmen« näher dargestellt.

▼ Abb. 3-3 **Profit-Center-Hierarchie (operative Ebene Produktbereich)**

Blickt man **vertikal** auf das Unternehmen, so erkennt man die Hierarchie der unterschiedlichen Profit-Center, von der höchsten Verdichtung (Bereiche) bis zum Einzelprodukt (◀ Abb. 3-3).

Der Prozess des richtigen Zuschnitts der Profit-Center kann eine permanente »Baustelle« in einem Unternehmen sein, wobei die Zuordnung einer Technologie, einer Produktionsanlage, eines Sortiments, eines Markts etc. zu einem Unternehmensbereich oder einer Geschäftseinheit Umsatz und Ergebnis dieses Profit-Centers direkt beeinflusst. Das führt nicht selten zu Begehrlichkeiten und Remanenzen im Anpassungsprozess eines Unternehmens auf die ständigen Veränderungen der Produkt- und Marktstrategien. Deshalb ist eine Veränderung, wie zum Beispiel die Zuordnung einer Technologie und damit die »Umhängung« eines Betriebs vom Bereich A zu Bereich B, selten im Konsens beider Bereiche zu erzielen, sondern zumeist eine zentrale, übergeordnete Entscheidung. Wer verzichtet schon freiwillig auf eine hoch rentable Produktionseinheit, auch wenn im Extremfall die gesamte Verkaufsmenge von einem anderen Bereich weiterverarbeitet oder vermarktet wird?

Die Gliederung eines Unternehmens hat eine starke Außenwirkung, verbunden mit einer entsprechenden Berichterstattung innerhalb der Geschäftsberichte **(Segmentberichterstattung).** In dieser relativ hohen Aggregation kommen die Breite und Tiefe der Arbeitsteilung in einem Unternehmen zum Ausdruck, dargestellt in der Zahl und Größe von Unternehmensbereichen oder Geschäftseinheiten. Die Kennzahlen dieser Profit-Center dienen vorwiegend der längerfristigen und vor allem strategischen Bewertung aus Sicht des Gesamtunternehmens. Der finanzwirtschaftlich erforderliche und erreichte Wert beziehungsweise die Rendite eines Unternehmensbereichs definieren jedoch die Kapital- und Kostenstrukturen, in denen die eigentlichen Profit-Center – das sind Produktbereiche, strategische Geschäftsfelder, Produktklassen, Sortimente etc. – organisiert sein müssen.

Das wichtigste Kriterium für die Festlegung der Zuständigkeiten eines Profit-Centers ist die **Wirtschaftsstufe.** Sie endet in der Regel mit einem verkaufsfähigen Endprodukt, hergestellt in einer Produktionsanlage oder einem Betrieb mehrerer technisch verbundener Anlagen, deren Anlagevermögen direkt dem Fertigprodukt zugeordnet werden kann. Solche Profit-Center sind im Idealfall wie folgt gekennzeichnet:

- eindeutige Technologie,
- eindeutiger Markt (messbarer Marktanteil),
- eindeutige Kosten- und Ergebnisverantwortung.

Sind diese Kriterien nicht gegeben, besteht die Gefahr von suboptimaler Steuerung. In den typischen Verbundstrukturen der chemischen Industrie ist dieses Risiko besonders evident. Durch die tiefe Rückwärtsintegration und große Fertigungstiefe – »vom Bohrloch bis zur Pille« – ergibt sich zwar ein hohes Verbundpotenzial, das jedoch über mehrere Profit-Center organisiert werden muss. Die Folge ist eine erhebliche Komplexität der Organisation:

- Anlage I produziert für Bereich A und andere;
- Produkt X ist Verkaufsprodukt für Bereich A und Bereich B;
- Produkt Y ist Verkaufsprodukt für Bereich A und Vorprodukt für Bereich B; etc.

In jedem dieser – beispielhaften – Fälle entstehen interne **Schnittstellen.** Jede Organisation muss versuchen, die Zahl der Schnittstellen zu **minimieren,** und Regeln entwickeln, um Schnittstellen ohne interne Reibungsverluste zu organisieren (siehe Abschnitt 5.6 »Transfer- und Verrechnungspreise in verbundenen Unternehmen«).

Ein spezifisches Schnittstellenproblem sind **duale** Strukturen innerhalb eines Profit-Centers. Ein typisches Beispiel ist die Matrix von Produkt und Markt (▶ Abb. 3-4).

Was ist in ▶ Abb. 3-4 das Profit-Center?

- Das Sortiment 1 in Markt 1?
- Die Summe der Sortimente 1 bis 3 (= Produktklasse A) im Markt 1?
- Das Sortiment 1 in den Märkten 1 bis 3?
- Die Produktklasse A über alle Märkte?

Für jedes Teil-Profit-Center gibt es Verantwortliche in Vertrieb, Marketing, Produktion sowie Forschung und Entwicklung. Wer entscheidet dann über

▼ Abb. 3-4 **Duale Struktur Produkt und Markt**

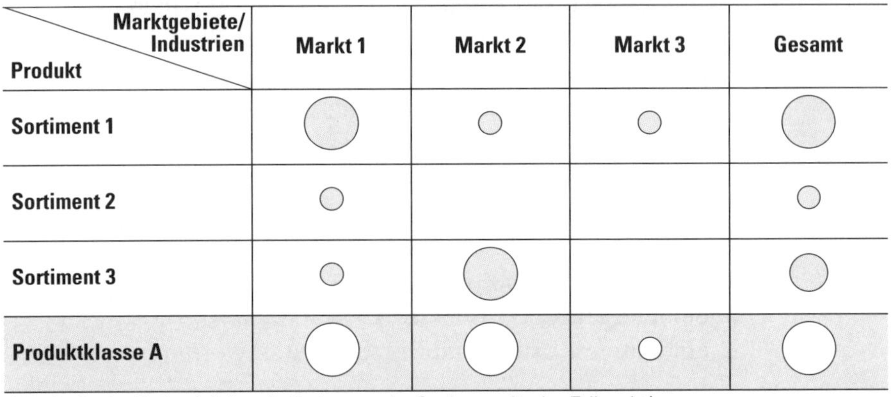

(Die Größe der Kreise definiert die Bedeutung der Sortimente für den Teilmarkt.)

die Einstellung des Sortiments 2? Der Verantwortliche für den Markt 1 oder der Verantwortliche der gesamten Produktklasse A?

Solche Fragen in Matrix-Organisationen sind das »täglich Brot« des Controllings, der an den Schnittstellen der Profit-Center das »Gesamtwohl« des Unternehmensbereichs – und des Gesamtunternehmens – im Auge behalten muss.

Kapitel 4
Vom Finanzbericht zum Controlling-Cockpit

4.1 Ableitung der Profit-Center-Renditen

Renditeorientierung beginnt mit der Ableitung des zu erzielenden Gesamtergebnisses aus den Verzinsungsansprüchen der Investoren. Nehmen wir einmal an, dass die Anforderung der Eigenkapitalgeber bei 10% nach Unternehmenssteuern liegt und der Marktwert des betrachteten Modellkonzerns circa 20 Mrd. EUR beträgt. Dann erwarten die Investoren für das betrachtete Geschäftsjahr ein Ergebnis in der Größenordnung von 2 Mrd. EUR nach Steuern vom Einkommen und Ertrag. Durch Anwendung eines pauschalisierten Steuersatzes (zum Beispiel von 35%) erhält man die Ergebnisvorgabe (3,08 Mrd. EUR) für den Gesamtkonzern vor Steuern. Davon muss noch das geplante Finanzergebnis abgezogen werden, um den **Gewinnanspruch an das betriebsnotwendige Kapital** zu ermitteln. Beispielhaft sei von einem Soll-EBIT von 2,6 Mrd. EUR ausgegangen. Der Bezug zum betriebsnotwendigen, beschäftigten Kapital (Capital Employed) – vereinfachend sei von 18 Mrd. EUR ausgegangen – ergibt dann theoretisch die Vorgabe der Ziel-Rendite (14,4%) durch die Geschäftsleitung.

In der Praxis wird aber die Renditeforderung der Investoren von Jahr zu Jahr schwanken. Auch dürfte der Marktwert noch größeren Verwerfungen ausgesetzt sein. Deshalb ist es sinnvoll, von einer längerfristigen Ziel-

▼ Abb. 4-1 **Entwicklung einer Kapitalrendite (Modellkonzern)**

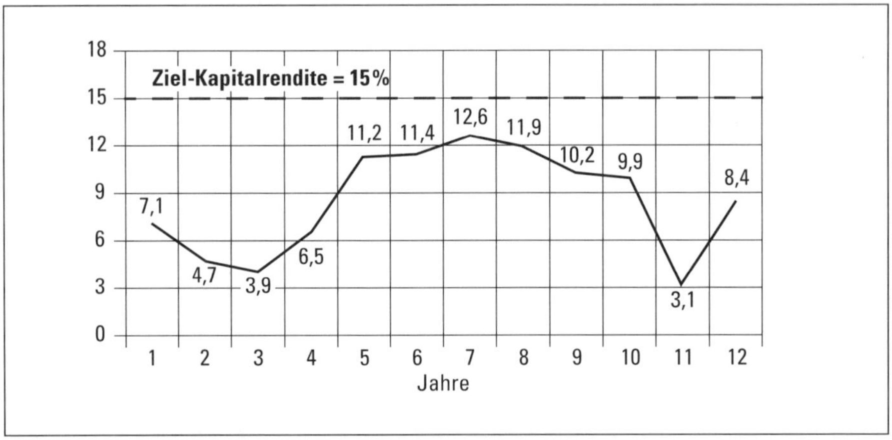

Rendite auf das eingesetzte Kapital auszugehen. Im betrachteten Modellkonzern liegt diese beispielhaft bei 15%. ◀ Abb. 4-1 zeigt demgegenüber die tatsächliche Entwicklung des Modellkonzerns über einen 12-Jahres-Zeitraum.

Die vorgegebene Gesamtkapitalrendite – auf den Ebenen EBIT und betriebsnotwendiges Kapital – muss nun vom **Zentralcontrolling** auf die Unternehmensbereiche und von dort vom Bereichscontrolling entlang der Profit-Center-Hierarchie auf die Stufe Bruttobetriebsergebnis überführt werden. **Die Kapitalrendite dieser Profit-Center ist die Bruttorendite.**

Mit der Definition des Profit-Centers, der Klärung fixer und variabler Kosten und der Separierung der Warenursprünge kann das Controlling mit dem Aufbau seiner kapitalrenditeorientierten Strukturdaten beginnen, ausgehend von der bereits bekannten Renditeformel.

Anschließend muss die Bruttorendite der Profit-Center durch die Aufteilung in das Wertepaar Umsatzrendite und Kapitalumschlag wieder »zum Sprechen« gebracht werden.

Je nach Kapital- und Kostenstruktur der zu steuernden Profit-Center kommt es zum Beispiel zu der in den Fallbeispielen (Kapitel 8) zugrunde liegenden Renditestruktur (▶ Abb. 4-2). Dabei ist darauf hinzuweisen, dass in den Fallbeispielen, die der Praxis entnommen sind, das direkt zurechenbare betriebsnotwendige Kapital (BNK) nur aus dem Anlagevermögen (AV) besteht. Die Kapitalbindung des Umlaufvermögens wird dann (zielkonform) über die Berücksichtigung kalkulatorischer Zinsen im Bruttobetriebsergebnis erfasst. Weiterhin wird auf die Zuordnung von zinslosem Kapital auf die in den Fallbeispielen betrachteten Profit-Center verzichtet.

▼ Abb. 4-2 **Überleitung der Konzernrendite (ROCE) zur Bruttorendite**

Globale Ziel-Rendite		
■ **ROCE Modellkonzern**		**> 15%**
⇩		
Operative Ziel-Renditen für Profit-Center		
■ **Ziel-Bruttorendite**	(BBE/BNK)	**> 25%**
entspricht		
□ Ziel-Umsatzrendite	(BBE/NU)	**ca. 20–30%**
und		
□ Ziel-Kapitalumschlag	(NU/BNK)	**> 1,25**

BBE = Bruttobetriebsergebnis; NU = Nettoumsatz; BNK = Betriebsnotwendiges Kapital

Die Überleitung der Zielvorgabe eines Konzerns auf die Ebenen eines Bereichs und der nachfolgenden Einheiten erfordert eine Reihe von Annahmen und Vorgaben. Zunächst erhält der Bereich – bei gegebenem Umsatz und aktueller Kosten- und Kapitalstruktur – eine absolute Ziel-Ergebnisvorgabe auf Basis EBIT. Damit kann – bereichs- oder geschäftsbereichsintern – zunächst ein Ziel-Betriebsergebnis abgeleitet werden und daraus die Stufe Ziel-Bruttobetriebsergebnis und Ziel-Bruttorendite.

Wenn es also – **für die oben genannte Struktur und bei gegebenem Kapital** – gelingt, die Gesamtheit der Profit-Center eines Bereichs oder einer Geschäftseinheit auf die abgeleitete Ziel-Umsatzrendite und den Ziel-Kapitalumschlag zu bringen oder zu halten, dann wird die globale Ziel-Kapitalrendite des Konzerns von 15% (ROCE) gerade erfüllt.

Ziel jeder Strategie ist also **bei gegebenem Kapital** die Maximierung der Bruttorendite, die durch eine Optimierung sowohl der Umsatzrendite als auch des Kapitalumschlags angestrebt werden muss (▶ Abb. 4-3).

Die Umsatzrendite *allein* kann zu Fehlentscheidungen führen, wie das Beispiel in ▶ Abb. 4-4 zeigt.

▼ Abb. 4-3 **Die zwei Schritte zur Bruttorendite**

Bruttorendite	**(BBE/BNK)**	**⇒ max!**
das heißt		
1. Schritt: **Umsatzrendite**	(BBE/NU)	⇒ opt!
2. Schritt: **Kapitalumschlag**	(NU/BNK)	⇒ opt!

BBE = Bruttobetriebsergebnis; NU = Nettoumsatz; BNK = Betriebsnotwendiges Kapital

▼ Abb. 4-4 **Bruttorendite (BR) versus Umsatzrendite (UR)**

	UR		KU		BR
Bereich A:	20 %	×	**1,0**	=	**20 %**
Bereich B:	18 %	×	**1,5**	=	**27 %**

B ist besser als A

Obwohl die Umsatzrendite des Bereichs A mit 20 % höher ist als diejenige von B mit 18 %, hat B einen deutlich besseren Kapitalumschlag (KU) und erreicht damit eine höhere Kapitalrendite, sprich Bruttorendite (BR). Wenn der **Kapitaleinsatz verändert** werden kann, ist aber auch die Bruttorendite allein nicht mehr aussagefähig. Wichtig ist dann, die Bruttorendite mit der Ziel-Rendite zu vergleichen und die Differenz mit dem Kapitaleinsatz zu multiplizieren:

Übergewinn = (Bruttorendite – Ziel-Rendite) × Investiertes Kapital

Dies ist in der Praxis oft schwierig zu vermitteln, weil dort häufig das Umsatzrendite-Denken dominiert. Hier muss das Controlling Überzeugungsarbeit leisten.

4.2 Kosten- und Ertragsstruktur eines Profit-Centers und seine Steuerungsgrößen

Wie steuert man die **Umsatzrendite** und den **Kapitalumschlag?** Hierzu müssen zunächst die typischen Kosten- und Kapitalstrukturen eines Profit-Centers ermittelt werden. Tatsächlich ist jedes Profit-Center durch eine Grundstruktur bei Kosten und Erlösen definiert, wie das Beispiel aus der Chemie in ▶ Abb. 4-5 zeigt. Zur Erinnerung: Die Ergebnisebene ist das Bruttobetriebsergebnis, die Vermögensebene das direkt zurechenbare betriebsnotwendige Kapital, also im Einzelnen das Anlagevermögen in der

▼ Abb. 4-5 **Kosten- und Erlösstruktur am Beispiel der Chemie**

	Umsatz	**100 %**
–	variable Kosten	35 %
=	Deckungsbeitrag (DB 1)	65 %
–	Fixkosten 1	45 %
=	**Bruttobetriebsergebnis**	**20 %**

Produktion und, dort wo eindeutig zuordenbar, auch das Umlaufvermögen abzüglich des zinslosen Fremdkapitals (Abzugskapital).

Um auf die Ziel-Umsatzrendite von mindestens 20 % zu kommen, dürfen – bei durch Preis und variablen Kosten vorgegebenen Deckungsbeiträgen von zum Beispiel 65 % – die Fixkosten 1 (bis zum Bruttobetriebsergebnis) maximal 45 % betragen (◀ Abb. 4-5).

Oder anders formuliert: Bei vorgegebenen Fixkosten von 45 % dürfen die variablen Kosten maximal 35 % vom Umsatz erreichen.

Als »Kontrast« dazu sei die **typische Kostenstruktur eines Handelsunternehmens** betrachtet (▶ Abb. 4-6). Die fixen Fertigungskosten fehlen, die gesamten Fixkosten sind – in Relation zum Umsatz – deutlich niedriger. Dafür sind die variablen Kosten der dominierende Kostenblock und die Deckungsbeitragsrate (Deckungsbeitrag in Prozent vom Umsatz) ist entsprechend gering.

▼ Abb. 4-6 **Kosten- und Erlösstruktur am Beispiel eines Handelsunternehmens**

	Umsatz	**100 %**
–	variable Kosten	65 %
=	Deckungsbeitrag (DB 1)	35 %
–	Fixkosten 1	30 %
=	**Bruttobetriebsergebnis**	**5 %**

Ein Ergebnis (in diesem Fall das Bruttobetriebsergebnis) ist stets die Differenz aus Deckungsbeitrag und Fixkosten. Bezogen auf das Geschäft – also den Umsatz – ist die Umsatzrendite stets die Differenz aus der Deckungsbeitragsrate (= Deckungsbeitrag in Prozent vom Umsatz) und den

▼ Abb. 4-7 **Ergebnisparameter eines Profit-Centers**

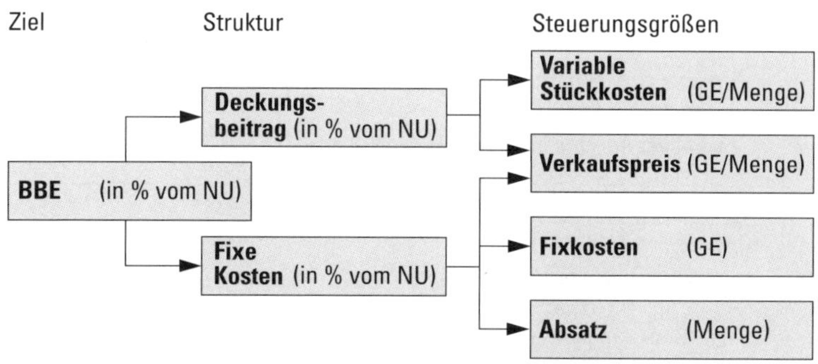

BBE = Bruttobetriebsergebnis; NU = Nettoumsatz; GE = Geldeinheiten

Fixkosten in Prozent vom Umsatz. Wie diese beiden Strukturgrößen definiert sind und durch welche primären operativen Steuerungsgrößen sie beeinflusst werden, zeigt ◀ Abb. 4-7.

Die **Deckungsbeitragsrate** (DB-Rate), synonym die **DB-Intensität,** ergibt sich direkt aus der Relation der variablen Stückkosten und der Verkaufspreise. Steigt der Preis – bei unveränderten Stückkosten –, steigt die DB-Rate und umgekehrt. Fallen die Stückkosten – bei unveränderten Preisen –, steigt die DB-Rate ebenfalls und umgekehrt.

$$\text{DB-Rate} = \frac{\text{Deckungsbeitrag}}{\text{Umsatz}} = \frac{(\text{Verkaufspreis} - \text{variable Stückkosten})}{\text{Verkaufspreis}} = 1 - \frac{\text{variable Stückkosten}}{\text{Verkaufspreis}}$$

Die **Fixkostenrate** – Fixkosten in Prozent vom Umsatz – wird durch die absolute Höhe der Fixkosten bezogen auf das jeweilige Umsatzvolumen definiert. Sinkt der Umsatz – bei vorgegebenen Fixkosten 1 –, steigt die Fixkostenrate und vice versa. Der Umsatz selbst ist das Produkt aus Absatz und Verkaufspreis. Steigt der Absatz – bei konstanten Preisen –, sinkt die Fixkostenrate: Die Fixkosten »verdünnen« sich. Sinkt der Absatz – bei konstanten Verkaufspreisen –, steigt die Fixkostenrate: Die Fixkosten »verdicken« sich. Diese Effekte treten analog auf, wenn sich der Verkaufspreis bei konstanter Menge verändert.

Bevor man diese Zusammenhänge für eine gezielte Steuerung der Profit-Center nutzt, muss man sich zunächst über die spezifischen Kostenstrukturen und über die angemessene Höhe der einzelnen Fixkostenpositionen und der variablen Kostenarten eines Profit-Centers im Klaren sein.

Die Fixkosten – zwischen Deckungsbeitrag (DB 1) und Bruttobetriebsergebnis – liegen in einer spezifischen Gewichtung vor (siehe ▶ Abb. 4-8 sowie die Fallbeispiele zur chemischen Industrie in Kapitel 8).

▼ Abb. 4-8 **Fixkosten-Targets am Beispiel der Chemie**

Fixkosten 1	**45%**
▪ Versandkosten	3%
▪ Vertriebskosten	12%
▪ Fertigungskosten	30%
Deckungsbeitrag (DB 1)	**65%**

Bei dieser typisch produktionsorientierten Struktur sind die fixen Fertigungskosten der größte Kostenblock. Bei einem Handelsunternehmen entfällt dieser Aufwand; dafür dominieren die Vermarktungskosten bei Vertrieb und Versand (▶ Abb. 4-9).

▼ Abb. 4-9 **Fixkosten-Targets am Beispiel eines Handelsunternehmens**

Fixkosten 1	**30%**
▪ Versandkosten	15%
▪ Vertriebskosten	15%
▪ Fertigungskosten	0%
Deckungsbeitrag (DB 1)	**35%**

Die variablen Kosten – als Stückkosten beziehungsweise umsatzproportionale Kosten ermittelt – bilden die variable Struktur, was zunächst wieder beispielhaft für eine **typische Produktionsgesellschaft** gezeigt wird (▶ Abb. 4-10).

▼ Abb. 4-10 **Struktur der variablen Kosten (Targets) am Beispiel der Chemie**

Variable Kosten	**35%**
▪ Frachten/Packmittel	4%
▪ Provisionen	1%
▪ Rohstoffkosten	25%
▪ variable Energiekosten	5%
Deckungsbeitrag (DB 1)	**65%**

Zum Vergleich eine typische variable Ziel-Kostenstruktur in einem **Handelsunternehmen** (▶ Abb. 4-11).

▼ Abb. 4-11 **Struktur der variablen Kosten (Targets) am Beispiel eines Handelsunternehmens**

Variable Kosten	**65%**
▪ Frachten/Packmittel	4%
▪ Provisionen	2%
▪ Einstandskosten	58%
▪ variable Energiekosten	1%
Deckungsbeitrag (DB 1)	**35%**

Die Anteile der variablen Kosten und des Deckungsbeitrags am Umsatz ergeben zusammen immer 100% (Deckungsbeitrag = Umsatz – variable Kosten).

▼ Abb. 4-12 **Umsatzrendite-Diagramm**

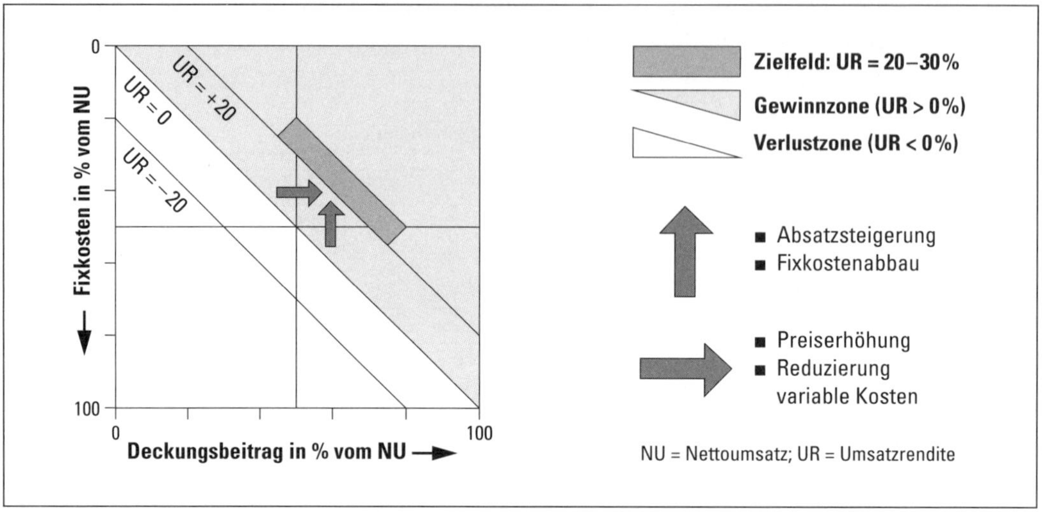

Damit ist die **Umsatzrendite** (UR) die Differenz aus dem Deckungsbeitrag in Prozent vom Umsatz (die DB-Rate oder -Intensität) und den Fixkosten in Prozent vom Umsatz (den Strukturkosten eines Profit-Centers).

Die Umsatzrendite lässt sich somit sehr anschaulich in einem Deckungsbeitrags-Fixkosten-Diagramm **(Umsatzrendite-Diagramm)** darstellen (◀ Abb. 4-12).

Das Umsatzrendite-Zielfeld muss man – in Kenntnis vorgegebener und realistischer Rahmenbedingungen – eingrenzen: Eine Bandbreite von 20 bis 30% soll heißen, dass es mindestens 20% sein sollten, aber selten über 30% sein werden, selbst unter günstigsten Bedingungen. Profit-Center mit DB-Raten über 90% sind bei Produktionsgesellschaften (Beispiel Chemie) unrealistisch, ebenso solche mit Fixkosten unter 20% vom Nettoumsatz.

Eine Umsatzrendite von 0% (Basis Bruttobetriebsergebnis) ergibt sich sowohl bei einer deckungsbeitragsstarken Produktlinie – zum Beispiel DB-Rate von 60% vom Nettoumsatz –, aber gleich hohen Fixkosten von 60% vom Nettoumsatz, als auch bei einer deckungsbeitragsschwachen Produktlinie – zum Beispiel DB-Rate von nur 40% vom Nettoumsatz –, aber dafür günstigen Fixkosten von nur 40% vom Nettoumsatz.

Die Strategien, diese Produktlinien ins Zielfeld zu bringen, sind vermutlich unterschiedlich. Die erforderlichen Maßnahmen lassen sich sehr gezielt und plausibel aus der Position im Umsatzrendite-Diagramm ablesen.

Innerhalb desselben Arbeitsgebiets ergibt ein **extrem unterschiedliches Wertepaar** aus DB-Rate und Fixkosten (%) bei gleicher Umsatzrendite und gleicher Auslastung – zum Beispiel 70/50 gegenüber 50/30 – einen ersten Hinweis auf eine **unterschiedliche Fertigungstiefe.** Profit-Center mit einem Wertepaar 70/50 – hohe DB-Rate, aber auch hohe Fixkosten – zeugen von hoher Fertigungstiefe oder vermutlich aufwendiger Technologie (»high tech«). Profit-Center mit einem Wertepaar von 50/30 erreichen ebenfalls eine Umsatzrendite von 20 %, jedoch mit einer anderen, in diesem Fall flacheren Kosten- und Kapitalstruktur (»low tech«). Das gibt einen Hinweis auf die strategischen Alternativen, über die – unter Berücksichtigung des Kapitals und damit des Kapitalumschlags – nur die Kapitalrendite und daraus abgeleitet der Übergewinn entscheiden kann und nicht die Umsatzrendite. Doch zunächst analysieren wir im ersten Schritt die Maßnahmen zur **Optimierung der Umsatzrendite.**

Selbstverständlich kann man immer an allen »Knöpfen« zur Verbesserung der Umsatzrendite drehen. Dennoch erscheint es wenig sinnvoll, bei einer deckungsbeitragsstarken Produktlinie vorrangig die Preise und damit die DB-Rate weiter zu erhöhen oder bei günstigen Fixkosten einen weiteren Kostenabbau durchzusetzen. Solche Maßnahmen sind – auf einen Blick erkennbar – kontraproduktiv.

Bei deckungsbeitragsschwachen Produktlinien stehen der Preis und speziell die (variablen) Rohstoffkosten im Fokus, bei hohen Fixkosten dagegen deren Abbau oder – falls nur durch schlechte Beschäftigung »verdickt« – eine Fixkostenverdünnung durch Steigerung der Absatzmenge.

Nach der Optimierung der Umsatzrendite wird im nächsten Schritt der Bezug zum Kapitaleinsatz durch die **Optimierung des Kapitalumschlags** hergestellt (◀ Abb. 4-3 auf Seite 61).

Möglicher Hebel der Kapitalumschlagsoptimierung ist zum einen der Umsatz (Zählergröße), der sowohl über Preiserhöhungen als auch über eine Mengensteigerung zu erreichen ist. Zum anderen kann der Kapitalumschlag (eine Art »betriebswirtschaftliche Geschwindigkeit«) durch Abbau von gebundenem Vermögen (zum Beispiel über Prozessreorganisation) erhöht werden.

Die getrennte Optimierung von Umsatzrendite und Kapitalumschlag kann zu einer suboptimalen Kapitalrendite führen. Entscheidend ist bei gegebenem Kapital die Maximierung des Wertepaars, das heißt der Kapitalrendite.

Das Wertepaar Umsatzrendite und Kapitalumschlag wird im **Kapitalrendite-Diagramm** miteinander verknüpft. Das in ◀ Abb. 1-8 auf Seite 26 bereits dargestellte allgemeine Kapitalrendite-Diagramm wird nun zum spezifischen **Bruttorendite-Diagramm** (▶ Abb. 4-13)

▼ Abb. 4-13 **Bruttorendite-Diagramm**

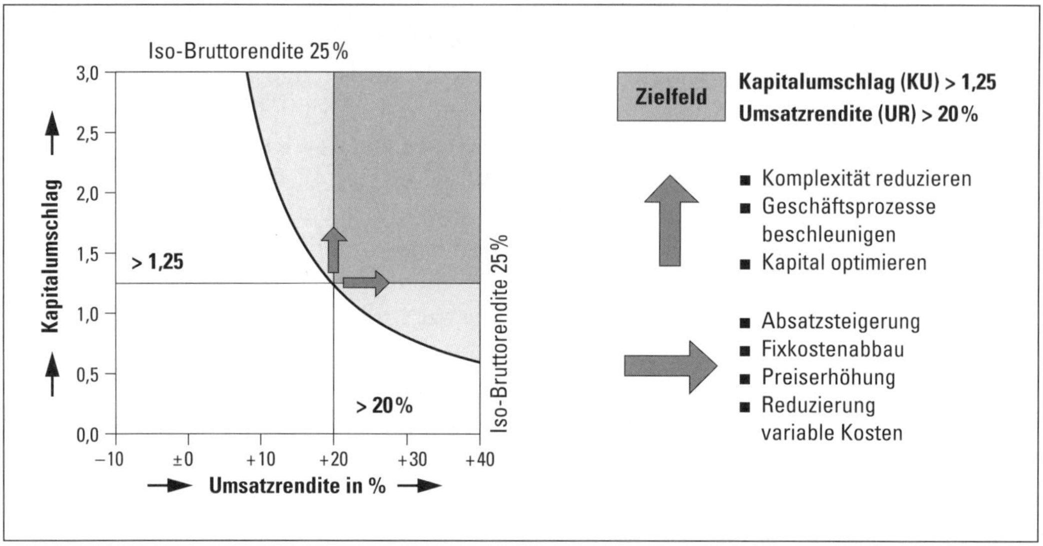

Während bei der Umsatzrendite »allein« das Bruttoergebnis im Fokus steht, wird durch den Bezug zum investierten Kapital das ganze Potenzial an Maßnahmen zur Renditesteigerung veranschaulicht, das der Kapitalumschlag-Hebel anbietet:

- Abbau der Komplexität,
- Beschleunigung der Prozesse,
- Reduzierung der Produkt- und Sortimentsvielfalt,
- Reduzierung des Anlagevermögens auf das betriebsnotwendige Maß,
- Optimierung des Umlaufvermögens (Vorräte und Forderungen aus Lieferungen und Leistungen).

Die Beschleunigung von Prozessketten und die Vereinfachung von Organisations-, Produktions- und Sortimentstrukturen sind häufig die am besten geeigneten Maßnahmen zur Optimierung der Rendite. Wer nur den Gewinn und die Umsatzrendite im Fokus hat, steuert in der Regel höchst unvollkommen, da er *keinen* Bezug zum eingesetzten Kapital hat.

Dieser eigentlich banale Sachverhalt wird dennoch häufig sträflich vernachlässigt. Das Primat der Kostensenkung dominiert, nicht das Primat, das eingesetzte Kapital maximal zu beschäftigen. Kapital schlecht zu beschäftigen, ist jedoch die größte Renditebremse, das Kapital maximal zu beschäftigen, der »Schlüssel zum Erfolg«.

In der Praxis gibt es spektakuläre Beispiele, wie die Erkennung und Nutzung des Kapitalumschlags bessere – oder zumindest gleichwertige – Lösungen ermöglicht. In der Diskussion um die angeblich notwendige Verlagerung einer Produktion in das »billigere« Ausland wird fast ausschließlich mit Kosteneinsparungen argumentiert. Die Frage nach dem Hebel des Kapitalumschlags wird ignoriert.

Ein einfaches Beispiel: Bei einer Gesellschaft, die in Deutschland produziert, ermöglichen relativ hohe Personalkosten eine Umsatzrendite von maximal 4 %. Die Gesellschaft prüft die Verlagerung der Produktion ins Ausland. Dabei sinken die Personalkosten um 75 %, die Umsatzrendite liegt dann bei 15 %. Die Verlagerung scheint unausweichlich. Bei Berücksichtigung des Kapitalumschlags ergibt sich für den deutschen Hochlohn-Standort dennoch ein Vorteil. Durch eine deutlich höhere Produktivität – schnelle Prozesse, geringe Fehlerquote, geringer Ausschuss, hohe Beschäftigung des investierten Kapitals, geringe Bindung in Umlaufvermögen – liegt der Kapitalumschlag bei 4, im ausländischen Werk bei 1. Das bedeutet eine Kapitalrendite von 16 % im deutschen Standort und von 15 % im ausländischen Standort. Viele Entscheidungen zur Standortverlagerung scheinen mit dem Argument der Umsatzrendite und nicht mit dem der Kapitalrendite getroffen zu werden.

Die Kombination aus Umsatzrendite und Kapitalumschlag legt die eigentliche Renditestruktur offen (▶ Abb. 4-14). Das Zielfeld bedeutet De-

▼ Abb. 4-14 **Bedeutung der Positionierung im Kapitalrendite-Diagramm**

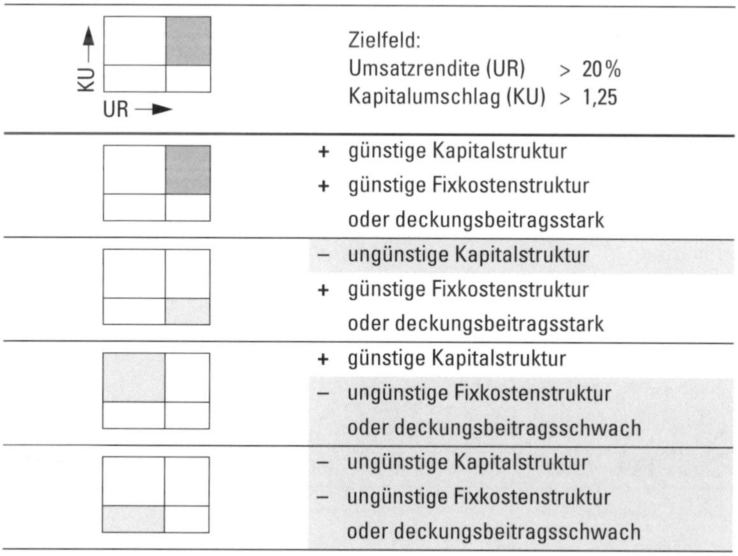

ckungsbeitragsstärke bei gleichzeitig idealer Kosten- und Kapitalstruktur. Außerhalb dieser Position ist entweder die Kapitalstruktur ungünstig (Feld rechts unten), die Kosten- und Ertragsstruktur nicht optimal (Feld links oben) oder alle drei Parameter – Fixkosten, Kapital, Deckungsbeitragsrate – lassen mehr oder weniger zu wünschen übrig.

4.3 Das Controlling-Cockpit

Ständige Änderungen im Umfeld der Rechnungslegung oder der Finanzierung und die unvermeidliche Bürokratisierung der Unternehmensaufsicht machen es nötig, dem Management überschaubare Steuerungsinformationen zu liefern. Das Controlling muss das »Cockpit« seiner Firma und seiner Profit-Center einrichten. Ausgehend von den Finanzdaten aus der operativen Berichterstattung (siehe ◀ Abb. 1-18 auf Seite 37) und der Ziel-Kosten (siehe ◀ Abb. 4-5 und 4-6) kann unter Anwendung der beiden Rendite-Diagramme (Umsatzrendite und Kapitalrendite; siehe ◀ Abb. 4-12 und 4-13) das **Controlling-Cockpit** erstellt werden. ▶ Abb. 4-15 fasst diese Informationen noch einmal anschaulich zusammen.

▼ Abb. 4-15 **Voraussetzungen für das Controlling-Cockpit**

Operative Berichterstattung						
Gesellschaft: Modell AG						
Perioden		**1**	**2**	**3**	**4**	**5**
■ Nettoumsatz Eigenerzeugnisse ■ Nettoumsatz Handelswaren ■ Betriebstypische sonstige Geschäfte						
Nettoumsatz						
■ Absatzkosten (Frachten, Packmittel, Provisionen) ■ Stoffkosten Eigenwaren ■ Variable Fertigungskosten ■ Einstandskosten Handelswaren	}	**variable Kosten**				
Deckungsbeitrag 1 (DB 1)	⇐					
■ Fertigungskosten ■ Versandkosten ■ Vertriebskosten	}	**Fixkosten 1**				
Bruttobetriebsergebnis (BBE = DB 2)	⇐	**Bruttorendite**				

Umsatz	**100%**
– variable Kosten	**35%**
= Deckungsbeitrag	**65%**
– fixe Kosten	**45%**
= BBE	**20%**

Betrachtet sei zunächst der **Controllingbericht** (controllingrelevante Daten), angelegt in einer Excel-Datei, mit der in ▶ Abb. 4-16 explizit gemachten Eingabestruktur.

Im Bericht wird bereits der Break-even (Umsatz und Leistungseinheiten) der Vollständigkeit halber mit aufgeführt. Der Begriff selbst wird ausführlich in Abschnitt 5.3 »Break-even-Analyse« behandelt.

▼ Abb. 4-16 **Controllingdaten (Excel-Formular)**

Gesellschaft: Modell AG	**Produktlinie: XYZ**					
in GE						
Perioden	**1**	**2**	**3**	**4**	**5**	
Leistungseinheiten (LE)	**0**	**0**	**0**	**0**	**0**	⇐ **Eingabefelder**
Verkaufspreis (VP)	**0,00**	**0,00**	**0,00**	**0,00**	**0,00**	⇐ **Eingabefelder**
Nettoumsatz (NU)						LE · VP
Operatives Ergebnis (OE)						DB 1 – Fixkosten
Umsatzrendite (OE in % vom NU)						*OE/NU*
Break-even (Umsatz)						Fixkosten/(DB 1/NU)
Break-even (LE)						Fixkosten/(DB 1/LE)
Fixkosten	**0**	**0**	**0**	**0**	**0**	⇐ **Eingabefelder**
▪ *in % vom NU*						*Fixkosten/NU*
Variable Kosten						NU – DB 1
▪ *in % vom NU*						*variable Kosten/NU*
▪ **GE/LE**	**0,00**	**0,00**	**0,00**	**0,00**	**0,00**	⇐ **Eingabefelder**
Deckungsbeitrag (DB 1)						(VP – var. Stückkosten) · LE
▪ *in % vom NU*						*DB 1/NU*
Betriebsnotwendiges Kapital (BNK)	**0**	**0**	**0**	**0**	**0**	⇐ **Eingabefelder**
Kapitalrendite (OE in % vom BNK)						*OE/BNK*
Kapitalumschlag KU (NU/BNK)						NU/BNK

Fixkostenstruktur	**in GE**		***in % vom NU***		**Schwachstellen**	
	Periode 4	**Periode 5**	**Periode 4**	**Periode 5**	☐ Menge	
▪ Umsatzkosten 1	0	0			☐ Fixkosten	⇐ **Eingabefelder/Formeln**
▪ Umsatzkosten 2	0	0			☐ Preis	⇐ **Eingabefelder/Formeln**
▪ Umsatzkosten 3	0	0			☐ Variable Kosten	⇐ **Eingabefelder/Formeln**
▪ etc.	0	0			☐ Kapitalbindung	⇐ **Eingabefelder/Formeln**

Die Definitionen des Controlling-Cockpits, ebenso wie der meisten Tabellen, werden im Nachfolgenden – und insbesondere in den Fallbeispielen – enger gefasst, das heißt:

- Geldeinheiten (GE) — Euro (EUR, 1.000 EUR oder Mio. EUR),
- Leistungseinheiten (LE) — Stück oder Menge in Tonnen und Kilogramm (kg),
- operatives Ergebnis (OE) — Bruttobetriebsergebnis (BBE) und Betriebsergebnis (BE)[1],
- betriebsnotwendiges Kapital (BNK) — Anlagevermögen (AV) bei Ergebnisstufe Bruttobetriebsergebnis (BBE) und Anlage- und Umlaufvermögen (AV + UV) bei Ergebnisstufe Betriebsergebnis (BE).

Durch die Verknüpfung mit den beiden Graphiken (Rendite-Diagramme) ergibt sich dann das **komplette Controlling-Cockpit** (▶ Abb. 4-17, die ein Beispiel mit Daten enthält, in diesem Fall bis zur Ebene Betriebsergebnis mit einem Zielfeld UR > 10 % und KU > 1,25).

Dieses Cockpit enthält alle Daten und Datenstrukturen, die zur Beschreibung und Steuerung eines Profit-Centers notwendig sind. In ▶ Abb. 4-18 sind zunächst der **Ergebnisteil** und der Break-even dargestellt.

Durch den Ausweis des betriebsnotwendigen Kapitals – im Idealfall das gesamte im Profit-Center beschäftigte Anlage- und Umlaufvermögen (AV + UV), korrigiert um das zinslose Fremdkapital – kann die oberste Zielgröße, die Kapitalrendite, und der dabei wirkende Kapitalumschlag errechnet werden.

Die Anzahl der Perioden in dieser Excel-Datei ist beliebig groß, sei es zur Dokumentation und Analyse der Vergangenheit, sei es zur Simulation von Planperioden. Es hat sich bewährt, die aktuellen Zahlen (Monat, Quartal, Jahr) mit einer Reihe von Vorperioden zu vergleichen, auch um Veränderungen von Steuerungsgrößen in ihrem repräsentativen Trend und in ihrer Dynamik besser beurteilen zu können.

1 Betriebsergebnis (BE) = Bruttobetriebsergebnis – Fixkosten 2 (Overhead)

▼ Abb. 4-17 **Komplettes Controlling-Cockpit (Beispiel; Basis Betriebsergebnis)**

Gesellschaft: Modell AG	**Standort/Produktlinie: XYZ**				
in 1.000 EUR					
Perioden	**1**	**2**	**3**	**4**	**5**
Menge in Tonnen	**1.000**	**1.100**	**1.200**	**1.300**	**1.400**
Verkaufspreis EUR/kg (VP)	**100,00**	**101,00**	**102,00**	**103,00**	**104,00**
Nettoumsatz (NU)	100.000	111.100	122.400	133.900	145.600
Betriebsergebnis (BE)	10.000	15.000	20.000	25.000	30.000
Umsatzrendite (BE in % vom NU)	*10,0*	*13,5*	*16,3*	*18,7*	*20,6*
Break-even (Umsatz)	83.333	85.850	88.400	90.983	93.600
Break-even (Menge)	833	850	867	883	900
Fixkosten (bis BE)	**50.000**	**51.000**	**52.000**	**53.000**	**54.000**
▪ *in % vom NU*	*50,0*	*45,9*	*42,5*	*39,6*	*37,1*
Variable Kosten	40.000	45.100	50.400	55.900	61.600
▪ *in % vom NU*	*40,0*	*40,6*	*41,2*	*41,7*	*42,3*
▪ **EUR/kg**	**40,00**	**41,00**	**42,00**	**43,00**	**44,00**
Deckungsbeitrag (DB 1)	60.000	66.000	72.000	78.000	84.000
▪ *in % vom NU*	*60,0*	*59,4*	*58,8*	*58,3*	*57,7*
Betriebsnotwendiges Kapital (BNK)	**80.000**	**81.000**	**82.000**	**83.000**	**84.000**
Kapitalrendite (BE in % vom BNK)	*12,5*	*18,5*	*24,4*	*30,1*	*35,7*
Kapitalumschlag (NU/BNK)	1,25	1,37	1,49	1,61	1,73

Fixkostenstruktur	**in 1.000 EUR**		***in % vom NU***		**Schwachstellen**
	Periode 4	**Periode 5**	**Periode 4**	**Periode 5**	☐ Menge
▪ Versandkosten	3.000	3.500	*2,2*	*2,4*	☐ Fixkosten
▪ Vertriebskosten	10.000	10.500	*7,5*	*7,2*	☐ Preis
▪ Fertigungskosten	30.000	30.000	*22,4*	*20,6*	☐ Variable Kosten
▪ Overheadkosten	10.000	10.000	*7,5*	*6,9*	☐ Kapitalbindung

Umsatzrendite-(UR-)Diagramm

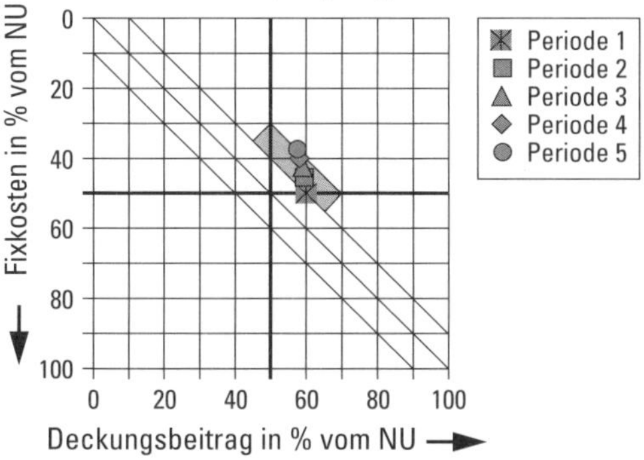

Zielfeld: UR = 10–20%

Kapitalrendite-(KR-)Diagramm

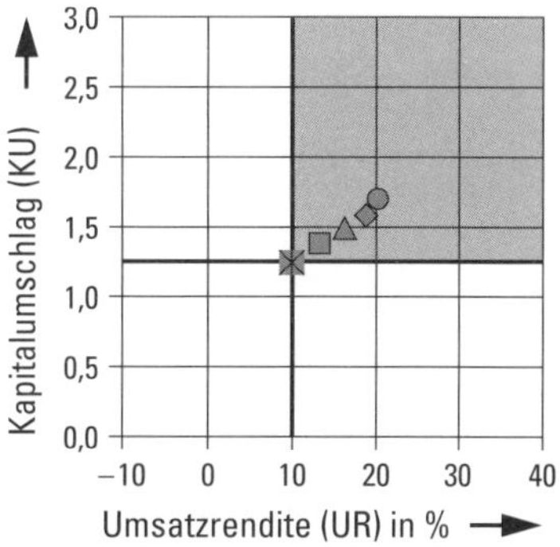

Zielfeld: UR > 10% und KU > 1,25

▼ Abb. 4-18 **Ergebnis, Break-even und Rendite im Controlling-Cockpit**

in 1.000 EUR					
Perioden	**1**	**2**	**3**	**4**	**5**
Menge in Tonnen	**1.000**	**1.100**	**1.200**	**1.300**	**1.400**
Verkaufspreis EUR/kg (VP)	**100,00**	**101,00**	**102,00**	**103,00**	**104,00**
Nettoumsatz (NU)	100.000	111.100	122.400	133.900	145.600
Betriebsergebnis (BE)	10.000	15.000	20.000	25.000	30.000
Umsatzrendite (BE in % vom NU)	*10,0*	*13,5*	*16,3*	*18,7*	*20,6*
Break-even (Umsatz)	83.333	85.850	88.400	90.983	93.600
Break-even (Menge)	833	850	867	883	900
Betriebsnotwendiges Kapital (BNK)	**80.000**	**81.000**	**82.000**	**83.000**	**84.000**
Kapitalrendite (BE in % vom BNK)	*12,5*	*18,5*	*24,4*	*30,1*	*35,7*
Kapitalumschlag (NU/BNK)	1,25	1,37	1,49	1,61	1,73

In ▶ Abb. 4-19 folgt der **Kostenteil,** exakt getrennt nach fixen und variablen Kosten und dem Ausweis aller Informationen zum Deckungsbeitrag, das heißt absolut, in Geldeinheiten/Menge sowie in Prozent vom Umsatz (= Deckungsbeitragsrate beziehungsweise -intensität). Der Deckungsbeitrag ist sozusagen der Ausgangspunkt jedes Profit-Centers.

▼ Abb. 4-19 **Kostenstruktur und Deckungsbeitrag im Controlling-Cockpit**

in 1.000 EUR					
Perioden	**1**	**2**	**3**	**4**	**5**
Fixkosten (bis BE)	**50.000**	**51.000**	**52.000**	**53.000**	**54.000**
▪ *in % vom NU*	*50,0*	*45,9*	*42,5*	*39,6*	*37,1*
Variable Kosten	40.000	45.100	50.400	55.900	61.600
▪ *in % vom NU*	*40,0*	*40,6*	*41,2*	*41,7*	*42,3*
▪ **EUR/kg**	**40,00**	**41,00**	**42,00**	**43,00**	**44,00**
Deckungsbeitrag (DB 1)	60.000	66.000	72.000	78.000	84.000
▪ *in % vom NU*	*60,0*	*59,4*	*58,8*	*58,3*	*57,7*

Die Daten werden ergänzt durch eine **Aufteilung der Fixkosten** und Fixkostenstrukturen der letzten Perioden (Beispiel: Periode 4 und 5) sowie durch eine **Schwachstellen-Bewertung** der vier Ergebnisgrößen sowie des Kapitals (▶ Abb. 4-20).

Die Umsatzkosten 1 bis 3 aus dem Formular von ◀ Abb. 4-16 stehen – bis zur Ebene Bruttobetriebsergebnis – für die Fixkosten für Versand, Vertrieb und Fertigung.

▼ Abb. 4-20 **Aufteilung der Fixkosten (Umsatzkosten) im Controlling-Cockpit**

Fixkostenstruktur	**in 1.000 EUR**		***in % vom NU***		**Schwachstellen**
	Periode 4	**Periode 5**	**Periode 4**	**Periode 5**	☐ Menge
▪ Versandkosten	3.000	3.500	*2,2*	*2,4*	☐ Fixkosten
▪ Vertriebskosten	10.000	10.500	*7,5*	*7,2*	☐ Preis
▪ Fertigungskosten	30.000	30.000	*22,4*	*20,6*	☐ Variable Kosten
▪ Overheadkosten	10.000	10.000	*7,5*	*6,9*	☐ Kapitalbindung

Für die Ebene »Betriebsergebnis« erweitert man den Fixkostenblock um die Overheadkosten (Verwaltungs-, Forschungs- und sonstige Betriebskosten). Dieser Ergebnisebene sollte stets das komplette betriebsnotwendige Vermögen, das heißt Anlage- und Umlaufvermögen, eventuell korrigiert um das zinslose Fremdkapital, gegenübergestellt werden.

Bei der **Profit-Center-Steuerung** ist es fundamental, dass sich die Ergebnisverantwortlichen – in der Regel das Team aus Produktmanagement, Produktion, Marketing, Forschung und Entwicklung – zunächst über die Stärken und Schwächen einig werden und sich dann über geeignete Maßnahmen zur Renditeverbesserung oder Renditekonsolidierung abstimmen. Das Controlling-Cockpit ist die gemeinsame Unterlage für alle Beteiligten.

In der Excel-Datei können alle plausiblen Maßnahmen und Strategien direkt – wie in einem Planspiel – verarbeitet und betriebswirtschaftlich bewertet werden.

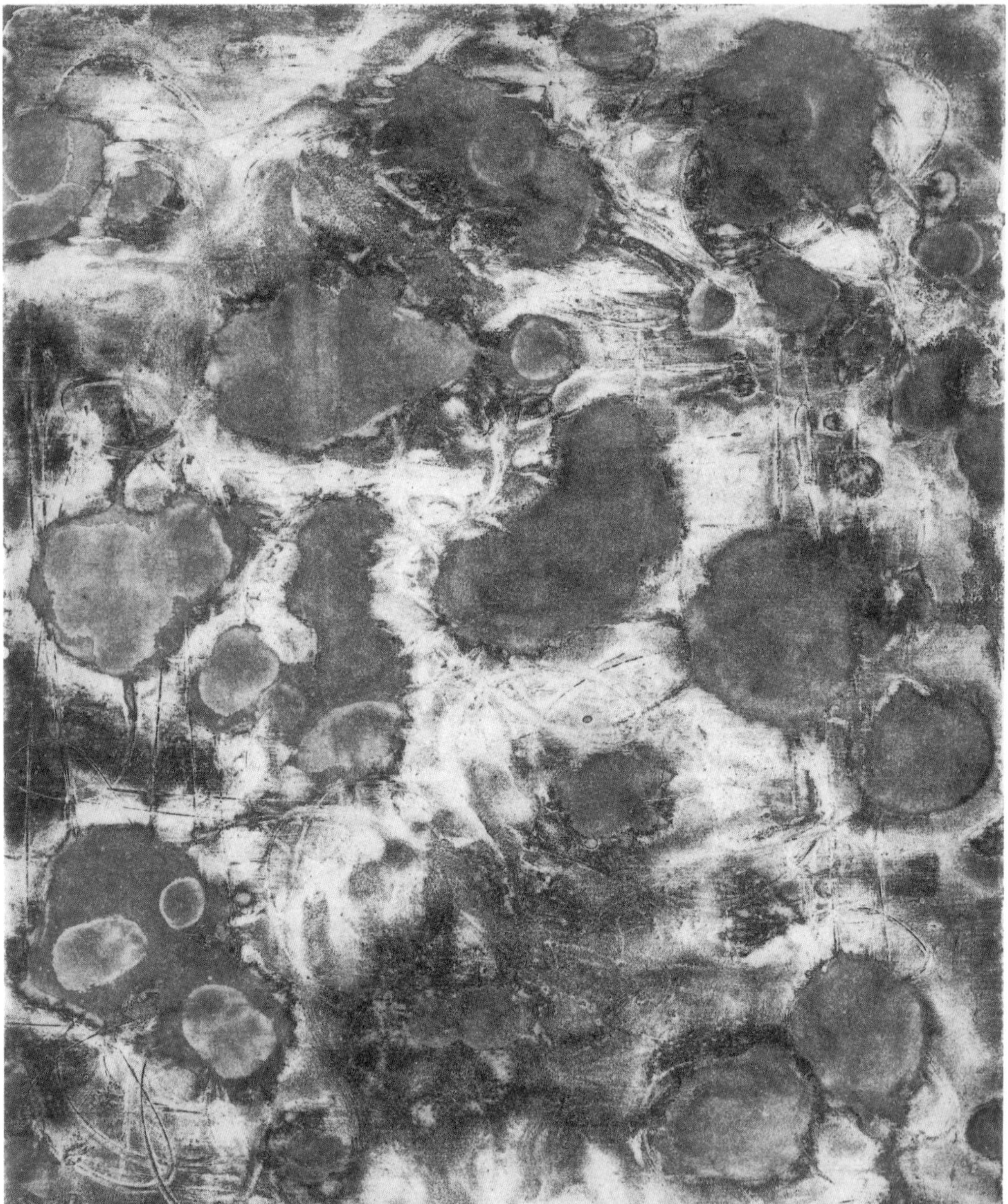

Kapitel 5

Methoden zur Entscheidungsfindung und Steuerung im Unternehmen

5.1 Investitionsrechnung

5.1.1 Bedeutung von Investitionen

Orientiert man sich an den Definitionen der EU-Verordnung und analoger nationaler Richtlinien über die strukturelle Unternehmensstatistik sowie der Volkswirtschaftlichen Gesamtrechnung, kann man den Begriff »Investitionen« – besser »Bruttoanlageinvestitionen« – wie folgt präzisieren:

Die **Bruttoanlageinvestitionen** erfassen Ausgaben für Güter, die einen längerfristigen (mehr als einjährigen) Beitrag zum Betriebszweck leisten, sowie die Ausgaben für die in die erworbenen Anlagegüter eingegangenen Dienstleistungen. Sie schließen die Aufwendungen für normale Instandhaltung und Reparaturen am vorhandenen Anlagevermögen aus, beinhalten aber die Verbesserungen an Anlagegütern, die über eine Instandhaltung hinausgehen. »Brutto« bringt dabei zum Ausdruck, dass es sich um das Gesamtvolumen der neu hinzukommenden Anlageinvestitionen handelt, ohne Vornahme der nötigen Abschreibungen am bereits bestehenden Vermögen.

Zu den **Investitionen** gehören in erster Linie Anschaffungen (Zugänge) zum Sachanlagevermögen – einschließlich der mit betriebseigenen Kräften realisierten Investitionen (zum Beispiel selbst erstellte Anlagen) – sowie Investitionen in immaterielle Vermögenswerte wie Software, Konzessionen, gewerbliche Schutzrechte und ähnliche Rechte im Berichtsjahr. Weiterhin umfasst der Begriff aber auch die jeweils geleisteten Anzahlungen sowie die Anlagen in Bau, die werterhöhenden Erweiterungen, Umbauten, Zubauten, Verbesserungen und Reparaturen, die die normale Nutzungsdauer verlängern oder die Produktivität der bestehenden Anlagen erhöhen. Reparaturen, die nur der Instandhaltung dienen, sind – wie oben bereits betont – keine Investition. Schließlich werden üblicherweise auch die mittels Finanzierungsleasing (Mietkauf) beschafften Sachanlagen zu den Investitionen gerechnet.

Investitionen sind – neben dem Aufwand für Forschung und Entwicklung, der letztlich auch als eine Investition begriffen werden kann – die größte finanzielle Ressource, mit der ein Industrieunternehmen sein wirtschaftliches und strategisches Fundament aus eigener Kraft gestaltet.

Die »richtige« Investition und Investitionspolitik sind von fundamentaler Bedeutung für den anhaltenden Erfolg eines Unternehmens, die »falsche« Investition nicht selten der Anfang vom Ende.

Die wichtigsten Ziele der Investitionspolitik sind in der Regel:

- Erreichung der **strategischen Ziele,**
- Beseitigung von **Kapazitätsengpässen,**
- **Substanzerhaltung,**
- **Einhaltung** von Sicherheits- und Umweltauflagen.

Investitionspläne sind Vorgaben für die langfristige Finanzplanung und sollten in ihrer zeitlichen Gestaltung die Investitionstätigkeit verstetigen.

Der gezielte Einsatz der Investitionsmittel bestimmt dabei die Balance zwischen den **tragenden** (also solchen, die das Geschäft unmittelbar unterstützen) und **nichttragenden Projekten** (also solchen, die dem Geschäft nur mittelbar dienlich sind, beispielsweise bei Umwelt und Sicherheit). Man unterscheidet im Wesentlichen

- Neuinvestitionen,
- Erweiterungsinvestitionen,
- Ersatzinvestitionen,
- Rationalisierungsinvestitionen,
- Infrastrukturinvestitionen.

In der Praxis ist es üblich und sinnvoll, jede Investition innerhalb dieser Kategorisierung zu erfassen. Eine regelmäßige Auswertung der Investitionsbudgets und mittelfristigen Investitionsprogramme führt schnell zur Erkenntnis, ob und wie zügig eine neue Strategie mit der Investitionspolitik umgesetzt wird. Ein hoher Anteil an Ersatzinvestitionen und kaum Neu- und Rationalisierungsinvestitionen sind sicher kein Beleg für eine anspruchsvolle, innovative Geschäftspolitik.

Die langfristige Relation von Investitionen und Abschreibungen ist eine *erste* wichtige Kenngröße für die Dynamik der Unternehmensstrategie. Investitionen in Höhe der Abschreibungen bedeuten zunächst nur Substanzerhaltung.

Investitionsentscheidungen sind in vielfacher Hinsicht in die unternehmerischen Managementprozesse einzubetten und mit diesen abzugleichen. Das gilt sowohl für den **Genehmigungsprozess** und die dabei geltenden **Verantwortlichkeiten** und **Zuständigkeiten** als auch für die **Methodik** zur Berechnung und zum Nachweis der Wirtschaftlichkeit einer Investition oder gar einer ganzen Folge von einzelnen Projekten, das heißt einer Projektgruppe.

Die überragende Bedeutung von Investitionsentscheidungen in einem Unternehmen erfordert ein dichtes Netzwerk von Richtlinien, Auflagen, vorgegebenen Abläufen und Plausibilitätskontrollen, um das Risiko von Fehlinvestitionen einzugrenzen und möglichst niedrig zu halten. Vermeiden lässt es sich damit dennoch nicht.

5.1.2 Methoden der Investitionsrechnung – Überblick

Obwohl in der Vielfalt unternehmerischer Entscheidungsprozesse Investitionsentscheidungen besonders komplex und anspruchsvoll sein können, lässt sich das Instrumentarium der Investitions- und Wirtschaftlichkeitsrechnung nahtlos aus dem klassischen Ziel- und Kennzahlensystem des Finanz- und Rechnungswesens entwickeln.

Jedes Unternehmen muss zunächst eine Entscheidung darüber treffen, an welcher Zielgröße es seine Entscheidungsprozesse – und in diesem speziellen Fall die Investitionsrechnung – ausrichtet. Dass die Zielsetzung allgemein die Veränderung des Unternehmenswerts und daraus abgeleitet die Realisierung einer durchschnittlichen Kapitalrendite oberhalb der Ziel-Rendite des Unternehmens sein sollte – und nicht etwa ein Gewinn oder die Umsatzrendite etc. –, ergibt sich aus der in Abschnitt 1.1 »Das finanzmathematische Erklärungsmodell« entwickelten Grundformel für wirtschaftliches Handeln.

▼ Abb. 5-1 **Ergebnisbasis Investitionsrechnung**

Operative Berichterstattung						
Gesellschaft: Modell AG						
Perioden		1	2	3	4	5
▪ Nettoumsatz Eigenerzeugnisse ▪ Nettoumsatz Handelswaren ▪ Betriebstypische sonstige Geschäfte						
Nettoumsatz						
▪ Absatzkosten (Frachten, Packmittel, Provisionen) ▪ Stoffkosten (Produktion) operativ ▪ Variable Fertigungskosten ▪ Einstandskosten Handelswaren operativ	}	**variable Kosten**				
Deckungsbeitrag 1 (DB 1)	⇐					
▪ Fertigungskosten ▪ Versandkosten ▪ Vertriebskosten	}	**Fixkosten 1**				
Bruttobetriebsergebnis (BBE = DB 2)	⇐	**Bruttorendite (ROI)**				

Die weitergehende Frage, auf *welchem* Ergebnisniveau diese Kapitalrendite definiert werden sollte, ergibt sich analog. Die ◀ Abb. 5-1 zeigt die einer Investitionsrechnung zugrunde liegende Ergebnisbasis. Während für das Gesamtunternehmen eine Rendite auf das gesamte betriebsnotwendige Kapital (ROCE) auf Basis EBIT und »Capital Employed« vorgegeben ist, steuert man die Profit-Center mit entsprechend vereinfachten Kapitalrenditen auf Basis Bruttobetriebsergebnis und direkt zurechenbarem betriebsnotwendigem Kapital (in den Fallstudien in Kapitel 8 ist dies nur das Anlagevermögen).

Weiterhin muss die **strategische Nutzungsdauer** der Investition, also der Kalkulationszeitraum festgelegt werden, innerhalb dessen die geschätzten Zahlungen »eingesperrt« werden.

Danach sind die Rechenmethoden zu bestimmen, mit denen man die Vorteilhaftigkeit von Investitionsprojekten beurteilen oder überprüfen will. Welche Methoden sind das?

Egal, welches Lehrbuch oder welche Praxisfibel man zu Rate zieht, fast alle beginnen mit derselben Übersicht, nennen wir sie die »übliche« Darstellung (▶ Abb. 5-2). Eine andere werden wir am Schluss dieses Abschnitts sehen.

Unabhängig vom Typ einer Investition – Ersatz, Erweiterung, Rationalisierung etc. – und der Komplexität der Investitionsplanung stellt sich stets die grundsätzliche Frage nach der **Verzinsung des eingesetzten Kapitals** so-

▼ Abb. 5-2 **Übliche Darstellung der Methoden der Investitionsrechnung**

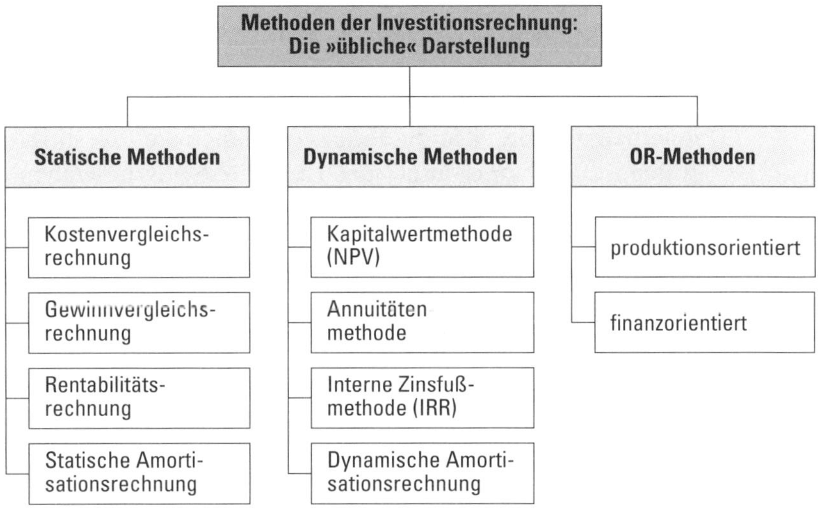

OR = Operations Research; NPV = Net Present Value; IRR = Internal Rate of Return

wie den technischen und damit auch betriebswirtschaftlichen **Veränderungen des Profit-Centers** nach einer Investition. Sie bewirkt sowohl eine Veränderung des investierten Kapitals als auch eine Veränderung der Periodenergebnisse des Profit-Centers.

Während die Planung einer Investition die gesamte angenommene Lebensdauer umfasst – also eine **dynamische Mehrperiodenrechnung** darstellt –, benötigt man zur Abrechnung und Steuerung die Einperiodendaten aus den Monats-, Quartals- oder Jahresergebnisrechnungen.

Die Frage nach der oder den richtigen Methoden ist also nicht die Frage, ob statische oder dynamische Ansätze richtiger sind, sondern welche der verschiedenen Methoden zur Entscheidungsfindung benötigt werden und ob die den »üblichen« Methoden zugrunde liegenden Annahmen plausibel sind.

Unseres Erachtens kommen grundsätzlich nur zwei Methoden in die engere Auswahl: die klassische **Kapitalwertmethode** (Net-Present-Value-Methode) und die **Reale Zinsfußmethode** (nach Baldwin). Beide Ansätze, die sich vor allem in der Kennzahl, welche die Vorteilhaftigkeit angibt, unterscheiden, werden in den nächsten beiden Abschnitten näher erläutert. **Vereinfachend** können Investitionsentscheidungen auch mit Daten innerhalb einer Periode – eines Quartals oder eines Geschäftsjahrs – als **statische Rechnung** hinreichend genau entschieden werden, wenn aufgrund der Erhöhung der Deckungsbeiträge oder aufgrund der Verringerung der liquiditätswirksamen Fixkosten die dafür notwendige Investitionsauszahlung innerhalb einer kurzen Frist mehr als ausgeglichen wird.

Wichtig für die Investitionsentscheidung ist auch die Frage nach der **Amortisationszeit,** also die Frage, wie lange die Investition braucht, um die Anfangsauszahlung durch ihre Rückflüsse auszugleichen. Weiterhin muss jede projektbezogene Rechnung durch **Planergebnisrechnungen** des Arbeitsgebiets, in der die Investition stattfindet, ergänzt werden, um festzustellen, ob das Arbeitsgebiet insgesamt rentabel ist oder wird.

Last but by no means least ist jede Investitionsrechnung nur so gut wie die Daten, die in sie eingehen **(»garbage in, garbage out«).** Aus diesem Grund ist besonders auf die Plausibilität der Daten zu achten und die Rechnung um qualitative und quantitative Risikobetrachtungen zu ergänzen.

5.1.3 Klassische Kapitalwertmethode

Die Kapitalwertmethode (auch Barwertmethode genannt), aber auch die Reale Zinsfußmethode berücksichtigen beide die mehrjährigen Zahlungsströme eines Investitionsprojekts und leiten sich aus der bereits in der Vorbemerkung dargestellten Zinseszinsformel ab. Damit wird die gesamte Wertentwicklung der Investition (Rückflüsse) beschrieben, als notwendige Voraussetzung zur Berechnung ihrer Vorteilhaftigkeit.

Entscheidend ist: Die mathematischen Bedingungen für eine geometrische Reihe – das Phänomen von Zins und Zinseszins – gelten auch für die Zahlungsströme von Realinvestitionen. Wird etwas anderes gerechnet, als tatsächlich im Unternehmen passiert, dann ist die Rechnung falsch und das Ergebnis nicht zielkonform.

Die **Kapitalwert-** oder **Net-Present-Value-Methode (NPV-Methode)** fragt nach dem absoluten Betrag, den die jährlichen Rückflüsse einer Investition mit einem bestimmten Kalkulationszinsfuß (einer Ziel-Rendite, auch Hurdle Rate genannt) abgezinst heute erreichen (▶ Abb. 5-3); deshalb auch der Begriff »Present Value«.

Zentrales Element dieser Methode ist damit die Vorstellung, dass in einem Unternehmen **knappes Kapital** mindestens zum Kalkulationszinssatz angelegt werden kann oder zum Kalkulationszinssatz aufgenommen wer-

▼ Abb. 5-3 **Kapitalwertmethode (Rückflüsse abgezinst)**

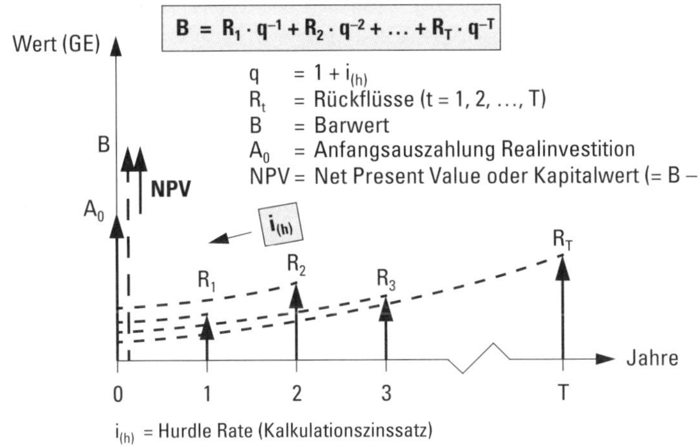

den muss, weil dann andere Projekte nicht mehr zum Zuge kommen. Wird die Anfangsauszahlung der Realinvestition vom Barwert der Rückflüsse abgezogen, erhält man den **Kapitalwert** (KW) oder **Net Present Value** (NPV). Das in ▶ Abb. 5-4 dargestellte Beispiel verdeutlicht die Zusammenhänge (Kalkulationszinssatz = Hurdle Rate $i_{(h)} = 10\,\%$).

Betrachtet werden zwei Realinvestitionen A und B, die beide eine Anfangsauszahlung von insgesamt 700 GE im Betrachtungszeitpunkt (Periode 0) erfordern. Von beiden Projekten kann nur eines realisiert werden. In den Perioden 1 bis 3 erfolgen die Rückflüsse. Um die Vorteilhaftigkeit der Projekte aus heutiger Sicht zu beurteilen, ist es notwendig, alle Zahlungen auf denselben Zeitpunkt zu beziehen. Bei der Kapitalwertmethode ist dies der

▼ Abb. 5-4 **Kapitalwert (Net Present Value)**

	Projekt A		**Projekt B**	
Periode	**Rückflüsse**	**Barwert***	**Rückflüsse**	**Barwert***
1	200	182	100	91
2	300	248	200	165
3	500	376	700	526
Summe	1.000	806	1.000	782
Anfangsauszahlung in Periode 0		700		700
Kapitalwert (NPV)		806 – 700 = **106**		782 – 700 = **82**

* Kalkulationszinssatz (Hurdle Rate) $i_{(h)} = 10\,\%$

Betrachtungszeitpunkt, also die Periode 0. Die Spalte Barwert in ◀ Abb. 5-4 gibt den Wert der Rückflüsse aus heutiger Sicht an. So bedeutet der Barwert des Rückflusses aus Projekt A in der dritten Periode, dass die Unternehmensleitung dem Cash Flow von 500 GE in Periode 3 einen Wert aus heutiger Sicht in Höhe von 376 GE beimisst. Der Wert ist umso niedriger, je höher die Verantwortlichen den Kalkulationszinssatz bemessen.

Der **Kalkulationszinssatz** $i_{(h)}$ ist also ein Mindestzinsfuß, den ein Unternehmer sich als Schwelle oder Hürde setzt; in der Regel wird dafür der langfristige risikolose Zinssatz zuzüglich einem Zuschlag für das unternehmerische Risiko angesetzt. Werte von zum Beispiel 5 % + 3 % = 8 % oder 7 % + 8 % = 15 % geben eine gängige Bandbreite an. Je höher das Risiko einer Investition, desto höher der Kalkulationszinssatz und desto stärker die Abzinsung der zukünftigen Rückflüsse aus heutiger Sicht.

Zieht man die Anfangsauszahlung von 700 GE vom Barwert der Rückflüsse des jeweiligen Projekts ab, erhält man als Kapitalwert von Projekt A 106 GE und von Projekt B 82 GE. Der **Kapitalwert** oder **Net Present Value** gibt den auf den Zeitpunkt der Anfangsauszahlung bezogenen residualen Vermögenszuwachs bei Durchführung der Realinvestition im Vergleich zu einer Anlage der Investitionsauszahlung zum Kalkulationszinssatz von 10 % an. Damit wird es möglich, die Vorteilhaftigkeit einer Investition zum heutigen Zeitpunkt zu bestimmen. Im vorliegenden Beispiel ist A vorteilhafter als B. Und: Beide Projekte »rentieren« aus Sicht der Unternehmensleitung, da beide Projekte mehr als den geforderten Mindestzinssatz erbringen.

Allerdings macht der Kapitalwert keine Aussage zur Verzinsung oder Rendite der beiden Investitionen: Um wie viel Prozentpunkte liegt die Rendite von Projekt A über dem Kalkulationszinsfuß? Eine Antwort auf diese Frage ist nützlich, weil man auf diese Weise schnell und praktisch Vergleiche ziehen kann. Wenn sich zwei Investoren über ihren Erfolg beim Anlegen ihrer Ersparnisse unterhalten, so wären die Aussagen »Ich habe im letzten Jahr einen Vermögenszuwachs von 1.000 GE erzielt« und »Bei mir waren es sogar 1.500« nicht miteinander vergleichbar, weil wir nicht wissen, welchen Betrag die beiden jeweils investiert haben. Wenn aber einer sagt, er habe eine Rendite von 10 % und der andere eine solche von 15 % erwirtschaftet, dann wissen wir schon etwas mehr, vorausgesetzt, dass das eingegangene Risiko identisch war. Wie kann man aber die Rendite einer mehrperiodigen Realinvestition ermitteln? Eine nahe liegende Möglichkeit ist, analog wie bei der Ermittlung der Durchschnittsrendite einer Finanzinvestition vorzugehen; dies ist die Idee der Realen Zinsfußmethode, die im folgenden Abschnitt näher beschrieben wird.

5.1.4 Die Reale Zinsfußmethode

Die Reale Zinsfußmethode fragt nach der Rentabilität einer Investition und geht dazu in zwei Schritten vor: Zunächst werden die Rückflüsse im Gegensatz zur Kapitalwertmethode nicht diskontiert, sondern auf den Endzeitpunkt (also das Ende der strategischen Nutzungsdauer) aufgezinst. Hierbei wird ein Wiederanlagezinssatz $i_{(w)}$ verwendet. Dies ist das *tatsächlich* im Unternehmen gegebene Wiederanlageniveau, zu dem sich – so ist die Prämisse der Zinseszinsformel – die Cash Flows aus der Investition wiederanlegen lassen. Wie ▶ Abb. 5-5 zeigt, erhält man auf diese Weise den Endwert der Rückflüsse E_T:

$$E_T = R_1 \cdot (1 + i_{(w)})^{T-1} + R_2 \cdot (1 + i_{(w)})^{T-2} + \ldots + R_T \cdot (1 + i_{(w)})^0$$

Im zweiten Schritt wird die Rendite der Investition ermittelt, indem man nach dem Diskontierungszinssatz $i_{(a)}$ fragt, der den Barwert des Endwerts mit der Anfangsauszahlung gleichsetzt:

$$A_0 = E_T \cdot (1 + i_{(a)})^{-T} \Leftrightarrow i_{(a)} = \sqrt[T]{\frac{E_T}{A_0}} - 1$$

Der so errechnete Zinsfuß $i_{(a)}$ – der Reale Zinsfuß – ist die gesuchte **geometrische Durchschnittsrendite** der Investition (in der Literatur auch als

▼ Abb. 5-5 **Reale Zinsfußmethode**

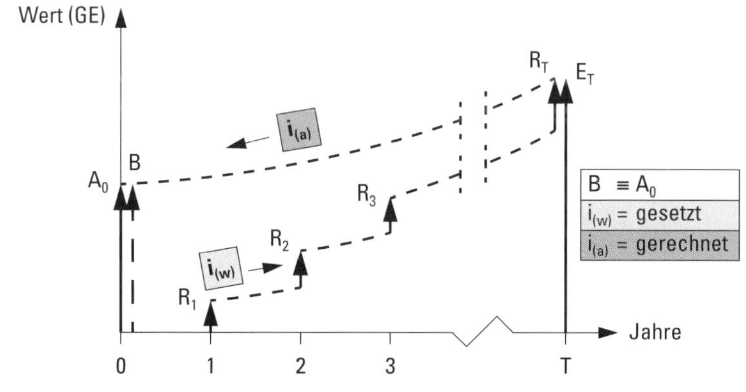

$i_{(a)}$ = Realer Zinssatz; $i_{(w)}$ = Wiederanlagezinssatz

▼ Abb. 5-6 **Realer Zinsfuß (geometrische Durchschnittsrendite)**

Periode	Projekt A		Projekt B	
	Rückflüsse	Endwert*	Rückflüsse	Endwert*
1	200	242	100	121
2	300	330	200	220
3	500	500	700	700
Summe	1.000	1.072	1.000	1.041
Anfangsauszahlung A_0		700		700
Geometrische Durchschnittsrendite (Realer Zinsfuß) $i_{(a)}$	$i_{(a)} = \sqrt[3]{\frac{1.072}{700}} - 1$	**15,3%**	$i_{(a)} = \sqrt[3]{\frac{1.041}{700}} - 1$	**14,1%**

* Wiederanlagezinssatz = Kalkulationszinssatz ($i_{(w)} = i_{(h)} = 10\%$)

Baldwin-Zins bekannt). Um die Vorteilhaftigkeit festzustellen, muss $i_{(a)}$ allerdings noch mit dem von der Unternehmensleitung vorgegebenen Mindestzinsfuß (Hurdle Rate oder Kalkulationszinssatz) $i_{(h)}$ verglichen werden. Der Theorie gemäß lohnt sich eine Investition nur für $i_{(a)} \geq i_{(h)}$.

Aber selbst in diesen Fällen ist es sinnvoll, noch zu prüfen, wie viel Zeit vergeht, bis die Rückflüsse die Anfangsauszahlung wieder eingespielt haben. Darauf wird später noch in Abschnitt 5.1.9 »Wiedereinbringungszeit (Amortisationszeit)« zurückzukommen sein.

Die Zusammenhänge lassen sich auch leicht an dem Rechenbeispiel des vorhergehenden Abschnitts demonstrieren. ◀ Abb. 5-6 zeigt die Daten.

Wie bei der Kapitalwertmethode sind beide Projekte rentabel, wobei A vorteilhafter als B ist. In Ergänzung zur Kapitalwertmethode wird nun allerdings auch deutlich, *wie* rentabel beide Projekte sind. Diskontiert man die beiden Endwerte von 1.072 und 1.041 auf den heutigen Betrachtungszeitpunkt (Periode 0), so erhält man wieder die Summe der Barwerte der Rückflüsse, also 806 bei Projekt A und 782 bei Projekt B. Durch Abzug der Anfangsauszahlung ergibt sich der Kapitalwert wie zuvor.

Beide Methoden sind in ihrer Wiederanlageprämisse identisch, dieselbe Finanzformel wird lediglich einmal nach dem Barwert und somit zum Kapitalwert aufgelöst, im anderen Fall nach der Verzinsung des investierten Kapitals (Rendite). Wie ▶ Abb. 5-7 deutlich macht, ist es dazu notwendig, die Rückflüsse der Realinvestition zunächst mit dem Wiederanlagezinsfuß $i_{(w)} = i_{(h)}$ auf den Endzeitpunkt aufzuzinsen und den so ermittelten Endwert E_T mit dem Kalkulationszinsfuß $i_{(h)}$ auf den Zeitpunkt der Anfangsauszahlung zu diskontieren. Die Festlegung des Kalkulationszinsfußes oder des – identischen – Wiederanlagezinsfußes ist eine autonome unternehmerische Entscheidung und der Reale Zinsfuß das Ergebnis dieser Entscheidung.

▼ Abb. 5-7 **Kapitalwertmethode (Rückflüsse zum Endwert aufgezinst)**

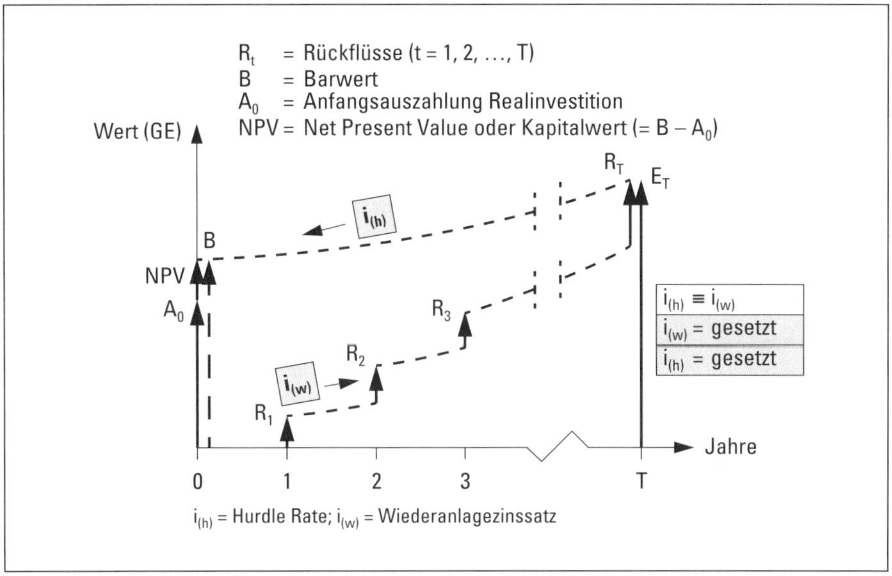

Die Vorteilhaftigkeit eines Projekts lässt sich dann zum einen als Überschuss der Rendite des Projekts über den Kalkulationszinssatz, also als Renditedifferenz $i_{(a)} - i_{(h)}$, oder *äquivalent* als Kapitalwert, also als auf den Betrachtungszeitpunkt bezogenen absoluten Überschuss der Realinvestition im Vergleich zu einer fiktiven Anlage der Anfangsauszahlung zum Kalkulationszinssatz messen.

Beide Methoden würden nur dann voneinander abweichen, wenn der Wiederanlagezins ungleich dem Kalkulationszinssatz (Hurdle Rate) gewählt würde ($i_{(w)} \neq i_{(h)}$). Das ist jedoch unplausibel, weil stets davon auszugehen ist, dass bei knappem Kapital frei werdende Mittel (die Rückflüsse) mindestens zum Kalkulationszinssatz angelegt werden können.

Die bisherigen Ausführungen zur Investitionsrechnung lassen sich damit wie folgt zusammenfassen: Bei der **Realen Zinsfußmethode** wird explizit unterstellt, dass die aus der Investition frei werdenden Rückflüsse zu einem bestimmten Wiederanlagezins bis zum Endzeitpunkt der Investition angelegt werden können. Da das genaue Wiederanlageniveau nicht bekannt ist, wird anstelle dessen eine Annahme über das Mindestanlageniveau gemacht. Dieses Niveau entspricht im Grundsatz der Hurdle Rate. Bei der **Kapitalwertmethode** wird implizit unterstellt, dass die Rückflüsse der einzelnen Periode zum Kalkulationszinssatz des Unternehmens angelegt und dann wieder diskontiert werden können. Das Aufzinsen (Wiederanlegen) und

Abzinsen der Cash Flows erfolgt zum selben Zinsfuß, errechnet wird der Kapitalwert. Beim Realen Zinsfußmodell sind diese Zinsfüße unterschiedlich, da die Abzinsung zu einem errechneten Zinsfuß erfolgt, bei dem der Kapitalwert gerade null ist. Dieser Zinssatz ist der Reale Zinsfuß und damit die Rendite der Investition. Entscheidend ist jedoch die identische Wiederanlageprämisse beider Methoden. Somit **stimmen die klassische Kapitalwertmethode und die Reale Zinsfußmethode überein:** Will man den heutigen Mehrwert aus einer Investition wissen, rechnet man nach der Kapitalwertmethode. Will man explizit die Rendite, das heißt die Verzinsung des investierten Kapitals ermitteln, löst man dieselbe Formel nach dem Realen Zinsfuß auf.

5.1.5 Splittung von Zahlungen

Das bisher benutzte Zahlungsbild von Realinvestitionen idealisiert den Zeitpunkt von Auszahlungen (insbesondere der Anfangsauszahlung) und Einzahlungen (Rückflüssen). Die Investitionszahlung A_0 liegt exakt in $t = 0$ (zu Beginn, im Durchschnitt oder zum Periodenende), die Rückflüsse R_t ebenfalls.

In der Praxis wird vor allem die Anfangsauszahlung – insbesondere bei längerer Bauzeit – über mehrere Perioden verteilt sein. Wenn $t = 0$ der festgelegte Start- oder Bewertungszeitpunkt des Investitionsprojekts ist, wird man alle in der Zukunft liegenden Teilzahlungen (zum Beispiel je ein Drittel in $t = -1$, $t = 0$ und $t = 1$) gewöhnlich auf $t = 0$ zusammenführen. Denn für die Ermittlung der Rendite, aber auch des Kapitalwerts benötigt man einen eindeutigen Bezugspunkt.

In ▶ Abb. 5-8 ist schematisch dargestellt, wie aus Sicht des Investors durch Auf- und Abzinsen der Teilauszahlungen der Gesamtwert in $t = 0$ (in diesem Fall A_R) ermittelt wird. Die Teilauszahlung A_{-1} muss zum Beispiel vorfinanziert werden, so dass mit einem Kreditzins aufgezinst wird. Die Teilauszahlung A_1 dagegen wird erst zwei Perioden später fällig; der Wert wird also auf den Zeitpunkt 0 abgezinst, zum Beispiel mit dem Wiederanlagezinsfuß. Vereinfachend lassen sich auch wieder alle Teilauszahlungen mit dem Kalkulationszinssatz des Unternehmens auf- und abzinsen.

Ein Sonderfall der Rückflüsse ist ein möglicher **Liquidationserlös** der Investition. In der Regel ist er geringfügig und vernachlässigbar oder aber gar nicht vorhanden. Sollte jedoch – aus heutiger Sicht – ein Liquidationserlös

▼ Abb. 5-8 **Gesplittete Investitionsauszahlung**

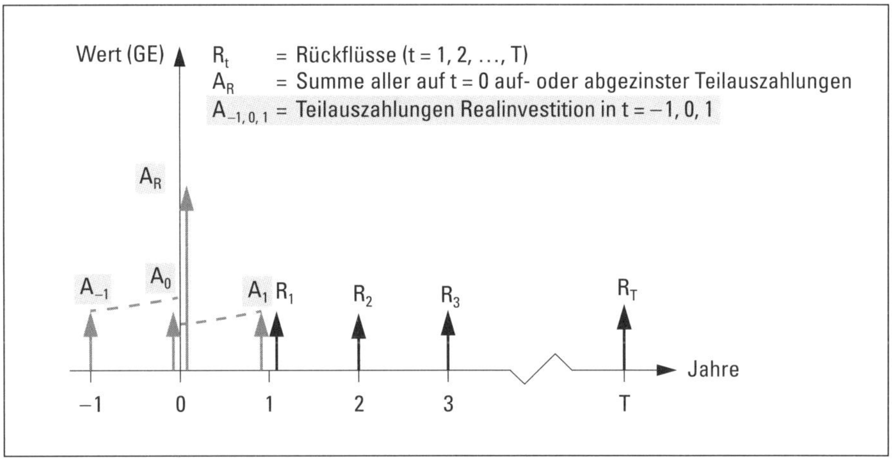

realistisch planbar sein, wird er einfach zum letzten Rückfluss R_T hinzuaddiert. Entsprechend erhöhen sich der Endwert und damit die Rendite der Investition.

5.1.6 Vergleichbarkeit alternativer Investitionsprojekte

Ein Sonderfall der Investitionsrechnung ist das Problem, **alternative Projekte mit unterschiedlichem Projektbetrag** und unterschiedlichen Zahlungsreihen mathematisch korrekt zu vergleichen. Dieses Problem tritt zum Beispiel immer dann auf, wenn sowohl die Erweiterung einer vorhandenen Anlage als auch eine komplette Neuanlage denkbare Alternativen sind.

In diesem Fall hat die Erweiterungsinvestition (im Folgenden Projekt B) den nicht zu vernachlässigenden Vorteil, weit weniger Kapital zu benötigen als eine Neuanlage (Projekt A). Der Unterschied der beiden Projektbeträge wird durch eine – mathematische – **Differenzinvestition** I_Δ ausgeglichen und die daraus resultierenden Überschüsse der Investition mit dem niedrigeren Projektbetrag (Projekt B) zugerechnet, so dass die Renditen beider Projekte vergleichbar sind. Ein direkter Vergleich der Projektalternativen ist hingegen unzulässig und kann zu Fehlentscheidungen führen (▶ Abb. 5-9).

Die Differenzinvestition ist eine **fiktive** Investition. Entweder wird das im Vergleich zur Neuanlage »freie« Kapital an anderer Stelle zum Kalkulationszinssatz (Hurdle Rate) im Unternehmen eingesetzt oder als Finanzan-

▼ Abb. 5-9 **Differenzinvestition**

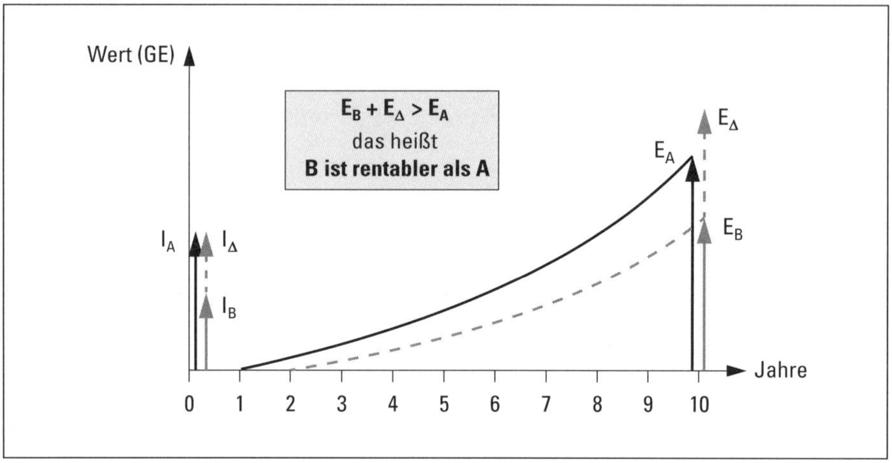

lage definiert. Im Modellfall (◀ Abb. 5-9) wird die Rendite der Neuanlage mit der Rendite aus Erweiterungs- und Differenzinvestition verglichen.

5.1.7 Statische Investitionsrechnung

Die wichtigste statische Kennziffer in der Investitionsrechnung ist der **Return on Investment** (ROI), mit der auch die periodische Erfolgskontrolle eines Profit-Centers erfolgt. Diese Kennziffer haben wir bereits als **Bruttorendite** (Bruttobetriebsergebnis im Verhältnis zum betriebsnotwendigen Kapital) kennen gelernt. Für die periodische Erfolgskontrolle und -steuerung ist diese Größe ein wesentlicher Bestandteil, für die Ex-ante-Beurteilung von Investitionen ist sie aber nur dann geeignet, wenn aufgrund der Erhöhung der Deckungsbeiträge oder aufgrund der Verringerung der liquiditätswirksamen Fixkosten die dafür notwendige Investitionsauszahlung innerhalb einer kurzen Frist (im Idealfall innerhalb eines Jahrs) mehr als ausgeglichen wird. Die Vorteilhaftigkeit einer Investition kann dann an der Rendite *einer* Periode festgemacht werden.

Im Beispiel der ▶ Abb. 5-10 führt eine Investition mit einer Auszahlung von 400 GE zu einer jährlichen Erhöhung des Deckungsbeitrags um 100 sowie zu einer Senkung der Fixkosten um ebenfalls 100. Die wirtschaftliche Nutzungsdauer beträgt mehrere Jahre. Bei einem ROI von 50% und einer Abdeckung der Auszahlung bereits nach zwei Jahren ist somit auch ohne

▼ Abb. 5-10 **Beispiel einer statischen Investitionsrechnung**

Anfangsauszahlung 400 GE	**vorher**	**nachher**	**Δ**
Umsatz	1.000	1.000	0
Variable Kosten	350	250	–100
Deckungsbeitrag	650	750	+100
Fixkosten	450	350	–100
Bruttobetriebsergebnis (BBE)	200	400	+200
Rentabilität ROI (BBE/Anfangsauszahlung)			50 %

eine ungleich komplexere dynamische Rechnung klar, dass die Investition vorteilhaft ist und durchgeführt werden sollte, sofern das Arbeitsgebiet insgesamt rentabel arbeitet.

Dennoch sollte sich der Anwender einer statischen Rechnung stets bewusst sein, dass auf die Diskontierung von Zahlungen zu unterschiedlichen Zeitpunkten verzichtet wird. Entscheidend ist daher, dass die Rückflüsse die Investitionsauszahlung sehr schnell abdecken. In allen anderen Fällen ist die Anwendung geeigneter dynamischer Verfahren, also der Kapitalwertmethode oder der Realen Zinsfußmethode, zwingend erforderlich.

5.1.8 Wie man es nicht machen sollte!

In der Praxis sind immer wieder Verfahren zu beobachten, die den zuvor geschilderten betriebswirtschaftlichen Anforderungen und Zusammenhängen nicht genügen. Zu den gröbsten Fehlern gehören die Anwendung der Internen Zinsfußmethode sowie der naive Umgang mit den statischen Verfahren.

Die **Interne Zinsfußmethode** führt methodisch zwar wie die Reale Zinsfußmethode zu einer Kapitalrendite. Diese unterscheidet sich aber von der geometrischen Durchschnittsrendite grundlegend. Der Interne Zinsfuß (Internal Rate of Return, IRR) $i_{(i)}$ ist nämlich die Rendite einer Investition, deren Rückflüsse, genau mit diesem Zins diskontiert, gerade die Investitionsauszahlung ergeben. Setzt man also bei der Kapitalwertmethode den Kalkulationszinssatz in Höhe des (zu errechnenden) Internen Zinsfußes fest, erhält man einen Kapitalwert von null (siehe ▶ Abb. 5-11).

Die Modellrechnung folgt zwar der Zielsetzung, eine Kapitalrendite zu ermitteln, dennoch ist das Ergebnis in der Regel falsch. Die Mathematik erzwingt nämlich (implizit) eine Wiederanlage der Rückflüsse zum **errechneten** Internen Zinsfuß, also zum Beispiel 37 % oder 64 %. Bei ungünstiger

▼ Abb. 5-11 **Interne Zinsfußmethode**

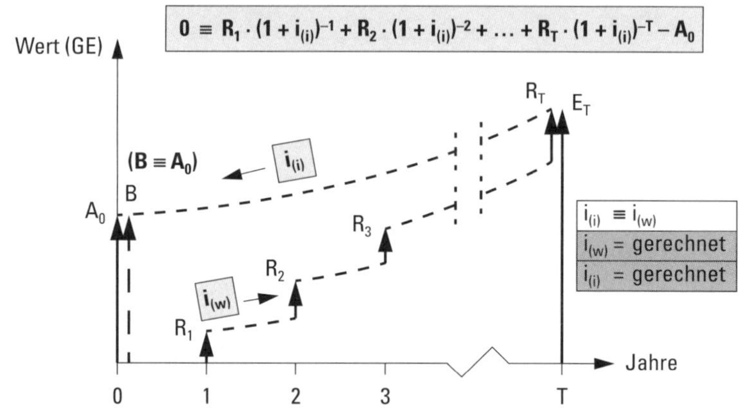

$i_{(i)}$ = Interner Zinsfuß; $i_{(w)}$ = (fiktiver) Wiederanlagezinssatz in der Höhe von $i_{(i)}$

Struktur der Rückflüsse kann es auch zu mehreren Internen Zinsfüßen gleichzeitig kommen. Die Interne Zinsfußmethode simuliert also nicht die mathematisch erforderliche **Vorgabe** eines **unternehmensspezifischen Wiederanlagezinsfußes** – wie das die Reale Zinsfußmethode und auch die Kapitalwertmethode plausibel vollziehen –, sondern übernimmt die Rechengröße der Nullsetzung der geometrischen Reihe, den Internen Zins.

Der Kalkulationszinssatz für die Wiederanlage der Rückflüsse und die Rendite der Investition sind also stets identisch, obwohl beide eigenständige Phänomene darstellen. Die Interne Zinsfußmethode arbeitet mit **unrealistischen Wiederanlagezinsfüßen** und ist deshalb für eine Investitionsrechnung grundsätzlich nicht geeignet. Deshalb: Hände weg von der Internen Zinsfußmethode zur Ermittlung der Vorteilhaftigkeit von Investitionen!

Ein weiterer Fehler ist die **naive Anwendung statischer Methoden.** Wie bereits zuvor verdeutlicht, sind nicht der Gewinn (Gewinnvergleichsmethode) oder die Kosten (Kostenvergleichsmethode) entscheidend, sondern die Kapitalrendite im Vergleich zur Ziel-Rendite. In der Praxis kommt aber erschwerend hinzu, dass Gewinne und Kosten oft nicht differenziert genug erfasst und betrachtet werden. Bei Anwendung der Deckungsbeitragsrechnung und bei strikter Trennung fixer und variabler Kosten sind nicht die Veränderungen der Gewinne, sondern stattdessen die Veränderungen der **Deckungsbeiträge** (als Differenz aus Umsatz und variablen Kosten) und der **Fixkosten** (liquiditätswirksam) eindeutige Kenngrößen. Beide erklären die

▼ Abb. 5-12 **Naiver Rentabilitäts-, Kosten- und Gewinnvergleich**

Projekt A: Anfangsauszahlung 400 GE	
Kostenvergleich	– 200
Gewinnvergleich	+200
Rentabilität (ROI)	50 %

Projekt B: Anfangsauszahlung 400 GE	
Kostenvergleich	– 200
Gewinnvergleich	+200
Rentabilität (ROI)	50 %

Veränderungen des Bruttobetriebsergebnisses (BBE) und damit – in Relation zum betriebsnotwendigen Kapital – die Bruttorendite (ROI). Das Beispiel in ◀ Abb. 5-12 verdeutlicht die Zusammenhänge.

Bei einem **naiven Gewinnvergleich** realisiert man lediglich, dass die Investition bei gleichem Umsatz eine jährliche Kostenreduktion und damit logischerweise eine Gewinnverbesserung von +200 Geldeinheiten auslöst und dass beide Projekte offensichtlich gleich gut sind. Was im Einzelnen passiert, kann man in dieser Darstellung nicht erkennen.

Trennt man fixe und variable Kosten, erkennt man die verschiedenen Effekte (▶ Abb. 5-13). Bei Projekt A verringern sich zum einen die variablen Kosten – zum Beispiel durch Rezepturoptimierung –, zum anderen die Fixkosten um 100 Geldeinheiten. Beide Effekte in einer Zahl darzustellen, gehört zu den »Sünden«, die einem transparenten Controlling widersprechen. Damit aber nicht genug: Erscheinen bei einem naiven Kosten- und Gewinnvergleich Projekt A und Projekt B als gleich gut, sind bei einer differenzierteren Betrachtung die Senkung der variablen und fixen Kosten um jeweils 100 gegen eine ausschließliche Reduktion der Fixkosten abzuwägen. Vermutlich wird man Projekt B den Vorzug geben, weil die Senkung um 200 in jedem Fall realisiert wird, während sie bei Projekt A zum Teil (in Form der variablen Kosten) auch vom tatsächlich realisierten Umsatz abhängt.

▼ Abb. 5-13 **Differenzierter Kosten- und Gewinnvergleich**

Projekt A: Anfangsauszahlung 400 GE			
	vorher	**nachher**	**Δ**
Umsatz	1.000	1.000	0
variable Kosten	350	250	– 100
Deckungsbeitrag	650	750	+ 100
fixe Kosten	450	350	– 100
BBE	200	400	+ 200

Projekt B: Anfangsauszahlung 400 GE			
	vorher	**nachher**	**Δ**
Umsatz	1.000	1.000	0
variable Kosten	350	350	0
Deckungsbeitrag	650	650	0
fixe Kosten	450	250	– 200
BBE	200	400	+ 200

5.1.9 Wiedereinbringungszeit (Amortisationszeit)

Investitionen mit einem hohen Kapitalwert oder äquivalent mit einer Durchschnittsverzinsung über der Ziel-Rendite können dennoch unattraktiv sein, wenn die Zahlungsströme (Rückflüsse) relativ spät einsetzen und das investierte Kapital eine lange **Wiedereinbringungszeit (Pay-back-Dauer oder Amortisationszeit)** aufweist.

Für jedes Investitionsprojekt ist deshalb die Rückflussgeschwindigkeit der Cash Flows – man spricht von **Kurzläufern** oder **Langläufern** – eine entscheidende Kenngröße.

Investitionen in Technologien mit hohem Innovationspotenzial müssen sich, wenn irgend möglich, kurzfristig amortisieren. Wenn man nicht sicher ist, ob die Rahmenbedingungen einer Investition nicht schon nach wenigen Jahren überholt sein könnten, ist das Risiko einer Fehlinvestition nur mit einem Kurzläufer wirksam zu vermindern.

Ähnliche Rahmenbedingungen liegen vor, wenn das Zeitfenster für Investitionen zum Beispiel durch standortspezifische Auflagen oder Vorgaben begrenzt ist. So kann beispielsweise eine Erweiterungsinvestition durchaus noch sinnvoll sein, wenn die Investitionsausgabe bereits nach zwei Jahren wieder eingespielt ist, auch wenn der Standort kurz danach geschlossen oder in seiner Nutzung so geändert wird, dass die erweiterte Anlage bereits wieder abgerissen werden muss.

Das Beispiel in ▶ Abb. 5-14 zeigt die Vorgehensweise bei der Ermittlung der Amortisationszeit.

▼ Abb. 5-14 **Amortisationszeit**

Jahr	Anfangsauszahlung (Periode 0) und Rückflüsse	Barwert*	Kumulierte Barwerte
0	−700	−700	−700
1	+100	+91	−609
2	+300	+248	−361
3	+500	+376	+15
4	+700	+478	+493
Kapitalwert (NPV)			**+493**
Durchschnittsrendite nach Realer Zinsfußmethode			**25,7%**
Wiedereinbringungszeit (Pay-back-Dauer)			**3 Jahre**

* Kalkulationszinssatz (Hurdle Rate) = 10%

Ausgehend von der Anfangsauszahlung im Betrachtungszeitpunkt (Jahr 0) werden sukzessive die Barwerte der Rückflüsse der einzelnen Jahre aufaddiert. Das Jahr, bei dem die Summe der Barwerte die Höhe der Investitionsauszahlung gerade erreicht, gibt die Wiedereinbringungszeit an. Im vorliegenden Beispiel braucht man 3 Jahre, um die Anfangsauszahlung (700 GE) durch die diskontierten Rückflüsse wieder hereinzuholen.

5.1.10 Lebensdauer der Investition und Kalkulationszeitraum

Eine dynamische Investitionsrechnung ist stets eine finanzmathematische Modellrechnung, in der die Investitionsauszahlung den zukünftigen Einzahlungen oder Rückflüssen gegenübergestellt wird.

Durch die Dynamisierung der Rückflüsse ist offensichtlich, dass eine Einzahlung im zweiten oder dritten Betriebsjahr mehr ins Gewicht fällt als eine Einzahlung zum Beispiel im achten oder neunten Betriebsjahr, also deutlich später.

Ein generelles Problem ist die Unsicherheit zukünftiger Einzahlungen. Die Plausibilität über die zu erwartende physische Lebensdauer zum Beispiel einer Anlage – und damit ein realistischer Wertansatz über die stetige Substanzerhaltung von Anlagevermögen – wird durch die Vorgabe einer **Standard-Lebensdauer** und somit eines **Standard-Kalkulationszeitraums** gelöst. Sie beträgt in Branchen mit relativ anspruchsvoller Technologie (zum Beispiel **Anlagenbau, Chemie**) in der Regel 10 Jahre und entspricht damit dem üblichen Wertansatz für die kalkulatorischen Abschreibungen von jährlich 10% des gebundenen Anlagevermögens.

Finanzmathematisch wird also jede Investition in einen endlichen Rahmen von 10 Geschäftsjahren »eingesperrt«. Es zählen nur Zahlungen dieser 10 Jahre. Mögliche spätere Einzahlungen werden in diesen Modellrechnungen nicht berücksichtigt.

Selbstverständlich gelten in **anderen Branchen** nicht zwangsläufig dieselben Zeitfenster. So ist in der Internetökonomie eine Lebensdauer von 10 Jahren illusorisch. Hier gelten Zeitfenster für eine Investition von vielleicht 3 und 2 Jahren oder noch weniger, was Abschreibungssätzen von 33 oder 50% oder noch mehr entspricht. Die strategische Nutzungsdauer ist also ähnlich wie die Umsatzrendite und der Kapitalumschlag eine geschäftsspezifische Größe, die sich nicht standardisieren lässt und sich wandeln kann. Selbst für ein bestimmtes wohldefiniertes Geschäft können sich die Kalkulationszeiträume im Laufe der Zeit erheblich verändern, etwa durch einen Technologiesprung, so dass eine ursprünglich auf 10 Jahre ausgerichtete Anlage zum Beispiel bereits nach 4 oder 5 Jahren ersetzt werden muss. Hier ist »das Bessere des Guten Feind«.

5.1.11 Dualität von projekt- und produktbezogener Rechnung

Investitionsrechnungen in produktorientierten Unternehmen wie der Chemie bestehen immer aus zwei getrennten Rechenwerken: der Investitionsrechnung des **Projekts** und der Planergebnisrechnung des **Produkts.**

In der **projektbezogenen Rechnung** wird zunächst »nur« der Nachweis der Rendite des Einzelprojekts – der Investition selbst – geführt. In diese Rechnung gehen nur **Ein- und Auszahlungen** ein, die direkt mit dem Projekt in einem Zusammenhang stehen und von diesem ausgelöst werden **(Marginalprinzip).**

Eine Investitionsrechnung enthält zunächst weder Abschreibungen (diese Kostenart ist nicht liquiditätswirksam; eine Abschreibung ist ja nichts anderes als die buchhalterische Verteilung der Anfangsauszahlung auf die geschätzte Lebensdauer der Investition) noch zugeordnete Fixkosten.

In der **produktbezogenen Rechnung** wird hingegen dargestellt, wie hoch die Rentabilität des gesamten Arbeitsgebiets – Produktbereich, Produktklasse, Sortiment etc. – vor und nach der Investition ist, also durch diese Investition verändert wird.

Dabei handelt es sich stets um eine **Planergebnisrechnung auf Vollkostenbasis.** Sie enthält die gesamten Abschreibungen und die durch die Erhöhung von Umsatz und Anlagevermögen gestiegenen direkten und zugeordneten Fixkosten. *Streng genommen* müsste man stattdessen für das gesamte Arbeitsgebiet eine Geschäftsbewertung mittels Diskontierung zukünftiger Cash Flows – analog zur Investitions- oder Wirtschaftlichkeitsrechnung – vornehmen. Einzelheiten dazu zeigen wir in Abschnitt 8.13 »Desinvestition einer Produktlinie«. In der Praxis hat es sich jedoch bewährt, lediglich zu prüfen, ob die Kapitalrendite durch die geplante Investition wieder in ihr Zielfeld zurückfindet oder ob weitere Maßnahmen, eventuell bis zur Aufgabe des Geschäftsfelds, notwendig sind.

Beide Rechnungen, sowohl die Projektrechnung als auch die produktbezogene Planergebnisrechnung, müssen den Zielvorgaben entsprechen. So kann es durchaus sein, dass das Projekt selbst – der Erweiterungsbau oder das Projekt »auf grüner Wiese« – sehr rentabel ist, das momentan unrentable gesamte Arbeitsgebiet jedoch nicht saniert werden kann. In einem solchen Fall wird das an sich rentable Projekt zunächst nicht zum Zuge kommen. Stattdessen muss geprüft werden, ob es nicht vorteilhafter ist, das **gesamte Arbeitsgebiet aufzugeben** und zu desinvestieren.

Bei Investitionen in ein völlig **neues Arbeitsgebiet,** für das es sozusagen keine betriebswirtschaftliche Historie gibt, fallen projekt- und produktbezogene Rechnung zusammen.

Mit jeder Investition wird die Rendite eines Arbeitsgebiets verändert. Die Kontrolle und Steuerung erfolgt mit den periodischen Geschäftsdaten der Produktergebnisrechnung (Monat, Quartal, Jahr).

Die Grundstruktur dieser Ergebnisrechnung macht die Veränderungen durch die Investition sichtbar (▶ Abb. 5-15). Vor der Investition zeigt die Vollkostenrechnung eine Bruttorendite von 20%. Die Investition verursacht direkt zurechenbare zusätzliche Deckungsbeiträge (Senkung der Rohstoffkosten) von 5 und geringere liquiditätswirksame Fixkosten (geringere Personalkosten und Reparaturkosten) in Höhe von 5. In der Summe ergibt sich eine jährliche Ergebnisverbesserung von 10 GE. Die Wirtschaftlichkeit der Investition (Investitionsauszahlung = 10 GE) ist offensichtlich, die Payback-Dauer beträgt genau 1 Jahr.

In der Planergebnisrechnung (= Vollkostenrechnung nach der Investition) steigt – unter Berücksichtigung der neu zugeordneten Fixkosten – die Bruttorendite auf 26,4%. Der Kapitalumschlag ist dabei durch das um 10 GE höhere Anlagevermögen (bei gleichem Umsatz) sogar von 1,2 (*vor* der Investition) auf 1,1 (*nach* der Investition) gesunken.

▼ Abb. 5-15 **Kennzahlen vor und nach Investition (reine Rationalisierungsinvestition)**

	vor Investition	Δ Investition	nach Investition
▪ **Anlagevermögen** (AV)	**100**	**10**	**110**
▪ **Nettoumsatz** (NU)	**120**		**120**
▪ **Deckungsbeitrag**	**60**	**+5**	**65**
□ *DB-Rate (in % vom NU)*	*50,0*		*54,2*
▪ **Fixkosten**	**40**	**– 5 + 1***	**36**
□ *in % vom NU*	*33,3*		*30,0*
▪ **Bruttobetriebsergebnis**	**20**	**+ 10 – 1***	**29**
□ *in % vom NU*	*16,6*		*24,2*
▪ ***Bruttorendite*** *(in % vom AV)*	***20,0***		***26,4***
▪ **Kapitalumschlag** (NU/AV)	**1,2**		**1,1**

* inkl. 10% Abschreibungen aus 10 GE höherem Anlagevermögen
GE = Geldeinheiten

5.1.12 Plausibilität oder qualitative Risikobetrachtung

Investitionsentscheidungen sind hochgradig Entscheidungen unter Risiko. Die Planung und Voraussage der Zahlungsreihe einer Erweiterungs- oder gar Neuinvestition für die nächsten 10 Jahre ist »lediglich« eine **Bewertung** der unternehmerischen Hoffnungen. Das Ergebnis ist jedoch nur so gut wie die spätere Realisierung.

Dennoch kann in der Regel sehr genau geprüft werden, ob die Zahlungsreihe der Modellrechnung aus heutiger Sicht **plausibel** ist.

Für die Umsatz- und Kostenentwicklung einer zu erweiternden Produktlinie gibt es ein ganzes Arsenal an Erfahrungen und Know-how, die eine plausible mittelfristige Planung möglich machen. Insbesondere wenn in der Vergangenheit eine schlüssige Abhängigkeit von Kapazitäts- und Absatzentwicklung dokumentiert ist, kann man diese Historie mehr oder weniger auch für die zukünftige Entwicklung unterstellen.

Komplizierter wird es bei neuen Arbeitsgebieten – neue Produkte, neue Märkte –, wo also Neuland betreten wird. Wann das Neugeschäft anspringt und rentable Absatzmengen erreicht werden, ist mit großer Unsicherheit verbunden.

Es ist aber völlig unplausibel, wenn bereits kurz nach Inbetriebnahme der Anlage die Cash Flows in die Höhe schießen (**»Hockey-Stick-Effekt«;** Abschnitt 6.11.2 »Hockey-Stick-Effekt und quantitative Prüfung«). Viel wahrscheinlicher ist eine zähe und dornenreiche Markterschließungsphase mit einer Reihe von produktions- und anwendungsspezifischen Problemen und Rückschlägen. In diesen Fällen wird man im entscheidungsrelevanten **dritten Geschäftsjahr nach Inbetriebnahme** (Beispiel chemische Industrie) vermutlich noch nicht die Auslastung erreichen, die den Renditeansprüchen genügt.

Ist der Antragsteller »ehrlich« und kalkuliert eine mehrjährige Startphase ohne größere Einnahmen, kommt er in Firmen, die über das schon beschriebene Regelwerk verfügen, in ein Dilemma. Das Projekt hat zwar ein großes Renditepotenzial in den späteren Jahren, für den vorgegebenen 10-Jahres-Zeitraum der Modellrechnung wird jedoch keine für eine Genehmigung ausreichende Gesamtrendite erreicht. Dies ist nicht selten der Grund einer zu optimistischen Absatzplanung mit einer unrealistisch frühen positiven Absatzentwicklung, um zunächst einmal die Hürden der Genehmigung zu nehmen. Dieses Dilemma gerade von »Langläufern« ist bekannt. Mit einer Öffnung des Planungshorizonts – zum Beispiel auf 15 Jahre, bei Großinvestitionen im Anlagenbau oder in der Chemie durchaus angemessen – wäre die Ziel-Rendite zu erreichen, trotz einer realistischen Planung für die Startphase.

Diese Tür bleibt jedoch in der Regel verschlossen. Die »Puristen« der 10-Jahres-Modellrechnung verführen die Investoren daher immer wieder zur »Schönung« von Planrechnungen. Andererseits ist ein 10-Jahres-Fenster gerade in Zeiten zunehmender Unsicherheit und eines dynamischen Umfelds ein sehr langer Zeitraum. Das Zusammenspiel zwischen Kalkulationszeitraum und Hockey-Stick-Effekt ist also kompliziert, der zu findende Kompromiss eine Gratwanderung. Das Controlling sitzt dabei nicht selten zwischen allen Stühlen.

5.1.13 Sensitivität oder quantitative Risikobetrachtung

Bei Investitionsprojekten mit größeren Risiken – zum Beispiel neue Produkte, neue Märkte, verstärkte Konkurrenz – kann durch ein »worst case«-Szenario das Risiko einer Fehlentscheidung weiter eingegrenzt werden.

Eine wichtige »Nebenrechnung« von Wirtschaftlichkeits-Expertisen gilt deshalb der Sensitivität der Projektrendite bezüglich der wichtigsten Plangrößen. Je nach Struktur der Produktlinie reagiert das Ergebnis unterschiedlich sensitiv auf die Steuerungsgrößen

- Absatzmenge,
- variable Kosten,
- Verkaufspreise,
- Fixkosten

sowie auf die

- Kapitalbindung.

In der Praxis hat es sich bewährt, die Basisplanung durch eine alternative Planung für diese fünf Größen – es wird jeweils eine Verschlechterung um 10% durchgerechnet – zu ergänzen. Bleibt die Planrendite in diesen Szenarien noch relativ stabil im Zielfeld, erscheinen die Risiken überschaubar. Fällt sie jedoch bei einer Schlechterstellung von »nur« 10% bei einer der Sensitivitätsfaktoren unter die Planrendite, sind die Risiken für eine Durchführung der Investition (zu) hoch.

Ein Beispiel soll die Zusammenhänge verdeutlichen. ▶ Abb. 5-16 zeigt zunächst den Basisplan.

▼ Abb. 5-16 **Planergebnisrechnung**

in 1.000 EUR	Plan 1	Plan 2	Plan 3	Plan 4	Plan 5
Menge in Tonnen	**900**	**1.000**	**1.100**	**1.200**	**1.250**
Verkaufspreis EUR/kg (VP)	**30,00**	**30,00**	**30,00**	**30,00**	**30,00**
Nettoumsatz (NU)	27.000	30.000	33.000	36.000	37.500
Bruttobetriebsergebnis (BBE)	2.500	4.500	6.000	7.500	8.250
Umsatzrendite (BBE in % vom NU)	*9,3*	*15,0*	*18,2*	*20,8*	*22,0*
Break-even (Umsatz)	22.000	21.000	21.000	21.000	21.000
Break-even (Menge)	733	700	700	700	700
Fixkosten 1	**11.000**	**10.500**	**10.500**	**10.500**	**10.500**
▪ *in % vom NU*	*40,7*	*35,0*	*31,8*	*29,2*	*28,0*
Variable Kosten	13.500	15.000	16.500	18.000	18.750
▪ *in % vom NU*	*50,0*	*50,0*	*50,0*	*50,0*	*50,0*
▪ **EUR/kg**	**15,00**	**15,00**	**15,00**	**15,00**	**15,00**
Deckungsbeitrag (DB 1)	13.500	15.000	16.500	18.000	18.750
▪ *in % vom NU*	*50,0*	*50,0*	*50,0*	*50,0*	*50,0*
Anlagevermögen (AV)	**24.000**	**24.000**	**24.000**	**24.000**	**24.000**
Bruttorendite (BBE in % vom AV)	*10,4*	*18,8*	*25,0*	*31,3*	*34,4*
Kapitalumschlag (NU/AV)	1,13	1,25	1,38	1,50	1,56

Bereits im Planjahr 4 ist die Ziel-Umsatzrendite von 20% überschritten; die Bruttorendite erreicht bei einem Kapitalumschlag von 1,5 über 30%.

Im Folgenden wird – zur Demonstration der Sensitivität – für alle 5 Erfolgsparameter eine Schlechterstellung um 10% im Planjahr 5 simuliert (▶ Abb. 5-17).

Die Erwartungswerte im Planjahr 5

- Umsatzrendite: 22,0% vom Nettoumsatz
- Kapitalumschlag: 1,56
- Bruttorendite: 34,4% (= 22,0% multipliziert mit 1,56)

werden mehr oder weniger unterschritten, besonders deutlich aber bei einem Rückgang der Verkaufspreise. Die Planung ist also bezüglich Preis sehr sensibel. Falls die Märkte eher zu Preisverfall neigen, sollte dieses Projekt verworfen oder deutlich überarbeitet werden, selbst wenn die Rendite des Projekts sowohl in der Basisplanung als auch im »worst case« deutlich über der Ziel-Rendite gelegen hätte.

Weitere Investitionsrisiken betreffen die Lebensdauer und die Verzögerung der Rückflüsse der Investition nach Inbetriebnahme. ▶ Abb. 5-18 zeigt die Basisdaten: ein rentables Investitionsprojekt mit einem Planungszeitraum von 5 Jahren. Die Investitionsauszahlung beträgt 10 GE. Die Rück-

▼ Abb. 5-17 **Sensitivität**

Renditen bei Verschlechterung der Ergebnisparameter und des Vermögens um jeweils 10 % gegenüber Plan 5						
in 1.000 EUR	**Plan 5**	**Menge**	**Preis**	**Fixkosten**	**variable Kosten**	**Vermögen**
Menge in Tonnen	**1.250**	**1.125**	**1.250**	**1.250**	**1.250**	**1.250**
Verkaufspreis EUR/kg (VP)	**30,00**	**30,00**	**27,00**	**30,00**	**30,00**	**30,00**
Nettoumsatz (NU)	37.500	33.750	33.750	37.500	37.500	37.500
Bruttobetriebsergebnis (BBE)	8.250	6.375	4.500	7.200	6.375	8.250
Umsatzrendite (BBE in % vom NU)	*22,0*	*18,9*	*13,3*	*19,2*	*17,0*	*22,0*
Break-even (Umsatz)	21.000	21.000	23.625	23.100	23.333	21.000
Break-even (Menge)	700	700	875	770	778	700
Fixkosten 1	**10.500**	**10.500**	**10.500**	**11.550**	**10.500**	**10.500**
■ *in % vom NU*	*28,0*	*31,1*	*31,1*	*30,8*	*28,0*	*28,0*
Variable Kosten	18.750	16.875	18.750	18.750	20.625	18.750
■ *in % vom NU*	*50,0*	*50,0*	*55,6*	*50,0*	*55,0*	*50,0*
■ **EUR/kg**	**15,00**	**15,00**	**15,00**	**15,00**	**16,50**	**15,00**
Deckungsbeitrag (DB 1)	18.750	16.875	15.000	18.750	16.875	18.750
■ *in % vom NU*	*50,0*	*50,0*	*44,4*	*50,0*	*45,0*	*50,0*
Anlagevermögen (AV)	**24.000**	**24.000**	**24.000**	**24.000**	**24.000**	**26.400**
Bruttorendite (BBE in % vom AV)	*34,4*	*26,6*	*18,8*	*30,0*	*26,6*	*31,3*
Kapitalumschlag (NU/AV)	1,56	1,41	1,41	1,56	1,56	1,42

flüsse der einzelnen Perioden sind mit R_1 bis R_5 bezeichnet und befinden sich in der Diagonale der Tabelle. Der Kalkulationszinsfuß beträgt 10 %. Im Jahr 0 sind neben der Investitionsauszahlung die Barwerte, im Jahr 5 die Endwerte der einzelnen Rückflüsse angegeben. Aus diesen Informationen lassen sich der Reale Zins sowie die Amortisationszeit berechnen. Der Reale Zinsfuß ist mit 21,3 % überdurchschnittlich hoch, die Amortisationszeit beträgt etwas mehr als 3 Jahre.

Reduziert sich die Laufzeit des Projekts von 5 auf 4 Jahre – fällt also der Rückfluss der Periode 5 weg –, sinkt die Rendite (Realer Zinsfuß) von 21,3 % auf 17,9 % (▶ Abb. 5-19).

Wenn sich dagegen die Inbetriebnahme der Anlage um ein Jahr verzögert – das heißt noch keine Rückflüsse in Periode 1 –, dann sinkt die Rendite auf nur noch 16,9 %, die Pay-back-Dauer verlängert sich gleichzeitig auf 3,9 Jahre (siehe ▶ Abb. 5-20).

Dieser letzte Fall tritt in der Praxis vermutlich am häufigsten auf, weil das Management die Rückflüsse in der Anfangsphase (zum Beispiel die Inbetriebnahme einer Produktionsanlage) regelmäßig zu optimistisch einschätzt, um die Genehmigung des Projekts nicht zu gefährden. Das Problem der Plausibilität derartiger Planungen ist vor allem Gegenstand von Abschnitt 6.11.2 »Hockey-Stick-Effekt und quantitative Prüfung«.

▼ Abb. 5-18 **Beispiel Sensitivität: Basisdaten, Planungszeitraum 5 Jahre**

Beispiel 1 in GE	**Jahr 0**	**Jahr 1**	**Jahr 2**	**Jahr 3**	**Jahr 4**	**Jahr 5**
Investitionsauszahlung	**10,00**					
R_1	2,73	3,00				4,39
R_2	3,31		4,00			5,32
R_3	3,76			5,00		6,05
R_4	3,42				5,00	5,50
R_5	3,10					5,00
Summe	**16,31**					**26,27**
Aufzinsungsfaktor		*1,464*	*1,331*	*1,210*	*1,100*	*1,000*
Abzinsungsfaktor		*0,909*	*0,826*	*0,751*	*0,683*	*0,621*
Zinsfaktor	**2,6261**					
Rendite	**21,3%**					
Barwert kumuliert		**2,727**	**6,033**	**9,790**	**13,205**	**16,309**
Pay-back-Dauer (Jahre)	**3,1**					

▼ Abb. 5-19 **Beispiel Sensitivität: Planungszeitraum 4 statt 5 Jahre**

Beispiel 2 in GE	**Jahr 0**	**Jahr 1**	**Jahr 2**	**Jahr 3**	**Jahr 4**
Investitionsauszahlung	**10,00**				
R_1	2,73	3,00			3,99
R_2	3,31		4,00		4,84
R_3	3,76			5,00	5,50
R_4	3,42				5,00
Summe	**13,20**				**19,33**
Aufzinsungsfaktor		*1,331*	*1,210*	*1,100*	*1,000*
Abzinsungsfaktor		*0,909*	*0,826*	*0,751*	*0,683*
Zinsfaktor	**1,9333**				
Rendite	**17.9%**				
Barwert kumuliert		**2,727**	**6,033**	**9,790**	**13,205**
Pay-back-Dauer (Jahre)	**3,1**				

▼ Abb. 5-20 **Beispiel Sensitivität: Rückflussausfall im Planjahr 1**

Beispiel 3 in GE	**Jahr 0**	**Jahr 1**	**Jahr 2**	**Jahr 3**	**Jahr 4**	**Jahr 5**
Investitionsauszahlung	**10,00**					
R_1	0,00	0,00				0,00
R_2	3,31		4,00			5,32
R_3	3,76			5,00		6,05
R_4	3,42				5,00	5,50
R_5	3,10					5,00
Summe	**13,58**					**21,87**
Aufzinsungsfaktor		*1,464*	*1,331*	*1,210*	*1,100*	*1,000*
Abzinsungsfaktor		*0,909*	*0,826*	*0,751*	*0,683*	*0,621*
Zinsfaktor	**2,1874**					
Rendite	**16,9%**					
Barwert kumuliert		**0,000**	**3,306**	**7,062**	**10,477**	**13,582**
Pay-back-Dauer (Jahre)	**3,9**					

5.1.14 Abschließende Bemerkungen zur Investitionsrechnung

Investitionen gestalten – neben Forschung und Entwicklung – das wirtschaftliche und strategische Fundament eines Unternehmens und sind damit für ein Unternehmen lebensnotwendig. Mit ihnen werden die Rahmenbedingungen für zumeist viele Perioden festgelegt. Fehlinvestitionen sind daher nur schwer korrigierbar und außerordentlich teuer.

Investitionsentscheidungen können mit Daten innerhalb einer Periode – eines Geschäftsjahrs – als statische Rechnung hinreichend genau getroffen werden, wenn aufgrund der Erhöhung der Deckungsbeiträge oder aufgrund der Verringerung der liquiditätswirksamen Fixkosten die dafür notwendige Investitionsauszahlung innerhalb einer kurzen Frist (1 oder 2 Jahre) mehr als ausgeglichen wird. Eine komplexe Mehrperiodenrechnung ist dafür nicht erforderlich.

Sind die Verhältnisse hingegen komplexer, zum Beispiel weil Auszahlungen in verschiedenen Jahren fällig werden oder weil die Rückflüsse in größerem Umfang erst später kommen, ist eine – mehr oder weniger – aufwendige dynamische Investitionsrechnung erforderlich.

▶ Abb. 5-21 fasst die Überlegungen zusammen.

▼ Abb. 5-21 **Investitionsentscheidung im Überblick**

Investition	▪ Wirtschaftliches und strategisches Fundament eines Unternehmens
Zielsetzung	▪ Steigerung des Unternehmenswerts durch Realisierung einer (geometrischen) Durchschnittsrendite oberhalb der Ziel-Rendite des Unternehmens
Kalkulationszeitraum	▪ Geschäftsabhängig (in der Chemie zum Beispiel häufig 10 Jahre)
Investitionsrechnung (dynamisch)	▪ Kapitalwertmethode (NPV-Methode): unterstellt eine Wiederanlage und Diskontierung von Zahlungen zum Kalkulationszinssatz (Ziel-Rendite oder Hurdle Rate) des Unternehmens ▪ Reale Zinsfußmethode: unterstellt eine Aufzinsung (Wiederanlage) der Rückflüsse zum Kalkulationszinssatz (analog Kapitalwertmethode); der Endwert im Verhältnis zur Investitionsauszahlung ergibt den Aufzinsungsfaktor des Realen Zinsfußes (= geometrische Durchschnittsrendite) ▪ Wiedereinbringungszeit: gibt den Zeitraum an, den die Investition für die Amortisation ihrer Anfangsauszahlung benötigt
Investitionsrechnung (statisch)	▪ Rentabilitätsrechnung (jahresbezogene Bruttorendite): ermittelt durch Veränderung der Deckungsbeiträge und der Fixkosten im Verhältnis zum eingesetzten Kapital (ROI)
Vor der Entscheidung	▪ Rentabilität des gesamten Arbeitsgebiets prüfen ▪ Projekt auf »strategische Plausibilität« und Sensitivität prüfen
Entscheidung	Eine Investition ist vorteilhaft, wenn sie alle folgenden Kriterien erfüllt: ▪ Der Kapitalwert (NPV) muss größer als null sein, oder der Reale Zinsfuß muss größer als der Kalkulationszinsfuß sein. ▪ Die Wiedereinbringungszeit muss unterhalb der von der Geschäftsleitung vorgegebenen Frist liegen. ▪ Die Rentabilität des gesamten Arbeitsgebiets muss »stimmen«. ▪ Das Projekt muss »strategisch plausibel« sein, und die Sensitivität des Projekts muss im vorgegebenen Rahmen bleiben.

Damit lassen sich die Methoden der Investitionsrechnung auch anders, wie in ▶ Abb. 5-22 gezeigt, darstellen.

Unabdingbar für eine Investitionsentscheidung sind – bezogen auf die dynamische Projektrechnung – die Rendite gemäß Realer Zinsfußmethode oder der Kapitalwert (NPV) sowie die Wiedereinbringungszeit. Bei kurzfristig wirkenden Investitionen kann stattdessen auch auf die Rentabilitätsrechnung als Einperiodenmethode zurückgegriffen werden. Der ROI ist das Maß zur Messung der Wirtschaftlichkeit kurzfristig wirkender Investitionen.

Unabhängig von der Vorteilhaftigkeit des Einzelprojekts sollte eine Investitionsentscheidung jedoch nur dann getroffen werden, wenn sich das Arbeitsgebiet insgesamt verbessert oder rentabel wird und das Projekt **strategisch plausibel** ist, also im Einklang mit der Bereichsstrategie steht.

▼ Abb. 5-22 **Empfohlene Methoden der Investitionsrechnung**

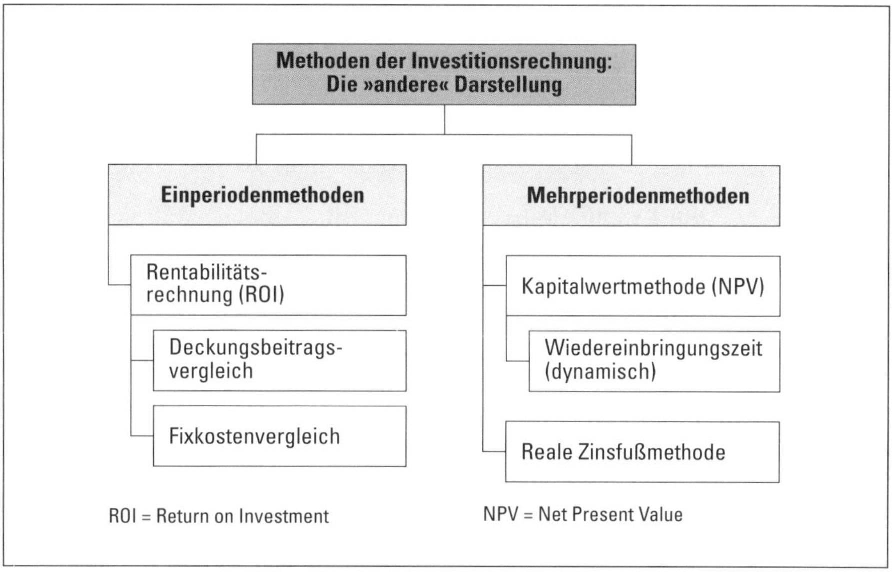

5.2 Dispositionsrechnung

Nochmals zur Erinnerung: Jede kurzfristig wirkende Entscheidung muss letztlich an ihrem Übergewinn oder bei knappem Kapital an der Kapitalrendite ausgerichtet werden.

Die Vielzahl unternehmerischer Entscheidungen wie Investieren, Desinvestieren, Zukauf oder Eigenfertigung etc. unterscheiden sich grundsätzlich darin, ob das eingesetzte (investierte) Kapital – das heißt das Vermögen – bei einer Maßnahme **verändert** wird oder ob es **konstant** bleibt.

Wird das Kapital verändert – zum Beispiel bei Investitionen oder Akquisitionen –, muss zur Entscheidungsfindung zunächst die Vorteilhaftigkeit der Kapitalveränderung (Rendite des investierten Kapitals) gerechnet werden. Bleibt das eingesetzte Kapital unverändert, reduziert sich die Methodik der Entscheidungsfindung auf eine einfache **Dispositionsrechnung.** Eine Dispositionsrechnung ist eine einfache Gegenüberstellung der durch die Entscheidung hervorgerufenen Veränderungen der liquiditätswirksamen Fixkosten und Deckungsbeiträge. Insofern könnte man auch von einer **entscheidungsbezogenen Deckungsbeitragsrechnung** sprechen. Die rentabelste Entscheidung ist gleichzeitig die mit dem günstigsten Ergebnis- oder Gewinnbeitrag.

▼ Abb. 5-23 **Rechengrößen einer Dispositionsrechnung**

- **Δ Deckungsbeiträge**
- **Δ liquiditätswirksame Fixkosten**

→ keine Abschreibungen

→ keine zugeordneten Fixkosten

Für Dispositionsrechnungen gilt:

- Das Vermögen (Kapital) bleibt konstant,

was bedeutet, dass

- die Rentabilität proportional zum Gewinn ist.

Unabhängig davon, ob das Vermögen konstant bleibt oder nicht, greift ein weiteres Grundprinzip: Relevant sind ausschließlich die durch die Entscheidung direkt induzierten liquiditätswirksamen Veränderungen der fixen Kosten sowie der Deckungsbeiträge. Also dürfen niemals kalkulatorische Kosten wie zum Beispiel Abschreibungen oder zugeordnete Fixkosten einer Vollkostenrechnung berücksichtigt werden (◀ Abb. 5-23).

Es interessieren allein die Veränderungen der **liquiditätswirksamen Fixkosten** und die Veränderungen der **Deckungsbeiträge.**

Die Grundformel jeder Dispositionsrechnung lautet damit:

Erhöhung der Deckungsbeiträge	**Verringerung der Deckungsbeiträge**
muss größer sein als	**muss kleiner sein als**
Zunahme der liquiditätswirksamen Fixkosten	**Abbau der liquiditätswirksamen Fixkosten**

Typische Fragestellungen einer Dispositionsrechnung sind zum Beispiel:

- Lohnt sich die Übernahme eines Zusatzgeschäfts?
- Wie beeinflusst die Stilllegung eines Profit-Centers (Teilbetrieb) das Ergebnis eines Unternehmens?
- Wie beeinflusst die Streichung eines Einzelprodukts das Ergebnis einer bestehenden Produktlinie?
- Soll die Kapazität durch eine zeitliche Anpassung erhöht werden?

Handelt es sich zum Beispiel um die Bewertung **zusätzlicher Geschäfte,** muss die Differenz aus zusätzlichen Deckungsbeiträgen und möglichen zusätzlichen liquiditätswirksamen Fixkosten **positiv** sein. Zusätzliche Geschäfte lohnen sich also nicht, wenn mehr Fixkosten aufgebaut als Deckungsbeiträge zusätzlich erzielt werden können (siehe hierzu die Fallstudie in Abschnitt 8.3 »Zukauf von Handelswaren: ja oder nein?«).

Handelt es sich um einen **Geschäfts- oder Leistungsabbau,** muss die Differenz aus weniger liquiditätswirksamen Fixkosten und verlorenen Deckungsbeiträgen **größer null** sein. Eine Teil-Stilllegung einer Produktion oder eine Sortimentsstreichung sind unsinnig oder zumindest problematisch, wenn der verlorene Deckungsbeitrag höher ist als die eingesparten fixen Auszahlungen (siehe hierzu die Fallstudie in Abschnitt 8.4 »Schließung eines Produktionsbetriebs«).

Bei der Optimierung von Sortimenten ist die **Streichung** eines einzelnen Produkts nicht immer eine rein betriebswirtschaftliche Frage. In der Regel steht dem Verlust an Deckungsbeitrag – so schlecht er auch sein mag – kein Fixkostenabbau gegenüber. Deshalb sollte stets versucht werden, den Deckungsbeitrag mit einem anderen – vergleichbaren – Produkt zu erzielen. Von dem Produktwechsel muss der betroffene Kunde aber erst überzeugt werden oder davon, einen angemessenen Preis für das bisherige Produkt zu bezahlen (siehe hierzu die Fallstudie in Abschnitt 8.11 »Sortimentsanalyse«).

Die Frage, ob ein deckungsbeitragsschwaches Produkt aus einem Sortiment zu eliminieren ist, stellt sich unterschiedlich, wenn das Produkt mit anderen um eine begrenzte Kapazität konkurriert. Die Alternative zur Streichung ist in diesem Fall eine Kapazitätserhöhung mit höheren Fixkosten oder sogar eine Investition. Der Deckungsbeitrag eines Einzelprodukts rechtfertigt in der Regel diese Schritte nicht, wohl aber der Ausbau einer ganzen Produktlinie (siehe Fallstudie in Abschnitt 8.12 »Investitions- und Wirtschaftlichkeitsrechnung«).

Die Frage der Eigenfertigung oder des Zukaufs (Bezug bei fremden Dritten) ist als kurzfristige Entscheidung stets eine Dispositionsrechnung. Stellt sich die Frage »make or buy« unter strategischen Gesichtspunkten, verlassen wir das Instrumentarium der Dispositionsrechnung zugunsten komplexer Investitions- und Vermögensrechnungen. Die entsprechenden Problemstellungen sind:

- Optimierung der Fertigungstiefe,
- Konzentration auf das Kerngeschäft,
- Beschleunigung der Geschäftsprozesse,
- Nutzung finanzwirtschaftlicher und steuerlicher Vorteile etc.

Neben rein betriebswirtschaftlichen Faktoren müssen dabei das Outsourcen und die Fremdvergabe von Lieferungen und Leistungen nach Kriterien der strategischen Plausibilität sowie spezieller Risiken und auch Chancen bewertet werden. Dies ist nicht Gegenstand der Dispositionsrechnung.

5.3 Break-even-Analyse

5.3.1 Definition und Ableitung des Break-even

Eine spezielle Methode der permanenten Überwachung und Steuerung der Kosten- und Ertragsstruktur von Profit-Centern ist die **Break-even-Analyse.**

Der **Break-even (Gewinnschwelle)** definiert dasjenige Geschäftsvolumen (zum Beispiel Umsatz, Menge, Stückzahl), bei dem das zu messende Ergebnis (Bruttobetriebsergebnis, Betriebsergebnis, EBIT etc.) einen vorgegebenen Mindestgewinn gerade erreicht. In der Unternehmenspraxis interessiert man sich häufig für einen Mindestgewinn von gerade null. Je niedriger der Break-even, desto früher erreicht man die Gewinnzone; bei rückläufiger Gewinnschwelle erhöht sich das Periodenergebnis bei gleich bleibendem Periodenumsatz. Die Minimierung des Break-even ist also eine permanente Managementaufgabe.

Der Break-even ist der Schnittpunkt von Umsatz- und Gesamtkostenkurve beziehungsweise Deckungsbeitrags- und Fixkostenkurve. Break-even-Menge oder -Umsatz lassen sich sowohl **graphisch** als auch **rechnerisch** bestimmen. Als Rechengrößen werden benötigt:

m = Menge oder Stückzahl
m_{be} = Break-even-Menge
p = Verkaufspreis (GE/Stück)
NU = Nettoumsatz (GE)
NU_{be} = Break-even-Nettoumsatz
K_{fix} = Fixkosten (GE)
k_{var} = variable (proportionale) Kosten (GE/Stück)
K = Gesamtkosten
E = Ergebnis (GE)
DB = Deckungsbeitrag (GE)
db = Deckungsbeitrag pro Stück (GE/Stück).

Der Break-even eines Profit-Centers kann nur dann bestimmt werden, wenn eine Trennung der Kosten in **fix** und **variabel** vorliegt.

Das bedeutet zwangsläufig, dass es einen Break-even nur für solche Profit-Center gibt, deren Fixkosten eindeutig und plausibel sind. Das ist für ein Einzelprodukt aus einem **Mehrprodukt-Sortiment** grundsätzlich nicht gegeben. Die in der Literatur bekannten Fragestellungen, zum Beispiel »Wie hoch muss die Absatzmenge für ein Produkt sein, dass seine Fixkosten bei gegebenem Verkaufspreis gerade noch gedeckt sind?« oder »Bei welcher

Menge sind sämtliche Kosten gedeckt?«, sind für Mehrprodukt-Sortimente ungeeignet.

Die Break-even-Analyse ist dagegen ein einfaches und höchst effektives Informations- und Steuerungsinstrument für alle höher aggregierten Profit-Center. Break-even-Analysen des laufenden Geschäfts – und zwar auf allen Profit-Center-Ebenen – gehören mit zu den wichtigsten Routine-Aufgaben des Controllings. Ohne die Kenntnis des Break-even »stochern« das Controlling und damit das Management »im Nebel«. So ist die Kenntnis des Break-even zum Beispiel einer Gesellschaft unabdingbar für die Durchführung von plausiblen Monatsberichten und Hochschätzungen (siehe auch Abschnitt 5.3.4 »Ergebnisschätzung mit bekanntem Break-even«).

Der Begriff des Break-even wird zunächst durch zwei graphische Darstellungen verdeutlicht: entweder als Schnittpunkt der Umsatz- und Gesamtkostenkurve oder der Deckungsbeitrags- und Fixkostenkurve (▶ Abb. 5-24).

Dennoch wird man in der Praxis den Break-even nicht graphisch bestimmen – das wäre viel zu umständlich und zeitraubend –, sondern aus den Daten einer Perioden-Ergebnisrechnung einfach und schnell direkt errechnen.

▼ Abb. 5-24 **Break-even-Analyse (graphisch)**

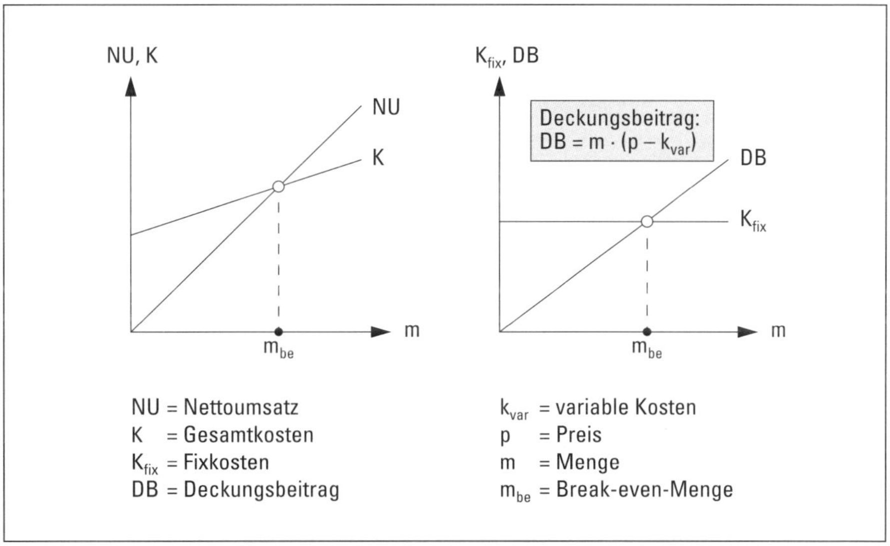

Die **Gewinnschwelle für den Umsatz** (NU_{be}) leitet sich wie folgt ab:

$E = NU - m \cdot k_{var} - K_{fix}$; für $E = 0$ gilt

$NU_{be} = m \cdot k_{var} + K_{fix}$

$NU_{be} - m \cdot k_{var} = K_{fix}$ und $NU_{be} - m \cdot k_{var} = DB$

$DB \equiv K_{fix}$; multipliziert mit NU_{be} ergibt

$NU_{be} \cdot DB = K_{fix} \cdot NU_{be}$, das heißt

$$NU_{be} = \frac{K_{fix}}{DB} \cdot NU_{be}$$

$$NU_{be} = \frac{K_{fix}}{\frac{DB}{NU_{be}}}\text{; wobei } \frac{DB}{NU_{be}} \text{ als DB-Rate bezeichnet wird.}$$

Daraus ergibt sich, sofern die DB-Rate unabhängig von der Umsatzhöhe ist:

$$NU_{be} = \frac{K_{fix}}{\text{DB-Rate}} = \textbf{Break-even-Umsatz}$$

Die entsprechende **Gewinnschwelle für die Menge** (m_{be}) ergibt sich aus:

$$NU_{be} = m_{be} \cdot p = \frac{K_{fix}}{\frac{DB}{m_{be} \cdot p}}$$

$$m_{be} = \frac{K_{fix}}{\frac{DB}{m_{be}}}\text{; mit } \frac{DB}{m_{be}} = \frac{(p - k_{var}) \cdot m_{be}}{m_{be}} = p - k_{var}$$

$$m_{be} = \frac{K_{fix}}{p - k_{var}} = \textbf{Break-even-Menge}$$

Das folgende **Beispiel** einer Periode (Quartal, Jahr etc.) soll die Zusammenhänge verdeutlichen:

Fixkosten: 1 Mio. EUR

DB-Rate: 50%

$p - k_{var}$: 5 EUR/kg ($p = 10$; $k_{var} = 5$)

Aus den beiden Formeln ergibt sich:

NU_{be}: 2 Mio. EUR (= 1/0,5)

m_{be}: 200.000 kg (= 1 Mio. EUR/5 EUR/kg)

Das Profit-Center erreicht die Gewinnschwelle bei einem Umsatz von 2 Mio. EUR oder äquivalent – gegeben den Durchschnittspreis von 10 EUR/kg – bei einer kritischen Menge von 200 Tonnen. Dabei muss die DB-Rate gerade 50% vom Umsatz betragen.

Bei Profit-Centern, deren Umsatz nicht durch Preis und Menge definiert werden kann, reduziert sich der Break-even auf eine Umsatzgröße.

5.3.2 Kritische Menge und kritischer Preis

Nützlich sind Break-even-Überlegungen aber nicht nur zur Bestimmung einer kritischen Menge, bei der ein bestimmter Mindestgewinn erzielt wird, sondern auch zur Überprüfung von **Aussagen zur Ergebnisbeeinflussung.** So werden in der Praxis vielfach Vorschläge von Marketingabteilungen zur Erfolgsverbesserung gemacht. Sie scheinen auf den ersten Blick auch sehr überzeugend, jedoch ist eine methodisch begründbare Argumentation erforderlich, um ungeeignete Vorschläge als falsch zurückweisen zu können. Das folgende Beispiel demonstriert die Zusammenhänge.

Der Verkaufspreis p eines Produkts beträgt 100,25 EUR/Stück. Infolge des Wegfalls eines Großkunden in der letzten Periode ist die Absatzmenge m von 40.000 auf 30.000 Stück gesunken. Man nimmt an, dass sich bei unverändertem Verkaufspreis die Absatzmenge auf dem Niveau von m = 30.000 Stück stabilisiert.

Die variablen Kosten k_{var} betragen 80,15 EUR je Stück und die fixen Kosten K_{fix} 400.000 EUR. Der Produktmanager schlägt zur Verbesserung des Gewinns eine Preissenkung von 10% vor. Als Begründung führt er an, dass diese Preissenkung die Absatzmenge um 30% steigern würde und damit die niedrigen Verkaufspreise durch höhere Umsätze mehr als ausgeglichen würden.

Um den Vorschlag des Produktmanagements zu überprüfen, ist – **bei unveränderten Fixkosten** – der absolute Deckungsbeitrag vor der Preissenkung (DB_v) zu vergleichen mit dem absoluten Deckungsbeitrag nach einer Preissenkung (DB_n):

Deckungsbeitrag (DB) *vor* der Preissenkung:

$$DB_v = (p - k_{var}) \cdot m = (100{,}25 - 80{,}15) \cdot 30.000 = 603.000 \text{ EUR}$$

Deckungsbeitrag *nach* der Preissenkung von 10% und Mengensteigerung von 30%:

$$DB_n = [p \cdot 0{,}9 - k_{var}] \cdot m \cdot 1{,}3 = (100{,}25 \cdot 0{,}9 - 80{,}15) \cdot 30.000 \cdot 1{,}3 = 392.925 \text{ EUR}$$

Durch die Preissenkung erleidet das Unternehmen also einen um 210.075 EUR geringeren Deckungsbeitrag. Angenommen, die Vorhersagen des Produktmanagers, dass die Menge bei einer Preissenkung von 10% um 30% steigt, stimmt, dann würde das Nettoergebnis von 203.000 EUR (= 603.000 – 400.000 EUR) auf –7.075 EUR (= 392.925 – 400.000 EUR) sinken. Der Vorschlag ist also abzulehnen.

Mit Hilfe des Instrumentariums der Break-even-Analyse als Planungsinstrument des Erfolgsmanagements lässt sich leicht eine Beziehung aufstellen, die es erlaubt, folgende Fragestellungen präzise zu beantworten:

Wie hoch müsste das Ausmaß der Absatzsteigerung Δm (in Prozent) mindestens sein, damit geplante Preissenkungen Δp (in Prozent) überhaupt wettgemacht werden können?

Für den Deckungsbeitrag vor und nach **Absatzsteigerung** gilt:

$$DB_v = (p - k_{var}) \cdot m$$

$$DB_n = (p\,(1 - \Delta p) - k_{var}) \cdot m \cdot (1 + \Delta m)$$

Da $DB_n \geq DB_v$ gelten soll, ergibt sich:

$$(p\,(1 - \Delta p) - k_{var}) \cdot m \cdot (1 + \Delta m) \geq (p - k_{var}) \cdot m$$

Nach Δm aufgelöst erhält man:

$$\Delta m \geq \frac{p - k_{var}}{p\,(1 - \Delta p) - k_{var}} - 1$$

Setzt man für Δp 10% ein, ergibt sich $\Delta m \geq 99{,}5\%$. Die Absatzmenge müsste sich also verdoppeln, damit die Preissenkung von 10% gerade ausgeglichen wird, ein in dieser Größenordnung überraschendes Ergebnis!

5.3.3 Veränderung des Break-even

Jedes Profit-Center ist definiert durch
- Menge,
- Preis,
- variable Kosten pro Stück,
- Fixkosten,
- investiertes oder beschäftigtes Kapital.

Die Höhe des Break-even (Umsatz und Menge oder Stück) wird bestimmt durch die Steuerungsgrößen Preis, Deckungsbeitrag pro Stück und Fixkosten. Menge und Kapital haben keinen Einfluss. Die Menge bestimmt jedoch den Abstand zum Break-even, also die absolute Größe des Ergebnisses bei gegebenem Break-even.

Besonders in einer kritischen Situation wird man nicht an irgendeiner Stellschraube zur Ergebnisverbesserung drehen wollen, sondern an der- oder denjenigen mit der größten Wirkung.

Wie die Stellschrauben eines Profit-Centers auf das Ergebnis und damit auf den Break-even wirken, zeigt das bereits bekannte **Controlling-Cockpit,**

▼ Abb. 5-25 **Entwicklung Break-even (Ergebnisrückgang)**

in 1.000 EUR	Ist	Menge	Preis	Fixkosten	variable Kosten	Kapital
Menge in Tonnen	**1.000**	**900**	**1.000**	**1.000**	**1.000**	**1.000**
Verkaufspreis EUR/kg (VP)	**100,00**	**100,00**	**90,00**	**100,00**	**100,00**	**100,00**
Nettoumsatz (NU)	100.000	90.000	90.000	100.000	100.000	100.000
Betriebsergebnis (BE)	25.000	18.500	15.000	21.000	21.500	25.000
Umsatzrendite (BE in % vom NU)	*25,0*	*20,6*	*16,7*	*21,0*	*21,5*	*25,0*
Break-even (Umsatz)	61.538	61.538	65.455	67.692	65.041	61.538
Break-even (Menge)	615	615	727	677	650	615
Fixkosten (bis BE)	**40.000**	**40.000**	**40.000**	**44.000**	**40.000**	**40.000**
▪ *in % vom NU*	*40,0*	*44,4*	*44,4*	*44,0*	*40,0*	*40,0*
Variable Kosten	35.000	31.500	35.000	35.000	38.500	35.000
▪ *in % vom NU*	*35,0*	*35,0*	*38,9*	*35,0*	*38,5*	*35,0*
▪ **EUR/kg**	**35,00**	**35,00**	**35,00**	**35,00**	**38,50**	**35,00**
Deckungsbeitrag (DB 1)	65.000	58.500	55.000	65.000	61.500	65.000
▪ *in % vom NU*	*65,0*	*65,0*	*61,1*	*65,0*	*61,5*	*65,0*
Betriebsnotwendiges Kapital (BNK)	**60.000**	**60.000**	**60.000**	**60.000**	**60.000**	**66.000**
Kapitalrendite (BE in % vom BNK)	*41,7*	*30,8*	*25,0*	*35,0*	*35,8*	*37,9*
Kapitalumschlag (NU/BNK)	1,67	1,50	1,50	1,67	1,67	1,52

▼ Abb. 5-26 **Entwicklung Break-even (Ergebnisrückgang kumuliert)**

in 1.000 EUR **Perioden**	**Ist**	**1**	**2**	**3**	**4**	**5**
Menge in Tonnen	**1.000**	**900**	**900**	**900**	**900**	**900**
Verkaufspreis EUR/kg (VP)	**100,00**	**100,00**	**90,00**	**90,00**	**90,00**	**90,00**
Nettoumsatz (NU)	100.000	90.000	81.000	81.000	81.000	81.000
Betriebsergebnis (BE)	25.000	18.500	9.500	5.500	2.350	2.350
Umsatzrendite (BE in % vom NU)	*25,0*	*20,6*	*11,7*	*6,8*	*2,9*	*2,9*
Break-even (Umsatz)	61.538	61.538	65.455	72.000	76.893	76.893
Break-even (Menge)	615	615	727	800	854	854
Fixkosten (bis BE)	**40.000**	**40.000**	**40.000**	**44.000**	**44.000**	**44.000**
▪ *in % vom NU*	*40,0*	*44,4*	*49,4*	*54,3*	*54,3*	*54,3*
Variable Kosten	35.000	31.500	31.500	31.500	34.650	34.650
▪ *in % vom NU*	*35,0*	*35,0*	*38,9*	*38,9*	*42,8*	*42,8*
▪ **EUR/kg**	**35,00**	**35,00**	**35,00**	**35,00**	**38,50**	**38,50**
Deckungsbeitrag (DB 1)	65.000	58.500	49.500	49.500	46.350	46.350
▪ *in % vom NU*	*65,0*	*65,0*	*61,1*	*61,1*	*57,2*	*57,2*
Betriebsnotwendiges Kapital (BNK)	**60.000**	**60.000**	**60.000**	**60.000**	**60.000**	**66.000**
Kapitalrendite (BE in % vom BNK)	*41,7*	*30,8*	*15,8*	*9,2*	*3,9*	*3,6*
Kapitalumschlag (NU/BNK)	1,67	1,50	1,35	1,35	1,35	1,23

zusammengefasst anhand der Beispiele eines Ergebnisrückgangs (◀ Abb. 5-25 und 5-26) und einer Sanierung (▶ Abb. 5-27).

Zunächst der Ergebnisrückgang:

- Mengenrückgang um 10% Break-even unverändert,
- Preisrückgang um 10% Break-even steigend (+6,4%),
- Fixkostenerhöhung um 10% Break-even steigend (+10,0%),
- Variable Kostenerhöhung um 10% Break-even steigend (+5,7%),
- Anlagevermögen plus 10% Break-even unverändert.

Den stärksten Ergebniseinbruch verursacht der Preisrückgang: die Kapitalrendite fällt von 41,7 auf 25%. Den größten Einfluss auf den Break-even hat der Fixkostenaufbau: Der Break-even steigt von 61.538.000 EUR auf 67.692.000 EUR.

Kumuliert man in diesem Standard-Fall alle fünf Schritte – jede Periode repräsentiert einen Schritt –, ergibt sich die in ◀ Abb. 5-26 gezeigte Entwicklung.

In der Periode 1 liegt der Break-even bei 61.538.000 EUR; die Umsatz- und Kapitalrenditen sind mit 25,0 beziehungsweise 41,7% deutlich im Zielfeld. Mit der Verschlechterung aller Ergebnisparameter – Menge, Preis,

▼ Abb. 5-27 **Entwicklung Break-even (Sanierung; Erreichen der Gewinnschwelle)**

in 1.000 EUR	Ist	Menge	Preis	Fixkosten	variable Kosten
Menge in Tonnen	**1.000**	**1.200**	**1.000**	**1.000**	**1.000**
Verkaufspreis EUR/kg (VP)	**100,00**	**100,00**	**110,00**	**100,00**	**100,00**
Nettoumsatz (NU)	100.000	120.000	110.000	100.000	100.000
Betriebsergebnis (BE)	–10.000	0	0	0	0
Umsatzrendite (BE in % vom NU)	*–10,0*	*0,0*	*0,0*	*0,0*	*0,0*
Break-even (Umsatz)	**120.000**	**120.000**	**110.000**	**100.000**	**100.000**
Break-even (Menge)	**1.200**	**1.200**	**1.000**	**1.000**	**1.000**
Fixkosten (bis BE)	**60.000**	**60.000**	**60.000**	**50.000**	**60.000**
▪ *in % vom NU*	*60,0*	*50,0*	*54,5*	*50,0*	*60,0*
Variable Kosten	50.000	60.000	50.000	50.000	40.000
▪ *in % vom NU*	*50,0*	*50,0*	*45,5*	*50,0*	*40,0*
▪ **EUR/kg**	**50,00**	**50,00**	**50,00**	**50,00**	**40,00**
Deckungsbeitrag (DB 1)	50.000	60.000	60.000	50.000	60.000
▪ *in % vom NU*	*50,0*	*50,0*	*54,5*	*50,0*	*60,0*
Betriebsnotwendiges Kapital (BNK)	**100.000**	**100.000**	**100.000**	**100.000**	**100.000**
Kapitalrendite (BE in % vom BNK)	*–10,0*	*0,0*	*0,0*	*0,0*	*0,0*
Kapitalumschlag (NU/BNK)	1,00	1,20	1,10	1,00	1,00

Fixkosten und variable Stückkosten – steigt der Break-even kontinuierlich auf 76.893.000 EUR (die Veränderung des Vermögens alleine hat bekanntlich keine Auswirkungen auf den Break-even).

Und nun zum Szenario der Sanierung eines defizitären Profit-Centers (◀ Abb. 5-27). In diesem Fall stellen sich folgende Fragen, um den Break-even zu erreichen:

- Um wie viel muss die Menge steigen?
- Um wie viel muss der Preis steigen?
- Um wie viel müssen die variablen Kosten sinken?
- Um wie viel müssen die Fixkosten sinken?

Um den Break-even zu erreichen, müsste die Menge um 200 Tonnen oder 20% steigen. Alternativ erreicht man ein ausgeglichenes Ergebnis mit einer Preiserhöhung um 10% (von 100 auf 110 EUR/kg), einem Fixkostenabbau um 16,7% (von 60 Mio. EUR auf 50 Mio. EUR) oder einer Senkung der variablen Stückkosten um 20% (von 50,00 auf 40,00 EUR/kg). Dabei sinkt der Break-even von 120 Mio. EUR auf 110 Mio. EUR (Preis) beziehungsweise auf 100 Mio. EUR (Fixkosten, variable Stückkosten).

In der Praxis hat man weniger die Qual der Wahl von Maßnahmen, sondern »lediglich« die Möglichkeiten ihrer praktischen Umsetzung. Das Controlling-Cockpit schafft dann Transparenz über die Konsequenzen der einzuleitenden Maßnahmen.

5.3.4 Ergebnisschätzung mit bekanntem Break-even

Wer kennt nicht die beiden monatlich wiederkehrenden Fragen zum aktuellen Geschäft:

1. Wie waren Umsatz und Ergebnis im abgelaufenen Monat?
2. Wie hoch werden Umsatz und Ergebnis für das laufende Geschäftsjahr sein?

Die erste Frage betrifft den **Monatsbericht**, die zweite – zumeist zeitgleich gestellte – Frage betrifft die rollierende **Jahreshochschätzung.** Mit der Nutzung des Instrumentariums der Break-even-Analyse sind diese beiden Routine-Aufgaben des Controllings relativ einfach und plausibel zu lösen.

Um das Ergebnis einer Periode abschätzen zu können, benötigt man den Umsatz – fakturiert oder geschätzt – und den aktuellen, das heißt für die Periode plausiblen Break-even. Basis für den in der Schätzung zugrunde gelegten Break-even ist stets die letzte abgerechnete Periode (Monat, Quartal), korrigiert um absehbare Veränderungen der Fixkosten und der Deckungsbeitragsstärke (DB-Rate). Das Ergebnis zum Beispiel des abgelaufenen Monats ist die Differenz aus Ist-Umsatz des Monats und Break-even-Umsatz, multipliziert mit der aktuellen DB-Rate:

Monatsergebnis = (Ist-Umsatz – Break-even-Umsatz) · DB-Rate

Ein Beispiel:

■ Umsatz geschätzt:	26.500.000 EUR
■ Break-even aktualisiert:	22.400.000 EUR
■ DB-Rate aktualisiert:	58 % vom Umsatz
das heißt	
■ Δ Umsatz:	4.100.000 EUR
■ Ergebnis:	2.378.000 EUR (4.100.000 · 0,58)

Das Controlling wird bei dieser Datenlage der Geschäftsleitung vermutlich einen Wert zwischen 2,2 und 2,4 Mio. EUR melden. Die Plausibilität der Monatsschätzung ist relativ hoch.

Zwei Wochen später liegen die exakten Daten vor (zum Beispiel):

- Umsatz fakturiert: 26.185.000 EUR
- Break-even 22.516.000 EUR
- DB-Rate: 57,9 %

das heißt

- Ergebnis gebucht: 2.124.000 EUR

Bei einer Ergebnisschätzung von 2,2 Mio. EUR hat sich das Controlling um 76.000 EUR (also um –3,4 %) verschätzt.

Schwieriger ist eine monatlich rollierende Jahreshochschätzung, doch das Instrumentarium bleibt dasselbe. Bewährt haben sich monatliche Schätzungen für Umsatz, Fixkosten und DB-Rate; die Monatsergebnisse und das Jahresergebnis sind dann ein reiner Rechenvorgang.

Im Beispiel setzen wir auf den Ist-Daten des ersten Halbjahrs auf. Geschätzt werden die Folgemonate und damit das Gesamtjahr (▶ Abb. 5-28).

▼ Abb. 5-28 **Jahreshochschätzung per Juni**

in Mio. EUR

Monat	**Umsatz**	**Fixkosten**	**DB**	**Break-even**	**DB-Rate**	**Ergebnis**
Jan	22,422	10,812	11,213	21,620	0,500	0,401
Feb	23,845	11,123	11,857	22,369	0,497	0,734
März	21,533	10,724	11,232	20,559	0,522	0,508
April	24,325	11,125	12,476	21,691	0,513	1,351
Mai	25,134	11,245	13,223	21,374	0,526	1,978
Juni	25,211	10,687	13,125	20,528	0,521	2,438
Juli	***26,1***	***10,9***	***13,6***	***21,0***	***0,52***	***2,7***
Aug	***18,2***	***11,0***	***9,5***	***21,2***	***0,52***	***–1,5***
Sept	***24,8***	***11,1***	***12,9***	***21,3***	***0,52***	***1,8***
Okt	***23,9***	***11,0***	***12,2***	***21,6***	***0,51***	***1,2***
Nov	***24,3***	***11,4***	***12,4***	***22,4***	***0,51***	***1,0***
Dez	***16,5***	***11,3***	***8,4***	***22,2***	***0,51***	***–2,9***
Gesamt	***276,3***	***132,4***	***142,1***	***257,5***	***0,51***	***9,6***

hellgrau: geschätzt; dunkelgrau: gerechnet

Auf Basis plausibler Schätzungen für Umsatz, Fixkosten und DB-Rate können die Ergebnisse errechnet werden. Im Einzelnen gelten folgende Gleichungen:

$$\text{Break-even-Umsatz (errechnet)} = \frac{\text{Fixkosten (geschätzt)}}{\text{DB-Rate (geschätzt)}}$$

$$\text{Monatsergebnis (errechnet)} = \left[\begin{array}{c}\text{Umsatz}\\ \text{(geschätzt)}\end{array} - \begin{array}{c}\text{Break-even-}\\ \text{Umsatz}\\ \text{(errechnet)}\end{array}\right] \times \text{DB-Rate}$$

Dieser Prozess wird monatlich fortgeschrieben.

Per September ist man »um drei Monate schlauer«, das dritte Quartal ist gebucht; abzuschätzen sind nur noch die letzten drei Monate (▶ Abb. 5-29).

Insgesamt musste die Hochschätzung von ursprünglich 9,6 Mio. EUR auf 7,5 Mio. EUR nach unten korrigiert werden. Die Fixkosten waren etwa gleich hoch wie per Juni erwartet, die Umsätze aber etwas geringer.

Wichtig ist, dass der Break-even – die Monatswerte liegen im Beispiel relativ stabil zwischen 20,5 Mio. EUR und 22,4 Mio. EUR – ständig aus den Abrechnungssystemen aktualisiert wird.

▼ Abb. 5-29 **Jahreshochschätzung per September**

in Mio. EUR

Monat	Umsatz	Fixkosten	DB	Break-even	DB-Rate	Ergebnis
Jan	22,422	10,812	11,213	21,620	0,500	0,401
Feb	23,845	11,123	11,857	22,369	0,497	0,734
März	21,533	10,724	11,232	20,559	0,522	0,508
April	24,325	11,125	12,476	21,691	0,513	1,351
Mai	25,134	11,245	13,223	21,374	0,526	1,978
Juni	25,211	10,687	13,125	20,528	0,521	2,438
Juli	26,438	11,243	13,819	21,510	0,523	2,576
Aug	17,997	11,544	9,378	22,154	0,521	−2,166
Sept	24,633	11,223	12,699	21,770	0,516	1,476
Okt	***23,6***	***11,0***	***12,0***	***21,6***	***0,51***	***1,0***
Nov	***22,8***	***11,4***	***11,6***	***22,4***	***0,51***	***0,2***
Dez	***15,9***	***11,2***	***8,1***	***22,0***	***0,51***	***−3,1***
Gesamt	***273,8***	***133,3***	***140,8***	***259,3***	***0,51***	***7,5***

hellgrau: geschätzt; dunkelgrau: gerechnet

▼ Abb. 5-30 **Hochschätzung auf Basis rollierender Jahreszahlen**

in Mio. EUR

Monat	Umsatz	Break-even	DB-Rate	Ergebnis	Trend
Jan–**Dez** (Abschluss)	**276**	**255**	**0,52**	**10,92**	
Feb–**Jan**	274	**256**	0,52	9,36	fallend
März–**Feb**	273	**257**	0,52	8,32	fallend
April–**März**	272	**258**	0,52	7,28	fallend
Mai–**April**	269	**258**	0,51	5,61	fallend
Juni–**Mai**	265	**258**	0,51	3,57	fallend
Juli–**Juni**	264	**259**	0,51	2,55	fallend
Aug–**Juli**	262	**260**	0,52	1,04	fallend
Sept–**Aug**	264	**261**	0,52	1,56	steigend
Okt–**Sept**	267	**260**	0,52	3,64	steigend
Nov–**Okt**	268	**261**	0,51	3,57	steigend
Dez–**Nov**	272	**260**	0,51	6,12	steigend
Jan–**Dez**	**274**	**259**	**0,51**	**7,65**	steigend

Die Nutzung der Break-even-Analyse kann natürlich in Kombination mit rollierenden Jahresdaten zu noch weiter verfeinerten Trend- und Prognosemodellen ausgebaut werden (siehe Abschnitt 6.3 »Rollierende Daten«). Die Basis einer Prognose ist nicht mehr ausschließlich der Monatswert, sondern ein rollierender Jahreswert. In jedem Berichtsmonat wird ein Gesamtjahr (Jahrestotal) aus den jeweils letzten 12 Monaten generiert. Damit entfernt man sich noch mehr aus den »Niederungen« der kurzfristigen Betrachtung.

Das Beispiel in ◀ Abb. 5-30 zeigt einen Rückblick auf das abgelaufene Geschäftsjahr. Der Jahresumsatz (in jedem Monat) ergibt mit dem Jahres-Break-even (gemessen über die jeweils letzten 12 Monate) und der korrespondierenden DB-Rate ein Jahresergebnis.

Der offizielle Jahresabschluss weist einen Umsatz von 276 Mio. EUR bei einem Ergebnis von 10,9 Mio. EUR aus. Die folgenden Jahreswerte führen zu einem fallenden Trend für das Betriebsergebnis. Die Gründe sind evident: Der Jahresumsatz fällt bis Juli kontinuierlich auf 262 Mio. EUR. Gleichzeitig steigt der Break-even auf über 260 Mio. EUR. Würde sich der Trend im 2. Halbjahr fortsetzen, wäre mit einem negativen Jahresergebnis (Jan–Dez) zu rechnen. Ab September steigen aber die Jahresumsätze signifikant, bei Stabilisierung des Break-even bei 260 Mio. EUR. Es ist deshalb plausibel, bereits ab September ein Jahresergebnis in der Größenordnung von 4 bis 8 Mio. EUR zu schätzen.

5.4 Planergebnisrechnung

Im Rahmen der jährlich rollierenden operativen Planungen – in der Regel (mittelfristige) **Dreijahres-** oder **Fünfjahresplanungen** – und bei projektbezogenen Investitions- und Wirtschaftlichkeitsrechnungen (bis Zehnjahresplanungen) sind regelmäßig **Planergebnisrechnungen** zu erstellen und vom Management zu beurteilen und zu verabschieden.

Unabhängig vom Planungsansatz – das heißt Planung aller Detaildaten von unten nach oben verdichtet **(bottom up)** oder direkt aggregiert über Strukturgrößen **(top down)** – wird mit jeder Planung versucht, ein rentables und plausibel strukturiertes Profit-Center zu simulieren. Ob die Planzahlen erreicht werden, steht auf einem anderen Blatt.

Geht man von einem laufenden Geschäft aus, erfordert eine Planung sowohl die Analyse der Ist-Situation als auch die Vorgabe einer realistischen Ziel-Rendite (▶ Abb. 5-31).

Als Schwachstellen sind die Menge, die Fixkosten und die variablen Stückkosten – im Wesentlichen die Rohstoffkosten – erkannt. Die Ziel-Umsatzrendite ist 25 %, die Kapitalrendite liegt bei über 45 %.

Die Planungsvorgaben zur Erreichung der Zielstruktur lauten also (inflationsneutral, das heißt heutige Verkaufs- und Faktorpreise inklusive Lohn- und Gehaltssätze, Reparatursätze etc., aber unter Berücksichtigung explizit geplanter Preisänderungen, wie zum Beispiel niedrigerer Einkaufspreise durch geplanten Wechsel des Lieferanten):

- Aufbau der Menge von 1.000 Tonnen auf 1.500 Tonnen;
- moderater Fixkostenaufbau um 10 Mio. EUR, das heißt Senkung auf 40 % vom Umsatz;
- Senkung der Rohstoffkosten um 5 EUR/kg, das heißt Erhöhung der DB-Rate auf 65 % vom Umsatz;
- unveränderte Kapitalbindung.

Maßnahmen zur Erreichung dieser Ergebnisse könnten sein:

- Menge: Intensivierung Vertrieb;
- Fixkosten: unterproportionaler Aufbau in Versand (+1 Mio. EUR), Vertrieb (+3 Mio. EUR), Fertigung (+2 Mio. EUR) und im Overhead (+4 Mio. EUR);
- Rohstoffkosten: Forschungsprojekt zur Ausbeuteverbesserung (–4 EUR/kg) sowie bessere Einkaufskonditionen (–1 EUR/kg);
- verbessertes Vorrats- und Forderungsmanagement (unverändertes betriebsnotwendiges Kapital trotz steigendem Umsatz).

▼ Abb. 5-31 **Planergebnisrechnung (Eckdaten)**

in 1.000 EUR **Perioden**	**0**	**1**	**2**	**3**	**4**	**5**	**Ziel**
Menge in Tonnen	**1.000**						**1.500**
Verkaufspreis EUR/kg (VP)	**100,00**						**100,00**
Nettoumsatz (NU)	100.000						150.000
Betriebsergebnis (BE)	10.000						37.500
Umsatzrendite (BE in % vom NU)	*10,0*						*25,0*
Break-even (Umsatz)	83.333						92.308
Break-even (Menge)	833						923
Fixkosten (bis BE)	**50.000**						**60.000**
▪ *in % vom NU*	*50,0*						*40,0*
Variable Kosten	40.000						52.500
▪ *in % vom NU*	*40,0*						*35,0*
▪ **EUR/kg**	**40,00**						**35,00**
Deckungsbeitrag (DB 1)	60.000						97.500
▪ *in % vom NU*	*60,0*						*65,0*
Betriebsnotwendiges Kapital (BNK)	**80.000**						**80.000**
Kapitalrendite (BE in % vom BNK)	*12,5*						*46,9*
Kapitalumschlag (NU/BNK)	1,25						1,88

Fixkostenstruktur	**in 1.000 EUR**		***in % vom NU***		**Schwachstellen**
	Periode 0	**Ziel**	**Periode 0**	**Ziel**	☒ Menge
▪ Versandkosten	2.000	3.000	*2,0*	*2,0*	☒ Fixkosten
▪ Vertriebskosten	9.000	12.000	*9,0*	*8,0*	☐ Preis
▪ Fertigungskosten	31.000	33.000	*31,0*	*22,0*	☒ Variable Kosten
▪ Overheadkosten	8.000	12.000	*8,0*	*8,0*	☐ Kapitalbindung

Die Ergebnisplanung könnte dann wie in ▶ Abb. 5-32 zusammengefasst aussehen.

Die Absatzsteigerungen und Fixkostenanpassungen erfolgen kontinuierlich. Das genannte Forschungsprojekt zur Ausbeuteverbesserung wird in Periode 2 wirksam, bessere Einkaufspreise bereits in Periode 1. Das Profit-Center wächst so kontinuierlich und in plausiblen Teilschritten in die Zielstruktur hinein.

▼ Abb. 5-32 **Planergebnisrechnung (Beispiel)**

in 1.000 EUR **Perioden**	**0**	**1**	**2**	**3**	**4**	**5**	**Ziel**
Menge in Tonnen	**1.000**	**1.100**	**1.200**	**1.300**	**1.400**	**1.500**	**1.500**
Verkaufspreis EUR/kg (VP)	**100,00**	**100,00**	**100,00**	**100,00**	**100,00**	**100,00**	**100,00**
Nettoumsatz (NU)	100.000	110.000	120.000	130.000	140.000	150.000	150.000
Betriebsergebnis (BE)	10.000	15.100	24.000	28.500	33.000	37.500	37.500
Umsatzrendite (BE in % vom NU)	*10,0*	*13,7*	*20,0*	*21,9*	*23,6*	*25,0*	*25,0*
Break-even (Umsatz)	83.333	85.246	83.077	86.154	89.231	92.308	92.308
Break-even (Menge)	833	852	831	862	892	923	923
Fixkosten (bis BE)	**50.000**	**52.000**	**54.000**	**56.000**	**58.000**	**60.000**	**60.000**
■ *in % vom NU*	*50,0*	*47,3*	*45,0*	*43,1*	*41,4*	*40,0*	*40,0*
Variable Kosten	40.000	42.900	42.000	45.500	49.000	52.500	52.500
■ *in % vom NU*	*40,0*	*39,0*	*35,0*	*35,0*	*35,0*	*35,0*	*35,0*
■ **EUR/kg**	**40,00**	**39,00**	**35,00**	**35,00**	**35,00**	**35,00**	**35,00**
Deckungsbeitrag (DB 1)	60.000	67.100	78.000	84.500	91.000	97.500	97.500
■ *in % vom NU*	*60,0*	*61,0*	*65,0*	*65,0*	*65,0*	*65,0*	*65,0*
Betriebsnotwendiges Kapital (BNK)	**80.000**	**80.000**	**80.000**	**80.000**	**80.000**	**80.000**	**80.000**
Kapitalrendite (BE in % vom BNK)	*12,5*	*18,9*	*30,0*	*35,6*	*41,3*	*46,9*	*46,9*
Kapitalumschlag (NU/BNK)	1,25	1,38	1,50	1,63	1,75	1,88	1,88

Fixkostenstruktur	**in 1.000 EUR**		***in % vom NU***		**Schwachstellen**
	Periode 0	**Ziel**	**Periode 0**	**Ziel**	☒ Menge
■ Versandkosten	2.000	3.000	*2,0*	*2,0*	☒ Fixkosten
■ Vertriebskosten	9.000	12.000	*9,0*	*8,0*	☐ Preis
■ Fertigungskosten	31.000	33.000	*31,0*	*22,0*	☒ Variable Kosten
■ Overheadkosten	8.000	12.000	*8,0*	*8,0*	☐ Kapitalbindung

5.5 Preisfindung

5.5.1 Preisgrenzen

Die gleichen Daten wie eine Planergebnisrechnung benötigt auch die **Preiskalkulation.** Die Kernfrage beim Abschluss eines Geschäfts oder bei der Annahme eines Auftrags ist zweifelsohne der Preis. Geschäfte macht man nicht »um jeden Preis«, sondern zu Konditionen, die sowohl eine Deckung der Kosten als auch einen Gewinnaufschlag zur Erzielung einer angemessenen Verzinsung (Rendite) des eingesetzten Kapitals sicherstellen.

Die Kostenrechnung hat hierbei die wichtige Funktion, Kosteninformationen so aufzubereiten, dass daraus vernünftige Preis- und Programmentscheidungen – Sortimentstiefe, Maschinenbelegung etc. – getroffen werden können. Eine **saubere Produktkostenanalyse** legt die Basis für eine optimale Zuteilung und Verwendung der knappen Ressource Kapital – das heißt konkret Anlage- und Umlaufvermögen – sowohl kurz- wie langfristig.

Der **Spielraum für Preisentscheidungen** ist produkt- und branchenspezifisch sehr unterschiedlich. Die kundenspezifische Auftragsfertigung hat eine größere Bandbreite der Gestaltung als das Standardprodukt (Commodity) mit gewöhnlich eng vorgegebenen Marktpreisen.

Aus Sicht des **Käufers** muss der Preis (kosten-)günstig sein, also in die eigene Kostenkalkulation »passen«. Aus Sicht des **Anbieters** muss es sich lohnen, das Produkt oder die Leistung überhaupt anzubieten. Die Preisuntergrenze eines Produkts ist somit der kritische Preis, zu dem ein Unternehmen gerade noch bereit ist, dieses Produkt anzubieten.

Die tatsächliche Höhe eines Preises oder die **Preisuntergrenze** als kritische Größe ist relevant bei Entscheidungen zum Beispiel über:

- Annahme oder Ablehnung eines Auftrags,
- Streichung eines Produkts aus dem Verkaufs- und Produktionsprogramm,
- Veränderung der Zusammensetzung eines Sortiments.

Bei all diesen Fragen ist entscheidend, ob ein Auftrag im Rahmen vorhandener, vorgegebener Kapazitäten – also *ohne* Veränderung des Betriebsvermögens – zustande kommt oder ob durch einen Auftrag zusätzliche Kapazitäten bereitgestellt werden müssen, also vorher investiert wird. Im ersten Fall greifen die klassischen Instrumente der **Dispositionsrechnung** (siehe Abschnitt 5.2 »Dispositionsrechnung«), im zweiten Fall muss eine **Investitionsrechnung** vorgeschaltet werden (siehe Abschnitt 5.1 »Investitionsrechnung«).

5.5.2 Die klassische Angebotspreiskalkulation

Die klassische **Angebotspreiskalkulation** wird häufig in Form einer **Standard-Planrechnung** vorgenommen. Darin wird der Verkaufspreis eines Produkts errechnet, der – wenn er tatsächlich erzielt wird – bei unterstellter repräsentativer Normalbeschäftigung (zum Beispiel 70 bis 80 % der technischen oder personellen Kapazität) und Standardkosten zur Ziel-Rendite führt.

▼ Abb. 5-33 **Ziel-Fixkostenstruktur (Beispiel)**

in 1.000 EUR **Perioden**	**1**	**2**	**3**	**4**	**Plan 5**
Menge in Tonnen	**1.749**	**1.793**	**1.535**	**1.618**	**1.800**
Verkaufspreis EUR/kg (VP)	**14,41**	**14,20**	**14,09**	**13,52**	**15,00**
Nettoumsatz (NU)	25.203	25.461	21.628	21.875	27.000
Bruttobetriebsergebnis (BBE)	4.438	2.871	1.822	2.848	7.010
Umsatzrendite (BBE in % vom NU)	*17,6*	*11,3*	*8,4*	*13,0*	*26,0*

Fixkostenstruktur	**in 1.000 EUR**		***in % vom NU***		**Schwachstellen**
	Periode 4	**Plan 5**	**Periode 4**	**Plan 5**	☐ Menge
■ Versandkosten	509	540	*2,3*	*2,0*	☐ Fixkosten
■ Vertriebskosten	2.852	3.250	*13,0*	*12,0*	☐ Preis
■ Fertigungskosten	5.861	5.400	*26,8*	*20,0*	☐ Variable Kosten
Summe	9.222	9.190	*42,2*	*34,0*	☐ Kapitalbindung

Die einzigen »harten« Informationen sind die **variablen Stückkosten** eines Produkts oder einer zu kalkulierenden Leistung. Das sind im Wesentlichen die Kosten der Rezeptur oder der Stückliste (Rohstoffkosten) sowie alle übrigen variablen, also mengenproportionalen Kosten wie Frachten, Packmittel, Provisionen und beschäftigungsabhängige Energiekosten.

Vorgaben für die Fixkosten sind die **Standard-Kostenstrukturen** (Targets) sowie die **Ziel-Rendite** (Umsatzrendite) der Produktlinie. Die Fragestellung einer Preiskalkulation lautet stets: Wie hoch muss der Angebotspreis (Planpreis) für das zu kalkulierende Produkt sein, so dass bei Ansatz der variablen Stückkosten des Produkts und der Überwälzung der Standard-Fixkosten der Produktlinie gerade die Ziel-Rendite erreicht wird?

Für die Bemessung der vom potenziellen Auftrag zu tragenden Fixkosten wird die Zielstruktur aus der betroffenen Produktlinie (Beispiel) entnommen (◀ Abb. 5-33). Sie entspricht der Planergebnisrechnung bei normaler Auslastung. Die Fixkosten dürfen 34% vom Umsatz (2% + 12% + 20%) nicht überschreiten, die Ziel-Umsatzrendite ist mit 26% vorgegeben.

Mit den für das zu kalkulierende Produkt ermittelten variablen Stückkosten (in EUR/kg) kann direkt der Plan-Angebotspreis errechnet werden (▶ Abb. 5-34).

Das Beispiel in ▶ Abb. 5-35 soll die Zusammenhänge verdeutlichen.

Die variablen Kosten eines Produkts (einer Leistung) sind stets exakt bekannt, entweder als Lagerbuchwerte (Rohstoffe) oder als Standard-Preise (Energiekosten, Frachten, Packmittel, Provisionen), die als separate Dateien für Planungen geführt und mit repräsentativen Werten fortgeschrieben werden.

▼ Abb. 5-34 **Rechengrößen Preiskalkulation**

Marke/Produkt/Bezeichnung:	Produkt		
	in GE/kg	in % vom AVP	Quelle der Daten
Variable Kosten	**Ist**		
■ Rohstoffe	Ist		Rezeptur (Richtkalkulation)
■ Frachten	Ist		Speditionsvertrag
■ Packmittel	Ist		Packmittelliste
■ Energiekosten	Ist		Richtkalkulation
■ Provisionen	Ist		Sonderkalkulation
Ziel-Deckungsbeitrag		**Soll**	
Ziel-Fixkosten		**Soll**	
■ Versand		Soll	Planergebnisrechnung*
■ Vertrieb		Soll	Planergebnisrechnung*
■ Fertigung		Soll	Planergebnisrechnung*
Ziel-Rendite (gesetzt)		**Soll**	
Ziel-Angebotsverkaufspreis (AVP)	?	**100,00**	

* bei repräsentativ normaler Auslastung

▼ Abb. 5-35 **Beispiel Preiskalkulation**

Marke/Produkt/Bezeichnung:	Produkt		
	in GE/kg	in % vom AVP	Quelle der Daten
Variable Kosten	**12,00**	40,00	12,00 ≙ 40 % bei DB = 60 %
■ Rohstoffe	9,85		Rezeptur (Richtkalkulation)
■ Frachten	0,30		Speditionsvertrag
■ Packmittel	0,25		Packmittelliste
■ Energiekosten	1,10		Richtkalkulation
■ Provisionen	0,50		Sonderkalkulation
Ziel-Deckungsbeitrag		**60,00**	
Ziel-Fixkosten		**34,00**	
■ Versand		2,00	Planergebnisrechnung*
■ Vertrieb		12,00	Planergebnisrechnung*
■ Fertigung		20,00	Planergebnisrechnung*
Ziel-Rendite (gesetzt)		**26,00**	
Ziel-Angebotsverkaufspreis (AVP)	30,00	**100,00**	

* bei repräsentativ normaler Auslastung

In einer Angebotspreiskalkulation sollen weiterhin die fixen Kosten so »überwälzt« werden, dass der realisierte Verkaufspreis – unter der Prämisse der Normalauslastung, also repräsentativer Fixkosten – zur Ziel-Rendite führt.

Da die Ziel-Rendite (Umsatzrendite) für die Produktlinie 26% beträgt, soll das zu kalkulierende Produkt dieselbe Umsatzrendite erzielen. Bei einem Fixkostenniveau von 34% muss die DB-Rate 60% betragen. Das wiederum bedeutet, dass die variablen Kosten nicht höher als 40% sein dürfen. Das ist – in dem gegebenen Beispiel – dann der Fall, wenn das Produkt mit variablen Kosten von 12 EUR/kg zu einem Preis von 30 EUR/kg verkauft würde (12 : 0,4 = 30).

5.5.3 Preisuntergrenze bei knapper Kapazität

Wie sollte sich ein Unternehmen entscheiden, wenn aus laufenden Aufträgen die Kapazitäten ausgelastet sind und ein wichtiger oder neuer, interessanter Kunde eine weitere Bestellung aufgibt? Das Unternehmen hat die Wahl, diesen Zusatzauftrag (zunächst) abzulehnen, das Produktionsprogramm zugunsten dieses Auftrags einzuschränken oder andere Aufträge zu verschieben. Wie soll es sich entscheiden?

Im **Rahmen vorhandener Kapazitäten** ist grundsätzlich die Summe der Deckungsbeiträge zu maximieren. Die Fixkosten – zum Beispiel die einem Produkt zugeordneten beschäftigungsunabhängigen Vertriebs-, Versand- und Fertigungskosten – sind für die Entscheidung irrelevant. Sie fallen – bis zur Kapazitätsgrenze – unabhängig davon an, ob der Auftrag zustande kommt oder nicht.

Das folgende Beispiel verdeutlicht die Zusammenhänge. ▶ Abb. 5-36 zeigt die Ausgangssituation.

Die Produkte A bis D kennzeichnen das derzeitige Sortiment. In dieser Situation erhält der Bereich die Anfrage, einen Zusatzauftrag über 200 ME zu übernehmen. Da die Kapazität auf 1.150 Stunden beschränkt ist, muss das bisherige Produktionsprogramm eingeschränkt werden, um den Zusatzauftrag durchführen zu können.

Um die richtige Entscheidung zu treffen, ist das Kriterium zu suchen, das offen legt, welche Produkte am profitabelsten zu produzieren und bei gegebenen Marktpreisen zu verkaufen sind. Das Kriterium ist der **Deckungsbeitrag pro Einheit des Engpassfaktors** (zum Beispiel Stunden). Der Deckungsbeitrag hängt vom Absatzpreis des Produkts und von den Beschaffungs-

▼ Abb. 5-36 **Beispiel Preisuntergrenze bei knapper Kapazität: Ausgangssituation**

	Menge [ME]	Preis/Menge [EUR/ME]	Variable Kosten/ Menge [EUR/ME]	DB/Menge [EUR/ME]	DB [EUR]
Produkt A	100	16,00	6,00	10,00	1.000
Produkt B	200	16,00	7,00	9,00	1.800
Produkt C	300	20,00	8,00	12,00	3.600
Produkt D	400	15,00	5,00	10,00	4.000
Zusatzauftrag	200	Mindestpreis?	6,50		

preisen der benötigten variablen Inputfaktoren ab. Die **Preisuntergrenze** des Zusatzauftrags entspricht dann der Höhe der variablen Stückkosten zuzüglich der durch die Aufnahme des Zusatzauftrags verdrängten Deckungsbeiträge.

Mit anderen Worten: Durch die Veränderung des Produktionsprogramms gehen bisher erzielte Deckungsbeiträge verloren. Sie müssen dem Zusatzauftrag als **Opportunitätskosten** angelastet werden, um mindestens gleich profitabel produzieren zu können, wie vor der Annahme des Zusatzauftrags.

Im vorliegenden Beispiel gilt das in ▶ Abb. 5-37 ermittelte Ranking. Die in Spalte 3 angegebene Kennzahl über die beanspruchte Kapazität je Mengeneinheit stammt aus der Richtkalkulation der Produktion.

Den höchsten Deckungsbeitrag pro Anlagenstunde erzielt Produkt B mit 10,59 EUR je Stunde, den niedrigsten Produkt D mit 8,33 EUR je Stunde. Unter kostenrechnerischen Gesichtspunkten ist es also sinnvoll, die benötigte Kapazität von 200 ME des Zusatzauftrags durch Zurückstellen einer Teilmenge des Produkts D zu beschaffen. Die Teilmenge von D, auf die verzichtet werden muss, ermittelt sich demnach wie folgt:

$$\frac{200 \text{ ME} \cdot 0{,}9 \text{ Std./ME}}{1{,}2 \text{ Std./ME}} = 150 \text{ ME von Produkt D}$$

▼ Abb. 5-37 **Produkt-Ranking und engpassspezifischer Deckungsbeitrag**

Ranking	Menge [ME] [1]	DB/Menge [EUR/ME] [2]	Beanspruchte Kapazität/Menge [Std./ME] [3]	DB/Engpasseinheit [EUR/Std.] [4] = [2]/[3]
Produkt B	200	9	0,85	10,59
Produkt C	300	12	1,3	9,23
Produkt A	100	10	1,1	9,09
Produkt D	400	10	1,2	8,33
Zusatzauftrag	200		0,9	

Der Verzicht lohnt sich aber nur dann, wenn der Zusatzauftrag einen Preis mindestens in Höhe seiner variablen Kosten von 6,50 EUR/ME zuzüglich der Opportunitätskosten in Höhe des verdrängten Deckungsbeitrags von 7,50 EUR/ME (= 8,33 EUR/Std. · 0,9 Std./ME) erbringt. Die **absolute Preisuntergrenze** für den Zusatzauftrag liegt somit bei 14 EUR.

5.6 Transfer- und Verrechnungspreise in verbundenen Unternehmen

5.6.1 Der Verbund

Wenn zwei Manager eines international ausgerichteten Konzerns sich irgendwo treffen, streitet man spätestens nach zwei Minuten über **gruppeninterne Preise.** Den meisten ist das nicht einmal bewusst, denn die Projektkosten einer Investition bei der Tochtergesellschaft gehören ebenso dazu wie die üblichen Produktlieferungen von einem Standort zum anderen.

Wohlgemerkt: Es geht nicht um das Geschäft mit Dritten, also mit externen Kunden, sondern mit sich selbst, zum einen zwischen Gruppengesellschaften und zum anderen zwischen unterschiedlichen Profit-Centern einer Gesellschaft.

Bevor auf die Verrechnungspreisproblematik näher eingegangen wird, sollen zunächst die wichtigsten Begriffe festgelegt werden. Dabei sei darauf hingewiesen, dass der Begriff »Verrechnungspreis« im Folgenden nur für einen ganz spezifischen Sachverhalt, nämlich nur für die gesellschaftsüberschreitenden Geschäftsbeziehungen verwendet wird.

Der **Verbund** ist definiert als

- **gruppeninternes** Geschäft
- mit **Produkten** oder **Leistungen**
- zu **Transfer-** und **Verrechnungspreisen.**

Damit sind vier weitere Begriffe zu definieren:

- **Produkte:** Rohstoffe, Zwischenprodukte und Fertigwaren.
- **Leistungen:** in Auftrag gegebene Projekte (Forschung, Ingenieurwesen etc.) sowie genutzte Patente und Lizenzen.
- **Verrechnungspreis:** Verkaufspreis *zwischen* Gesellschaften, in der Regel länderübergreifend.
- **Transferpreis:** verrechneter Preis zwischen Profit-Centern *innerhalb* einer Gesellschaft.

▼ Abb. 5-38 **Verbund: Transferpreis und Verrechnungspreis**

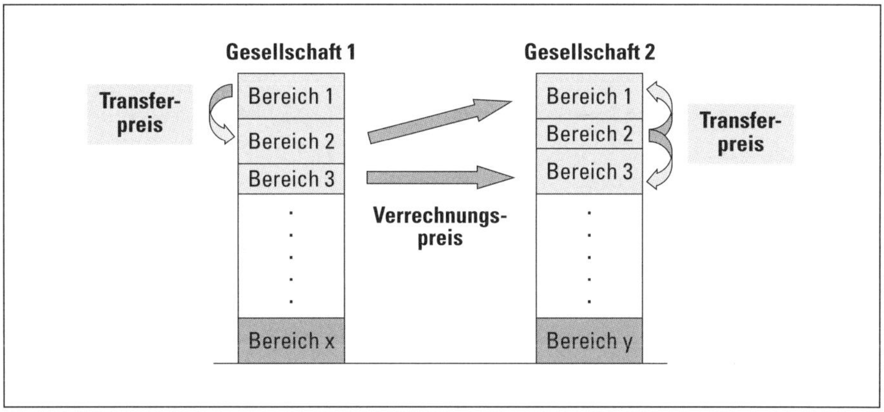

Das gruppeninterne Geschäft hat nicht nur eine rein operative Bedeutung, sondern – und das ist den meisten Beteiligten entweder egal oder gar nicht richtig bewusst – eine steuerliche Brisanz und zwar im länderübergreifenden Waren- und Leistungsverkehr (zum Unterschied zwischen Transfer- und Verrechnungspreisen ◀ Abb. 5-38).

Bei **Transferpreisen** ist die Steuerproblematik zu vernachlässigen. Transferpreise sind stets steuerneutral. Veränderungen von Transferpreisen verschieben die Ergebnisse zwischen Profit-Centern, beeinflussen aber nicht das Ergebnis der Gesellschaft und damit deren Steuerbelastung.

Bei **Verrechnungspreisen** dagegen, die nicht nur gesellschafts-, sondern in der Regel auch länderübergreifend sind, ist die Steuerproblematik dominant. Veränderungen von Verrechnungspreisen führen zu Gewinnverschiebungen zwischen Gesellschaften (verschiedenen Steuersubjekten) und beeinflussen – wegen der steuerlichen Relevanz – auch das Konzernergebnis.

Dass sich die beiden Manager schon nach zwei Minuten über Preise streiten, liegt einfach an den systemimmanenten Interessenkonflikten zwischen den vielen Beteiligten. Bei **Transferpreisen** verlaufen die Interessenkonflikte nur zwischen den Verantwortlichen der unterschiedlichen Profit-Center einer Gesellschaft ab, bleiben sozusagen im eigenen Haus. Besonders problematisch ist jedoch die Gestaltung von Verrechnungspreisen, weil diese zahlreiche gesellschafts- oder gruppeninterne wie auch externe Stellen tangieren, mit jeweils konträren Vorstellungen über die wünschenswerte Höhe des Verrechnungspreises.

Bei **Verrechnungspreisen** – die stets gesellschaftsüberschreitend, zumeist auch länderübergreifend sind und somit Steuergrenzen überwinden – unterscheidet man folgende Partikularinteressen:

- Liefernde Gesellschaft im Land A: Interesse an einem **hohem** Verrechnungspreis.
- Belieferte Gesellschaft im Land B: Interesse an einem **niedrigen** Verrechnungspreis.
- Fiskus Land A: Interesse an einem **hohen** Verrechnungspreis.
- Fiskus Land B: Interesse an einem **niedrigen** Verrechnungspreis.
- Zollbehörde Land A: Interesse an einem **hohen** Verrechnungspreis.
- Zollbehörde Land B: Interesse an einem **hohen** Verrechnungspreis.

In dieser Situation kann man es eigentlich keinem recht machen. Man kann jedoch die Verrechnungspreise so ansetzen, dass die Verbundbeziehungen einer Gruppe möglichst gut ausgenutzt und die internationalen Verrechnungs- und Transferpreisrichtlinien eingehalten werden.

Der Verbund kann nur dann optimal funktionieren, wenn bei allen Beteiligten stets das Gesamtoptimum des Unternehmens im Auge behalten wird. Das sagt sich leicht, ist aber fast die Quadratur des Kreises. Denn: Das Management steht selbst in einem permanenten Zielkonflikt zwischen Bereichs- und Gruppeninteressen.

5.6.2 Typen des Verbunds

Nach den beiden Kriterien **Wirtschaftsstufe** und **Arbeitsteilung** (siehe auch Abschnitt 3.6 »Arbeitsteilung und Wirtschaftsstufe: die richtige Schnittstelle zwischen Leistungs-Centern«) unterscheidet man verschiedene Typen des Verbunds (▶ Abb. 5-39).

Die Wirtschaftsstufe ist die »logische« Grenze eines Bereichs. An dieser Stelle entsteht ein marktfähiges Produkt. Im Gegensatz dazu ist die Arbeitsteilung ein Prozess innerhalb einer Wirtschaftsstufe, jedoch verteilt auf mehrere Gesellschaften oder mehrere Profit-Center.

Üblich ist die internationale Arbeitsteilung zum Beispiel zwischen einer Produktions- und einer Vertriebsgesellschaft in unterschiedlichen Ländern. Die Vertriebsgesellschaft tritt dazu an die Stelle eines Agenten, also eines Dritten.

International und divisional organisierte Unternehmen haben grundsätzlich – abgeleitet aus den OECD-Richtlinien (Guidelines) – Verrechnungspreis- und Transferpreisrichtlinien, die das gruppeninterne Geschäft aus Produkt- und Leistungsverbund regeln.

▼ Abb. 5-39 **Typen des Verbunds**

Wirtschaftsstufe

- **nur Profit-Center-überschreitend**
  z.B.: Profit-Center A bezieht im Transfer einen Rohstoff von Profit-Center B

Arbeitsteilung

- **Profit-Center-intern und gesellschaftsüberschreitend**
  z.B.: Profit-Center A vertreibt sein im Inland hergestelltes Produkt im Ausland über die dortige Konzern-Vertriebsgesellschaft
- **Profit-Center-überschreitend und gesellschaftsintern**
  z.B.: Profit-Center B produziert in seinen Anlagen ein Erzeugnis, das im Profit-Center A vermarktet wird
- **Profit-Center-überschreitend und gesellschaftsüberschreitend**
  z.B.: Gesellschaft 2 produziert als Lizenznehmer der Schwestergesellschaft 1

Die **Verrechnungspreisrichtlinie** beschreibt dabei die gesellschaftsübergreifende, in der Regel internationale Arbeitsteilung innerhalb eines Konzerns, die **Transferpreisrichtlinie** das Geschäft zwischen Profit-Centern innerhalb einer Gesellschaft.

In beiden Regelkreisen wird versucht, das Handeln stets am Gesamtwohl des Konzerns zu orientieren. **Grundsätze eines Verbunds** sind deshalb die beiden folgenden:

- Ergebnis- und renditeverantwortlich in einer Unternehmensgruppe sind die Profit-Center, in der Regel Unternehmensbereiche oder Geschäftseinheiten.
- Das Gruppeninteresse hat gegenüber den Interessen der Profit-Center stets Vorrang.

Das zweite Prinzip muss »messerscharf« formuliert sein, will man den systemimmanenten Eigeninteressen der Profit-Center einen wirksamen Riegel vorschieben. Durch die Richtlinien soll erreicht werden, dass das Gruppeninteresse so weit wie möglich Vorrang vor den – egoistischen – Interessen der ergebnis- und renditeverantwortlichen Einheiten wie Bereiche, Gesellschaften etc. bekommt.

Wie der Liefer- und Leistungsverkehr im Detail geregelt und abgerechnet wird, hängt von der Organisation und auch von den länderspezifischen steuerrechtlichen und finanztechnischen Rahmenbedingungen ab.

Soweit zur Theorie, die eine isolierte Bereichssicht klar und eindeutig ausschließt und sozusagen ächtet.

5.6.3 Das Prinzip des »dealing at arm's length«

In der Praxis gerät der Grundsatz »Gruppe vor Bereich« leider schnell in Bedrängnis. Das fängt mit der monatlichen Berichterstattung an, in der das Bereichsergebnis (gemessen als Betriebsergebnis, Ergebnis der Betriebstätigkeit, EBIT etc.) als Kennziffer der Unternehmensbereiche dominiert. Das speist den Egoismus der Profit-Center, und zwar hauptsächlich aus zwei Quellen:

- Die Bereichsergebnisse werden in der Berichterstattung zu einseitig herausgestellt.
- Obwohl zwischen den Verantwortlichen einer Profit-Center-Hierarchie permanente Zielkonflikte bestehen, wird gruppenkonformes Verhalten zu wenig honoriert.

Bereichsegoismen können aber ein Unternehmen – je nach Größenordnung – Ergebnisse in Millionenhöhe kosten, eben in Höhe der Deckungsbeiträge, die man an Dritte verschenkt (bei Zukauf statt Eigenbezug) oder erst gar nicht realisiert, weil man auf ein angeblich unrentables Geschäft im Verbund verzichtet.

Es muss also ein in jeder Beziehung ausgewogenes und verständliches Regelwerk existieren, um Egoismen zu verhindern. Für jeden verständlich sind auf alle Fälle die Grundregeln der Marktwirtschaft.

Die Verrechnungs- und die Transferpreisrichtlinie beruhen deshalb auf dem – zunächst aus rein steuerlichen Gesichtspunkten zwingenden – Prinzip, dass die jeweiligen Preise wie am Markt, also wie gegenüber Dritten, gebildet werden, man spricht von **»dealing at arm's length«**.

In der klassischen Arbeitsteilung zwischen einer Produktionsgesellschaft und einer Vertriebsgesellschaft (▶ Abb. 5-40) bedeutet »dealing at arm's length«, dass man der Gruppen-Vertriebsgesellschaft dieselbe Vertriebsmarge oder Provision einräumt, wie man dies gegenüber einem Dritten getan hätte.

Wird also eine Gesellschaft für andere Gruppengesellschaften als Vertreter tätig, so ist ihr im Rahmen des »dealing at arm's length«-Prinzips eine auf längere Sicht angelegte Provision einzuräumen, welche die Kosten der Vertriebsgesellschaft für das Geschäft deckt und in der Regel einen angemessenen Gewinnaufschlag enthält.

Die Entstehung von Transfer- und Verrechnungspreisrichtlinien beruhte nicht zufällig auf dem Unbehagen der Landes-Fisci, die in jedem Geschäft über eine Landes- und damit Steuergrenze eine Gewinnverschiebung zu ihren Ungunsten und damit zu Lasten der Steuereinnahmen witterten. Die

▼ Abb. 5-40 **Arbeitsteilung zwischen Produktions- und Vertriebsgesellschaft**

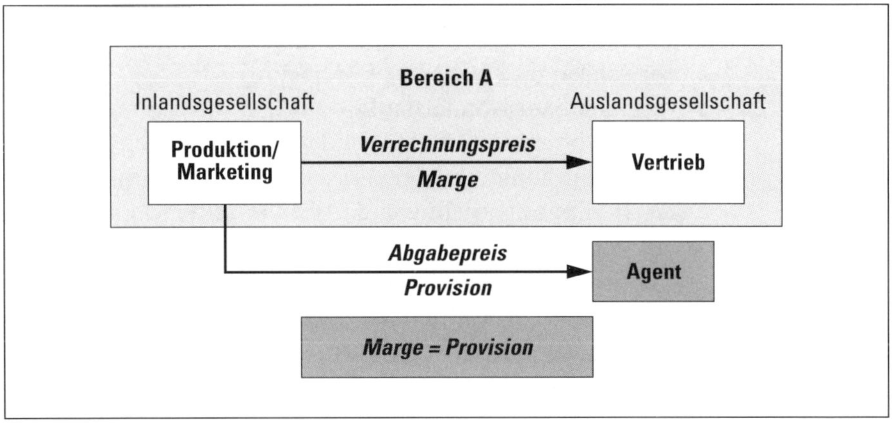

Unternehmen wurden von allen Seiten verdächtigt und saßen grundsätzlich zwischen allen Stühlen.

Die OECD hat diesen Grundkonflikt in den 1970er Jahren zum Anlass genommen, möglichst neutrale und objektiv nachvollziehbare Preisrichtlinien im internationalen Leistungsverbund über Jahre hinweg zu erarbeiten und in eine internationale Richtlinie zu gießen. Diese Regeln wurden praktisch eins zu eins von den international tätigen Unternehmen als interne Richtlinien übernommen. Wer nachhaltig, stetig und transparent danach handelt, hat von den beteiligten – konkurrierenden – Fisci (fast) nichts zu befürchten.

5.6.4 Methoden der Verrechnungspreisfindung

Wie ermittelt man einen Verrechnungspreis, und wann ist ein Verrechnungspreis angemessen?

Im Liefer- und Leistungsverkehr zwischen Gruppengesellschaften unterscheidet eine Verrechnungspreisrichtlinie grundsätzlich drei Methoden zur Verrechnungspreisfindung: Marktpreismethode, Wiederverkaufspreismethode, Kostenaufschlagsmethode.

1. **Preisvergleichsmethode:** Die Preisvergleichsmethode vergleicht den zwischen verbundenen Unternehmen vereinbarten Preis mit den Preisen, die bei **vergleichbaren Geschäften zwischen Fremden** am Markt vereinbart wurden. Laut OECD ist dieser Vorgehensweise wann immer möglich Prio-

rität einzuräumen. Die Lieferungen zwischen Gruppengesellschaften sind also prinzipiell mit dem vergleichbaren Marktpreis zu berechnen. Vergleichbarkeit bedeutet dabei

- wirtschaftlich gleichartige Märkte,
- vergleichbare Handelsstufe,
- vergleichbare Eigenschaften der Leistung, Mengen, Zusatzleistungen, Lieferzeiträume und der sonstigen Konditionen.

Diese Bedingungen sind in der Praxis selten derart eindeutig gegeben. Wenn daher der Verrechnungspreis für die Lieferung von Waren zwischen Gruppengesellschaften nicht aus vergleichbaren und administrativ unverfälschten Marktpreisen abgeleitet werden kann, ist auf andere Methoden zurückzugreifen. Im Vordergrund stehen die beiden unten genannten transaktionsbezogenen Verfahren.

2. **Wiederverkaufspreismethode:** Sie ist vor allem dann geeignet, wenn Transaktionen zwischen einer Produktionsgesellschaft und einer Vertriebsgesellschaft zu »bepreisen« sind. Der Verrechnungspreis ergibt sich aus dem Absatzpreis, zu dem ein Unternehmen Güter oder Leistungen, die es von einer anderen Konzerngesellschaft erworben hat, an unabhängige Abnehmer weiterveräussert. Die hierbei vorgenommenen marktüblichen Abschläge vom Absatzpreis sollten den vom Wiederverkäufer übernommenen Funktionen und Risiken entsprechen und einen angemessenen Gewinn beinhalten.

   Angemessen ist ein Verrechnungspreis mit einer ausländischen Vertriebsgesellschaft beispielsweise dann, wenn die »ausgehandelte« – besser: vereinbarte – Marge dem Vertrieb die Deckung seiner Kosten erlaubt und noch einen angemessenen Gewinn belässt. Das Prinzip der Kostendeckung scheint klar und eindeutig, nicht jedoch die Höhe des »angemessenen« Gewinns. Deshalb findet man dazu auch keinen expliziten Wert in der Richtlinie. In der Praxis der Chemiebranche hat sich eine durchschnittliche Gewinnmarge der Vertriebsgesellschaft von **2 bis 3% vom Umsatz** bewährt und durchgesetzt. Ein ausführliches Beispiel wird in Abschnitt 6.7 »Konsolidierte Daten« gezeigt.

   Wurde dennoch einmal ein davon abweichender Verrechnungspreis gewählt und ist beiden Gesellschaften die – steuerliche – Schieflage bekannt, gibt es nur eine Lösung: die allmähliche Reduzierung der überhöhten Vertriebsmarge auf eine angemessene Höhe. Denn Verrechnungspreise müssen – dies ist eine weitere Vorgabe im internationalen Liefer- und Leistungsverkehr – stetig sein. Abrupte Veränderungen machen die Fisci misstrauisch.

3. **Kostenaufschlagsmethode:** Die Kostenaufschlagsmethode kann vor allem in Betracht gezogen werden, wenn Halbfertigerzeugnisse zwischen verbundenen Unternehmen verkauft werden, eine Gruppengesellschaft ein Produkt für die Bedürfnisse einer anderen Gruppengesellschaft fertigt, Vereinbarungen über gemeinsame Geschäftseinrichtungen oder langfristige Abnahmevereinbarungen getroffen werden. Weiterhin findet die Methode auch bei der Erbringung von Dienstleistungen Anwendung. In Fällen dieser und vergleichbarer Art wird eine Verbindung zum Markt häufig nur schwer hergestellt werden können; sie sind daher steuerlich außerordentlich »kritisch« und bedürfen besonders klarer Abmachungen.

   Der Verrechnungspreis ergibt sich aus den Kosten zuzüglich eines Gewinnaufschlags. Die Kostenaufschlagsmethode ist somit für Branchen besonders gut geeignet, in denen Aufträge ohnehin zu Kosten plus eines Gewinnaufschlags kalkuliert werden, da der entsprechende Verrechnungspreis einen internen Abnehmer aus Sicht des leistenden Bereichs gleich wie einen externen Kunden stellt. Wie die beiden anderen Methoden unterliegt auch die Kostenaufschlagsmethode dem Fremdvergleich: Es sind die Bedingungen zu wahren, wie sie voneinander unabhängige Dritte vereinbart hätten. Die Forderung nach Fremdvergleichsverhalten bezieht sich sowohl auf die Kostenbasis als auch auf die Höhe des Gewinnaufschlags. Da es sich häufig um längerfristige Beziehungen handelt, wird man annehmen können, dass angemessene Verrechnungspreise die **vollen** Kosten zuzüglich einer durchschnittlichen Gewinnmarge beinhalten.

4. **Sonstiges:** Neben der Lieferung von Produkten und Waren regelt eine Verrechnungspreisrichtlinie auch die Konditionen für den Leistungsverkehr, also zum Beispiel für Ingenieursleistungen oder die Nutzung von Know-how und Patenten.

   Patent- und Know-how-Überlassung bedeutet, Forschungsergebnisse anderen Gruppengesellschaften grundsätzlich nur gegen angemessene Vergütung nutzbar zu machen. Bei Nutzungsüberlassung gegen Lizenzgebühren hat die nutzende Gesellschaft Lizenzen zu bezahlen, welche in der Höhe und in der sonstigen vertraglichen Ausgestaltung vergleichbar sind mit Bedingungen, welche die lizenzierende Gruppengesellschaft auch mit einem »fremden Dritten« vereinbart hätte.

   Wie bei der Kostenaufschlagsmethode ist diese Form der Vergütung steuerlich sehr kritisch und bedarf daher klarer, »wasserdichter« Verträge. Ist die Berechnung von Lizenzgebühren ausnahmsweise nicht angemessen, so kann eine Berechnung von Forschungskosten an betroffene Gruppengesellschaften in Betracht kommen.

Neben Produktlieferungen, Ingenieur- und Forschungsleistungen sowie Serviceleistungen, deren Nutzung unter eine Verrechnungspreisrichtlinie fällt, gibt es »Control«-Leistungen einer Stammhausgesellschaft, die nicht berechnet werden dürfen. Darunter fallen insbesondere Maßnahmen der Obergesellschaft zur Überwachung, Koordinierung und Steuerung der Untergesellschaft, wie zum Beispiel Ausübung der Gesellschaftsrechte, Planung, Controlling, Gruppenabschluss, Konzernrevision. Diese Leistungen dürfen nicht berechnet werden. Dennoch wird es in der Praxis immer wieder versucht.

5.6.5 Der Transfer

Im Unterschied zur Verrechnungspreisrichtlinie regelt die **Transferpreisrichtlinie** die Preissetzung bei **gesellschaftsinternen »Geschäftsbeziehungen«** zwischen unterschiedlichen Profit-Centern. Solche Geschäfte gibt es nur, wenn es Schnittstellen zwischen zwei Bereichen gibt. Was hat man darunter zu verstehen?

Die Arbeitsteilung der Unternehmensbereiche wäre ideal strukturiert, wenn Produktion und Vermarktung für eine Produktlinie oder ein Sortiment immer im selben Bereich stattfinden würden (▶ Abb. 5-41). Diese Strukturen sind aber (insbesondere bei größerer Fertigungstiefe wie zum Beispiel in der chemischen Industrie oder im Maschinenbau) selten. Üblich ist die Arbeitsteilung. Dabei ist zu unterscheiden zwischen einem Transferprodukt und einer Transferware.

▼ Abb. 5-41 **Schnittstellenfreie Organisation zwischen Bereichen**

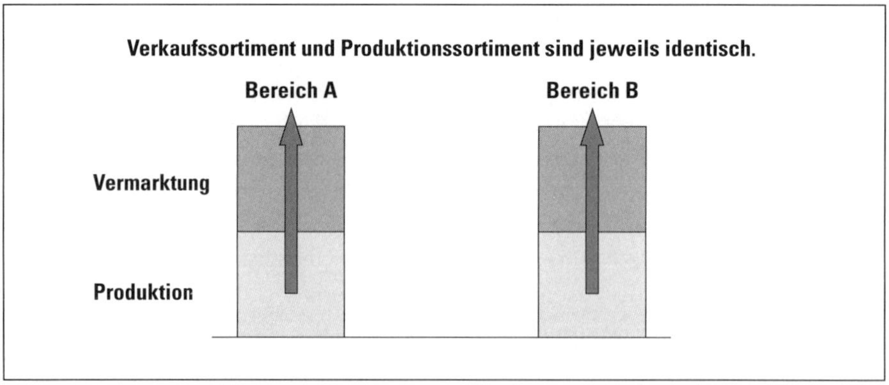

▼ Abb. 5-42 **Schnittstelle Wirtschaftsstufe**

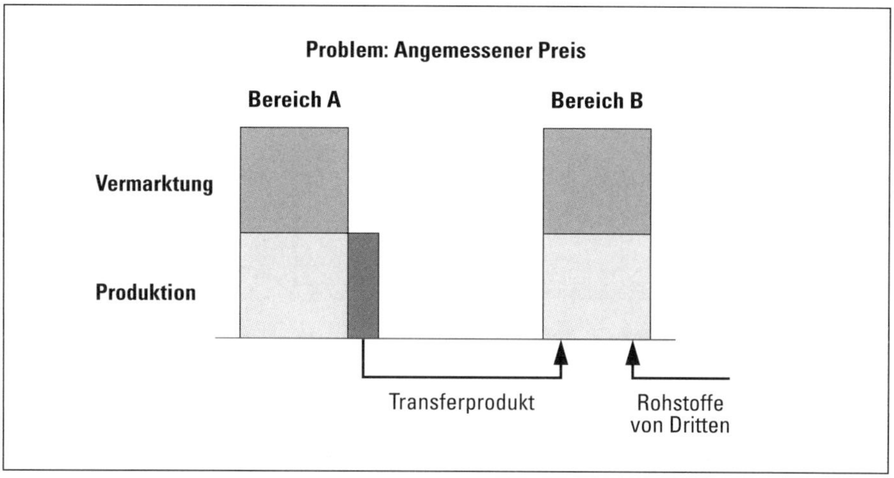

Beim **Transferprodukt** ist die Schnittstelle eine unterschiedliche **Wirtschaftsstufe** (◄ Abb. 5-42). Der angemessene Preis für ein Transferprodukt – also zum Beispiel einen Rohstoff, den Bereich B von Bereich A innerhalb einer Gesellschaft zukaufen kann – ist grundsätzlich durch den Marktpreis (sofern vorhanden) definiert, zu dem Bereich B das Produkt normal – also nicht einmalig als »spot ware« – am Markt beziehen könnte. Liegt dieser etwa bei 10 EUR/kg, dann muss B maximal 10 EUR/kg bei A bezahlen und A darf höchstens 10 EUR/kg verlangen, Lieferfähigkeit und marktgerechte Qualität vorausgesetzt. Weiterhin dürfen keine nennenswerten Synergien bestehen, wenn das Produkt intern statt über den Markt bezogen wird. Existieren derartige Synergien oder Verbundvorteile (zum Beispiel weil ein internes Geschäft für beide mit weniger Aufwand verbunden ist), wird der interne Bezugspreis eher darunter liegen.

Bei fehlenden Marktpreisen ist die Sachlage noch schwieriger. So kann es sein, dass es bei der Beschaffung bestimmter Spezialprodukte als Rohstoff oder Zwischenprodukt für die Herstellung eines bestimmten Verkaufsprodukts keine Einkaufsmöglichkeit auf dem Markt gibt. Es kommt also nur der interne Bezug in Frage. Technisch sind dazu oft mehrere Bereiche eines Unternehmens in der Lage. Die Frage ist stets: Kann der betroffene Bereich dieses Produkt in eigenen – vorhandenen oder noch zu bauenden – Produktionsanlagen herstellen, oder soll er dieses Produkt in den vorhandenen oder noch bereitzustellenden Produktionsanlagen eines anderen Bereichs produzieren lassen? Die Herstellung in eigenen Anlagen bedeutet die Mitnahme der vollen Wertschöpfung, der Bezug bei einem anderen die

▼ Abb. 5-43 **Schnittstelle Arbeitsteilung**

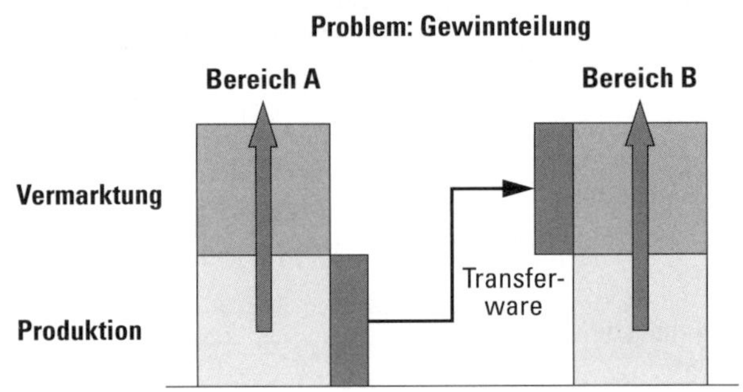

Arbeitsteilung und damit Teilung der Wertschöpfung. Es lohnt sich also durchaus für andere Bereiche, eine Neu- oder Zusatzproduktion zu übernehmen. Aus bereichsegoistischen Gründen wird dann nicht selten eine Kalkulation geschönt. Der günstigste Betrieb bekommt den Zuschlag, darf investieren und bekommt so den größten Teil des Kuchens.

Nicht immer ist der Bezug von einem anderen Bereich langfristig sinnvoll, vor allem wenn der so beschäftigte Betrieb unrentabel arbeitet. Dies kann jedoch nur mit einem angemessenen Transferpreis offen gelegt werden.

Ein weiteres grundsätzliches und gravierendes Problem – weil zumeist gruppenschädigend – ist der unnötige Zukauf von Rohstoffen oder Zwischenprodukten bei Dritten statt von anderen Bereichen oder Gesellschaften der eigenen Gruppe. Das kommt öfter vor, als man denkt. Bei vorhandenen Marktpreisen scheint die Welt noch in Ordnung. Problematisch wird es immer dann, wenn ein Drittvergleich fehlt. Die Transferpreisrichtlinie sollte daher zumindest dem produzierenden Bereich ein Vetorecht (»last call«) beim Zukauf von Dritten einräumen, solange er nachweisen kann, dass seine Kostenstruktur wettbewerbsfähig ist.

Ein Sonderfall im internen Geschäft ist die **Transferware,** ein Terminus technicus, der besonders in der chemischen Industrie benutzt wird. Eine Transferware ist eine verkaufsfähige Fertigware, bei der die Technologie und damit die Herstellung im Bereich A liegt, für den Verkauf aber ein anderes Profit-Center – zum Beispiel Bereich B – zuständig ist (◀ Abb. 5-43).

Die Verantwortung für Forschung, Entwicklung, Produktion, Marketing und Vertrieb für eine Produktlinie, die als Transferware zu organisieren ist, ist auf zwei Profit-Center verteilt. Solch eine – bereichsüberschreitende – Arbeitsteilung ist eigentlich unerwünscht. Denn jede unnötige interne

▼ Abb. 5-44 **Gewinnteilung bei Transferwaren**

Modellrechnung 50:50 (Basis Betriebsergebnis)			
in Mio. EUR	A	B	konsolidiert A/B
Umsatz (NU)	75 *	100	100
(Einstandskosten)	└→	75 *	*
variable Kosten	40	5	45
Deckungsbeitrag	35	20	55
Fixkosten	20	5	25
Betriebsergebnis (BE)	15	15	30
Umsatzrendite (BE/NU)	*20%*	*15%*	*30%*
Anlagevermögen (AV)	80		80
Kapitalumschlag (NU/AV)	*0,94*		*1,25*
Kapitalrendite (BE/AV)	*18,8%*		*37,5%*

* 75 Mio. EUR entfallen bei Konsolidierung

Schnittstelle ist suboptimal, weil diese immer zu mehr oder weniger großen Reibungsverlusten führt. Das kann sogar – aus Sicht des Gesamtunternehmens – kontraproduktiv sein, wenn aufgrund der zwischen Profit-Centern unumgänglichen Gewinnteilung beide Teilgewinne fast zwangsläufig unbefriedigend sind und das technische wie wirtschaftliche Interesse an der Produktlinie – bis hin zur Aufgabe – geringer ist als bei voller Zuständigkeit eines Profit-Centers.

Im Beispiel der ◀ Abb. 5-44 mit einer typischen Gewinnteilung (50:50) erhält der Produzent in Bereich A die Hälfte der möglichen Kapitalrendite, der Vertrieb in Bereich B die Hälfte der möglichen Umsatzrendite. Diese Teilrenditen liegen nicht im Zielfeld (Umsatzrendite 20%, Kapitalrendite 25%). Beide Bereiche können also das Interesse an dieser Produktlinie verlieren. Es droht ein Verlust eines Deckungsbeitrags in Höhe von 55 Mio. EUR, der nur partiell durch einen Abbau von Fixkosten von insgesamt 25 Mio. EUR (über beide Bereiche) ausgeglichen werden kann.

Die Lösung in diesem Zielkonflikt besteht entweder in der Zuordnung der Produktion zu Bereich B oder – wenn das nicht möglich oder sinnvoll ist – in der Konzentration auf das Gruppenergebnis. Dabei kann man die Motivation für beide Bereiche dadurch maximieren, dass die Ergebnisse von Transferwaren zunächst in beiden Bereichen in voller Höhe ausgewiesen werden. Im konsolidierten Gruppenergebnis muss dann diese Doppelzählung eliminiert werden.

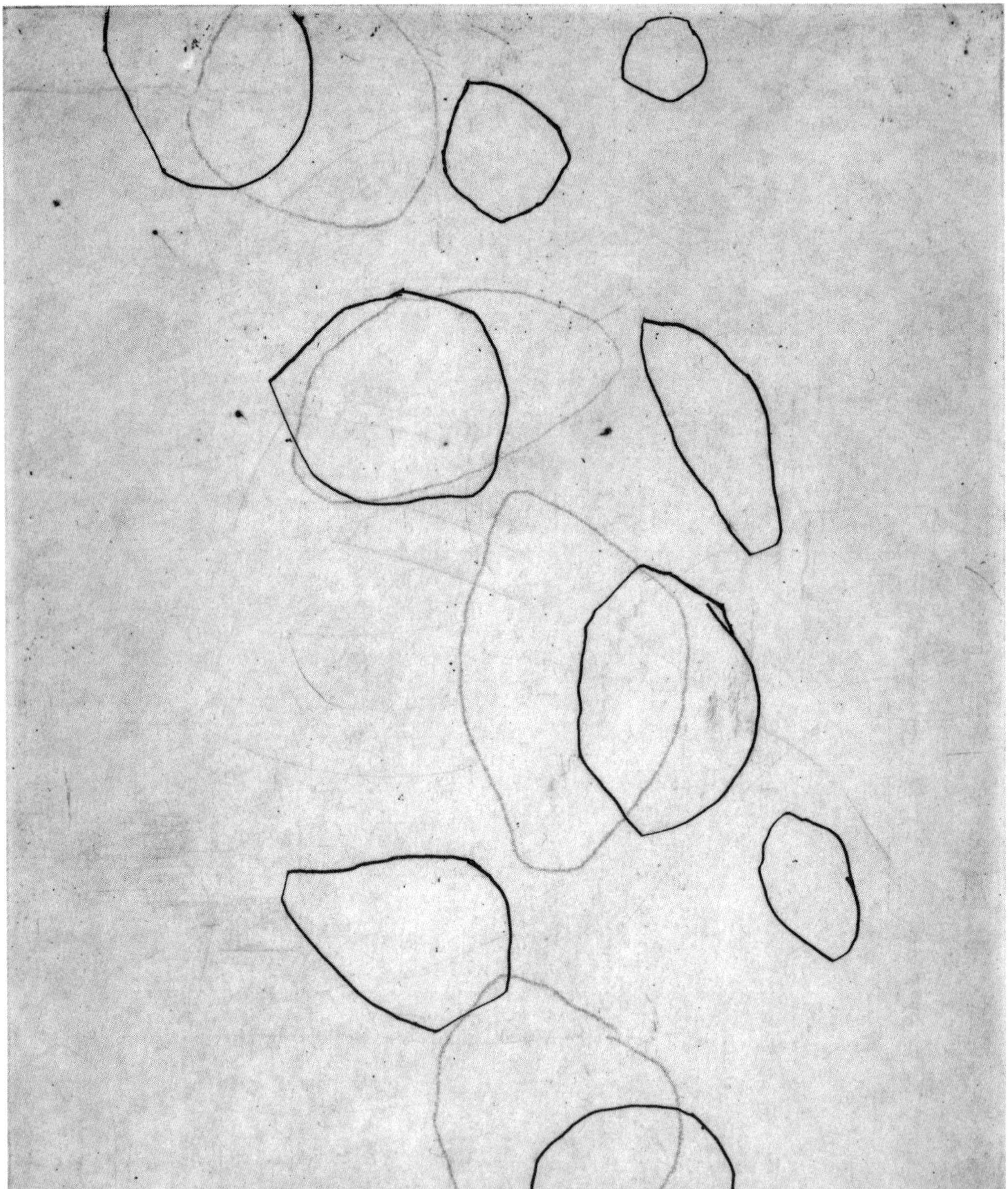

Kapitel 6
Techniken zur optimalen Nutzung von Daten und Informationen

6.1 Glättung von Fixkosten

Die Kosten- und Ergebnissteuerung wird problematisch, wenn nicht sogar unmöglich, wenn das Prinzip der angemessenen Verteilung von Periodenkosten missachtet wird.

Die Buchung von **aperiodischen, in regelmäßigen Zeitabständen jedoch wiederkehrenden Auszahlungen** – zum Beispiel Großreparaturen und Jahresprämien – in einem Einzelmonat statt verteilt über die gesamte Geschäftsperiode (insbesondere Geschäftsjahr) führt zu falschen Kosten- und Ergebnissignalen (▶ Abb. 6-1).

Es ist leicht erkennbar, dass die Monate 8 (August) und 12 (Dezember) mit Sondereffekten belastet sind. Diese Datenschieflage wird behoben durch eine Glättung, das heißt Verteilung der »peaks« auf die gesamte Periode. Wenn von vornherein feststeht, dass in jedem Geschäftsjahr – zumeist in einer produktionsarmen Zeit wie den Sommerferien – die jährliche Großreparatur durchgeführt wird, dann müssen *alle* Perioden des Geschäftsjahrs – entweder jeder Monat oder jedes Quartal – diesen Aufwand gleich gewichtet teilen. Das Gleiche gilt zum Beispiel für die Jahresprämie, die gewöhnlich bereits zum Jahresbeginn in etwa feststeht und zum Jahresende ausbezahlt wird. Diese Kostenbelastung darf nicht nur der Monat De-

▼ Abb. 6-1 **Fixkosten – tel quel gebucht**

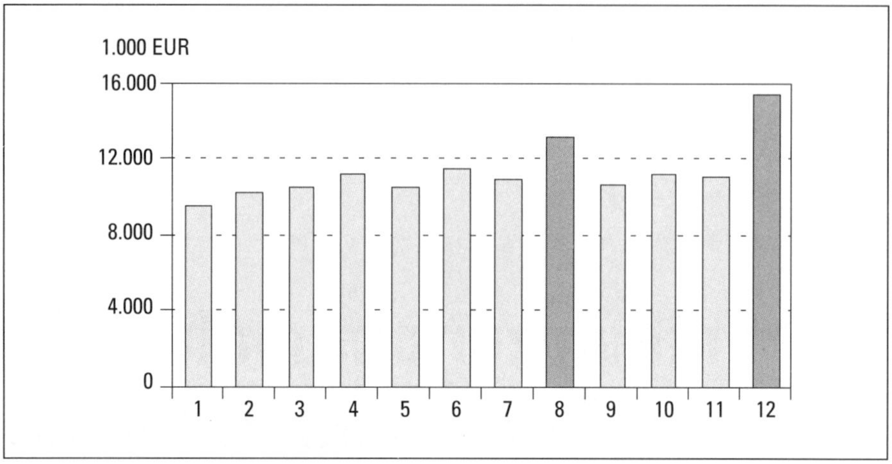

zember tragen (oder das IV. Quartal), sondern sie muss auf jede Jahresperiode gleichmäßig verteilt werden.

Technisch gesehen werden zu Beginn des Jahrs Konten für Rückstellungen eingerichtet, die monatlich in gleichen Raten aufgelöst und verbucht werden, mit der Folge stetiger Kosteninformationen (▶ Abb. 6-2).

Für derartige Themen bedarf es immer einer engen Abstimmung von Rechnungswesen und Controlling. Ohne diese Abstimmung sind die Sys-

▼ Abb. 6-2 **Fixkosten geglättet**

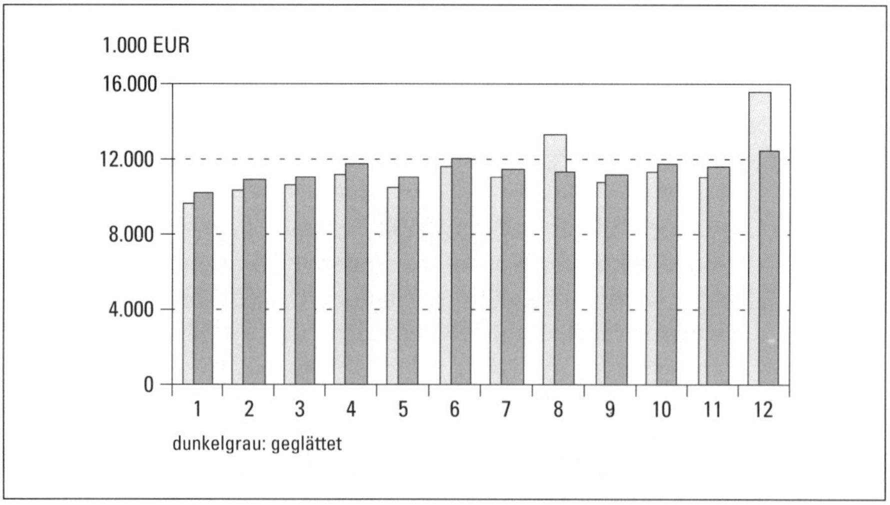

teme für eine präzise, zukunftsorientierte Steuerung des operativen Geschäfts nur bedingt geeignet. Denn die beschriebenen Verzerrungen wirken sich nicht nur in der Kostenstellenrechnung aus, sondern in allen nachgelagerten Systemen bis hin zur Produktergebnisrechnung, abgebildet im Controlling-Cockpit. Dort kommen solche Effekte zudem mit einer gewissen zeitlichen Verzögerung zum Tragen, denn die Produktions- und die Verkaufsperiode einer Produktlinie sind kurzfristig nicht identisch und außerdem »verschmiert« über viele Kostenträger. Auch wenn man die Verzerrung an einer zeitlich begrenzten Verschlechterung der Daten bemerkt und dann nach Gründen sucht, kann und sollte man diesen nachträglichen Suchaufwand meiden.

Inwieweit aperiodische, aber eher **einmalige** oder **zufällige** Auszahlungen im operativen Geschäft ex post aus den Steuerungssystemen (Ergebnisrechnung, Cockpit) wieder herausgerechnet werden sollten, muss pragmatisch entschieden werden. Wenn die Systemdaten trotz entsprechender »Fußnoten« zu permanenten Rückfragen und Fehlinterpretationen führen, sollte bereinigt werden.

6.2 Die Zwillinge Auftragseingang und Umsatz

Ein Frühindikator (Lead-Indikator) für den Umsatz (Nettoumsatz) ist der Auftragseingang. Je nach Branche und Geschäftsfeld läuft der Auftragseingang dem Umsatz teilweise um Monate voraus. Nur ein bestimmter Teil des Auftragseingangs führt im laufenden Monat zu Umsatz.

Aus der Struktur des Auftragseingangs kann sowohl während des laufenden Monats auf den Monatsumsatz selbst als auch aus dem Trend mehr oder weniger exakt auf die zukünftigen Monate geschlossen werden (▶ Abb. 6-3).

In der Graphik wird ab Mitte des ersten Semesters (Jahr 1) deutlich, dass der bislang stetig fallende Umsatz circa 2 bis 3 Monate später anziehen wird. Anders die Situation im Verlauf des zweiten Semesters (Jahr 1): Hier ist zu erwarten, dass der Umsatz spätestens zum Jahresende wieder abfallen wird. Diese Informationen oder Frühindikatoren nutzt man, um den Geschäftsverlauf und damit den Umsatz und das Ergebnis der kommenden Perioden besser abschätzen zu können. Dies gelingt jedoch wesentlich plausibler, wenn man zusätzlich die Trends eines »rollierenden« Geschäftsjahrs generiert.

▼ Abb. 6-3 **Nettoumsatz (NU) und Auftragseingang (AE); gleitende Jahreswerte**

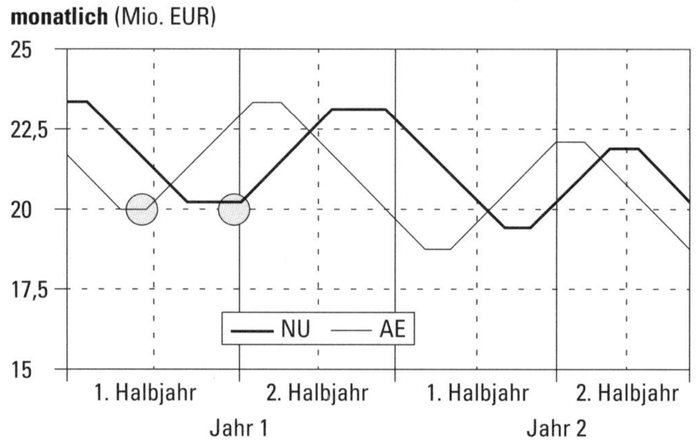

6.3 Rollierende Daten

Je nach Branche sind Geschäftsdaten eines Monats oder Quartals mehr oder weniger durch saisonale Schwankungen geprägt und grundsätzlich nicht repräsentativ für die Entwicklung eines gesamten Geschäftsjahrs.

Es ist deshalb schwierig, aus den Zahlen eines einzelnen Monats – auch im Vorjahresvergleich – Rückschlüsse auf ein Gesamtjahr zu ziehen. Besonders bei umsatzschwachen Monaten wie August (Ferien) oder Dezember (Weihnachten, Jahresinventur zum Jahreswechsel) sind Umsatz- und Ergebnisdaten kaum brauchbar.

Erst die Kumulation von 12 Monaten führt praktisch zu saisonal bereinigten Zahlen. Neben den »offiziellen« Daten – zumeist identisch mit der Periode Januar bis Dezember – gibt es monatlich rollierende 12-Monats-Werte. Damit kann monatlich ein komplettes Geschäftsjahr generiert werden. Dieses Geschäftsjahr verschiebt sich ständig jeweils um einen Monat; die neue, gerade abgelaufene Periode kommt dazu, der Vorjahresmonat fällt entsprechend heraus.

Die Steuerung der Geschäftsentwicklung mit diesen monatlich rollierenden Daten führt zu plausiblen Informationen zum laufenden Geschäft. Die Ergänzung der offiziell vorgeschriebenen Monats- und Quartalsdaten durch

▼ Abb. 6-4 **Monatliche Umsatz- und Auftragseingangswerte**

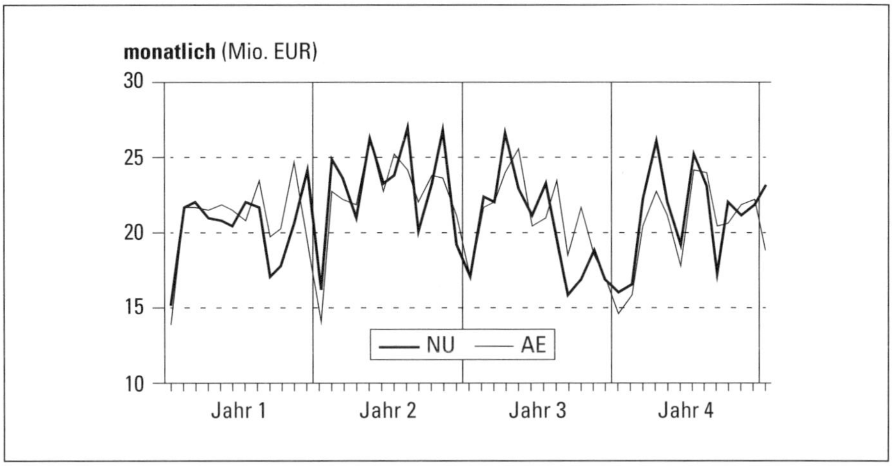

rollierende Geschäftsjahre für alle wichtigen Kenngrößen – Umsatz, Auftragseingang, Fixkosten, Deckungsbeitragsraten – ist ein wesentlicher (aber oft nicht realisierter) Bestandteil eines intelligenten Controllings. Sie ergänzen die Break-even-Analyse zu einem wichtigen Frühwarnsystem.

Aus den monatlichen »Fieberkurven« des Geschäfts sieht man allerdings »den Wald vor lauter Bäumen nicht« (◀ Abb. 6-4).

Dagegen sind die 12-Monats-Werte (jeder Punkt der Kurve in ▶ Abb. 6-5 stellt die Summe der letzten 12 Monate dar) klare Trendwerte, die am 31.12.

▼ Abb. 6-5 **Gleitende Jahreswerte von Umsatz und Auftragseingang**

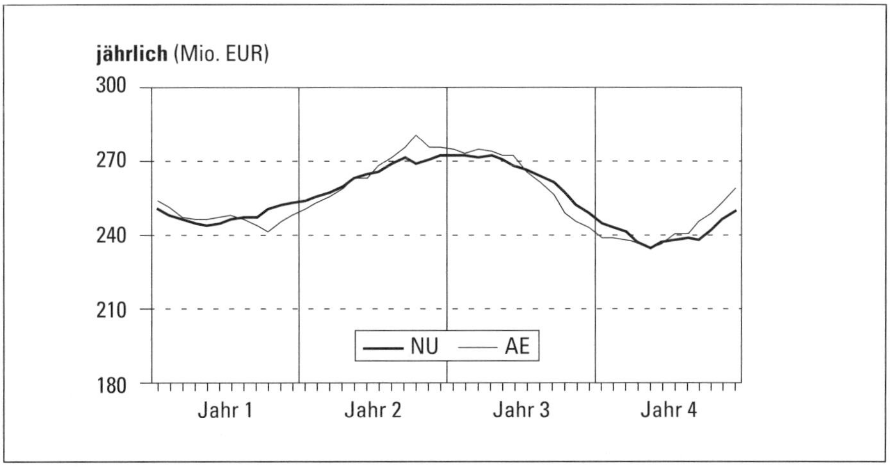

(oder einem anderen Quartalsende als Bilanzstichtag) mit dem endgültigen, offiziellen Geschäftsjahr zur Deckung kommen.

Bei der Nutzung derartiger Trendinformationen erhalten Gewinnwarnungen, die in den letzten Jahren auch in der externen Ad-hoc-Berichterstattung erheblich an Bedeutung gewonnen haben, eine andere Qualität: Sie kommen – falls notwendig – sehr viel früher und genauer.

Darüber hinaus wird deutlich, wie die Kontroverse über die Pflicht börsennotierter Unternehmen zur Quartalsberichterstattung gelöst werden kann. In der Regel ist ein isoliertes Quartalsergebnis keine repräsentative Information, wohl dagegen Geschäftsdaten der letzten vier Quartale, jedes Quartal fortgeschrieben.

6.4 Die Zwillinge Vorräte und Forderungen

Obwohl Vorräte und Forderungen (aus Lieferungen und Leistungen) im operativen Leistungsprozess weit auseinander liegen, werden sie in Geschäftsberichten nicht selten »in einem Atemzug« genannt. Die üblichen Kommentare wie »Während der Umsatz im 1. Halbjahr um 8% gesteigert werden konnte, gelang es, die Vorräte und Forderungen deutlich zu verringern« hinterlassen jedoch einen zwiespältigen Eindruck. Denn im Normalfall ist eine deutliche Geschäftsbelebung oder Umsatzerhöhung immer mit einem Vorratsaufbau und einer Erhöhung der Forderungen verbunden, es sei denn, die Liefersituation – bei produzierenden oder handelnden Unternehmen – wird im Zuge anziehender Geschäfte bewusst reduziert und die Kunden zahlen für die erhaltenen Lieferungen und Leistungen früher. Beides ist normalerweise nicht zu erwarten.

Der Kommentar wird allerdings plausibel, wenn das Unternehmen für das genannte 1. Halbjahr ausdrücken will, das bisherige Geschäft mit viel zu hohen Vorräten betrieben, gleichzeitig unangemessen späte Zahlungstermine der Kunden akzeptiert und in beiden Fällen dieses Problem eines zu hohen Betriebskapitals im Umlaufvermögen durch entsprechende Maßnahmen in den Griff bekommen zu haben.

Tatsächlich kann die früher von vielen Unternehmen vernachlässigte Optimierung von Vorräten und Forderungen **(Umlaufvermögen, Working Capital)** beachtliche Auswirkungen auf die Vermögens-, Finanz- und Ertragslage haben (NZZ vom 14.09.2004, S. 32): »In einer Erhebung der REL Consultancy Group bei den 1.000 größten Gesellschaften Europas ist einerseits festgestellt worden, dass das im Working Capital gebundene Kapital in den beiden letzten Jahren – gemessen am Umsatz pro Tag – deutlich zurückgegangen ist, dass aber anderseits immer noch ein **erhebliches Optimierungspotenzial** in Form tieferer Debitorenausstände (schnellere Eintreibung der Guthaben), geringerer Lagerbestände und höherer offener Rechnungen (spätere Bezahlung) besteht. In der Studie wird dieses Potenzial auf rund 580 Mrd. EUR veranschlagt. Errechnet wird diese Summe aus der Differenz zwischen dem gebundenen Working Capital beim Durchschnitt des besten Viertels der Firmen jeder Branche und dem Rest. Die Unterschiede zwischen den Wirtschaftszweigen sind erheblich. So weisen zum Beispiel Großverteiler ein negatives betriebliches Umlaufvermögen auf, weil sie ihre Lieferanten später bezahlen, als sie das Geld von ihren Kunden erhalten. Dagegen ist in der Investitionsgüterbranche mit ihren langen Durchlaufzeiten viel Kapital gebunden. Auch gibt es markante Unterschiede von Land zu Land.« Diese sind auf den Branchenmix zurückzuführen, aber auch auf »kulturelle« Unterschiede in den Zahlungsmodalitäten oder etwa in der Zahlungsmoral.

Vorräte und Forderungen sind im echten Sinn des Begriffs »betriebsnotwendig« und lassen sich – je nach Branche, Betriebsgröße oder Region – in eine optimale Relation zum Geschäft bringen. Der Bezug zum Umsatz ist also eine sinnvolle Kennzahl, nicht unbedingt der absolute Wert. Es gehört leider zu den üblichen »Ritualen« von Maßnahmenplänen zur kurzfristigen Sanierung oder Renditeverbesserung von Geschäften, den pauschalen Abbau insbesondere von Vorräten zu fordern. Vorräte sind also nicht generell zu hoch, sondern nur dann, wenn sie in Relation zur gewünschten Lieferbereitschaft und im Vergleich zur »best practice« anderer Unternehmen als unangemessen zu bezeichnen sind. Das gilt für einen Apparatebauer genauso wie für ein Beratungs- oder Servicebüro.

In der produzierenden Industrie ist der Zielkonflikt um die richtigen Vorräte besonders evident. Nehmen wir eine beliebige Prozesskette von der Absatzplanung bis zum Vertrieb:

- Absatzplanung (Marketing und Vertrieb),
- Rohstoffdisposition (Logistik),
- Produktionsplanung (Betrieb),
- Vorratsplanung (Logistik),
- Lieferdisposition (Vertrieb).

Der Vertrieb möchte den Kunden so schnell wie möglich beliefern, gleichzeitig möchte die Produktion möglichst mit hoher Auslastung – »zu geringsten Stückkosten« – produzieren. Ließe man sie gewähren, führte dies vermutlich zu überhöhten Vorräten. Marketing (Ergebnisverantwortung) und Logistik (Verantwortung für Kapitalbindung) wirken als Korrektiv.

Praktische Kennziffern zur Steuerung und **Optimierung der Vorräte** sind unter anderem:

- Lieferservicegrad und
- Lagerumschlag.

Der **Lieferservicegrad** zeigt das Ausmaß der Übereinstimmung zwischen Wunschtermin (bei Auftragsproduktion) und tatsächlichem Auftragserfüllungstermin. So ergibt sich der Lieferservicegrad als Quotient aus der Summe der Vorgänge oder Stückzahl, die zum gewünschten Termin ausgeliefert wurden, und der Anzahl aller Vorgänge oder aller Stückzahlen, die in der gleichen Periode angefordert wurden. Anstelle von Vorgängen oder Stück kann man sich auch auf deren Werte beziehen. Bei Lagerprodukten wird die unmittelbare Auslieferbarkeit herangezogen. Ein Lieferservicegrad von 100% bedeutet sofortige Lieferung. Gegenüber allen Kunden müssten die Vorräte praktisch beliebig hoch sein. Aus dem Mix aller Kunden – der eine erwartet und bekommt prompte Belieferung, der andere meldet seinen Bedarf zum Beispiel vier Wochen vorher an oder kann so lange warten – organisiert die Logistik die optimalen Vorräte.

Unter dem Aspekt der Kapitalbindung spielt der **Lagerumschlag** (auch als Lagerumschlagsgeschwindigkeit, -häufigkeit oder Lagerdrehzahl bezeichnet) eine zentrale Rolle. Er ermittelt sich als Quotient aus Umsatz und durchschnittlichem Lagerbestand einer Periode und gibt an, wie oft das Warenlager pro Periode verkauft (umgeschlagen) wurde.

Eine wichtige Kategorisierung zur Vorratssteuerung ist die Unterteilung eines Produkts in

- Standardprodukt und
- Sonder- oder Auftragsprodukt.

Standardprodukte sind bezüglich Menge (Produktion, Absatz) gut planbar und sollten in Abstimmung mit der regelmäßigen Produktion auf Lager gehalten werden, auch zur Glättung der zeitlich unterschiedlichen Liefer- und Produktionstermine. Das Risiko von Lagerhütern ist bei diesen Produkten relativ gering.

Auftragsprodukte sind bezüglich Lieferzeitpunkt und Liefermenge in der Regel nicht oder schwer planbar, können und sollten deshalb nicht »auf Verdacht« produziert und auf Lager gelegt werden. Der teure Lagerhüter wäre damit vorprogrammiert. Um dennoch schnell lieferfähig zu sein, muss die Vorratshaltung auf die Vorstufe verlagert werden. Bei der typischen Auftragsfertigung müssen die möglichen Vor- und Zwischenprodukte (Rohstoffe und Halbfertigwaren) auf Lager gehalten werden, einschließlich entsprechender Produktionskapazitäten.

Der »worst case« zu niedriger Vorräte ist der Verlust oder die Verschiebung eines möglichen Geschäfts. Der entgangene Gewinn entspricht dem nicht realisierten Deckungsbeitrag. Die Konsequenz zu hoher Vorräte ist der **Lagerhüter.** Da der Wert von Vorräten die jeweiligen Herstellkosten sind (Materialkosten zuzüglich Fertigungskosten), bedeutet das Ausbuchen eines Lagerhüters stets eine Ergebnisverschlechterung in Höhe der Herstellkosten. Beide Fälle falscher Vorratsplanung kommen ein Unternehmen teuer zu stehen.

Eine optimale Vorratspolitik führt zu Gesamtvorräten, die – gemessen an ihrem Wert – in einer **typischen** Relation zum Geschäftsvolumen (Wert) stehen. Diese Relation bestimmt den **Vorratsfaktor.** Er setzt den optimalen Vorratswert ins Verhältnis zu einem entsprechenden Umsatz in einem betrachteten Zeitraum. Beträgt der optimale Vorratswert zum Beispiel 50 GE (zu Herstellkosten) und das dazugehörige Monats-Umsatzvolumen 25 GE, beträgt der Vorratsfaktor 2. Ein Faktor unter 2 bedeutet dann potenzielle Lieferprobleme, ein Faktor über 2 unnötig hohe Kapitalbindung. Der Vorratsfaktor ist mathematisch gesehen der Kehrwert des auf den Monat bezogenen optimalen Lagerumschlags.

Ist mit steigenden Umsätzen zu rechnen und soll der (optimale) Vorratsfaktor beibehalten werden, muss der absolute Vorratswert steigen. Ansonsten verschlechtert sich die Lieferbereitschaft (Lieferservicegrad).

Ist allerdings in den Planperioden mit sinkenden Umsätzen zu rechnen, muss – bei Aufrechterhaltung des Lieferservicegrads – der Vorratswert sinken. Sonst werden die Vorräte unangemessen hoch. Die Veränderung des Vorratswerts sollte also nur nach Vorgabe des Lieferservicegrads und der erwarteten Geschäftsentwicklung vorgenommen und nicht als isolierte Größe betrachtet werden.

Liegt die Ware oder das Produkt nicht mehr auf Lager, sondern beim Kunden, so bedeutet dies nach wie vor Kapitalbindung, solange der Kunde den Rechnungsbetrag noch nicht beglichen hat. Unter betriebswirtschaftlichen Gesichtspunkten ist es daher sinnvoll, fällige **Forderungen rascher einzuziehen** und so das investierte Kapital zu mindern. Allerdings handelt es sich auch hier um eine Optimierungsaufgabe, weil die Zahlungsmodalitäten letztlich Bestandteil der Gesamtleistung für den Kunden sind. Darüber hinaus muss wie bei den Vorräten bedacht werden, dass der absolute Forderungsbestand allein nichts aussagt und nur in Relation zum Umsatz sowie zu den Gepflogenheiten der Branche oder einer Region (eines Lands) interpretiert, also »zum Sprechen gebracht« werden kann. Eine prominente Kennzahl ist die **Forderungsumschlagszeit.** Sie ist als Quotient aus Forderungsbestand und Umsatz pro Tag definiert und bezeichnet somit die durchschnittliche Zeit, die vergeht, bis der fakturierte Umsatz sich auch im Zahlungseingang widerspiegelt. Je länger zum Beispiel das einem Kunden gewährte Zahlungsziel, desto höher wird ceteris paribus die Forderungsumschlagszeit und desto höher wird die Kapitalbindung, die Kosten verursacht.

Zunehmen dürfte aber auch das **Debitoren- oder Kreditrisiko.** Neben den langen Zahlungsfristen sind totale Forderungsausfälle durch Insolvenz und Zahlungsunfähigkeit der Kunden ein gravierendes Problem. Zu seiner Minderung empfiehlt sich eine konsequente Prävention durch Bonitätsprüfungen der Kunden im Vorfeld der Auftragsannahme oder Lieferung. Betriebswirtschaftlich geboten sind auch eine umgehende Rechnungsstellung, eine konsequente Zahlungsüberwachung sowie ein effektives Mahnwesen, das aber den Kunden nicht vergraulen sollte. Für viele Firmen kann auch eine pauschale Kreditversicherung oder Factoring (Forderungsverkauf) die Situation verbessern. In jedem Fall sind die Vorteile einer Maßnahme gegen die jeweiligen Mehrkosten abzuwägen.

Da aus der Kapitalbindung üblicherweise die **zinslosen Verbindlichkeiten** (Abzugskapital) herausgerechnet werden, ist es für ein Unternehmen konsequent und ganz im Sinne einer renditeorientierten Ausrichtung, seine eigenen Schulden aus Lieferungen und Leistungen möglichst spät zu bezahlen. Dabei wird deutlich, dass die Optimierung der Forderungen und Verbindlichkeiten selbstverständlich vom Verhalten anderer abhängig ist und volkswirtschaftlich gesehen letztlich ein Nullsummenspiel darstellt. Dennoch gehört dieses Thema wie die Optimierung der Vorräte ohne jeden Zweifel zu den wichtigen Managementaufgaben.

6.5 Die Zwillinge Investitionen und Reparaturen

Mit jeder Investition ist ein – in der Regel spezifischer – Aufwand für Reparaturen verbunden. Investitionen und Reparaturen (an diesen Investitionen) bilden daher ein untrennbares Wertepaar, geeignet zur Überprüfung und Steuerung der Investitions- und Reparaturstrategie eines Unternehmens.

Eine wichtige Steuerungsgröße ist der **Reparaturfaktor,** als Prozentsatz der jährlichen Reparaturkosten vom Anlagevermögen. Für jede Anlage lässt sich ein Ideal- oder Sollwert bestimmen, der im Normalfall aufgewendet werden muss und somit die Basis für den Reparaturetat bildet (zum Beispiel 5 %).

Wird dieser Soll- oder Standardwert permanent überschritten, signalisiert das möglicherweise:

- hohe oder erhöhte Reparaturanfälligkeit,
- unvollständige Instandhaltung (Wartung),
- mangelhafte Betriebsführung etc.

Für jede Diagnose gibt es eine eindeutige Lösung, dennoch wird oft zu lange gezögert. Insbesondere bei älteren Anlagen ist sehr schnell abzuwägen, ob nicht eine Ersatzinvestition auf die Dauer die rentablere Variante gegenüber dem Weiterbetrieb der Anlage zwar mit geringem Vermögen, aber hohen Kosten darstellt. Man landet in dieser Situation sehr schnell in einer Technologie- und Kostenfalle.

Besonders in schwierigen Zeiten sinkender Cash Flows, wo das Heil eigentlich nur in kostengünstigeren Technologien und Produktionsvefahren gesucht werden sollte, wird häufig prozyklisch der Investitions- und Reparaturetat gekürzt (siehe Abschnitt 6.6 »Die Zwillinge Investitionen und Abschreibung«, ▶ Abb. 6-6).

Auch im **Risikomanagement** (siehe Abschnitt 7.3 »Risikocontrolling«), das oft mit oder von den Kreditbanken organisiert wird, stehen Fragen an wie:

- Entsprechen Maschinen und Anlagen dem Stand der Technik?
- Welche Investitionen und Reparaturen sind fällig?
- Wie ist die Qualitätssicherung organisiert?
- Wo gab es Produktions- und Lieferausfälle? etc.

Die richtige Balance zwischen Investitionen und Reparaturen ist zumindest im verarbeitenden Gewerbe ein wesentlicher Erfolgsfaktor des Unternehmens.

6.6 Die Zwillinge Investitionen und Abschreibung

Die langfristige Relation von Investitionen und Abschreibungen ist eine erste wichtige Kenngröße für die Dynamik der Strategie eines Unternehmens. Investitionen in Höhe der Abschreibungen bedeuten zunächst nur Substanzerhalt.

Unternehmen in Schwierigkeiten tendieren nicht selten unter dem Druck von Liquiditätsengpässen dazu, bevorzugt die Mittel für Reparaturen und Investitionen zu kürzen. Das sollte man sich nur kurzfristig verordnen; langfristig sollten Unternehmen mindestens in Höhe der Abschreibungen investieren. Das gilt für alle Profit-Center-Ebenen.

Andererseits: Bei starken Investitionsschüben ist ein späteres Zurückfahren der Investitionsetats kein Zeichen von Schwäche oder Konzeptlosigkeit, sondern ein **Ausbalancieren von Investitionen und Abschreibungen.** In einem dynamischen Prozess ist es das Ziel, das Investitionsniveau – mit steigender Tendenz – über den Abschreibungen zu halten. Investitionsbudgets haben diese Grundlast der Substanzerhaltung stets zu berücksichtigen.

Die Langzeit-Kurven in ▶ Abb. 6-6 verdeutlichen die starken Schwankungen von Investitionen und Abschreibungen eines Modellkonzerns.

In dem Modellbeispiel sind die Investitionen in der konjunkturell schwierigen Phase der Jahre 1 bis 4 ständig rückläufig, während die Abschreibungen gleichzeitig steigen. Es wird gespart und bereinigt. In dieser relativ kritischen Phase fallen die Investitionen sogar unter das Niveau der Abschreibungen. Ab dem Jahr 5 ziehen die Investitionen über einen langen Zeitraum wieder an. Die Schere zwischen Investitionen und Abschreibungen öffnet sich also im positiven Sinn. Der deutlich erkennbare Investitionsschub im Jahr 10 wird in den beiden letzten Geschäftsjahren wieder auf ein Normalmaß zurückgefahren.

▼ Abb. 6-6 **Entwicklung Investitionen und Abschreibungen (Modellkonzern)**

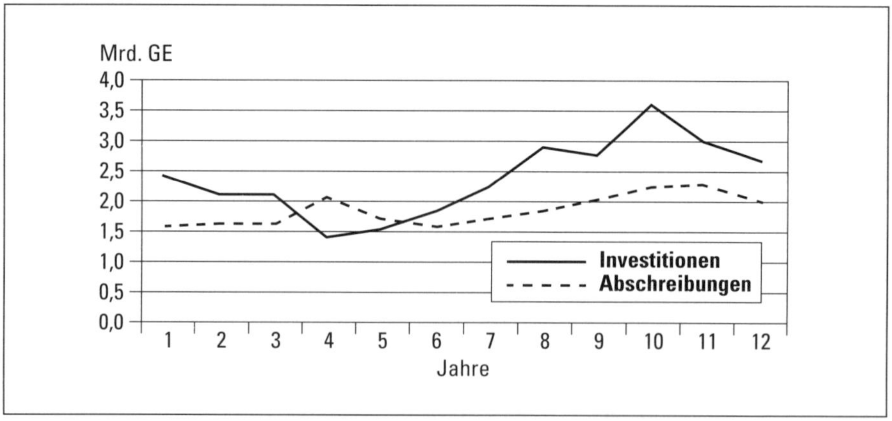

6.7 Konsolidierte Daten

In Gesellschaften mit verbundenen Strukturen laufen viele unternehmerische Prozesse arbeitsteilig ab. Der klassische Fall wurde bereits in Abschnitt 5.6 »Transfer- und Verrechnungspreise in verbundenen Unternehmen« beschrieben: Eine Produktionsgesellschaft im Land A verkauft Fertigprodukte an die Vertriebsgesellschaft im Land B.

Zur Steuerung derartig arbeitsteiliger Geschäfte sind konsolidierte Daten erforderlich, das heißt, es müssen zur Vermeidung von Doppelzählungen Innenlieferungen zwischen verbundenen Gesellschaften eliminiert werden.

Im Modellfall der ► Abb. 6-7 erhält die Vertriebsgesellschaft B eine angemessene Marge (12 %) zur Deckung der Kosten (der für das Stammhaus bereitgehaltenen Vertriebsstruktur) und eine Gewinnmarge (3 %). Der Gewinn fällt – bis auf die 3 % Gewinnmarge des Vertriebs – beim Produzenten A und dem dort investierten Kapital an. Die Einzelergebnisrechnungen, die aufgrund der juristischen Trennung beider Gesellschaften stets notwendig sind, dienen als Kontrolle der korrekten Anwendung der OECD-Verrechnungspreisrichtlinie, das konsolidierte Ergebnis über beide Gesellschaften wird zur Analyse und Steuerung des Geschäfts benutzt.

Bei Anwendung richtlinienkonformer Verrechnungspreise entspricht die Ergebnisrechnung des Produzenten »fast« der konsolidierten Gruppenrechnung (im Beispiel Kapitalrenditen von 31,3 % und 35 %), da bei der Vertriebsgesellschaft nur ein kleiner und relativ konstanter Gewinn anfällt (im

▼ Abb. 6-7 **Richtlinienkonforme Verrechnungspreise im konzerninternen Geschäft**

in Mio. GE	A	B	konsolidiert A/B
Umsatz (NU)	**85** *	**100**	**100**
(Einstandskosten)	└──►	85 *	*
variable Kosten	**30**	**5**	**35**
Deckungsbeitrag	**55**	**10**	**65**
Fixkosten	**30**	**7**	**37**
Betriebsergebnis (BE)	**25**	**3**	**28**
Umsatzrendite (BE/NU)	***29,4 %***	***3 %***	***28 %***
Anlagevermögen (AV)	**80**		**80**
Kapitalumschlag (NU/AV)	***1,06***		***1,25***
Kapitalrendite (BE/AV)	***31,3 %***		***35 %***

* 85 Mio. GE entfallen bei Konsolidierung

▼ Abb. 6-8 **Konzerninternes Geschäft mit richtlinienwidrigem Verrechnungspreis**

in Mio. GE	A	B	konsolidiert A/B
Umsatz (NU)	65 *	100	100
(Einstandskosten)	→	65 *	*
variable Kosten	30	5	35
Deckungsbeitrag	35	30	65
Fixkosten	30	7	37
Betriebsergebnis (BE)	5	23	28
Umsatzrendite (BE/NU)	*7,7%*	*23%*	*28%*
Anlagevermögen (AV)	80		80
Kapitalumschlag (NU/AV)	*0,81*		*1,25*
Kapitalrendite (BE/AV)	*6,3%*		*35%*

* 65 Mio. GE entfallen bei Konsolidierung

Beispiel eine Umsatzrendite von 3%). Die Steuerung des Geschäfts benötigt also nicht unbedingt und ständig die Daten der Vertriebsgesellschaft, die meist nur mit hohem Aufwand zu beschaffen sind und nicht immer zeitgleich mit den Daten der Produktionsgesellschaft vorliegen.

In der Konsolidierung werden die Innenlieferungen eliminiert, die Kosten addiert und dem Umsatz mit Dritten gegenübergestellt.

Wie man es **nicht** machen sollte, ist in ◄ Abb. 6-8 dargestellt. Das Gruppenergebnis stimmt zwar, die arbeitsteiligen Renditen sind jedoch verzerrt. Die Vertriebsgesellschaft schöpft einen unangemessen hohen Ergebnisbeitrag ab. Der Produzent wähnt sich in einer unrentablen Kosten- und Ertragssituation und wird nach Alternativen suchen, bis hin zur Stilllegung. In der Folge kann es zum Verlust des gesamten Geschäfts kommen. Falsche oder unangemessene Verrechnungspreise können nur durch eine konsolidierte Betrachtung aufgedeckt und verhindert werden.

6.8 Opportunitätskosten und versunkene Kosten

6.8.1 Opportunitätskosten

Handlungsalternativen lassen sich grundsätzlich dadurch bewerten, dass man die durch sie jeweils ausgelösten, zukünftigen Zahlungsströme miteinander vergleicht. Sind die Alternativen allerdings nur unvollständig erfassbar, müssen Opportunitätskosten in die Überlegungen einbezogen werden. Opportunitätskosten sind zukunftsbezogen; sie basieren auf Antizipationen und sind geschätzte **entgangene Zahlungsüberschüsse** von Alternativen, die realisierbar wären, tatsächlich aber nicht konkret abgebildet werden.

Ein **Beispiel** soll die Zusammenhänge verdeutlichen. Angenommen, ein Unternehmen erhalte einen Auftrag für ein Produkt zu einem festgelegten Preis von 1.000, das in der gewünschten Rezeptur nicht mehr hergestellt wird. Das Auslaufprodukt befinde sich aber noch in einer ausreichenden Menge auf Lager, die Materialkosten zur Herstellung des Produkts betrugen 2.000. Soll das Unternehmen den Auftrag annehmen oder nicht? Offensichtlich hängt die Entscheidung nicht von den historischen, variablen Kosten des Produkts ab. Die Gretchenfrage ist vielmehr, was mit dem Lagerposten **alternativ** geschehen könnte. Gibt es eine zweite Offerte in Höhe von 1.500, sind das die relevanten Grenzkosten, die mit dem angebotenen Preis von 1.000 verglichen werden müssen. Der Auftrag ist also abzulehnen. Anders verhält es sich, wenn der Lagerbestand nur noch entsorgt werden kann. Dann kann es sogar sein, dass die Opportunitätskosten negativ sind, weil die Kosten der Entsorgung durch den Auftrag eingespart werden können.

Ein anderes Beispiel: Teilnehmer eines Weiterbildungsseminars tragen nicht nur die pagatorische Seminargebühr, sondern auch Opportunitätskosten in Form nicht erledigter Arbeit am Arbeitsplatz. So könnte einem Verkaufsagenten durch Besuch des Seminars ein lukrativer Auftrag entgangen sein: ein teures Seminar!

Letztlich berücksichtigt man auch in der Investitions- und Finanzierungstheorie Opportunitätskosten (dort in Form des **Kalkulationszinssatzes** oder **Kapitalkostensatzes**). Im Grunde geht man bei der Bewertung von Investitionsalternativen von einem Vergleich aus. Man sucht auf dem Kapitalmarkt eine Anlagemöglichkeit, die dieselben Zahlungscharakteristika aufweist wie die zu bewertende Investition. Üblicherweise wird dieser Vergleich indirekt – mit Hilfe zu erwartender Renditen – durchgeführt: Die mit der Investition verbundenen, erwarteten zukünftigen Zahlungen (Rückflüsse, Cash Flows) werden mit einem die Alternativanlage am Kapitalmarkt repräsentierenden Zinssatz (die Alternativanlage selbst wird mit ihrem Zahlungsstrom gar nicht erfasst) auf den Bewertungsstichtag bezogen. Subtrahiert man von diesem Wert die Anschaffungsauszahlung, so erhält man den Kapitalwert der Investition. Der Marktwert ist also theoretisch nichts anderes als die Diskontierung zukünftiger, erwarteter Zahlungen mit adäquaten Kapitalkostensätzen (= Opportunitätskosten der Investition).

6.8.2 Versunkene Kosten

Kostenrechner müssen oft die monetären Auswirkungen von Entscheidungsalternativen aufzeigen, damit die Manager aus verschiedenen Alternativen die – gemessen an ihrer Zielsetzung – optimale auswählen können. Leistungs- und Kosteninformationen dienen als Grundlage für Entscheidungen über Outsourcing einer bestimmten Produktkomponente bis zur Verbesserung des Produktionsprozesses.

Um verschiedene Alternativen zu beurteilen, ist es sinnvoll, sich ausschließlich auf die relevanten Kosten und Erlöse (Leistungen) zu konzentrieren, die sich von Alternative zu Alternative unterscheiden. Falls die Kosten unabhängig von der gewählten Alternative gleich bleiben, dann sind jene Kosten **irrelevant** für die Entscheidung. Eine Teilmenge der irrelevanten Kosten sind die »sunk cost« oder »versunkenen Kosten«.

»Versunkene Kosten« sind Kosten aus Ressourcenbeschaffungen, welche durch Entscheidungen in der Vergangenheit festgelegt wurden und durch gegenwärtige oder künftige Entscheidungen nicht mehr zu verändern (rückgängig zu machen) sind. Da »versunkene Kosten« nicht mehr beeinflusst werden können, sind diese Kosten grundsätzlich irrelevant für die monetäre Beurteilung der Alternativen.

Ein **Beispiel:** Ein Unternehmen investierte in der Vergangenheit 20 Mio. GE in die Entwicklung von Software, die für die Realisierung einer neuen internetbasierten Geschäftsidee gedacht war und ansonsten wertlos ist. Diese 20 Mio. GE sind aus heutiger Sicht versunkene Kosten und für zukünftige Entscheidungen (zum Beispiel, ob die neue Geschäftsidee tatsächlich umgesetzt werden soll) irrelevant.

6.9 Pareto-Prinzip und ABC-Analyse

6.9.1 Das Pareto-Prinzip

Der italienische Ökonom Vilfredo Pareto, der sich mit der Einkommensverteilung in Volkswirtschaften befasste, formulierte als erster die nach ihm benannte 80:20-Regel. Bei **volkswirtschaftlichen Verteilungen** liegt häufig keine Gleichverteilung vor – 50% der Haushalte verfügen über 50% beispielsweise der Vermögen –, sondern eine (starke) Ungleichverteilung: zum

Beispiel 80% der Vermögen liegen bei 20% der Haushalte. Dieses Prinzip kann man auch für eine Reihe wichtiger Fragen im Controlling verwenden. Es ist nichts anderes als die Erkenntnis, dass sich ein Problem in der Regel durch wenige – aber entsprechend wichtige – Einzelparameter beschreiben lässt. Diese wenigen, wichtigen Parameter muss man jedoch zuverlässig kennen, um von ihnen auf das Gesamte schließen zu können.

Ein typisches Beispiel ist die ständig wiederkehrende Berichterstattung wie der **Monats-Schnellbericht,** wo unter hohem Zeitdruck und mit vorläufigen, geschätzten Daten Umsätze und Ergebnisse mit relativ hoher »Zielgenauigkeit« veröffentlicht werden müssen. Diese Aufgabe stellt eigentlich die Quadratur des Kreises dar, denn kurzfristig – etwa am dritten Arbeitstag eines Monats – stehen noch keine oder nur wenige gebuchte und damit endgültige Zahlen des Vormonats fest. Ein solcher Schnellbericht wird nur dadurch ermöglicht, dass man sich auf die wesentlichen Einflussfaktoren konzentriert und deren Daten mit entsprechendem Aufwand plausibel schätzt.

Bei großen und sehr komplexen Geschäftsstrukturen – zum Beispiel einer Unternehmensgruppe mit zahlreichen Geschäftseinheiten über viele Gesellschaften – wird die Gesamtentwicklung regelmäßig von wenigen Einheiten bestimmt. Kennt man deren Entwicklung, kann man sehr plausibel auf die Gesamtentwicklung schließen. Das **Pareto-Prinzip** – die 80:20-Regel – kann man sich also beim Monats-Schnellbericht zunutze machen.

Dazu sei im Folgenden ein typisches **Beispiel** aus einem Konzern mit Matrixstruktur dargestellt. Die Profit-Center – wie Unternehmensbereiche – sind weltweit quer über die Konzerngesellschaften ergebnisverantwortlich. Gegeben sei ein Unternehmensbereich mit 33 Gesellschaften (▶ Abb. 6-9). Für einen Monats-Schnellbericht an die Geschäftsleitung müssen bis zum dritten Arbeitstag nach Berichtsmonat Umsatz und Ergebnis des Bereichs gemeldet werden. Dazu müsste man eigentlich die geschätzen Daten von *allen* Gesellschaften abfragen und aggregieren. Das ist eine unlösbare Aufgabe.

Statt bis zum dritten Arbeitstag alle 33 Gesellschaften zu berücksichtigen – was weltweit nie funktioniert –, konzentriert man sich auf die **wenigen wichtigen** Gesellschaften; im folgenden Beispiel sind das sieben Gesellschaften (Top 7). Das Bereichscontrolling unterhält zu diesen sieben einen »heißen Draht«. Diese sind in der Regel die professionellsten und können einen schnellen vorläufigen Abschluss vorlegen.

Aus den Daten dieser ersten sieben Gesellschaften (die Länge der Balken entspricht den kumulierten Betriebsergebnissen von Gesellschaft 1 bis 33) kann man auf die Gesamtentwicklung des Bereichs schließen. Die Fehler-

▼ Abb. 6-9 **Ranking der Gesellschaftsergebnisse eines Bereichs (Top 7)**

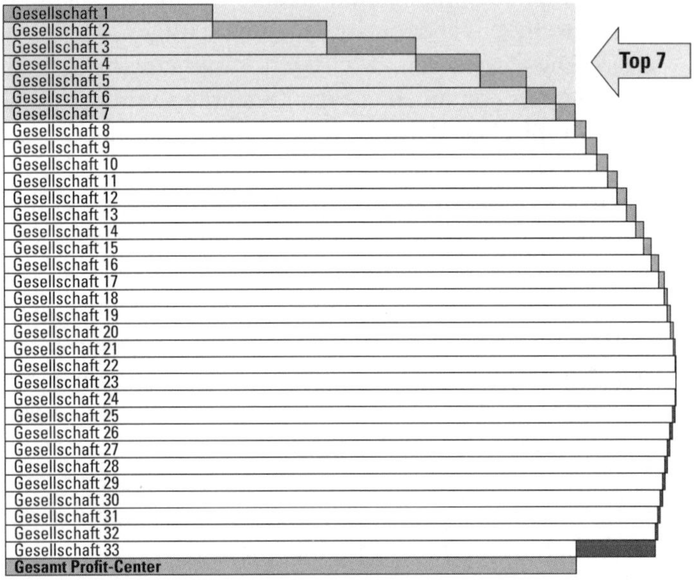

quote bei derartigen Schnell-Schätzungen ist ausreichend klein, die Genauigkeit also relativ hoch.

Im obigen Beispiel tragen diese ersten sieben Gesellschaften zufällig genauso viel zum Ergebnis bei wie der gesamte Bereich. Die übrigen Gesellschaften saldieren sich zu null. Eine derartige Struktur ist relativ stabil, zumindest über Monate, muss jedoch auf Basis der Ist-Berichterstattung (Monats- und Quartalsabschlüsse) ständig neu »eingemessen« werden. Ein wesentliches Instrument dafür ist die Break-even-Analyse (Abschnitt 5.3 »Break-even-Analyse«).

6.9.2 ABC-Analyse

Die 80:20 Regel – 20% sind wichtig, 80% (relativ) unwichtig – wird mit der ABC-Analyse weiter differenziert. Bei Geschäften, die gekennzeichnet sind durch

- viele Einzelprodukte,
- viele Kunden,
- viele Verkaufsfälle etc.,

wird die dadurch entstehende **Komplexität** ein grundsätzliches Risiko für die Wirtschaftlichkeit eines Geschäfts. Diese Komplexität ergibt sich aus dem

- hohen Aufwand in der Produktion (zahlreiche Produkte- und Sortenwechsel),
- hohen Aufwand in Vertrieb und Marketing (zahlreiche Kunden, hoher Anteil an Auftragsfertigung),
- hohen Aufwand in der Logistik (hohe Vorratsbestände) etc.

Geschäftstätigkeiten mit vielen Einzelprodukten und Auftragsfällen tendieren schnell zu hoher Komplexität und damit unrentablen Strukturen. Mit steigender Komplexität sinkt die Kapazität der Produktion und steigen die Fixkosten zur Abwicklung des Geschäfts. Um das zu vermeiden, muss versucht werden, die Zahl der Produkte und Kunden möglichst klein zu halten, ohne durch Streichungen nennenswerte Deckungsbeiträge zu verlieren.

Die Beherrschung dieses Problems gelingt nur mit konsequenter Konzentration auf das Wesentliche. Das bedeutet das permanente Aussortieren unwesentlicher Produkte und Kunden mit dem Instrumentarium der ABC-Analyse.

Die Produkte und Kunden werden nach dem Kriterium der Wesentlichkeit in die Kategorien A, B und C eingeteilt:

- **Kategorie A:** große Bedeutung, hoher Wert;
- **Kategorie B:** mittlere Bedeutung, mittlerer Wert;
- **Kategorie C:** kleine Bedeutung, geringer Wert.

In der produkt- oder kundenspezifischen Definition von »bedeutend« und »wertvoll« scheiden sich bereits die Geister, wie ein »bedeutendes« Produkt definiert ist und was die Kriterien für einen »wertvollen« Kunden sind. Es kommt hinzu, dass diese Frage nicht nur für die Ist-Situation, sondern auch für die Zukunft zu beantworten ist. Das Potenzial eines Produkts oder eines Kunden darf also nicht außer Acht gelassen werden.

Die **Sortimentsanalyse** hat aber nicht das alleinige Ziel, unbedeutende und unwesentliche Einzelprodukte zu erkennen und auszumustern. Vielmehr geht es auch darum, Ansatzpunkte für Verbesserungen zu identifizieren, mit möglichst geringem Aufwand.

Produktspezifische Kriterien, die eine eindeutige Zuordnung zu den Kategorien A, B und C zulassen, sind bei **mengengetriebenen Geschäften** vor allem:

- Menge (zum Beispiel kg),
- Deckungsbeitrag absolut (DB),
- Deckungsbeitragsrate (DB in Prozent vom Umsatz).

Ungeeignetes Produktkriterium ist in jedem Fall – unabhängig vom Geschäftstyp – das operative Ergebnis, was in der Praxis nicht immer beachtet wird. Hinter dem Ergebnis steht die (betriebswirtschaftliche) Zielfunktion einer Dispositionsrechnung, die Summe der Deckungsbeiträge zu maximieren. Ausgangspunkt der ABC-Analyse ist eine Bewertung jedes Verkaufsprodukts nach seiner spezifischen Kategorie (A, B oder C) in den genannten Kriterien, dargestellt in der Lorenz- oder Pareto-Kurve (▶ Abb. 6-10).

Bereits wenige große Einzelprodukte (A-Produkte) tragen den Hauptteil der Menge und des Deckungsbeitrags des gesamten Sortiments, viele kleinere Produkte (B- und C-Produkte) tragen nur wenig dazu bei.

Eine Sortimentsanalyse hat gleichzeitig folgende Ziele:

- Festlegung eines Kernsortiments (zum Beispiel 80% aller Deckungsbeiträge),
- Identifizierung der deckungsbeitragsschwachen Produkte (zum Beispiel DB-Rate kleiner als x%).

▼ Abb. 6-10 **ABC-Analyse**

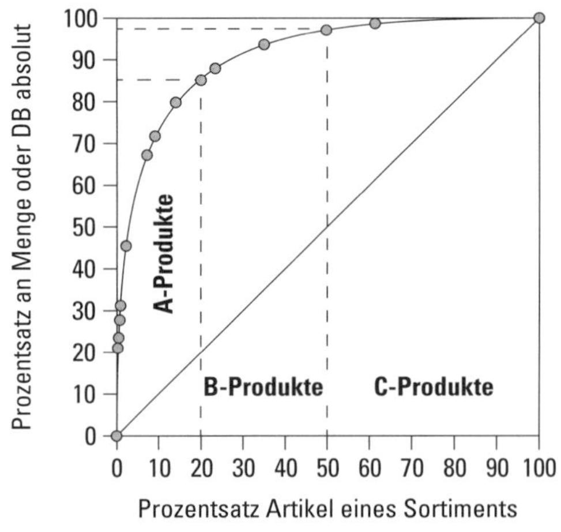

Innerhalb des Kernsortiments wird mit erster Priorität eine Sanierung aller deckungsbeitragsschwachen Produkte angestrebt. Innerhalb des Randsortiments (20% aller Deckungsbeiträge) wird die Streichung

- aller deckungsbeitragsschwachen Produkte sowie
- aller unbedeutenden Produkte ohne Potenzial

geprüft.

Ergebnisschwäche bedeutet in diesem Zusammenhang immer einen geringen Deckungsbeitrag beziehungsweise eine niedrige Deckungsbeitragsrate. Da man Fixkosten in der Regel nicht repräsentativ auf Einzelprodukte zuordnen kann, ist der Deckungsbeitrag die zentrale Steuerungsgröße für Produkte eines Sortiments.

Die in der Praxis übliche Vollkostenrechnung nach Einzelprodukten weist – aufgrund der Fixkostenschlüsselung – besonders für Produkte mit kleinen Mengen oder Umsätzen in der Regel stark negative Ergebnisse auf, obwohl die DB-Raten hoch sein können. Diese Ergebnisschwäche ist also nicht produktspezifisch, sondern eine Konsequenz der fallweisen Fixkostenzuordnung.

Das folgende **Beispiel** soll die Zusammenhänge der Sortimentsanalyse erläutern. ▶ Abb. 6-11 zeigt zunächst die Ausgangssituation mit den wesentlichen Kenngrößen Menge, Deckungsbeitrag und Deckungsbeitragsrate.

Das Sortiment besteht aus 50 Einzelprodukten mit einem gesamten Deckungsbeitrag von circa 2,5 Mio. EUR. Das Kernsortiment (Kategorie A) – im Beispiel circa 80% aller Deckungsbeiträge – besteht aus den 14 Einzelprodukten mit den höchsten Deckungsbeiträgen und ist in ▶ Abb. 6-12 dargestellt.

Setzt man als Ziel-Deckungsbeitragsrate beispielsweise einen Wert von 58%, müssen mit erster Priorität 5 dieser 14 wichtigsten Produkte saniert werden (durch Preiserhöhung oder Senkung der variablen Kosten). Wegen der Höhe der absoluten Deckungsbeiträge ist eine Streichung dieser ergebnisschwachen Großprodukte nicht sinnvoll.

Das Randsortiment von 36 aus 50 Produkten (circa 20% der Deckungsbeiträge) enthält alle Produkte der Kategorie B und C und ist in ▶ Abb. 6-13 aufgeschlüsselt.

Gesucht sind die Produkte der Kategorie C, die aus technischen (zu kleine Produktionsmenge, zum Beispiel Mengen kleiner oder gleich 200 kg; 6 Produkte) und betriebswirtschaftlichen Gründen (zu deckungsbeitragsschwach, zum Beispiel DB-Rate kleiner 58%; 8 Produkte) aus dem Sortiment gestrichen werden sollen. Mit diesen C-Kriterien werden insge-

▼ Abb. 6-11 **Beispiel zur Sortimentsanalyse: Ausgangssituation**

Produkt Nummer	**Menge** kg	**Preis** EUR/kg	**variable Kosten** EUR/kg	**Deckungsbeitrag (DB)** EUR	**DB/kg** EUR/kg	**DB-Rate** in Prozent
10001	100	15,50	6,10	940	9,40	60,6
10002	200	15,00	6,20	1.760	8,80	58,7
10003	300	14,90	5,90	2.700	9,00	60,4
10004	600	14,80	6,35	5.070	8,45	57,1
10005	900	14,70	5,75	8.055	8,95	60,9
10006	1.500	14,60	5,65	13.425	8,95	61,3
10007	2.000	14,00	5,70	16.600	8,30	59,3
10008	3.000	14,10	6,00	24.300	8,10	57,4
10009	3.500	14,40	5,20	32.200	9,20	63,9
10010	7.000	13,00	5,45	52.850	7,55	58,1
10011	100	18,15	7,25	1.090	10,90	60,1
10012	400	19,15	7,15	4.800	12,00	62,7
10013	500	18,05	6,95	5.550	11,10	61,5
10014	1.000	17,55	6,55	11.000	11,00	62,7
10015	1.500	17,25	6,15	16.650	11,10	64,3
10016	2.000	17,15	6,65	21.000	10,50	61,2
10017	4.000	17,05	6,85	40.800	10,20	59,8
10018	8.000	16,90	7,15	78.000	9,75	57,7
10019	10.000	16,60	7,25	93.500	9,35	56,3
10020	20.000	16,15	7,15	180.000	9,00	55,7
10021	100	21,15	8,15	1.300	13,00	61,5
10022	200	20,15	7,95	2.440	12,20	60,5
10023	400	19,15	8,65	4.200	10,50	54,8
10024	800	20,25	8,55	9.360	11,70	57,8
10025	1.600	20,35	9,05	18.080	11,30	55,5
10026	3.200	20,55	9,15	36.480	11,40	55,5
10027	6.500	20,05	8,25	76.700	11,80	58,9
10028	12.000	21,25	8,85	148.800	12,40	58,4
10029	20.000	20,85	8,15	254.000	12,70	60,9
10030	30.000	25,25	10,15	453.000	15,10	59,8
10031	450	25,15	9,95	6.840	15,20	60,4
10032	650	25,95	9,85	10.465	16,10	62,0
10033	850	24,65	10,05	12.410	14,60	59,2
10034	1.200	24,15	10,35	16.560	13,80	57,1
10035	1.400	24,05	10,05	19.600	14,00	58,2
10036	1.600	23,85	9,25	23.360	14,60	61,2
10037	2.000	22,15	9,15	26.000	13,00	58,7
10038	3.000	22,85	9,35	40.500	13,50	59,1
10039	6.000	23,15	9,15	84.000	14,00	60,5
10040	12.000	22,85	8,65	170.400	14,20	62,1
10041	200	27,05	11,15	3.180	15,90	58,8
10042	300	27,35	10,15	5.160	17,20	62,9
10043	350	28,05	10,35	6.195	17,70	63,1
10044	600	27,65	10,85	10.080	16,80	60,8
10045	650	26,95	11,15	10.270	15,80	58,6
10046	1.000	26,65	11,05	15.600	15,60	58,5
10047	2.000	25,95	11,65	28.600	14,30	55,1
10048	4.000	25,85	11,55	57.200	14,30	55,3
10049	8.000	25,95	10,95	120.000	15,00	57,8
10050	16.000	24,95	10,15	236.800	14,80	59,3
Gesamt				**2.517.870**		

▼ Abb. 6-12 **Kernsortiment (circa 80 % der Deckungsbeiträge)**

Produkt Nummer	Menge kg	Deckungs-beitrag (DB) EUR	DB kumuliert EUR	DB-Anteil in Prozent	DB-Rate in Prozent
10030	30.000	453.000	453.000	18,0	59,8
10029	20.000	254.000	707.000	28,1	60,9
10050	16.000	236.800	943.800	37,5	59,3
10020	20.000	180.000	1.123.800	44,6	**55,7** ⇐
10040	12.000	170.400	1.294.200	51,4	62,1
10028	12.000	148.800	1.443.000	57,3	58,4
10049	8.000	120.000	1.563.000	62,1	**57,8** ⇐
10019	10.000	93.500	1.656.500	65,8	**56,3** ⇐
10039	6.000	84.000	1.740.500	69,1	60,5
10018	8.000	78.000	1.818.500	72,2	**57,7** ⇐
10027	6.500	76.700	1.895.200	75,3	58,9
10048	4.000	57.200	1.952.400	77,5	**55,3** ⇐
10010	7.000	52.850	2.005.250	79,6	58,1
10017	4.000	40.800	2.046.050	81,3	59,8
Kernsortiment		**2.046.050**		**81,3**	
Gesamt			2.517.870		

samt 14 Produkte – das sind circa 24 % des Sortiments – gestrichen. Damit geht aber lediglich ein Deckungsbeitrag von 6,1 % verloren, wie ▶ Abb. 6-14 verdeutlicht.

Ergänzt man diese Sortimentsanalysen mit den Parametern

- Kunde,
- Standardmarke,
- Sondermarke,
- Lagerreichweite,
- Lieferservicegrad etc.,

erhält man weitere Hinweise, für welche – **wenigen wichtigen** – Produkte eine spezifische Produktion und Lagerhaltung zu organisieren sind und mit welchem Gesamtsortiment der Markt ergebnisoptimal bedient werden kann.

▼ Abb. 6-13 **Randsortiment (circa 19 % der Deckungsbeiträge)**

Produkt Nummer	**Menge** kg	**Deckungs-beitrag (DB)** EUR	**DB kumuliert** EUR	**DB-Anteil** in Prozent	**DB-Rate** in Prozent
10038	3.000	40.500	40.500	1,6	59,1
10026	3.200	36.480	76.980	3,1	55,5
10009	3.500	32.200	109.180	4,3	63,9
10047	2.000	28.600	137.780	5,5	55,1
10037	2.000	26.000	163.780	6,5	58,7
10008	3.000	24.300	188.080	7,5	57,4
10036	1.600	23.360	211.440	8,4	61,2
10016	2.000	21.000	232.440	9,2	61,2
10035	1.400	19.600	252.040	10,0	58,2
10025	1.600	18.080	270.120	10,7	55,5
10015	1.500	16.650	286.770	11,4	64,3
10007	2.000	16.600	303.370	12,0	59,3
10034	1.200	16.560	319.930	12,7	57,1
10046	1.000	15.600	335.530	13,3	58,5
10006	1.500	13.425	348.955	13,9	61,3
10033	850	12.410	361.365	14,4	59,2
10014	1.000	11.000	372.365	14,8	62,7
10032	650	10.465	382.830	15,2	62,0
10045	650	10.270	393.100	15,6	58,6
10044	600	10.080	403.180	16,0	60,8
10024	800	9.360	412.540	16,4	57,8
10005	900	8.055	420.595	16,7	60,9
10031	450	6.840	427.435	17,0	60,4
10043	350	6.195	433.630	17,2	63,1
10013	500	5.550	439.180	17,4	61,5
10042	300	5.160	444.340	17,6	62,9
10004	600	5.070	449.410	17,8	57,1
10012	400	4.800	454.210	18,0	62,7
10023	400	4.200	458.410	18,2	54,8
10041	200	3.180	461.590	18,3	58,8
10003	300	2.700	464.290	18,4	60,4
10022	200	2.440	466.730	18,5	60,5
10002	200	1.760	468.490	18,6	58,7
10021	100	1.300	469.790	18,7	61,5
10011	100	1.090	470.880	18,7	60,1
10001	100	940	471.820	18,7	60,6
Randsortiment		**471.820**		**18,7**	
Gesamt			2.517.870		

▼ Abb. 6-14 **Kategorie C (Streichkandidaten)**

Produkt Nummer	**Menge** kg	**Deckungs- beitrag (DB)** EUR	**DB kumuliert** EUR	**DB-Anteil** in Prozent	**DB-Rate** in Prozent
10026	3.200	36.480	36.480	1,4	55,5
10047	2.000	28.600	65.080	2,6	55,1
10008	3.000	24.300	89.380	3,5	57,4
10025	1.600	18.080	107.460	4,3	55,5
10034	1.200	16.560	124.020	4,9	57,1
10024	800	9.360	133.380	5,3	57,8
10004	600	5.070	138.450	5,5	57,1
10023	400	4.200	142.650	5,7	54,8
10041	200	3.180	145.830	5,8	58,8
10022	200	2.440	148.270	5,9	60,5
10002	200	1.760	150.030	6,0	58,7
10021	100	1.300	151.330	6,0	61,5
10011	100	1.090	152.420	6,1	60,1
10001	100	940	153.360	6,1	60,6
Kategorie C		**153.360**		**6,1**	
Gesamt			2.517.870		

6.10 Inflationsneutrale Daten

In jeder Planung besteht grundsätzlich das Problem, die Balance zu finden zwischen Kostensteigerungen des »Warenkorbs« aller Kostenarten – Personal, Rohstoffe, Energien, Fremdleistungen etc. – und den Verkaufspreisen, mit denen diese Kosten »angemessen« oder wenn möglich sogar »ergebnisneutral« weitergegeben oder »überwälzt« werden.

Auch dieses Problem gleicht der Quadratur des Kreises. Man kann noch so viel Aufwand in plausible Szenarien stecken, sie sind stets nach kurzer Zeit Makulatur. Man kann lediglich für den Planungshorizont fordern und unterstellen, Kostensteigerungen möglichst unverzüglich in die Verkaufspreise einzurechnen und so zu neutralisieren. Das funktioniert mehr oder weniger.

Bei Planrechnungen führt dies letztlich zur Erkenntnis, alle Zukunftsdaten »tel quel«, also nach dem Grundsatz »zu heutigen Preisen« zu planen.

Dieser inflationsneutrale Ansatz hat neben der Ersparnis von unsinniger Planungs- und Rechenarbeit den weiteren Vorteil, dass die »harten« Daten der Planung, das heißt

- Mengenveränderung,
- Fixkostenveränderung,
- Vermögensveränderung,
- Veränderungen der variablen Kosten (zum Beispiel Rezepturoptimierung),
- Verbesserung der Durchschnittspreise durch besseren Sortenmix,
- gezielte Anhebung bestimmter Einzelpreise,

transparent gemacht werden. Die Folgen solcher Maßnahmen oder Planungen wären durch eine Inflationierung überlagert und damit unkenntlich.

Ähnliches gilt für Wechselkursveränderungen. Wie Preisveränderungen können diese nicht plausibel prognostiziert werden. Auch hier gilt der Grundsatz des Einfrierens auf den Stand des Planungsbeginns.

6.11 Plausibilität und Sensitivität von Daten

6.11.1 Historische Daten

Bei der Abwägung, welches Datenmaterial zur Absicherung einer Entscheidung herangezogen werden soll, stellt sich stets die Frage nach der Relevanz von Ist-Zahlen vergangener Perioden für die Planzahlen zukünftiger Perioden.

Die Qualität von – repräsentativen – Zahlen aus Vorperioden ist unbestritten. Diese Zahlen sind tatsächlich eingetreten und beschreiben ein Profit-Center eindeutig, aber eben nur für die vergangenen Perioden.

Sind diese Daten und Datenstrukturen auch relevant für die Zukunft? Diese Frage kann in der Regel positiv beantwortet werden, zumindest was die Datenstrukturen – Fixkosten, DB-Rate und Kapitalumschlag – anbelangt. Deswegen sollte man eine Planung stets mit Ist-Daten aus Vorperioden verknüpfen, denn Vergangenheitsdaten sind nicht »Schnee von gestern«, sondern die Basis für die Zukunft.

Das folgende **Beispiel** soll die Zusammenhänge verdeutlichen. ▶ Abb. 6-15 zeigt die Ist-Daten der vergangenen 5 Perioden sowie die Plan-Daten der zukünftigen 5 Perioden. Darin zeigt sich, dass es nicht ausreicht, eine Planung ohne Bezug zu den abgelaufenen Geschäftsdaten (Ist –4 bis Ist) aufzusetzen. Nehmen wir konkret die **DB-Rate** (Deckungsbeitrag in Prozent vom Nettoumsatz) und die **Fixkosten** (beide hellgrau unterlegt). Die DB-Rate variiert in dem obigen Beispiel über die Jahre in einem preisbedingt

▼ Abb. 6-15 **Verknüpfung Vergangenheits- und Zukunftsdaten (ursprüngliche Planung)**

in 1.000 EUR	Ist –4	Ist –3	Ist –2	Ist –1	Ist	Plan 1	Plan 2	Plan 3	Plan 4	Plan 5
Menge in Tonnen	**1.772**	**1.772**	**1.948**	**2.248**	**1.736**	**1.900**	**2.090**	**2.300**	**2.530**	**2.780**
Verkaufspreis EUR/kg (VP)	**7,19**	**7,03**	**6,99**	**6,90**	**6,70**	**6,70**	**6,70**	**6,70**	**6,70**	**6,70**
Nettoumsatz (NU)	12.741	12.457	13.617	15.511	11.631	12.730	14.003	15.410	16.951	18.626
Betriebsergebnis (BE)	2.315	2.099	2.507	2.805	342	2.918	3.571	4.298	5.099	5.974
Umsatzrendite (BE in % vom NU)	*18,2*	*16,9*	*18,4*	*18,1*	*2,9*	*22,9*	*25,5*	*27,9*	*30,1*	*32,1*
Break-even (Umsatz)	8.640	8.721	9.169	10.350	10.962	7.446	7.537	7.627	7.718	7.808
Break-even (Menge)	1.202	1.241	1.312	1.500	1.636	1.111	1.125	1.138	1.152	1.165
Fixkosten	**4.879**	**4.900**	**5.168**	**5.625**	**5.612**	**4.112**	**4.162**	**4.212**	**4.262**	**4.312**
▪ *in % vom NU*	*38,3*	*39,3*	*38,0*	*36,3*	*48,2*	*32,3*	*29,7*	*27,3*	*25,1*	*23,2*
Variable Kosten	5.546	5.458	5.941	7.081	5.677	5.700	6.270	6.900	7.590	8.340
▪ *in % vom NU*	*43,5*	*43,8*	*43,6*	*45,7*	*48,8*	*44,8*	*44,8*	*44,8*	*44,8*	*44,8*
▪ **EUR/kg**	**3,13**	**3,08**	**3,05**	**3,15**	**3,27**	**3,00**	**3,00**	**3,00**	**3,00**	**3,00**
Deckungsbeitrag (DB)	7.194	6.999	7.675	8.430	5.954	7.030	7.733	8.510	9.361	10.286
▪ *in % vom NU*	*56,5*	*56,2*	*56,4*	*54,3*	*51,2*	*55,2*	*55,2*	*55,2*	*55,2*	*55,2*
Betriebsnotwendiges Kapital (BNK)	**11.224**	**11.962**	**12.931**	**13.766**	**11.699**	**16.000**	**16.000**	**16.000**	**16.000**	**16.000**
Kapitalrendite (BE in % vom BNK)	*20,6*	*17,6*	*19,4*	*20,4*	*2,9*	*18,2*	*22,3*	*26,9*	*31,9*	*37,3*
Kapitalumschlag (NU/BNK)	1,14	1,04	1,05	1,13	0,99	0,80	0,88	0,96	1,06	1,16

rückläufigen Korridor zwischen 57 und 51 % vom Nettoumsatz in den Vorperioden und liegt in der Planung bei 55 %. Das scheint zu passen.

Weniger plausibel stellt sich dagegen die Entwicklung der Fixkosten dar, die bis vor dem Mengeneinbruch in der letzten Periode knapp unter 40 % gelegen haben und in der Planung – nach einer Rationalisierungsinvestition – drastisch von 32 % auf 23 % gesenkt werden. Hier ist wohl eher der Wunsch der Vater des Gedankens.

▶ Abb. 6-16 zeigt die überarbeitete Planung mit deutlich nach oben korrigierten Fixkosten.

Würde man – im selben Plan-Beispiel – die variablen Stückkosten von 3 EUR/kg auf 2 EUR/kg senken, wäre die Planung wiederum nicht mehr plausibel (▶ Abb. 6-17).

Die systematische Berücksichtigung historischer Daten dient also der Reduzierung von Planungsfehlern.

▼ Abb. 6-16 **Verknüpfung Vergangenheits- und Zukunftsdaten (überarbeitete Planung)**

in 1.000 EUR	Ist –4	Ist –3	Ist –2	Ist –1	Ist	Plan 1	Plan 2	Plan 3	Plan 4	Plan 5
Menge in Tonnen	**1.772**	**1.772**	**1.948**	**2.248**	**1.736**	**1.900**	**2.090**	**2.300**	**2.530**	**2.780**
Verkaufspreis EUR/kg (VP)	**7,19**	**7,03**	**6,99**	**6,90**	**6,70**	**6,70**	**6,70**	**6,70**	**6,70**	**6,70**
Nettoumsatz (NU)	12.741	12.457	13.617	15.511	11.631	12.730	14.003	15.410	16.951	18.626
Betriebsergebnis (BE)	2.315	2.099	2.507	2.805	342	1.918	2.571	3.298	4.099	4.974
Umsatzrendite (BE in % vom NU)	*18,2*	*16,9*	*18,4*	*18,1*	*2,9*	*15,1*	*18,4*	*21,4*	*24,2*	*26,7*
Break-even (Umsatz)	8.640	8.721	9.169	10.350	10.962	9.257	9.347	9.438	9.528	9.619
Break-even (Menge)	1.202	1.241	1.312	1.500	1.636	1.382	1.395	1.409	1.422	1.436
Fixkosten	**4.879**	**4.900**	**5.168**	**5.625**	**5.612**	**5.112**	**5.162**	**5.212**	**5.262**	**5.312**
▪ *in % vom NU*	*38,3*	*39,3*	*38,0*	*36,3*	*48,2*	*40,2*	*36,9*	*33,8*	*31,0*	*28,5*
Variable Kosten	5.546	5.458	5.941	7.081	5.677	5.700	6.270	6.900	7.590	8.340
▪ *in % vom NU*	*43,5*	*43,8*	*43,6*	*45,7*	*48,8*	*44,8*	*44,8*	*44,8*	*44,8*	*44,8*
▪ **EUR/kg**	**3,13**	**3,08**	**3,05**	**3,15**	**3,27**	**3,00**	**3,00**	**3,00**	**3,00**	**3,00**
Deckungsbeitrag (DB)	7.194	6.999	7.675	8.430	5.954	7.030	7.733	8.510	9.361	10.286
▪ *in % vom NU*	*56,5*	*56,2*	*56,4*	*54,3*	*51,2*	*55,2*	*55,2*	*55,2*	*55,2*	*55,2*
Betriebsnotwendiges Kapital (BNK)	**11.224**	**11.962**	**12.931**	**13.766**	**11.699**	**16.000**	**16.000**	**16.000**	**16.000**	**16.000**
Kapitalrendite (BE in % vom BNK)	*20,6*	*17,6*	*19,4*	*20,4*	*2,9*	*12,0*	*16,1*	*20,6*	*25,6*	*31,1*
Kapitalumschlag (NU/BNK)	1,14	1,04	1,05	1,13	0,99	0,80	0,88	0,96	1,06	1,16

▼ Abb. 6-17 **Plausibilität der variablen Kosten**

in 1.000 EUR	Ist –4	Ist –3	Ist –2	Ist –1	Ist	Plan 1	Plan 2	Plan 3	Plan 4	Plan 5
Menge in Tonnen	**1.772**	**1.772**	**1.948**	**2.248**	**1.736**	**1.900**	**2.090**	**2.300**	**2.530**	**2.780**
Verkaufspreis EUR/kg (VP)	**7,19**	**7,03**	**6,99**	**6,90**	**6,70**	**6,70**	**6,70**	**6,70**	**6,70**	**6,70**
Nettoumsatz (NU)	12.741	12.457	13.617	15.511	11.631	12.730	14.003	15.410	16.951	18.626
Betriebsergebnis (BE)	2.315	2.099	2.507	2.805	342	3.818	4.661	5.598	6.629	7.754
Umsatzrendite (BE in % vom NU)	*18,2*	*16,9*	*18,4*	*18,1*	*2,9*	*30,0*	*33,3*	*36,3*	*39,1*	*41,6*
Break-even (Umsatz)	8.640	8.721	9.169	10.350	10.962	7.287	7.359	7.430	7.501	7.572
Break-even (Menge)	1.202	1.241	1.312	1.500	1.636	1.088	1.098	1.109	1.120	1.130
Fixkosten	**4.879**	**4.900**	**5.168**	**5.625**	**5.612**	**5.112**	**5.162**	**5.212**	**5.262**	**5.312**
▪ *in % vom NU*	*38,3*	*39,3*	*38,0*	*36,3*	*48,2*	*40,2*	*36,9*	*33,8*	*31,0*	*28,5*
Variable Kosten	5.546	5.458	5.941	7.081	5.677	3.800	4.180	4.600	5.060	5.560
▪ *in % vom NU*	*43,5*	*43,8*	*43,6*	*45,7*	*48,8*	*29,9*	*29,9*	*29,9*	*29,9*	*29,9*
▪ **EUR/kg**	**3,13**	**3,08**	**3,05**	**3,15**	**3,27**	**2,00**	**2,00**	**2,00**	**2,00**	**2,00**
Deckungsbeitrag (DB)	7.194	6.999	7.675	8.430	5.954	8.930	9.823	10.810	11.891	13.066
▪ *in % vom NU*	*56,5*	*56,2*	*56,4*	*54,3*	*51,2*	*70,1*	*70,1*	*70,1*	*70,1*	*70,1*
Betriebsnotwendiges Kapital (BNK)	**11.224**	**11.962**	**12.931**	**13.766**	**11.699**	**16.000**	**16.000**	**16.000**	**16.000**	**16.000**
Kapitalrendite (BE in % vom BNK)	*20,6*	*17,6*	*19,4*	*20,4*	*2,9*	*23,9*	*29,1*	*35,0*	*41,4*	*48,5*
Kapitalumschlag (NU/BNK)	1,14	1,04	1,05	1,13	0,99	0,80	0,88	0,96	1,06	1,16

6.11.2 Hockey-Stick-Effekt und quantitative Prüfung

Bei allen Daten muss die Frage der Plausibilität gestellt werden. Für Daten der Vergangenheit sind nicht plausible Daten ein Hinweis auf mögliche Buchungsfehler.

Für geplante, prognostizierte Daten stellt sich die Frage von richtig und falsch – im quantitativen Sinn – immer nur nach Ablauf der Perioden, also erst im Nachhinein. Man kann jedoch – aus Erfahrung und dem Verlauf der Vergangenheit – die Plausibilität zukünftiger Daten untersuchen.

Insbesondere bei Investitionsrechnungen oder Szenarien einer Sanierung sind im Rahmen der Planung **Hockey-Stick-Effekte** bekannt. Sie sind typisch für unrealistische Planungsvorgaben (▶ Abb. 6-18).

In diesem Fall haben – nach einer Kapazitätserweiterung im Jahr 4 – die jährlich rollierenden Fünfjahres-Absatzpläne stets einen zu optimistischen Verlauf. Derartige Planungen sind unrealistisch, als solche leicht zu erkennen und sollten sofort korrigiert werden.

▼ Abb. 6-18 **Hockey-Stick-Effekt (Kapazitäts- und Absatzentwicklung)**

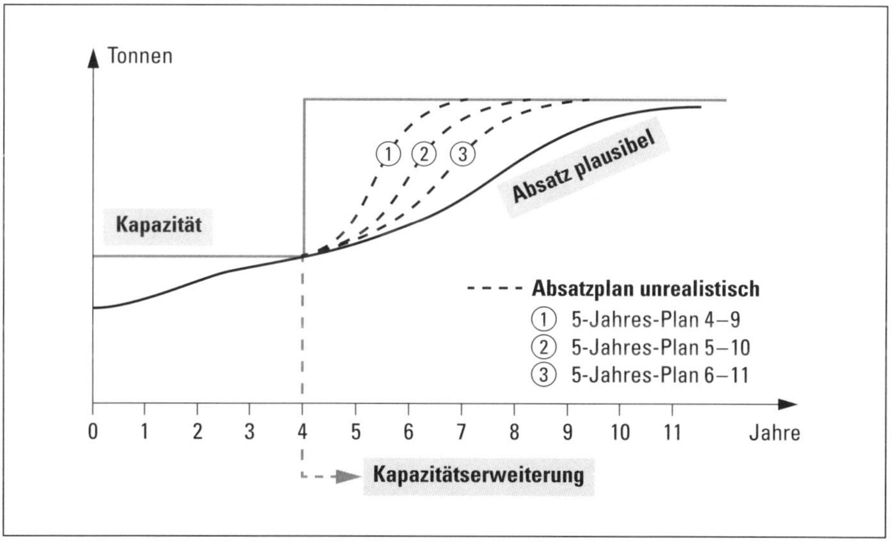

6.11.3 Die qualitative Prüfung

In der Frühphase einer Produkt- und Produktionsplanung ist es oft schwierig abzuschätzen, welche Investitionen ein neues Produkt im Rahmen eines neuen Verfahrens erfordert und welches Preisniveau notwendig sein wird, um eine angemessene Kapitalrendite auf das zu investierende Kapital zu erwirtschaften: sozusagen eine Gleichung mit zwei Unbekannten.

Dennoch lässt sich mit dem Kapitalumschlag sehr plausibel abschätzen, welche Relation zwischen Umsatz und Anlagevermögen in etwa erreicht werden kann.

Beispiel: In einer vorgegebenen Produktlinie wurden in den letzten 5 Perioden die Kenndaten der ▶ Abb. 6-19 realisiert.

Für ein verbessertes Produkt mit einem neuen Verfahren geht man von einem Marktpreis von 12 EUR/kg aus, bei dem zusätzlich 500 Tonnen abgesetzt werden können. Das wäre ein Umsatz von 6 Mio. EUR. Was müsste man dafür investieren? Oder anders ausgedrückt: Was wäre das **angemessene Anlagevermögen?** Man kann davon ausgehen, dass der Kapitalumschlag für eine vergleichbare Technologie sich in ähnlicher Größenordnung bewegen wird. Legt man hier eine Bandbreite von zum Beispiel

▼ Abb. 6-19 **Produktlinie mit Kapitalumschlag von 1 bis 1,25**

in 1.000 EUR	Ist –4	Ist –3	Ist –2	Ist –1	Ist
Menge in Tonnen	**800**	**850**	**900**	**950**	**1.000**
Verkaufspreis EUR/kg (VP)	**10,00**	**10,00**	**10,00**	**10,00**	**10,00**
Nettoumsatz (NU)	8.000	8.500	9.000	9.500	10.000
Bruttobetriebsergebnis (BBE)	1.600	1.850	2.100	2.350	2.600
Umsatzrendite (BBE in % vom NU)	*20,0*	*21,8*	*23,3*	*24,7*	*26,0*
Break-even (Umsatz)	5.714	5.857	6.000	6.143	6.286
Break-even (Menge)	571	586	600	614	629
Fixkosten 1	**4.000**	**4.100**	**4.200**	**4.300**	**4.400**
▪ *in % vom NU*	*50,0*	*48,2*	*46,7*	*45,3*	*44,0*
Variable Kosten	2.400	2.550	2.700	2.850	3.000
▪ *in % vom NU*	*30,0*	*30,0*	*30,0*	*30,0*	*30,0*
▪ **EUR/kg**	**3,00**	**3,00**	**3,00**	**3,00**	**3,00**
Deckungsbeitrag (DB 1)	5.600	5.950	6.300	6.650	7.000
▪ *in % vom NU*	*70,0*	*70,0*	*70,0*	*70,0*	*70,0*
Anlagevermögen (AV)	**8.000**	**8.000**	**8.000**	**8.000**	**8.000**
Bruttorendite (BBE in % vom AV)	*20,0*	*23,1*	*26,3*	*29,4*	*32,5*
Kapitalumschlag (NU/AV)	1,00	1,06	1,13	1,19	1,25

▼ Abb. 6-20 **Das angemessene Anlagevermögen**

in 1.000 EUR	**Variante 1**	**Variante 2**	**Variante 3**	**Variante 4**	**Variante 5**
Menge in Tonnen	**500**	**500**	**500**	**500**	**500**
Verkaufspreis EUR/kg (VP)	**12,00**	**12,00**	**12,00**	**12,00**	**12,00**
Nettoumsatz (NU)	6.000	6.000	6.000	6.000	6.000
Bruttobetriebsergebnis (BBE)	2.000	2.000	2.000	2.000	2.000
Umsatzrendite (BBE in % vom NU)	*33,3*	*33,3*	*33,3*	*33,3*	*33,3*
Break-even (Umsatz)	3.333	3.333	3.333	3.333	3.333
Break-even (Menge)	278	278	278	278	278
Fixkosten 1	**2.500**	**2.500**	**2.500**	**2.500**	**2.500**
■ *in % vom NU*	*41,7*	*41,7*	*41,7*	*41,7*	*41,7*
Variable Kosten	1.500	1.500	1.500	1.500	1.500
■ *in % vom NU*	*25,0*	*25,0*	*25,0*	*25,0*	*25,0*
■ **EUR/kg**	**3,00**	**3,00**	**3,00**	**3,00**	**3,00**
Deckungsbeitrag (DB 1)	4.500	4.500	4.500	4.500	4.500
■ *in % vom NU*	*75,0*	*75,0*	*75,0*	*75,0*	*75,0*
Anlagevermögen (AV)	**4.800**	**4.500**	**4.000**	**3.000**	**2.000**
Bruttorendite (BBE in % vom AV)	*41,7*	*44,4*	*50,0*	*66,7*	*100,0*
Kapitalumschlag (NU/AV)	1,25	1,33	1,50	2,00	3,00

1,25 bis 1,5 an, kommt man auf eine Investition in der Größenordnung von 4 bis 5 Mio. EUR. Dieses Szenario ist in den Varianten 1 bis 3 der ◀ Abb. 6-20 simuliert.

Bei einer Investition von 3 bis 2 Mio. EUR (Varianten 4 und 5) und einem Umsatz von 6 Mio. EUR ergäbe sich ein Plan-Kapitalumschlag von 2 bis 3. Solche technologischen Sprünge sind nicht ausgeschlossen, jedoch sehr **unwahrscheinlich.**

Die Größenordnung einer Investition für eine **gegebene** Geschäftstätigkeit wie umgekehrt das »rentable« Geschäftsvolumen für ein **vorgegebenes** Anlagevermögen lassen sich also sehr plausibel aus dem branchentypischen oder produktspezifischen Kapitalumschlag abschätzen. Plant der Ingenieur eine Anlage mit einem Kapitalumschlag von zum Beispiel 4 statt bisher 1, dann kann etwas nicht stimmen. Entweder ist die Anlage viel zu günstig geschätzt oder Menge und Preis »passen« nicht zum investierten Kapital. Selbst zu einem frühen Zeitpunkt einer Planung gibt der Kapitalumschlag sehr genaue Vorgaben.

Im Rahmen einer Planergebnisrechnung sind eine Reihe von Kostenpositionen über einen längeren Zeitraum – zum Beispiel 5 bis 10 Jahre – abzuschätzen. Solche Schätzungen kann man nur **»top down«** machen, im

▼ Abb. 6-21 **Kosten- und Ertragsstruktur Produktlinie**

in 1.000 EUR	Ist –4	Ist –3	Ist –2	Ist –1	Ist
Menge in Tonnen	**800**	**850**	**900**	**950**	**1.000**
Verkaufspreis EUR/kg (VP)	**10,00**	**10,00**	**10,00**	**10,00**	**10,00**
Nettoumsatz (NU)	8.000	8.500	9.000	9.500	10.000
Bruttobetriebsergebnis (BBE)	800	1.100	1.400	1.700	2.000
Umsatzrendite (BBE in % vom NU)	*10,0*	*12,9*	*15,6*	*17,9*	*20,0*
Break-even (Umsatz)	6.667	6.667	6.667	6.667	6.667
Break-even (Menge)	667	667	667	667	667
Fixkosten 1	**4.000**	**4.000**	**4.000**	**4.000**	**4.000**
▪ *in % vom NU*	*50,0*	*47,1*	*44,4*	*42,1*	*40,0*
Variable Kosten	3.200	3.400	3.600	3.800	4.000
▪ *in % vom NU*	*40,0*	*40,0*	*40,0*	*40,0*	*40,0*
▪ **EUR/kg**	**4,00**	**4,00**	**4,00**	**4,00**	**4,00**
Deckungsbeitrag (DB 1)	4.800	5.100	5.400	5.700	6.000
▪ *in % vom NU*	*60,0*	*60,0*	*60,0*	*60,0*	*60,0*
Anlagevermögen (AV)	**8.000**	**8.000**	**8.000**	**8.000**	**8.000**
Bruttorendite (BBE in % vom AV)	*10,0*	*13,8*	*17,5*	*21,3*	*25,0*
Kapitalumschlag (NU/AV)	1,00	1,06	1,13	1,19	1,25

Fixkostenstruktur	**in 1.000 EUR**		***in % vom NU***		**Schwachstellen**
	Ist –1	**Ist**	**Ist –1**	**Ist**	☐ Menge
▪ Versandkosten	200	200	*2,1*	*2,0*	☐ Fixkosten
▪ Vertriebskosten	900	900	*9,5*	*9,0*	☐ Preis
▪ Fertigungskosten	2.900	2.900	*30,5*	*29,0*	☐ Variable Kosten
Summe	4.000	4.000	*42,1*	*40,0*	☐ Kapitalbindung

Rahmen bereits bekannter und – über ein **Target Costing** – anzustrebender Kostenstrukturen.

Beispiel: Eine Produktlinie habe derzeit die in ◀ Abb. 6-21 dargestellte Kosten- und Ertragsstruktur (Ist).

Die Fertigungskosten sollen durch Verfahrensverbesserungen in den nächsten 5 Jahren auf ein Niveau von 20% vom Umsatz gebracht werden. Dabei soll der Umsatz verdoppelt werden. Die Versand- und Vertriebskosten (zusammen 11% vom NU) will man in der bisherigen Struktur belassen. Eine Planung für die Periode sähe dann wie in ▶ Abb. 6-22 dargestellt aus.

Solch eine Planung ist sicherlich ambitioniert, jedoch plausibel und nachvollziehbar. Das gilt sowohl für die Fixkosten – sie steigen über die fünf Planjahre absolut von 4 Mio. auf 6,2 Mio. EUR und fallen damit von 40 auf 31% vom Umsatz – als auch für das Anlagevermögen, das von

▼ Abb. 6-22 **Top-down-Planung der Fixkosten 1**

in 1.000 EUR	Plan 1	Plan 2	Plan 3	Plan 4	Plan 5
Menge in Tonnen	**1.000**	**1.250**	**1.500**	**1.750**	**2.000**
Verkaufspreis EUR/kg (VP)	**10,00**	**10,00**	**10,00**	**10,00**	**10,00**
Nettoumsatz (NU)	10.000	12.500	15.000	17.500	20.000
Bruttobetriebsergebnis (BBE)	2.000	3.000	4.000	4.800	5.800
Umsatzrendite (BBE in % vom NU)	*20,0*	*24,0*	*26,7*	*27,4*	*29,0*
Break-even (Umsatz)	6.667	7.500	8.333	9.500	10.333
Break-even (Menge)	667	750	833	950	1.033
Fixkosten 1	**4.000**	**4.500**	**5.000**	**5.700**	**6.200**
▪ *in % vom NU*	*40,0*	*36,0*	*33,3*	*32,6*	*31,0*
Variable Kosten	4.000	5.000	6.000	7.000	8.000
▪ *in % vom NU*	*40,0*	*40,0*	*40,0*	*40,0*	*40,0*
▪ **EUR/kg**	**4,00**	**4,00**	**4,00**	**4,00**	**4,00**
Deckungsbeitrag (DB 1)	6.000	7.500	9.000	10.500	12.000
▪ *in % vom NU*	*60,0*	*60,0*	*60,0*	*60,0*	*60,0*
Anlagevermögen (AV)	**8.000**	**9.000**	**10.000**	**11.000**	**12.000**
Bruttorendite (BBE in % vom AV)	*25,0*	*33,3*	*40,0*	*43,6*	*48,3*
Kapitalumschlag (NU/AV)	1,25	1,39	1,50	1,59	1,67

Fixkostenstruktur	**in 1.000 EUR**		*in % vom NU*		**Schwachstellen**
	Plan 4	**Plan 5**	**Plan 4**	**Plan 5**	☐ Menge
▪ Versandkosten	370	400	*2,1*	*2,0*	☐ Fixkosten
▪ Vertriebskosten	1.600	1.800	*9,1*	*9,0*	☐ Preis
▪ Fertigungskosten	3.730	4.000	*21,3*	*20,0*	☐ Variable Kosten
Summe	5.700	6.200	*32,6*	*31,0*	☐ Kapitalbindung

8 Mio. auf 12 Mio. EUR wächst und dennoch den Kapitalumschlag von 1,25 auf 1,67 wegen des deutlich gestiegenen Umsatzes erhöht. Ein Bottom-up-Ansatz über alle Umsatzkostenpositionen wäre viel zu umständlich und ohne besseren Aussagegehalt.

6.11.4 Sensitivität von Daten

Bei Planungen ist es besonders wichtig, den Einfluss der Steuerungsgrößen auf die Rentabilität herauszustellen. Dies gilt für Menge, Verkaufspreis, Fixkosten, variable Stückkosten und Vermögen. In der Praxis hat es sich bewährt, diese Kennzahlen im Rahmen von Planergebnisrechnung und In-

▼ Abb. 6-23 **Sensitivität der Kapitalrendite**

in 1.000 EUR	Ist	Menge	Preis	Fixkosten	variable Kosten	Kapital
Menge in Tonnen	**1.000**	**900**	**1.000**	**1.000**	**1.000**	**1.000**
Verkaufspreis EUR/kg (VP)	**100,00**	**100,00**	**90,00**	**100,00**	**100,00**	**100,00**
Nettoumsatz (NU)	100.000	90.000	90.000	100.000	100.000	100.000
Betriebsergebnis (BE)	10.000	4.000	0	5.000	6.000	10.000
Umsatzrendite (BE in % vom NU)	*10,0*	*4,4*	*0,0*	*5,0*	*6,0*	*10,0*
Break-even (Umsatz)	83.333	83.333	90.000	91.667	89.286	83.333
Break-even (Menge)	833	833	1.000	917	893	833
Fixkosten (bis BE)	**50.000**	**50.000**	**50.000**	**55.000**	**50.000**	**50.000**
▪ *in % vom NU*	*50,0*	*55,6*	*55,6*	*55,0*	*50,0*	*50,0*
Variable Kosten	40.000	36.000	40.000	40.000	44.000	40.000
▪ *in % vom NU*	*40,0*	*40,0*	*44,4*	*40,0*	*44,0*	*40,0*
▪ **EUR/kg**	**40,00**	**40,00**	**40,00**	**40,00**	**44,00**	**40,00**
Deckungsbeitrag (DB 1)	60.000	54.000	50.000	60.000	56.000	60.000
▪ *in % vom NU*	*60,0*	*60,0*	*55,6*	*60,0*	*56,0*	*60,0*
Betriebsnotwendiges Kapital (BNK)	**80.000**	**80.000**	**80.000**	**80.000**	**80.000**	**88.000**
Kapitalrendite (BE in % vom BNK)	*12,5*	*5,0*	*0,0*	*6,3*	*7,5*	*11,4*
Kapitalumschlag (NU/BNK)	1,25	1,13	1,13	1,25	1,25	1,14

vestitionsrechnung in einer Sensitivitätsbetrachtung zum Beispiel um 10 % ungünstiger als in der Basisplanung anzusetzen (◀ Abb. 6-23).

Damit erkennt man sofort, welcher Parameter eine Rendite in welchem Ausmaß »zum Kippen« bringt. Im Beispiel hat der Verkaufspreis die höchste Sensitivität (die Kapitalrendite sinkt von 12,5 auf 0 %), die Menge die zweithöchste (bei 10 % geringerer Menge sinkt die Kapitalrendite von 12,5 auf 5 %).

Neben dieser Standard-Vorgabe von Δ = 10 % ist es sinnvoll, bei besonders risikobehafteten Projekten – zum Beispiel in stark kritischen Märkten – auch **»worst case«-Szenarien** zu rechnen, bis hin zur Kalkulation eines Totalverlusts einer Investition. Nur durch solche Rechnungen ist es möglich, das unternehmerische Risiko begreifbar zu machen.

6.12 »Falsche« Daten

Es gibt eine ganze Fülle von Daten und Kennziffern, die man als »unsinnig« bezeichnen muss. Dennoch »zieren« sie – fast unwidersprochen – zahlreiche Statistiken und betriebswirtschaftliche Auswertungen. Beispiele finden sich in den nächsten Unterabschnitten.

6.12.1 Gewinnveränderung in Prozent

Jeder kennt diese Aussage: »Die Gesellschaft A konnte den Umsatz im letzten Geschäftsjahr um 8 Prozent steigern. Der Gewinn vor Steuern fiel mit plus 16 Prozent sogar doppelt so hoch aus. Der Vorstand sah sich in seiner Strategie der Renditesteigerung bestätigt.«

Bei genauer Betrachtung kommt – je nach absoluten Zahlen – eine völlig andere Wertung zustande. Hierzu ein einfaches **Beispiel** mit folgenden Ausgangsdaten:

	Fall 1	Fall 2
Umsatz Vorperiode	800 Mio. EUR	800 Mio. EUR
Umsatz aktuelle Periode	864 Mio. EUR	864 Mio. EUR
Veränderung	+8%	+8%

	Fall 1	Fall 2
Gewinn Vorperiode	100 Mio. EUR	1,00 Mio. EUR
Gewinn aktuelle Periode	116 Mio. EUR	1,16 Mio. EUR
Veränderung	+16%	+16%

Im **Fall 1** sei weiterhin angenommen, dass die Gesellschaft bei einer Deckungsbeitragsrate von unverändert 50% in der Vorperiode 300 Mio. EUR Fixkosten und in der aktuellen Periode 316 Mio. EUR, also 16 Mio. EUR mehr, hatte. Von den zusätzlichen Deckungsbeiträgen von 32 Mio. EUR wurde die Hälfte – also 16 Mio. EUR – für zusätzliche Fixkosten »aufgefressen«: eine *mittelmäßige* Leistung!

Fall 1 (bei 50% DB-Rate)	Vorperiode	Aktuelle Periode
Umsatz	800 Mio. EUR	864 Mio. EUR
Deckungsbeitrag	400 Mio. EUR	432 Mio. EUR
Fixkosten	300 Mio. EUR	316 Mio. EUR
Gewinn	100 Mio. EUR	116 Mio. EUR

Veränderung Deckungsbeitrag	+ 32 Mio. EUR
Veränderung Fixkosten	+ 16 Mio. EUR
Veränderung Gewinn	+ 16 Mio. EUR

Im **Fall 2** wird es noch schlimmer. Dort steigen – bei ebenfalls 32 Mio. EUR höheren Deckungsbeiträgen – die Fixkosten von 399 Mio. EUR auf 430,84 Mio. EUR, also ebenfalls um fast 32 Mio. EUR: eine *inakzeptable* Leistung!

Fall 2 (bei 50 % DB-Rate)	Vorperiode	Aktuelle Periode
Umsatz	800 Mio. EUR	864 Mio. EUR
Deckungsbeitrag	400 Mio. EUR	432 Mio. EUR
Fixkosten	399 Mio. EUR	430,84 Mio. EUR
Gewinn	1 Mio. EUR	1,16 Mio. EUR
Veränderung Deckungsbeitrag		+ 32 Mio. EUR
Veränderung Fixkosten		+ 31,84 Mio. EUR
Veränderung Gewinn		+ 0,16 Mio. EUR

Da der Gewinn bekanntlich auch von negativ auf positiv – und umgekehrt – springen kann, sind prozentuale Angaben zu Veränderungen grundsätzlich »unsinnig«, ähnlich wie eine Temperaturerhöhung um 17,6 % statt von 17 auf 20 Grad Celsius, also um 3 Grad. In der Praxis der Berichterstattung sind solche Aussagen jedoch die Regel.

Die Prozentveränderung von Ergebnisgrößen ist kein sinnvolles Maß. In den folgenden Beispielen ändert sich das absolute Ergebnis immer nur um 2 GE, dennoch ergibt sich stets eine andere Prozentveränderung für dieselbe unternehmerische Leistung. Dass jede Prozentveränderung von null auf größer oder kleiner als null stets unendlich groß ist, belegt besonders einleuchtend den Unsinn prozentualer Gewinnveränderungen.

Beispiel (in GE)	1	2	3	4	5	6
Ergebnis Vorperiode	102	8	3	1	0	−100
Ergebnis aktuelle Periode	100	6	1	−1	−2	−102
Veränderung in Prozent	−1,69	−25	−66,7	−200	−∞	−2
Veränderung absolut	−2	−2	−2	−2	−2	−2

Dennoch: In *jedem* Geschäftsbericht und in *jedem* Wirtschaftskommentar wird die Umsatzveränderung in Prozent ausgewiesen und direkt mit der Ergebnisveränderung in Prozent in einem Atemzug kommentiert.

6.12.2 Fixe Stückkosten und absolute variable Kosten

Der Begriff der Lohnstückkosten ist besonders populär, insbesondere als tarifpolitisches Argument. Derartige Kenngrößen – in der betriebswirtschaftlichen Praxis sind das etwa »Fertigungskosten pro Menge« oder »Herstellkosten pro Menge« – sind ohne explizite Angabe einer Menge, Beschäftigung oder Auslastung nicht definiert oder vieldeutig.

Fixkosten sollte man nur in absoluten Größen oder in Prozent vom Umsatz definieren. Unter der Information, dass die Vertriebskosten 5,3 Mio. EUR und damit 10 % vom Nettoumsatz betragen – bei einem Nettoumsatz von 53 Mio. EUR –, kann man sich konkret etwas vorstellen, nicht dagegen mit Vertriebskosten von 5,30 EUR/kg. Bei variablen Kosten hingegen ist der absolute Wert allein ohne Aussage. Die Verdopplung der absoluten Rohstoffkosten ist völlig undramatisch, wenn sich gleichzeitig die Menge verdoppelt hat. Hier sind die Stückkosten die richtige »Währung« oder aber die variablen Kosten in Prozent vom Umsatz. Fixe Stückkosten sind nur die Spitze eines Eisbergs aus unsinnigen oder desinformativen Daten, die bei Auswertungen »produziert« werden. Dies gilt insbesondere für Abweichungsinformationen. In ▶ Abb. 6-24 sind die unsinnigen Δ-Werte hellgrau, die wichtigen, also »sprechenden« Informationen hingegen dunkelgrau gekennzeichnet.

Die Zeile **Fixkosten/kg** ist als **abschreckendes Beispiel** ausnahmsweise an dieser Stelle in das Cockpit eingefügt worden, hat dort aber nichts zu suchen.

Der Rückgang der **fixen** Stückkosten um 2,8 % ist ebenso nichtssagend wie die Erhöhung der absoluten variablen Kosten um 9,1 %. Wichtig dagegen ist die Aussage, dass die Fixkosten um 0,4 Prozentpunkte vom Umsatz rückläufig waren. Dagegen erhöhten sich die variablen Stückkosten um 3,7 %. Da gleichzeitig der Verkaufspreis um 2 % zurück ging, sank die DB-Rate um 1,7 Prozentpunkte und damit die Kapitalrendite um 1,45 Prozentpunkte.

Besonders problematisch ist der Umgang mit einer der bekanntesten betriebswirtschaftlichen Größen, den **Herstellkosten.** Bei dieser »Kenngröße« ist weder der absolute Wert noch der Stückwert (Wert/Menge) aussagefähig. Herstellkosten sind die Summe aus Rohstoffkosten – also eindeutig variablen Kosten – und Fertigungskosten – also weitgehend fixen Kosten. Herstellkosten in der Industrie sind – aus Sicht des Controllings – stets zu ersetzen durch Rohstoffkosten, variable Fertigungskosten (zum Beispiel variable Energiekosten) und fixe Fertigungskosten.

▼ Abb. 6-24 **Wichtige und unsinnige Abweichungsgrößen**

in 1.000 EUR	Periode 1	Periode 2	Δ absolut	Δ Prozent	Δ %-Punkte
Menge in Tonnen	**950**	**1.000**	**50**	5,26	o. A.
Verkaufspreis EUR/kg (VP)	**10,00**	**9,80**	**–0,20**	–2,00	o. A.
Nettoumsatz (NU)	9.500	9.800	300	3,16	o. A.
Operatives Ergebnis (OE)	2.350	2.290	–60	–2,55	o. A.
Umsatzrendite (OE in % vom NU)	*24,74*	*23,37*	o. A.	o. A.	*–1,37*
Break-even (Umsatz)	6.143	6.445	303	4,93	o. A.
Break-even (Menge)	614	658	43	7,07	o. A.
Fixkosten	**4.300**	**4.400**	100	2,33	o. A.
▪ *in % vom NU*	*45,26*	*44,90*	o. A.	o. A.	*–0,40*
▪ **EUR/kg**	*4,53*	*4,40*	–0,13	**–2,79**	o. A.
Variable Kosten	2.850	3.110	260	**9,12**	o. A.
▪ *in % vom NU*	*30,00*	*31,73*	o. A.	o. A.	*1,73*
▪ **EUR/kg**	**3,00**	**3,11**	0,11	3,67	o. A.
Deckungsbeitrag (DB 1)	6.650	6.690	40	0,60	o. A.
▪ *in % vom NU*	*70,00*	*68,27*	o. A.	o. A.	*–1,73*
Betriebsnotwendiges Kapital (BNK)	**8.000**	**8.200**	200	2,50	o. A.
Kapitalrendite (OE in % vom BNK)	*29,38*	*27,93*	o. A.	o. A.	*–1,45*
Kapitalumschlag (NU/BNK)	1,19	1,20	0,01	o. A.	o. A.
	wichtig	unsinnig	o. A.: ohne Aussage		

Kapitel 7
Sonderthemen

7.1 Vorbemerkungen

Wie wir bereits im Vorwort betont haben, orientiert sich der Aufbau des Buchs an der Arbeit des Controllers und damit an konkreten praktischen Problemen und Herausforderungen. Insofern standen bislang eher Regeln und Prinzipien des Controllings im Vordergrund, die unabhängig von aktuellen Entwicklungen gelten und damit in gewisser Weise zeitlos sind. Im vorliegenden Kapitel 7 wollen wir dagegen den Leser für einige Trends und Konzepte sensibilisieren, die zumindest zum Teil – vielleicht mit Ausnahme der Themen Konzernkostenrechnung und Benchmarking – als Antwort auf bestimmte, im letzten Jahrzehnt aktuell gewordene Herausforderungen an die Unternehmensführung verstanden werden können und die damit auch eher von Beratungsgesellschaften forcierte Themen sind.

So ist die im nächsten Abschnitt beschriebene **Wertorientierung** am Beispiel des Economic Value Added letztlich eine Reaktion auf die Veränderungen der Kapitalmärkte und des Investorenverhaltens des letzten Jahrzehnts. Vor dem Hintergrund einer zunehmenden Globalisierung der Kapitalmärkte und der von Unternehmen in Zeiten des Börsenbooms bevorzugten Verwendung eigener Aktien als Akquisitionswährung hatte sich der Druck des Kapitalmarkts auf börsennotierte Gesellschaften massiv verstärkt. Zur primären Zielsetzung wurde die Orientierung am Shareholder Value. Damit korrespondierend musste der Kapitalmarkt mit entsprechenden »Wertkennzahlen« wie Economic Value Added oder Cash Value Added versorgt werden. Das Thema **Risikocontrolling** ist nicht zuletzt aufgrund spektakulärer Unternehmenszusammenbrüche (zum Beispiel Philipp Holzmann AG) und sich daraus ergebender Regulierungen (Gesetz zur Kontrolle und Transparenz im Unternehmensbereich in Deutschland, kurz KonTraG) motiviert. Die **Balanced Scorecard** wiederum kann als Reaktion auf das von der Beratungsindustrie erkannte Problem vieler Großunternehmen verstanden werden, die Lücke zwischen abstrakter Vision und Strategie einerseits und operativer Ebene andererseits zu schließen. Die weiterhin behandelten Entwicklungen der **Lebenszyklus-, Ziel- und Prozesskostenrechnung** reagieren auf sich verkürzende Produktlebenszyklen bei gleichzeitig immer höherer Investitionssumme, auf die große Bedeutung der Gestaltungsphase eines Produkts im Rahmen der Kostenentwicklung sowie auf die Fokussierung des kostenstellenübergreifenden Wertschöpfungsprozesses als Wettbewerbsvorteil.

Alle genannten Entwicklungen können aus Platzgründen nur knapp behandelt werden. Auf weitere Trends, wie die interne Kundenorientierung des Controllings und den Wandel des Controllerberufs hin zum Management Consultant, konnte gar nicht eingegangen werden. In allen genannten Fällen sei der Leser auf die im Literaturverzeichnis angegebene weiterführende Literatur hingewiesen.

Ohnehin erscheint es wahrscheinlich, dass bereits in der nahen Zukunft weitere oder andere Trends im Vordergrund stehen könnten. Dies hat damit zu tun, dass die vorgestellten Themen stets Spiegelbild aktueller Herausforderungen an das Management waren und sind. In dem Maße, wie der Börsenkurs eines Unternehmens als Akquisitionswährung in Zeiten einer Baisse an Attraktion einbüßt, dürfte auch der Shareholder-Value-Gedanke an Aufmerksamkeit verlieren. Andere Engpässe, wie etwa der derzeit bei hochverschuldeten Unternehmen zu beobachtende Schuldenabbau und die damit verbundene Rückgewinnung von Handlungsspielräumen, könnten in den Vordergrund rücken und »neue« Controllinganforderungen auslösen.

7.2 Die Kennzahl EVA®

Als mögliche Instrumente für die Ermittlung des Wertbeitrags in einer abgelaufenen Periode werden im deutschsprachigen Raum in den letzten Jahren vor allem zwei Konzepte diskutiert: der Cash Value Added (CVA), der auf die *Boston Consulting Group* zurückgeht, sowie der von *Stern Stewart*

& Co. propagierte Economic Value Added (EVA®). Letzterer stellt im Kern einen **Über- oder Residualgewinn** dar, der sich dadurch auszeichnet, dass von einem rechnungswesenbasierten Gewinn vor Zinsen (zum Beispiel EBIT abzüglich Steuern) **kalkulatorische** Zinsen auf das in der betrachteten Periode gebundene Kapital abgezogen werden. Für die Berechnung von Residualgewinnen wird also nicht von Cash Flows, sondern von **periodisierten Größen** (Aufwendungen und Erträgen) ausgegangen, die aus Jahresabschlüssen abgeleitet werden und damit grundsätzlich unabhängig vom tatsächlichen Zahlungszeitpunkt sind. Die Berechnung des CVA erfolgt im Unterschied zu derjenigen des EVA auf Cash-Flow-Basis und unter Verwendung des ursprünglich eingesetzten und auf den Betrachtungszeitpunkt inflationierten Kapitals. Zusätzlich wird beim CVA häufig eine »ökonomische« Abschreibung angesetzt, bei der am Ende der geplanten Nutzungsdauer das ursprünglich investierte Kapital wieder zur Verfügung steht. Im Folgenden steht die Beschreibung des EVA im Vordergrund. Die grundlegende Formel lautet:

$$EVA_t = NOPAT_t - k \cdot K_{t-1}$$

Hierbei stehen EVA_t für den Economic Value Added der betrachteten Periode t, $NOPAT_t$ für den entsprechenden Net Operating Profit After Taxes, k für den kalkulatorischen Kapitalkostensatz und K_{t-1} für das zu Periodenbeginn gebundene betriebsnotwendige Kapital, das für die Erwirtschaftung des $NOPAT_t$ eingesetzt wurde (Net Assets). Alternativ kann man auch schreiben:

$$EVA_t = (ROIC_t - k) \cdot K_{t-1}$$

wobei $ROIC_t$ den Return on Invested Capital bezeichnet, der als Verhältnis zwischen erzieltem $NOPAT_t$ und eingesetztem Kapital K_{t-1} definiert ist:

$$ROIC_t = \frac{NOPAT_t}{K_{t-1}}$$

Da sowohl $NOPAT_t$ also auch K_{t-1} aus dem externen Rechnungswesen abgeleitet werden, handelt es sich beim $ROIC_t$ um eine **bilanzielle Renditekennzahl.** Konzeptionell entspricht der ROIC auf Profit-Center-Ebene der in unserem Controlling-Cockpit stets verwendeten **Bruttorendite.**

Die **Ermittlung des $NOPAT_t$** basiert auf dem in der Gewinn- und Verlustrechnung (Erfolgsrechnung) ausgewiesenen Betriebsgewinn. Allerdings wird dieser Gewinn nicht einfach unbesehen übernommen, sondern durch eine Reihe von Anpassungen (**Accounting Adjustments** oder **Conversions**) verändert. Im Einzelnen wird der Gewinn insbesondere um die erfolgswirksame Berücksichtigung sogenannter Eigenkapitaläquivalente korrigiert. Stern Stewart & Co. listen mehrere hundert Korrekturen auf, um »Verfälschungen« des Gewinns durch Rechnungslegungsvorschriften und Bilanzpolitik zu beseitigen. In der Praxis beschränken sich Unternehmen aber auf einige wenige Positionen, um die wesentlichen Korrekturen zu erfassen. Dazu gehören vor allem die Aktivierung und Abschreibung von F&E-Aufwendungen sowie die Elimination von Goodwill-Amortisationen. Insgesamt gibt es aber keinen allgemein akzeptierten Kanon an Anpassungen. Hierfür verantwortlich sind die unterschiedlichen Ausgangsbedingungen der Unternehmen sowie die verschiedenen jeweils ins Auge gefassten Zwecke. So aktivieren zum Beispiel Automobilproduzenten häufig nicht nur den F&E-Aufwand, sondern auch die Einführungswerbung sowie die Auslaufkosten ihrer Modelle. Diese werden dann zur EVA-Berechnung planmäßig über die voraussichtliche Modelllaufzeit abgeschrieben.

Nach der Vornahme der Adjustments sind die Steuern vom Betriebsgewinn abzuziehen. Im einfachsten Fall kann dies die Anwendung eines pauschalisierten Steuersatzes bedeuten. Der korrigierte Betriebsgewinn abzüglich der adjustierten Steuern ($NOPAT_t$) weist somit ausschließlich solche Gewinne aus, die auf die betriebliche Tätigkeit zurückzuführen sind. Darüber hinaus ist der $NOPAT_t$ frei von Finanzierungseinflüssen, da Zinsaufwendungen noch nicht vom Betriebsgewinn subtrahiert sind. Erträge aus Finanzanlagen sind – eventuell mit Ausnahme von Beteiligungserträgen – ebenfalls nicht im $NOPAT_t$ enthalten.

$NOPAT_t$ abzüglich der Kapitalkosten der betrachteten Periode t schließlich ergibt den EVA_t. Die Berücksichtigung kalkulatorischer Zinsen bringt die grundlegende Idee aller wertorientierten Konzepte zum Ausdruck, dass »Gewinn« für die Aktionäre erst dann geschaffen wird, wenn das eingesetzte, betriebsnotwendige Kapital mehr als die Alternativrendite und damit die Kapitalkosten erwirtschaftet. Dies entspricht der von uns im Abschnitt 1.1 »Das finanzmathematische Erklärungsmodell« eingeführten finanziellen Zielfunktion eines Unternehmens. Bei der **Ermittlung des Kapitals** K_{t-1} werden die entsprechenden Bilanzbuchwerte um die bereits angesprochenen Accounting Adjustments (Conversions) korrigiert. Wichtig ist, dass nur das Kapital berücksichtigt wird, das mit dem entsprechenden $NOPAT_t$ korrespondiert. Weiterhin wird das Kapital subtrahiert **(Abzugskapital),** das dem Unternehmen (beziehungsweise der betrachteten Einheit) zinslos zur Verfügung steht. Darunter fallen vor allem Verbindlichkeiten aus Lieferungen und Leistungen, erhaltene Anzahlungen sowie große Teile der kurzfristigen Rückstellungen.

Das dann verbleibende investierte Kapital K_{t-1} wird mit dem Kapitalkostensatz k multipliziert. Als Kalkulationszinssatz wird in Literatur und Praxis meist der **Weighted Average Cost of Capital (WACC)** genannt. Diese Größe bezeichnet den mit den relativen Marktwerten des Eigen- und Fremdkapitals gewichteten Kapitalkostensatz des Unternehmens:

$$k = WACC = r_{EK} \cdot \frac{EK}{GK} + r_{FK} \cdot (1 - s) \cdot \frac{FK}{GK}$$

Hierbei bezeichnen EK (FK) den Marktwert des Eigenkapitals (des Fremdkapitals), GK den Marktwert des Gesamtkapitals, r_{EK} (r_{FK}) den Eigenkapitalkostensatz (den Fremdkapitalkostensatz) und s den Steuersatz. Der Eigenkapitalkostensatz entspricht der (erwarteten) risikoadjustierten Renditeforderung der Eigenkapitalgeber, der Fremdkapitalkostensatz den (erwarteten) durchschnittlichen Fremdkapitalkosten bei gegebener Finanzierungsstruktur.

Neben der Bestimmung der Marktwerte des Eigen- und Fremdkapitals – alternativ kann auch von einer Ziel-Kapitalstruktur ausgegangen werden – ist vor allem die Ermittlung der risikoadjustierten Renditeforderung der Eigenkapitalgeber problematisch. In der Literatur wird häufig die Anwendung des **Capital Asset Pricing Model** (CAPM) als Lösungsansatz vorgeschlagen. Danach geht man von der Verzinsung einer sicheren Kapitalanlage aus und korrigiert diese um das systematische Risiko, das der Realinvestition anhaftet: Zum risikofreien Zinssatz i_f wird ein Risikozuschlag addiert, der sich als Faktor aus Risikoprämie pro Risikoeinheit (gemessen als Differenz zwischen erwarteter Marktrendite i_M und risikolosem Zinssatz i_f) und dem investitionsindividuellen Risikomaß β ergibt:

$$r_{EK} = i_f + (i_M - i_f) \cdot \beta$$

Der Beta-Faktor als Ausdruck für das systematische Risiko misst die Empfindlichkeit der Rendite des zu betrachtenden Wertobjekts (Unternehmen) gegenüber allgemeinen Marktschwankungen. Er kann empirisch über eine Regressionsanalyse geschätzt werden, während der risikolose Zinssatz sowie die erwartete Marktrendite unmittelbar durch Marktgrößen (zum Beispiel die Performance von Aktienindices) operationalisiert werden können.

Ziel der wertorientierten Unternehmenssteuerung ist es nun, jene Strategien und Bereiche zu fördern oder auszuwählen, die den Shareholder Value erhöhen, also Projekte durchzuführen, die einen positiven »Wertbeitrag«

aufweisen. Ein Maß für die Veränderung des Unternehmenswerts im Betrachtungszeitpunkt t = 0 aufgrund der Durchführung einer Investition ist der bereits aus Abschnitt 5.1.3 »Klassische Kapitalwertmethode« bekannte Kapitalwert oder Net Present Value (NPV_0). Dieser kann nicht nur auf Basis zukünftiger Cash Flows ermittelt werden, sondern auch durch die Diskontierung der aus dem Projekt mit der Nutzungsdauer T in den Perioden t = 1, 2, …, T erwarteten EVA_t-Beträge mit dem Kapitalkostensatz k:

$$NPV_0 = \sum_{t=1}^{T} \frac{EVA_t}{(1+k)^t}$$

7.3 Risikocontrolling

Unternehmerisches Handeln ist stets mit Risiken verbunden. Wertorientiertes Controlling heißt daher immer auch **Risikocontrolling,** das vollständig in den bereits vorhandenen unternehmerischen **Planungs-, Informations- und Kontrollprozess** eingebettet sein sollte. Das Controlling ist als Drehscheibe dieser Prozesse entsprechend gefordert.

Dies bedeutet zum Beispiel, dass in der operativen Planung neben den originären Größen wie Absatz- und Umsatzzahlen, Produktionsdaten und Kostenbudgets, Erfolgs-, Investitions- und Finanzzahlen die damit einhergehenden Risiken (einschließlich der Chancen) einheitlich erfasst und berücksichtigt werden. Entsprechendes muss für die strategische Planung gelten. ▶ Abb. 7-1 zeigt wichtige Schritte des Risikomanagements sowie die jeweiligen **Controllingaufgaben.**

In keinem Fall darf Controlling nur als Kontrolle im engeren Sinn verstanden werden. Vielmehr muss es gelingen, für eine offene Kommunikation innerhalb der Risikoberichterstattung zu sorgen, weil gerade schlechte Nachrichten in vielen Organisationen nur ungern weitergegeben werden. Darüber hinaus muss der Prozess des Risikomanagements und der Risikoberichterstattung regelmäßig überprüft und von Seiten des Controllings begleitet werden.

Nicht zuletzt müssen auch die gesetzlichen Vorschriften zum Risikomanagement beachtet werden. So schreibt der deutsche Gesetzgeber in § 91 Abs. 2 AktG seit Inkrafttreten des **Gesetzes zur Kontrolle und Transparenz im Unternehmensbereich** (KonTraG) dem Vorstand einer Aktiengesellschaft

▼ Abb. 7-1 **Controllingaufgaben im Prozess des Risikomanagements und der Risikoberichterstattung**

Schritte des Risikomanagements		Controllingaufgaben
Schritt 1:	**Festlegung der Risikostrategie durch die Geschäftsleitung**	■ Bereitstellung von Hintergrundwissen über potenzielle Risiken ■ Weitere Unterstützung bei der Strategiefindung
Schritt 2:	**Identifikation risikobehafteter Bereiche, Prozesse und Geschäfte**	■ Bündelung des im Unternehmen vorhandenen Wissens bezüglich potenzieller Risiken ■ Moderation von Risiko-Gesprächskreisen und Workshops
Schritt 3:	**Bewertung der identifizierten Risiken**	■ Bereitstellung von Methoden- und Faktenwissen ■ Anwendung von Bewertungsmodellen (z.B. Value at Risk) ■ Durchführung von Szenario- und Sensitivitätsanalysen
Schritt 4:	**Risikoberichterstattung**	■ Übersichtliche und strukturierte Dokumentation der identifizierten und bewerteten Risiken aller organisatorischen Einheiten und Projekte ■ Kommunikation der Risiken
Schritt 5:	**Risikosteuerung und Risikoüberwachung**	■ Unterstützung bei der Reduzierung von Risikopositionen bzw. beim bewussten Eingehen von Risiken ■ Analyse wichtiger Abweichungen und Vorschlag von Korrekturmaßnahmen

explizit vor, »geeignete Maßnahmen zu treffen, insbesondere ein Überwachungssystem einzurichten, damit den Fortbestand der Gesellschaft gefährdende Entwicklungen früh erkannt werden«. Darüber hinaus wurden die Anforderungen an die Abschlussprüfung dahingehend verschärft, dass die Risikoberichterstattung im Lagebericht sowie das Risikomanagementsystem (nur bei amtlich börsennotierten Gesellschaften) zu prüfen sind.

Besonders bei den Kreditinstituten sind Konzepte zur Früherkennung von Krisen und Schieflagen bei den von ihnen betreuten Unternehmen entwickelt worden. Dabei treten die traditionellen quantitativen Instrumente auf Basis der Jahresabschlusswerte hinter qualitative Indikatoren der Krisenfrüherkennung zurück.

Die Krise beginnt bereits bei führungsbezogenen Symptomen wie
- Führungs- und Entscheidungsschwäche,
- Informationsscheu,
- unklare Nachfolgen etc.,

und setzt sich in unternehmensbezogenen Symptomen fort:
- unklare Kompetenzen,
- ineffiziente oder fehlende Controllingsysteme,
- unübersichtliche Beteiligungsstruktur etc.

Gleichzeitig häufen sich im operativen Geschäft Symptome wie
- komplexe und unstetige Produktpolitik,
- schlechte Kundenstruktur,
- schlechter Lieferservice,
- geringe Kundenorientierung,
- hoher Ausschuss,
- häufige Reklamationen etc.

Unter diesen Bedingungen kommt es fast zwangsläufig zu Maßnahmen wie
- schlechte Zahlungsmoral,
- manipulative Bilanzierung,
- Verletzungen goldener Finanzierungsregeln etc.

Die Erkenntnisse über derartige Performance-Symptome bestätigen jedoch in der Regel die Schwachstellen, die ein renditeorientiertes Controlling mit entsprechendem »Werkzeugkasten« aus den Geschäftsdaten und Planungssystemen gewonnen hat.

7.4 Balanced Scorecard (BSC)

Renditeorientierte Unternehmensführung setzt voraus, dass werterhöhende Strategien ausgewählt und dann auch umgesetzt werden. Konzepte der strategischen Unternehmenssteuerung, welche primär auf Finanzkennzahlen ausgerichtet sind, sehen sich jedoch in der Unternehmenspraxis vermehrt einer nicht geringen Skepsis ausgesetzt. Oft geäußerte Kritikpunkte sind dabei, dass nichtmonetäre Erfolgspotenziale schlicht ausgeblendet werden und kritische Führungsengpässe sich erst dann in monetären Größen niederschlagen, wenn es für Korrekturmaßnahmen in aller Regel schon zu spät ist. Seit geraumer Zeit wird von *Kaplan* und *Norton* mit der Balanced Scorecard (BSC) ein strategisches Planungsinstrument propagiert, welches dazu gedacht ist, diesen Kritikpunkten durch ein ausbalanciertes System qualitativer und quantitativer, subjektiver und objektiver sowie strategischer und operativer Indikatoren entgegenzuwirken. Die **Kernidee der BSC** besteht darin, den Wertschöpfungsprozess eines Unternehmens über ein Modell hypothetischer Ursache-Wirkungs-Zusammenhänge abzubilden, aus dem dann »handfeste« Ziele, Aktionen und Kennzahlen entwickelt werden. Die »abstrakte« Vision und Strategie eines Unternehmens soll auf diese Weise an das operative Tagesgeschäft angebunden werden.

▼ Abb. 7-2 **Grundaufbau der Balanced Scorecard nach Kaplan/Norton (1996)**

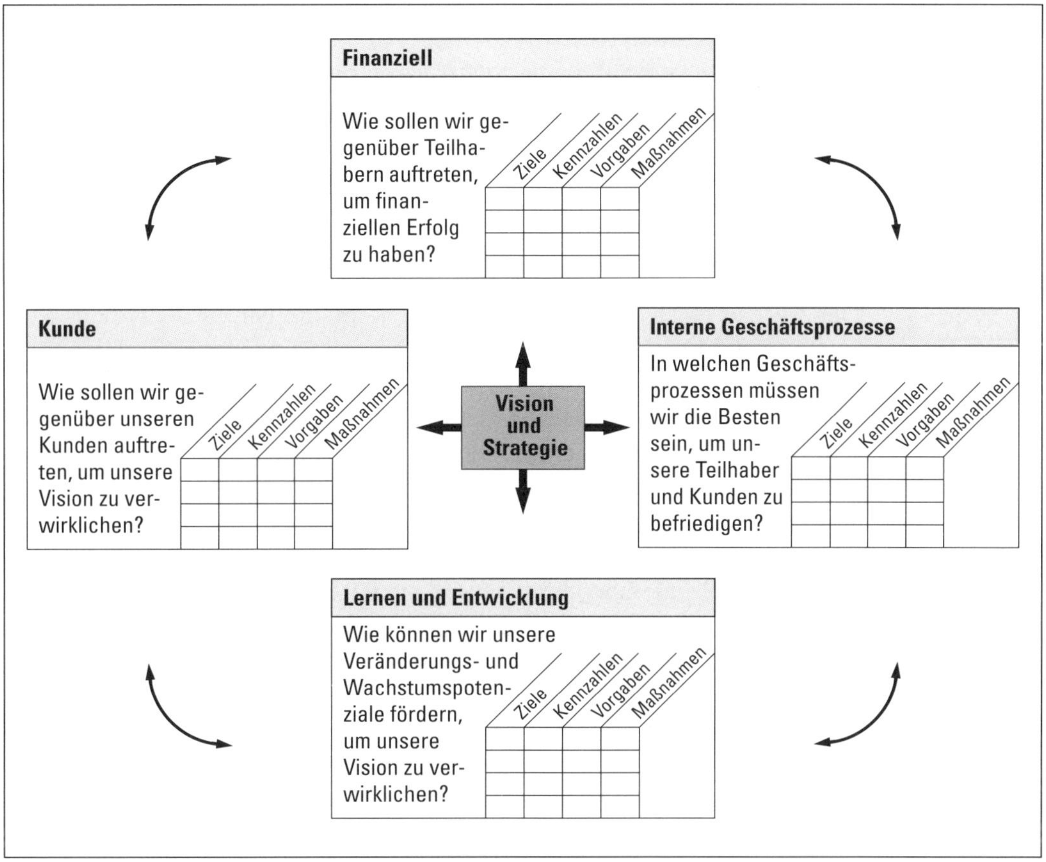

Im Einzelnen werden, wie ◀ Abb. 7-2 veranschaulicht, grundsätzlich vier Sichtweisen unterschieden:

- **Finanzielle Sicht:** Wie attraktiv ist das Unternehmen für seine Kapitalgeber?
- **Kundenperspektive:** Welcher Mehrwert wird für den Kunden geschaffen, und wie sehen diese das Unternehmen?
- Interne **Prozess- und Ressourcenebene:** Worin muss sich das Unternehmen auszeichnen? Wie müssen die Prozesse gestaltet sein, damit die Anforderungen der Kunden auch erfüllt werden können?
- **Innovations- und Lernperspektive:** Wie kann das Unternehmen weiterhin wachsen und sich stetig verbessern? Wie können die Mitarbeitenden hinreichend motiviert und ausgebildet werden, um das Unternehmen innovationsfähiger zu machen?

Die Balanced Scorecard ist kein branchenspezifisches Steuerungsinstrument, sondern aufgrund seiner allgemeinen Struktur universell anwendbar. Je nach Branche oder Unternehmensspezifikation kann es allerdings notwendig sein, die verschiedenen Sichtweisen anders zu gewichten oder mit anderen Ziel- und Performancegrößen zu füllen. Für ein Einzelhandelsunternehmen könnte es etwa sinnvoll sein, die Bedeutung der Ware und des Lieferanten durch Schaffung einer zusätzlichen Sichtweise stärker hervorzuheben. Jede der vier Perspektiven sollte nicht mehr als vier bis sechs strategische Ziele, Aktionen und Kennzahlen umfassen, damit man sich nicht verzettelt oder gar die Übersicht verliert.

Der Aufbau einer Balanced Scorecard ist die ureigene Aufgabe des Managements und kann nicht an das Controlling delegiert werden. Dies folgt bereits daraus, dass die Strategie des Unternehmens oder von Teilbereichen im Mittelpunkt steht. Besonders anschaulich ist das von *Friedag/Schmidt* (2004) propagierte **ZAK-Konzept.** Danach werden im ersten Schritt die **strategischen Ziele** (Z) abgeleitet. Um die Kräfte im Unternehmen zu bündeln, sollte man sich auf wenige strategische Ziele beschränken. Parallel dazu müssen die strategischen Ziele durch Messgrößen operationalisiert werden, sonst besteht die Gefahr, dass die einzelnen Geschäftsleitungsmitglieder aneinander vorbeireden. So wird der Marketing- oder Vertriebsleiter unter einer Verbesserung der Kundenzufriedenheit vermutlich etwas anderes verstehen als der Finanzchef oder der Logistikleiter.

Im zweiten Schritt müssen geeignete **Aktionen** (A) bis hin zur operativen Ebene abgeleitet werden, von denen man erwartet, dass sie sich günstig auf die Erreichung der strategischen Ziele auswirken. Über die Festlegung von Aktionen, die wiederum auf einer Analyse der wichtigsten Einflussfaktoren der Performance basiert, wird der Link zwischen abstrakter strategischer und greifbarer operativer Ebene hergestellt.

Erst im dritten Schritt geht es um die Festlegung von **Kennzahlen** (K). Mit ihnen soll erkennbar werden, ob die Aktionen tatsächlich greifen und zu einer Verbesserung der strategischen Ziele beitragen.

Insgesamt lässt sich festhalten, dass die Balanced Scorecard keine unverbundene Sammlung kritischer Kennzahlen und Erfolgsfaktoren sein sollte. Wichtig ist vielmehr ihr Zweck, die Unternehmensstrategie in einem integrierten System klar zu formulieren, zu kommunizieren und ihre Umsetzung zu steuern. Strategien, die ansonsten im Unverbindlichen verharren, sollen über die Handlungsziele und Aktionen mit der operativen Ebene konkret verbunden werden. Ihren Zweck erfüllt die Balanced Scorecard dann besonders gut, wenn es gelingt, die Aufmerksamkeit des Managements und der Mitarbeitenden auf diejenigen Faktoren zu lenken, von deren Beeinflussung man sich eine Werterhöhung im Unternehmen erhofft. Dazu gehört dann auch, dass man sich auf der finanziellen Ebene nicht allein auf die Umsatzrendite stützt, sondern dass es letztlich um die Kapitalrendite und den Übergewinn von Maßnahmen geht.

7.5 Lebenszyklus-, Ziel- und Prozesskostenrechnung

Kostenrechnungen traditioneller Prägung waren und sind insbesondere durch drei Merkmale gekennzeichnet: Sie sind produktionsorientiert und dort auf einzelne Kostenstellen bezogen, primär unternehmensintern ausgerichtet und auf eine kurzfristige Sicht angelegt. Die im Folgenden kurz beschriebenen Ansätze heben jeweils zumindest eines der genannten Merkmale auf. Ansätze der **Prozesskostenrechnung** oder des Activity-Based Costing (ABC) dehnen den Fokus auf die produktionsferneren Bereiche (zum Beispiel Verwaltung, Vertrieb, Logistik) sowie auf kostenstellenübergreifende Prozesse aus und versuchen, dort Leistungs- und Kostentransparenz zu schaffen. Das **Target Costing** (Zielkostenrechnung) eröffnet die Marktperspektive auch für die Kostenrechnung, wobei die marktorientierte Entwicklung von Produkten, genauer die betriebliche Ressourcenbeanspruchung in Abhängigkeit von den am Markt erzielbaren Produktpreisen, optimiert werden soll. Das **Life Cycle Costing** (Lebenszykluskostenrechnung) schließlich hebt die kurzfristige Sichtweise auf und stellt die periodenübergreifende, projektbezogene Betrachtung der Kosten in den Mittelpunkt (von der Produktidee und ersten Forschungs- und Entwicklungsanstrengungen bis hin zu Reparatur- und Entsorgungsmaßnahmen des vom Kunden ausgemusterten Produkts).

7.5.1 Life Cycle Costing

Für die zunehmende Relevanz der periodenübergreifenden Sichtweise eines Produkts »von der Wiege bis zur Bahre« sind insbesondere die drei folgenden Entwicklungen ursächlich:

1. Die **Produktlebenszyklen** werden im Durchschnitt immer kürzer. So haben sich die Lebenszeiten von Produkten im Zeitraum von 1974 bis 1989 durchschnittlich fast halbiert.
2. Die **Anfangsinvestitionen,** bedingt insbesondere durch die zunehmende Automatisierung beziehungsweise Anschaffung flexibler Fertigungssysteme, werden relativ zu den direkten Produktionskosten immer bedeutender. Damit steht den Unternehmen weniger Zeit zur Verfügung, die hohen Anfangsauszahlungen zu amortisieren.
3. Bereits in der **Gestaltungsphase eines Produkts** werden branchenspezifisch bis zu 80% der gesamten Kosten festgelegt, wobei aber in dieser Phase nur ein geringer Teil der Kosten (circa 10 bis 15%) kostenrechnerisch erfasst wird. Der größte Anteil der Kosten wird in der Produktions- und Marktphase im Rechnungswesen abgebildet, erst dann also, wenn die Kosten schon weitgehend vorbestimmt und damit nicht mehr beeinflussbar sind.

Life Cycle Costing verzichtet daher auf detaillierte Abweichungsanalysen in den einzelnen Kostenstellen und setzt stattdessen auf eine Informationsversorgung und Anregung derjenigen Stellen, welche die Gesamtkosten maßgeblich beeinflussen können. Dies sind heute in erster Linie Verantwortliche in der Planung, Entwicklung und Konstruktion, die in den frühen Phasen des Lebenszyklus verlässliche Informationen über die späteren Konsequenzen ihrer Entscheidungen benötigen. Dazu gehören sowohl Auswirkungen auf die voraussichtlichen Produktionskosten als auch auf die später beim Kunden anfallenden Kosten. Letzteres spricht dafür, Life Cycle Costing zusätzlich von der Kundenseite her zu betreiben **(Customer Life Cycle Costing)** und sich mit den gesamten Kosten des Kunden, angefangen mit den Kosten der Informationsbeschaffung über die Anschaffungsnebenkosten bis hin zu den Kosten der Entsorgung, detailliert auseinander zu setzen.

Eine Lebenszykluskostenbetrachtung bedeutet für das Rechnungswesen zusätzlichen Aufwand, dem mindestens drei Vorteile gegenüberstehen sollten:

1. Die totalen Erlöse und Kosten eines Produkts werden sichtbar. Während Unternehmen ihre Produktionskosten sehr gut kennen, gilt dies häufig nicht mehr für jene Kosten, welche dem Produktionsprozess vor- und nachgelagert sind (zum Beispiel Forschung und Entwicklung, Kundenservice).

2. Die periodenübergreifende Erfassung von Kosten und Erlösen ermöglicht den Aufbau von Erfahrungen über den Zusammenhang von Vorlauf-, Begleit- und Nachfolgekosten. So machten zum Beispiel verschiedene Unternehmen, die ihre F&E-Kosten drastisch reduziert hatten, die Erfahrung, dass damit Jahre später größere Zuwächse in den Kundendienstkosten (aufgrund von Qualitätsmängeln) verbunden waren.
3. Preisentscheidungen lassen sich verbessern, wenn sowohl Vorlauf- als auch Nachfolgekosten in die Überlegungen einbezogen werden. Hersteller von Hardware und Investitionsgütern verfahren bereits seit langem nach diesem Prinzip. So werden die Produkte selbst zu einem sehr niedrigen Preis abgegeben, die totalen Kosten dann aber über die Erlöse teurer Wartungsverträge abzudecken versucht.

Auch dieses letzte Beispiel zeigt, dass Life Cycle Costing weniger eine fest vorgegebene Kostenrechnungsstruktur besitzt, als vielmehr eine Kostenmanagement-Philosophie darstellt, der es um eine **ganzheitliche Kosten- und Erlössicht** geht.

7.5.2 Target Costing

Die strategischen Wettbewerbsvorteile von Unternehmen liegen in vielen Branchen weniger in der Produktivität als vielmehr in Marktkompetenzen, wie beispielsweise in der Kundennähe. Das **Target Costing** (Zielkostenrechnung) eröffnet die Marktperspektive auch für das interne Rechnungswesen, indem die **marktorientierte Produktentwicklung,** genauer: die betriebliche Ressourcenbeanspruchung in Abhängigkeit von den am Markt erzielbaren Produktpreisen, optimiert werden soll. Damit ist Target Costing letztlich kein Kostenrechnungsverfahren, wie es der Name vielleicht vermuten lässt, sondern vielmehr ein Instrument des **Kostenmanagements,** das vor allem in frühen Phasen der Produkt- und Prozessgestaltung zur Anwendung kommen kann.

Die zentrale Fragestellung lautet nicht: »Was wird ein Produkt kosten?« (progressive Kalkulation), sondern gemäß ▶ Abb. 7-3 »Was darf ein Produkt aus Sicht des Absatzmarkts kosten?« **(retrograde Kalkulation).** Diese Kosten nennt man Zielkosten oder Allowable Cost. In der Reinform des Target Costing, in Japan »Genka Kikaku« genannt (ursprünglich: Planung der Selbstkosten), werden die Zielkosten über Marktforschung konsequent

▼ Abb. 7-3 **Progressive versus retrograde Kalkulation**

Klassisch: **Progressive Kalkulation**	Target Costing: **Retrograde Kalkulation**
Material- und Fertigungseinzelkosten	Aufspaltung der Allowable Cost auf Produktkomponenten (Target Cost)
+ Gemeinkosten	
= Selbstkosten	= **Allowable Cost**
+ Gewinnaufschlag	– Overhead-Umlagen
= **Absatzpreis**	– Lebenszykluskosten
	– Zielgewinn
	Zielpreis

aus den am Absatzmarkt erzielbaren Preisen sowie der geforderten Rendite abgeleitet **(market-into-company)**.

Zur Zielkostenerreichung durch konkrete Maßnahmen der Kostensenkung ist die Zielkostenvorgabe auf Ebene des Gesamtprodukts jedoch zu grob. Notwendig ist vielmehr die Aufspaltung der Zielkosten auf einzelne Bauteile und Produktkomponenten **(Zielkostenspaltung)**. Zur Frage »Was darf ein Produkt kosten?« tritt die Frage »Was muss das Produkt können?« oder »Welche Funktionen oder Merkmale eines Produkts schätzt der Kunde am meisten?«.

Die Idee ist, die Ressourcen so einzusetzen, dass die relativen Kostenanteile (in Prozent) in etwa mit dem Grad der Wichtigkeit der vom Kunden gewünschten Funktionen übereinstimmen. Fallen die Gewichte stark auseinander, kann Handlungsbedarf angezeigt sein. Ist beispielsweise der Kostenanteil einer bestimmten Funktion gemessen am relativen Bedeutungsgrad zu niedrig, könnte es sinnvoll sein, bei dieser Funktion – unter Inkaufnahme höherer Kosten – zusätzlichen Wert für den Kunden zu schaffen. Ist andererseits der Kostenanteil relativ zum Bedeutungsgrad zu hoch, besteht eventuell Handlungsbedarf, die Kosten zu senken.

Die Möglichkeiten zur Zielkostenrealisierung können quer durch die gesamte Wertschöpfungskette des Unternehmens gesucht werden. Beispiele dafür sind die Einflussnahme auf physische Eigenschaften des Produkts, wie die Größe oder das Gewicht, die Verwendung von Standard- statt Spezialteilen, die Durchführung von Reengineering-Maßnahmen, die Einbeziehung der Lieferanten in den Planungsprozess oder der Fremdbezug von Komponenten statt deren Eigenfertigung. Allgemein gesprochen, geht es um sämtliche Verfahren und Maßnahmen, die im Verlaufe des Produktentwicklungsprozesses noch beeinflussbar sind. Dies können immerhin bis zu

80% der Kosten sein, während in späteren Produktions- und Marktphasen nur noch ein geringer Teil der Kosten tatsächlich gesteuert werden kann.

Da im Entwicklungsprozess alle Funktionsbereiche betroffen sind, hängt der Erfolg des Zielkostenmanagements entscheidend von der Beteiligung aller Funktionsbereiche (vom Marketing über die Entwicklung und Produktion bis hin zum Controlling) im **Target-Costing-Team** und von der engen und kooperativen Zusammenarbeit der jeweiligen Vertreter ab. Das Zielkostenmanagement dient damit als **Kommunikationsinstrument,** mit dem man sich über die Anforderungen des Markts sowie über die technischen Zusammenhänge verständigen kann.

Target Costing wurde bereits Anfang der 1960er Jahre für Unternehmen entwickelt, die montageintensive, hoch technisierte Produkte in Serienproduktion herstellten. Daher bedienten sich traditionell vor allem Unternehmen der fertigenden Industrie des Zielkostenmanagements, wobei die Automobilindustrie, der Maschinen- und Anlagenbau sowie die Unterhaltungselektronik im Vordergrund standen. In den letzten Jahren hat sich das Anwendungsgebiet des Target Costing auf nahezu sämtliche technisch und marktseitig komplexen Produkte ausgedehnt. Nicht zuletzt wird der Einsatz im Dienstleistungsbereich, so zum Beispiel bei Banken und Versicherungen, diskutiert.

Auch bei der Entwicklung von Software soll das Target Costing neue Impulse zum Erhalt der Wettbewerbsfähigkeit gegenüber Konkurrenten setzen. Viele Softwareunternehmen haben über Jahre hinweg die Wünsche ihrer Kunden bezüglich Qualitäts- und Leistungsanforderungen ignoriert, da Software oft zu »technikverliebt« und unter Überschreitung von Zeit- und Budgetvorgaben implementiert wurde. In den 1990er Jahren schließlich führte die »Softwarekrise« verstärkt zu einem Auseinanderfallen von Angebot und Nachfrage. Das Zielkostenmanagement wird nun in dieser Branche als ein Instrument gesehen, eine kundengerechte Funktionalität der Produkte bei gleichzeitiger Erhaltung der Wettbewerbsfähigkeit zu sichern. Dabei hat sich der Ansatz in den letzten Jahren kontinuierlich weiterentwickelt. Ziel ist aber nach wie vor die Stärkung einer marktorientierten Unternehmensführung auf Basis flexibler Target-Costing-Teams.

7.5.3 Prozessorientierte Kostenrechnung

Strategische Entscheidungen legen fest, welche Leistungen auf welchen Märkten welchen Kunden angeboten werden sollen und welche Ressourcen (zum Beispiel Anlagen, Personal, Know-how) dafür bereitgestellt werden müssen. Beide Planungsebenen setzen hinreichend konkretes Wissen über die im Unternehmen und die in Kontakt zu seinen Kunden und Lieferanten ablaufenden Prozesse und deren Zusammenhänge voraus.

Als Teil der unternehmerischen Wertschöpfungskette (einschließlich der Kontakte zu den Marktpartnern) sind die Prozesse so zu optimieren, dass sich der Erreichungsgrad der strategischen Ziele sowie die Wettbewerbsposition des Unternehmens insgesamt verbessern. Ging man in der Vergangenheit überwiegend davon aus, dass Kosten, Zeit und Qualität ein **magisches Dreieck** bilden (dies gilt in der Tat häufig für bestehende Systeme, also für gegebene Strukturen), ist man sich heute einig, dass Unternehmen durch geschickte Neugestaltung der Prozesse **(Business Process Reengineering)** alle drei Ziele gleichzeitig verbessern können. Dies schließt nicht aus, dass im Grenzbereich immer noch Zielkonflikte eine Rolle spielen mögen. Unstrittig ist jedoch, dass **Prozesse optimiert** werden müssen, um die Kosten nachdrücklich zu senken.

Veränderungen im Prozess der betrieblichen Wertschöpfung haben in vielen Unternehmen zu einer wesentlichen Bedeutungssteigerung derjenigen Tätigkeiten und Bereiche geführt, die der unmittelbaren Leistungserstellung vor- oder nachgelagert sind. Den dort anfallenden Gemeinkosten gilt das Hauptinteresse der Prozesskostenrechnung. Ziel ist es, **Kostentransparenz** zu schaffen und die Frage zu beantworten, was die Gemeinkosten wesentlich treibt und wie die Kosten durch Prozessveränderungen beeinflusst und optimiert werden können. So hat die Prozesskostenrechnung zum Beispiel dafür sensibilisiert, dass eine zunehmende Komplexität und Variantenvielfalt die Gemein- und Fixkosten massiv erhöhen kann (vergleiche auch Abschnitt 6.9.2 »ABC-Analyse«).

Grundlegend für die Prozesskostenrechnung ist die Annahme, dass Bezugsobjekte (zum Beispiel Produkte und Kunden, aber auch Lieferanten und Beschaffungswege) Kosten verursachen, indem sie Aktivitäten, Teil- oder Hauptprozesse beanspruchen, die ihrerseits wiederum Ressourcen verzehren. Aktivitäten und **Teilprozesse** sind dabei üblicherweise Vorgänge, die **in einer** Kostenstelle oder Abteilung ablaufen, **Hauptprozesse** werden hingegen **kostenstellenübergreifend** definiert. Dies bedeutet, dass Unternehmen

▼ Abb. 7-4 **Kostenstellen- versus Prozessorientierung (Beispiel Beschaffung)**

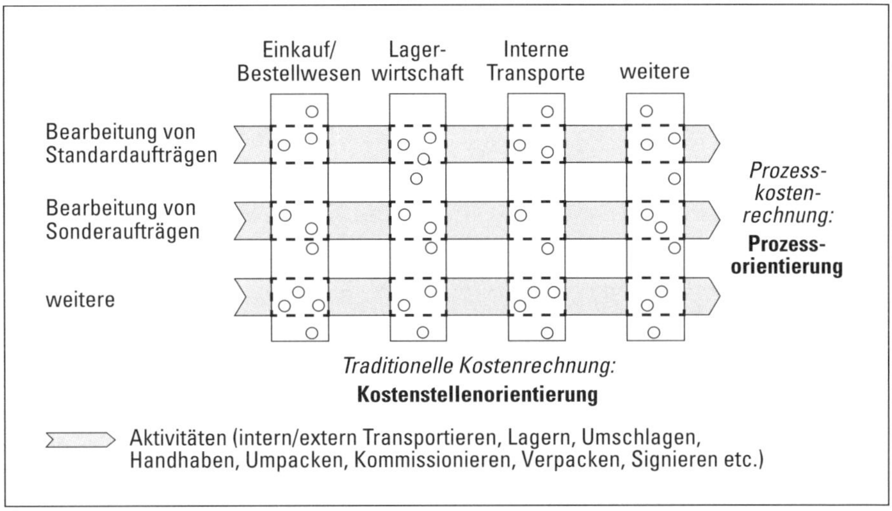

nicht mehr nur vertikal nach Kostenstellen (Kostenplätzen oder Abteilungen) gegliedert und betrachtet, sondern (auch) horizontal nach Prozessen »durchschnitten« werden (◀ Abb. 7-4).

Damit wird es möglich, Kosten nicht nur kostenstellenorientiert, sondern auch in Bezug auf wichtige Querschnittsfunktionen und -aufgaben zu planen, zu kontrollieren und zu steuern.

Die Prozesskostenrechnung ist insgesamt ein Ansatz, den betrieblichen Gemeinkosten- oder Dienstleistungsbereich (zum Beispiel Einkauf, Logistik, Vertrieb) eines Unternehmens differenzierter, als bisher in vielen Unternehmen geschehen, zu analysieren, zu planen und zu kontrollieren. Eine laufende oder auch nur fallweise Durchführung kann helfen, Erfahrungen über das Volumen und die Struktur der erbrachten Leistungen, die Leistungsentwicklung im Zeitablauf sowie über die Kosten-Leistungs-Relationen in den indirekten Bereichen aufzubauen. Diese Erfahrungen können dazu genutzt werden, Prozessabläufe und damit Kosten und Durchlaufzeiten zu senken sowie die Produktqualität zu verbessern. Darüber hinaus kann die Transparenz sowohl über die wesentlichen Kostentreiber als auch über die Transformations- und Kostenfunktionen erhöht werden, womit sich Kostensenkungspotenziale leichter aufdecken lassen.

Praxisbeispiele aus dem Beschaffungsbereich zeigen anschaulich, dass unter anderem Teilevielfalt und Lieferantenanzahl wesentliche Kostentreiber darstellen und dass deren Reduktion zu Kosteneinsparungen führen kann.

Lieferanten wollen ähnlich wie Kunden gefunden und gepflegt werden. Beides verursacht nicht unerhebliche Kosten, die vermindert werden können, wenn durch Volumenerhöhungen je Lieferant aus vielen C- und B-Lieferanten einige wenige A-Lieferanten werden. Auch könnte daran gedacht werden, externe Dienstleister einzuschalten, die als Intermediär zwischen dem Einkauf und der Vielzahl von Lieferanten agieren können. Ob sich eine solche Vorgehensweise lohnt, könnte beispielsweise auf Basis einer Prozesskostenrechnung analysiert werden.

Analoges gilt für die Durchführung einer **Teilereduktion.** So sind Einsparungen zu erwarten, wenn es gelingt,

- den Aufwand für die Materialbedarfsermittlung zu senken,
- die Zahl der Rahmenverträge zu verringern,
- niedrigere Einstandspreise aufgrund höherer Stückzahlen (etwa durch Erhöhung der Anzahl gleicher Komponenten) zu vereinbaren,
- den Aufwand für die Pflege der Lagerdaten zu senken sowie
- die Kosten der Qualitätskontrolle zu reduzieren.

Weiter können die Daten der Prozesskostenrechnung dazu verwendet werden, die logistischen Abläufe zu verbessern. Ansatzpunkte sind die Wahl der richtigen Anlieferungsorte, der Grad der Dezentralisierung von Lagern, die Gestaltung von Transportvorgängen sowie die Entscheidung über Eigen- und Fremdtransport.

In der Regel genügt bereits eine fallweise Rechnung, um die Kostentransparenz zu erhöhen und damit Entscheidungen in den produktionsferneren Bereichen zu unterstützen. Nützlich ist das Wissen über wesentliche Kostentreiber (zum Beispiel Teilevielfalt, Komplexität der Produkte, Anzahl Lieferanten) aber auch, um die Kostenwirkungen unterschiedlicher Konstruktions-, Design-, Beschaffungs- oder Produktionsalternativen bereits in einer sehr frühen Phase abzuschätzen (siehe Abschnitt 7.5.2 »Target Costing«).

Während die Ende der 1980er und Anfang der 1990er Jahre häufig geübte scharfe Kritik an der Prozesskostenrechnung mittlerweile merklich nachgelassen hat, besteht in der Praxis nach wie vor eine **beachtliche Skepsis** gegenüber ihrer Einführung und Anwendung. Immer wieder geäußerte Bedenken richten sich auf die Kosten der Einführung und den laufenden Betrieb der Prozesskostenrechnung sowie auf ihren schwer einschätzbaren Nutzen für das Management. Hinzu kommen Befürchtungen, die Veränderungen im Rechnungswesen könnten am Widerstand oder der Angst der betroffenen Mitarbeitenden sowie an der Integration prozessorientierter Rechnungen in die bestehende (komplexe) EDV-Systemlandschaft (Schnittstellenproblematik) scheitern.

Fazit: Insgesamt bedeutet die Prozessorientierung ein Denken in Flüssen, das nicht an den Grenzen organisatorischer Einheiten Halt macht, sondern auch und gerade auf die Beherrschung stellenübergreifender Probleme ausgerichtet ist. Dieses Prozessdenken tangiert aber nicht nur die traditionell behandelten Informations-, Planungs- und Kontrollaufgaben. Prozesscontrolling muss ebenso dafür Sorge tragen, dass die organisatorischen Rahmenbedingungen den Material-, Waren- und Informationsfluss nicht stören und dass die Möglichkeiten moderner Personalführung dazu genutzt werden, die Mitarbeiter für ihren Beitrag zu einer erfolgreichen Prozessgestaltung und Prozessdurchführung zu belohnen. In diesem Sinne ist Prozesscontrolling eine Funktion, welche letztlich alle Führungsfelder sowie deren Verbindungen und Abstimmungsbedarf berührt.

7.6 Konzernkostenrechnung

7.6.1 Gründe und Anforderungen

Wie in der Vorbemerkung und in den Kapiteln 2 bis 6 deutlich geworden sein sollte, folgt das Controlling zwar einfachen Grundregeln, dennoch kann die Komplexität in der Praxis groß sein. In **multinationalen, durch Verbundbeziehungen** geprägten Unternehmen erhöht sich diese Komplexität noch um ein Vielfaches. Die wesentlichen Gründe dafür sind:

- International tätige Unternehmen vollziehen Produktionsprozesse in verschiedenen Ländern und arbeitsteilig über mehrere Länder hinweg, wobei die Unternehmens- und Kostenstrukturen deutlich voneinander abweichen können. Darüber hinaus sind auch die technologischen, sozialen, rechtlichen und ökonomischen Rahmenbedingungen sehr unterschiedlich und erschweren die konzernweite Planung, Steuerung und Kontrolle.
- Sowohl bei den bereits bestehenden Konzerntöchtern als auch bei den noch zu integrierenden Konzernunternehmen gibt es länderspezifische Unterschiede, dürften sich eigene Unternehmenskulturen und darauf aufbauend auch spezifische Unternehmensrechnungs- sowie Controllingphilosophien herausgebildet haben, die es zu koordinieren oder anzugleichen gilt.

- Die in einzelnen Ländern geltenden Währungen zwingen zur Umrechnung in eine gemeinsame Währung (Konzernwährung). Während die einzelnen Tochterunternehmen in der jeweiligen nationalen Währung rechnen und handeln, denkt und agiert die zentrale Leitung in Konzernwährung.
- Die Erhaltung des im Ausland investierten Kapitals kann insbesondere bei Hochinflationsländern problematisch sein und erfordert dann rechnerische Anpassungen (zum Beispiel in Form von Substanzerhaltungsrechnungen).
- Der vor allem bei Verbundbeziehungen intensiv betriebene Lieferungs- und Leistungsverkehr innerhalb des Konzerns führt bei einer Profit-Center-Orientierung zur Problematik von Verrechnungspreisen und Bereichsegoismen (vergleiche dazu ausführlicher Abschnitt 5.6 »Transfer- und Verrechnungspreise in verbundenen Unternehmen«).
- Globale Wertschöpfungsketten können aus Teilleistungen bestehen, die in verschiedenen Abrechnungskreisen dokumentiert sind. In einem solchen Fall ist aber der konzernweite Deckungsbeitrag oder Erfolg eines Produkts, Auftrags oder auch Kunden nicht mehr ohne weiteres erkennbar, seine Kenntnis für die Steuerung gleichwohl notwendig.
- Probleme können sich auch bei der Festlegung von Renditezielen ergeben. Während die Konzernleitung für das in ausländische Unternehmen investierte Kapital (das eventuell beträchtliche Goodwill-Beträge enthält) verantwortlich zeichnet, ist das erworbene Tochterunternehmen gewöhnt, nur das selbst investierte Kapital zu verzinsen.

Im Mittelpunkt der nachfolgenden Ausführungen steht die Frage nach den betriebswirtschaftlichen Anforderungen an eine **»konzernadäquate« Rechnung**, welche grundsätzlich dieselben Aufgaben entsprechender Rechnungen unverbundener Unternehmen wahrnehmen soll. Wenn also Teile eines Produkts in einem Tochterunternehmen hergestellt, zu Verrechnungspreisen in eine andere Landesgesellschaft geliefert, dort mit anderen, wiederum aus verschiedenen Landesgesellschaften stammenden Komponenten zusammengesetzt, schließlich über eine andere Landesgesellschaft vertrieben werden und die Konzernleitung die durchgerechneten Kosten sowie die Rendite wissen möchte, dann bedarf es eines Controllings und besonders einer **internen Konzernerfolgsrechnung** (Konzernkostenrechnung), welche die Kosten unter Beibehaltung ihrer Primärstruktur über mehrere Abrechnungskreise hinweg verfolgen oder konsolidieren.

Der Grundgedanke einer solchen Rechnung ist, die in verschiedenen Abrechnungskreisen erfassten Verbräuche und Bewertungen so zusammenzufassen und zu konsolidieren, dass die aus Sicht der Konzernleitung vorgebrachten Informationsbedürfnisse befriedigt werden können. Folgende Überlegungen spielen dabei eine herausragende Rolle:

- **Organisation der Konzernkostenrechnung:** Es muss geregelt werden, welche Stelle die einzelbetrieblichen Kostenrechnungsdaten transformiert (zum Beispiel Zuordnung der Aufgaben zu einer zentralen Konsolidierungsstelle). Weiterhin ist festzulegen, ob die zuvor genannten Schritte einer Konzernkostenrechnung laufend (zum Beispiel im Sinne einer monatlichen, routinemäßigen Ermittlung bestimmter Konzernkosten) oder fallweise (also bei konkret auftretenden Sonderfragen) durchgeführt werden.
- **Bezugsobjekte der Kosten-** und **Erlösrechnung:** Die virtuellen, die Grenzen des Einzelunternehmens ignorierenden Erfolgsrechnungseinheiten (Bezugsobjekte) müssen festgelegt werden.
- **Vereinheitlichung der Ordnungssysteme:** Die Heterogenität der Nummernsysteme und Kostenrechnungen (zum Beispiel Kostenarten-, Kostenstellen- und Produktgruppenpläne) muss überwunden werden (zumindest virtuell).
- **Einheitliche Kostenerfassung** und **-bewertung:** Die Erfassung und die Bewertung der Faktorverbräuche müssen nach einheitlichen Kriterien vorgenommen werden.
- **Zwischenerfolgseliminierung** sowie **Kosten- und Leistungskonsolidierung:** Konzerninterne Gewinne oder Verluste aus Geschäften zwischen verschiedenen Abrechnungseinheiten sind zu konsolidieren.
- **Konzernprimärkostenrechnung:** Die aufgrund zwischenbetrieblicher Lieferungen und Leistungen entstandenen Sekundärkosten sollten in Primärkostenkategorien aufgespalten werden.

In den nachfolgenden Abschnitten werden diese Voraussetzungen näher beleuchtet.

7.6.2 Organisation

Geschäftsvorfälle, Zustände oder Prozesse werden in Konzernen typischerweise dezentral in getrennten Abrechnungskreisen erfasst. Eine Konzernkostenrechnung muss daher aus den einzelbetrieblichen Daten **derivativ** aufgebaut werden. Ähnlich wie im externen Rechnungswesen der Konzernabschluss aus den Einzelbilanzen und Einzelerfolgsrechnungen erstellt wird, müssen zur Planung sowie zur kosten- und erfolgsorientierten übergreifenden Konzernsteuerung die Rechenwerke dezentraler Abrechnungskreise benutzt und um gruppeninterne Vorgänge, Verflechtungen oder Fehlklassifikationen korrigiert werden.

Es stellt sich die Frage, welche Stelle im Konzern für diese Aufgabe verantwortlich sein soll. Betrachtet man nur die Aufgabe der Ermittlung der aus Konzernsicht zutreffenden Konzernanschaffungs- und Konzernherstellungskosten sowie die Durchführung einer daran anschließenden Zwischenerfolgseliminierung, so können diese Tätigkeiten grundsätzlich dezentral bei dem die Lieferung oder Leistung empfangenden Konzernunternehmen durchgeführt werden. Die dezentral ermittelten Werte wären anschließend an die übergeordnete Einheit weiterzuleiten. Da es jedoch bei einer Konzernkostenrechnung nicht nur um das Problem durchgerechneter Kosten geht, sondern beispielsweise auch der weltweite Erfolgsbeitrag eines Kunden oder einer Kundengruppe von Interesse ist, empfiehlt es sich, die organisatorische Ausgestaltung einer Konzernkostenrechnung zentral, etwa im Rahmen des **zentralen Controllings,** anzusiedeln. Aufgrund ihrer Nähe zur Konzernführung und den von ihr geäußerten Informationsbedürfnissen bestehen Flexibilitätsvorteile. Die zentrale Lösung schließt freilich nicht aus, dass einzelne Aufgaben der Datenaufbereitung, Verrechnung oder Konsolidierung an **dezentrale Abrechnungskreise** oder Einheiten delegiert werden können. Die Fäden bleiben jedoch in der Hand einer übergeordneten Einheit (der Konzernzentrale oder einer Teileinheit).

Eine weitere organisatorische Frage betrifft die Entscheidung, ob eine Konzernkostenrechnung als **laufende,** also etwa monatlich durchzuführende Rechnung, oder aber **fallweise** in Form von Sonderrechnungen zu implementieren ist. Die Antwort hängt von Kosten-Nutzen-Überlegungen ab. Eine laufende Lösung muss standardisierten Prozeduren folgen und wird dann aber auch den Einzelfall schlecht abbilden können. Die fallweise ausgestaltete Rechnung kann hingegen speziell auf die jeweils betrachtete Problematik zugeschnitten werden, setzt somit aber eine intelligentere Technologie und entsprechende Fähigkeiten der Fachkräfte voraus. Insgesamt wird der Nutzen einer laufenden Rechnung umso größer sein, je standardisierter und repetitiver die Informationsanforderungen an eine Konzernkostenrechnung sind.

7.6.3 Bezugsobjekte der Kosten- und Erlösrechnung

Bei der Frage der kosten- und erlösrechnerischen Bezugsobjekte muss zunächst einmal geklärt werden, welche Unternehmen in einer Konzernkostenrechnung überhaupt zu berücksichtigen sind **(Konsolidierungskreis der Kosten- und Erlösrechnung)**. Welche Unternehmen in eine Konzernkostenrechnung einbezogen werden sollten, hängt von den Aufgaben und den Informationsbedürfnissen ab, die eine solche Rechnung erfüllen muss. Grundsätzlich kann der Kreis der einbezogenen Unternehmen in Abhängigkeit der Informationsbedürfnisse weiter oder enger als in der externen Rechnungslegung gezogen werden. Vermutlich wird man auch sämtliche Leistungsströme innerhalb des Konzerns durch Vermeidung von Abstufungen im kosten- und erlösrechnerischen Konsolidierungskreis mit dem gleichen Gewicht in die Konzernkostenrechnung eingehen lassen.

Über die Frage des Konsolidierungskreises hinaus müssen die kosten- und erlösrechnerischen Einheiten abgegrenzt werden. Da **globale Wertschöpfungsketten** eben nicht an den Grenzen rechtlich selbständiger Konzerneinheiten halt machen, sondern ganz im Gegenteil quer zur rechtlichen und wirtschaftlichen Organisation des Konzerns verlaufen können, müssen die üblichen abrechnungstechnischen Einheiten »zerschnitten« werden. Dies bedeutet zum einen, dass die in der Konzernrechnungslegung vor-

▼ Abb. 7-5 **Beispiele kosten- und erlösrechnerischer Einheiten**

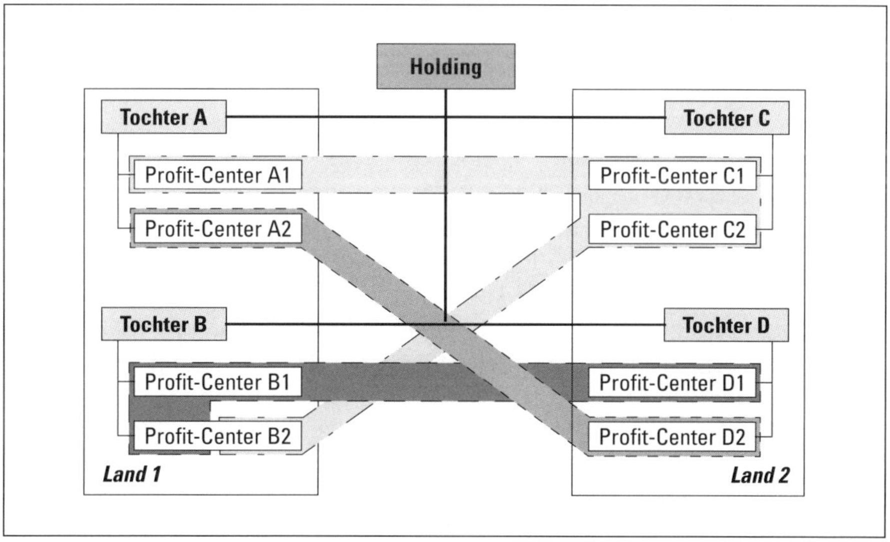

genommene Konsolidierung zu kurz greift, weil diese von den rechtlich selbstständigen Einheiten als Betrachtungsobjekt ausgeht. Aber auch die Rechnungen für rechtlich unselbstständige Gebilde wie Profit-Center sind für eine Konzernkostenrechnung nicht unbedingt brauchbar, weil die Wertschöpfungsketten auch diese Grenzen überschreiten. ◄ Abb. 7-5 zeigt für einen Konzern typische Verbindungen und die daraus resultierende Notwendigkeit, kosten- und erlösrechnerische Einheiten zu definieren, die sich von denen der externen Rechnungslegung, aber auch von denen der traditionellen internen Rechnungslegung unterscheiden.

Mit zunehmender Heterogenität der Unternehmensstrukturen wachsen die Anforderungen an die Planungs-, Steuerungs- und Kontrollsysteme des Konzerns. Die Globalisierung des Geschäfts verlangt eine durchgängige weltweite Führung und Verantwortung und damit die Zerschneidung rechtlicher, organisatorischer sowie abrechnungstechnischer Einheiten. Die in ◄ Abb. 7-5 (durch gepunktete oder gestrichelte Linien) abgegrenzten kosten- und erlösrechnerischen Einheiten sind dafür ein gutes Beispiel: Sie bilden Lieferungs- und Leistungsbeziehungen ohne Rücksicht auf Grenzen jedweder Art ab. Ihre Steuerung verlangt jedoch die weltweit durchgängige Darstellung und Analyse der Geschäftsprozesse auf Basis originärer Faktorverbräuche und -bewertungen. Werden diese Informationen regelmäßig benötigt, empfiehlt sich die Etablierung einer laufenden Konzernkostenrechnung für diesen Bereich. Stellen sich jedoch lediglich von Zeit zu Zeit Sonderfragen oder sind die aufgezeigten Beziehungen nur temporär, weil sich aufgrund der Dynamik des Geschäfts die Strukturen permanent ändern, lohnt sich für diesen Bereich keine laufende Rechnung, sondern nur eine Sonderrechnung (in Form von »Zelten statt Palästen«).

Als Konzernbezugsobjekte kommen selbstverständlich nicht nur mehr oder weniger globale Wertschöpfungsketten in Frage. Gegenstand der Betrachtung können genauso gut Kunden, Produkte und Aufträge sein. So interessieren sich Konzerne häufig für die Erfolgsbeiträge wichtiger Kunden, die weltweit ihre Produkte und Leistungen in Anspruch nehmen. Für die Beantwortung solcher Fragen gilt das Gesagte analog. Voraussetzung ist zuvorderst die Identifikation des relevanten Bezugsobjekts (hier des Kunden), und zwar weltweit, ohne auf Beschränkungen rechtlicher, geographischer, organisatorischer oder anderer Art Rücksicht zu nehmen.

7.6.4 Einheitliche Ordnungssysteme, Kostenerfassung und -bewertung

Die Aggregation und Konsolidierung von Daten dezentraler Abrechnungseinheiten macht nur Sinn, wenn diese Daten konsistent ermittelt wurden. Unternehmen, die in unterschiedlichen Branchen und Ländern operieren, verwenden aber in der Regel unterschiedliche Kontenpläne und Kriterien der Klassifikation, erfassen und bewerten Faktorverbräuche uneinheitlich. Notwendig ist daher eine weltweit für alle Konzernmitglieder geltende **einheitliche Grundkonzeption** der Kosten- und Erlösrechnung.

Die Harmonisierungsbestrebungen können sich beziehen auf Kontierungsregeln und Kontenpläne, Erfassungs-, Bewertungs- und Verrechnungsvorgänge, ganze Ordnungssysteme (zum Beispiel Kostenarten-, Kostenstellen- und Kostenträgerrechnungen), Stücklisten- und Arbeitsplansysteme, Verfahren und Technologien zur Erfassung des Lieferungs- und Leistungsflusses sowie Softwaresysteme.

Besonders wichtig erscheinen die einheitliche Klassifizierung nach standardisierten Kostenarten und die Vorgabe von Richtlinien zum Ansatz und zur Bewertung von Faktorverbräuchen. Wenn in einer Teileinheit des Konzerns Instandhaltungs- und Reparaturkosten als solche auch deklariert, in einer anderen jedoch unter Anlagenkosten geführt werden, so können darauf aufbauende Auswertungen zu Fehlinterpretationen und Missverständnissen führen. Weiterhin ist zum Beispiel klarzustellen, ob es sich bei den erfassten Kosten um rein pagatorische, also auf Zahlungen aufbauende Werte oder auch um kalkulatorische Ansätze handelt.

Ein **Controlling-Handbuch** kann die Harmonisierungsbestrebungen deutlich unterstützen. Neben der Zielsetzung des Controllings und der Controllingphilosophie enthält es in der Regel Detailinformationen, unter anderem über die in der Gruppe verwendeten Begriffe und Berichtsinstrumente, deren Ersteller, Adressaten und Inhalte. Bei sorgfältigem Gebrauch derartiger Handbücher kann sichergestellt werden, dass Begriffsinhalte in allen Unternehmen der Gruppe einheitlich interpretiert und gebraucht werden.

Denkt man sich einen Konzern als statische Einheit, deren Konsolidierungskreis im Zeitablauf weitgehend unverändert bleibt, so ist die Aufgabe der einheitlichen Kostenbewertung bereits schwierig genug, allerdings nur eine einmalige Kraftanstrengung. In der Praxis großer Konzerne ist es aber keine Seltenheit, dass im Laufe eines Jahrs mehrere Dutzend Gesellschaften gekauft und andere wieder verkauft werden. Die Integration eines bestehenden (erworbenen) Unternehmens und die Durchsetzung einheitlicher

Richtlinien für eine aussagekräftige Konzernkostenrechnung sind daher **ständig wiederkehrende Herausforderungen.**

Die Vorgabe von Standards für die Ableitung einheitlicher Kostenwertansätze muss allerdings auch dem Wirtschaftlichkeitsprinzip entsprechen. Daraus folgt, dass die Konzernkostenrechnung so weit wie möglich und mit ihren Aufgaben sowie den Informationsbedürfnissen der Zentrale verträglich auf vorhandenen Rechnungsweseninstrumenten der dezentralen Abrechnungseinheiten aufbauen sollte.

7.6.5 Zwischenerfolgseliminierung sowie Kosten- und Leistungskonsolidierung

Wenn Teile eines Produkts in einem Abrechnungskreis des Konzerns hergestellt und zu Verrechnungspreisen an einen anderen, in die Konzernplanung einbezogenen Bereich geliefert werden, realisiert die liefernde Einheit aus diesem Geschäft einen Umsatz. Für das empfangende Unternehmen ergeben sich demgegenüber Waren- oder Materialkosten (beziehungsweise Einstandskosten), sofern die Teile in der Produktion wiederum eingesetzt werden. Aus Sicht des Konzerns ist jedoch kein Umsatz entstanden, da die Lieferung der Teile die Grenzen des Konzerns nicht verlassen hat. Analog zur Zwischenerfolgseliminierung im Konzernabschluss müssen daher etwaige Betriebsergebnisse bei Lieferungen und Leistungen innerhalb des Konzerns eliminiert werden. Weiterhin ist es erforderlich, nicht nur die aus Konzernsicht nichtrealisierten Gewinn- und Verlustbestandteile herauszunehmen, sondern auch die entstandenen Innenumsätze mit den bei den empfangenden Stellen korrespondierenden Kosten zu saldieren (Kosten- und Leistungskonsolidierung). Die Technik der Korrektur folgt den Grundsätzen, die aus der Zwischenerfolgseliminierung sowie der Aufwands- und Ertragskonsolidierung im Rahmen der Konzernrechnungslegung bekannt sind. Der Abschnitt 6.7 »Konsolidierte Daten« behandelte bereits Teile der Problematik ausführlicher.

7.6.6 Konzernprimärkostenrechnung

Eine Konsolidierung der Innenumsätze, der korrespondierenden Kosten sowie der Zwischenerfolge reicht immer dann nicht aus, wenn bei Lieferungen und Leistungen innerhalb des kosten- und erlösrechnerischen Konsolidierungskreises die ursprüngliche Kostenstruktur des liefernden Unternehmens beim Empfänger aus einzelbetrieblicher Sicht untergeht. Braucht die Zentrale zum Beispiel Informationen über das Verhalten bei Beschäftigungsänderungen (also die Anteile fixer und variabler Kosten), die direkte Zurechenbarkeit der Kosten auf ihre Träger (Einzel- und Gemeinkosten) oder aber die Aufteilung in zugrunde liegende Kostenarten wie Löhne und Gehälter, Kosten für Energie (eventuell unterteilt nach Strom, Wasser, Dampf), Versicherungsprämien, Gebühren etc., benötigt man zusätzlich zur Konsolidierung eine **Primärkostenrechnung.**

Ziel der Primärkostenrechnung ist die Auflösung stellenübergreifender Herstell- oder Selbstkosten in die primären Kostenarten. Notwendig wird diese Auflösung deshalb, weil die für eine aggregierte Kostenrechnung des Konzerns relevante Kostenstruktur aufgrund von Lieferungs- und Leistungsbeziehungen von der Struktur auf Einzelbetriebsebene abweicht. Das folgende **Beispiel** möge dies verdeutlichen: Ein in den Konzernverbund integrierter Produktionsbetrieb fertigt Komponenten eines Produkts, liefert diese zu Verrechnungspreisen an eine andere Landesgesellschaft, welche die bezogenen Komponenten mit dort lokal hergestellten Bauteilen kombiniert sowie montiert und diese Fertigteile an eine Vertriebsgesellschaft weiterleitet, welche schließlich die Vermarktung übernimmt.

Aus Sicht der weiterverarbeitenden Landesgesellschaft sind die vom Betrieb bezogenen Komponenten Einzelkosten in Bezug auf das montierte Fertigprodukt. Aus Sicht der Vertriebsgesellschaft sind sogar alle Produktionskosten Einzelkosten, weil das Fertigprodukt als Ware gegen einen Verrechnungspreis bezogen wird. Auf Konzernebene handelt es sich dagegen nicht in voller Höhe um Einzelkosten, sondern um ein unklares Gemenge aus Einzel- und Gemeinkosten. Sowohl bei der Herstellung der Komponenten im Einzelbetrieb als auch bei der Verarbeitung und Montage auf Ebene Landesgesellschaft fallen nicht nur Material- und andere Einzelkosten, sondern regelmäßig auch Fertigungsgemeinkosten an, die aber durch den Lieferprozess bei der Vertriebsgesellschaft zu klassischen Einzelkosten werden. Die Kostenstruktur der Vertriebsgesellschaft, welche das Endprodukt vertreibt, widerspiegelt somit eine falsche Situation, die im Rahmen von Konzerndeckungsbeitragsrechnungen zu Fehlinterpretationen und -entscheidungen führen kann.

Aus Sicht der Vertriebsgesellschaft sind alle angefallenen Produktionskosten variable Kosten, aus Sicht der Landesgesellschaft sind zumindest die Kosten für die bezogenen Komponenten variabel. Sind aber sowohl beim Produktionsbetrieb als auch bei der Landesgesellschaft Fixkosten (Strukturkosten) angefallen, die im Verrechnungspreis anteilig weitergegeben wurden, stellen die variablen Kosten der Vertriebsgesellschaft ein Gemenge aus fixen und variablen Kosten dar. Will man nun zum Beispiel auf Konzernebene im Rahmen einer Break-even-Analyse den kritischen Preis bestimmen, bei dem die Durchschnittskosten gerade noch gedeckt werden, so erhält man – wenn man die Kostenstruktur des Endprodukts bei der Vertriebsgesellschaft zugrunde legt – Ergebnisse, welche nicht mehr vernünftig interpretierbar sind. Die Beschäftigungsabhängigkeit der Kosten wird aufgrund der Lieferverflechtungen zur Black Box.

Weitere Szenarien, die zu einer Verzerrung der Kostenstruktur führen können, sind denkbar. In allen Fällen kann eine Primärkostenrechnung die Verzerrung verhindern. Von der Konzernleitung möglicherweise gestellte Fragen zur Beschäftigungsabhängigkeit der angefallenen Kosten lassen sich dann sehr viel einfacher beantworten und unmittelbar aus der Konzernkostenrechnung herausziehen.

7.6.7 Wirtschaftlichkeit der Rechnungen

Die vorstehenden Überlegungen haben gezeigt, dass eine Konzernkostenrechnung zumindest aus theoretischer Sicht fast beliebig differenziert und transparent gestaltet werden kann. Diese Möglichkeiten darf das Controlling aber nicht dazu verleiten, das unter Informationsgesichtspunkten Bestmögliche zu implementieren. Bei der Auswahl geeigneter Gestaltungsvarianten sollte stets auch der damit verbundene Aufwand berücksichtigt werden. Neben den Einmalaufwendungen in Form von Projektkosten sind es vor allem die laufenden Kosten des Betreibens, der Pflege sowie der Weiterentwicklung der Systeme, welche erhebliche Ressourcen binden können. Gemäß dem **Wirtschaftlichkeitsprinzip** gilt, dass zwischen den Kosten einer Informationsrechnung und dem Nutzen der durch sie vermittelten Informationen ein angemessenes Verhältnis bestehen sollte **(»Materiality«-Grundsatz)**. So machen die einheitliche Erfassung und Bewertung von Faktorverbräuchen, die Eliminierung von Zwischenerfolgen, die Konsolidierung von Kosten und Leistungen sowie die Auflösung stellenübergreifender Herstellkosten in die primären Kostenarten überhaupt nur dann Sinn, wenn die ansonsten resultierenden Verzerrungen aus Konzernsicht nicht von untergeordneter Bedeutung sind.

7.7 Benchmarking

Allzu oft sind Menschen der Überzeugung, dass sie bereits alles kennen und ohne Hilfestellung am besten können. Benchmarking drückt die entgegengesetzte Philosophie aus, indem gerade das Lernen von anderen (der **»best in class«**) in den Vordergrund gestellt wird. Ganz allgemein geht es darum, die operative und strategische Lern- und Leistungsfähigkeit von Unternehmen durch vergleichende Analysen zu erhöhen. Vergleichsobjekte können grundsätzlich beliebige Problemfelder eines Unternehmens sein, wobei in der Regel Produkte, Dienstleistungen, Prozesse und Methoden betrieblicher Funktionen im Vordergrund stehen. **Ziel** ist es, fehlerhafte Prozessabläufe, Over-Engineering, Qualitätsdefizite und andere Nachteile aufzudecken und zu beheben, um die Kosten zu senken oder die Leistungen des Unternehmens zu verbessern. Als besonders wertvoll kann sich Benchmarking in den Unternehmensbereichen erweisen, die nicht unmittelbar den Marktkräften ausgesetzt sind. Erfahrungsgemäß nimmt der Druck, effizient zu sein, mit der Distanz zum Kunden ab, womit Benchmarking als ein Instrument verstanden werden kann, künstlichen Wettbewerbsdruck in das Unternehmen hineinzutragen, um leistungssteigernde Effekte zu erzielen.

Druck, sich zu verbessern und zu lernen, kann grundsätzlich durch internes oder externes Benchmarking erzeugt werden.

Beim **internen Benchmarking** werden die Vergleichspartner innerhalb des Unternehmens gesucht. So können beispielsweise verschiedene Geschäftsbereiche miteinander verglichen werden, um Kostensenkungs- oder Renditepotenziale aufzudecken. Oder in- und ausländische Tochtergesellschaften eines international ausgerichteten Konzerns können sich zu einem Projekt zusammenfinden, das auf die Verbesserung der Lieferzuverlässigkeit zielt.

Historisch gesehen war etwa um 1950 einer der Ausgangspunkte für Benchmarking der Wunsch des Vorstands von General Electric, die Gewinnwirkung unterschiedlicher Marketingstrategien in den verschiedenen Geschäftsbereichen des Konzerns miteinander zu vergleichen und die beste Strategie dort, wo möglich, gleichartig einzusetzen. Basis dafür war ein entsprechendes Forschungsprojekt (»PIMS«; **P**rofit **I**mpact of **M**arket **S**trategies) der Harvard Business School.

Der Vorteil des internen Benchmarking liegt im relativ einfachen Zugang zu Informationen. Je nach Zentralisierungsgrad sind die Daten darüber hinaus bereits mehr oder weniger standardisiert, was den Vergleich ebenfalls stark vereinfacht. Weiterhin ergibt sich der positive Effekt, dass extreme

Leistungsunterschiede zwischen den Unternehmenseinheiten verringert werden. Nachteile des Vergleichs innerhalb der Organisation bestehen darin, dass andere Unternehmenseinheiten nicht unbedingt Spitzenleistungen vorzuweisen haben und damit eventuell nur mehr oder weniger schlechte Praktiken miteinander verglichen werden.

Externes Benchmarking kann diesen Nachteil vermeiden, indem gezielt nach Unternehmen gesucht wird, welche in dem zu betrachtenden Problemfeld Weltklasse-Standards vorzuweisen haben. Dies können Konkurrenten im eigenen Markt (Wettbewerber-Benchmarking) oder auch Spitzenleistungsunternehmen in völlig fremden Branchen sein. Letzteres wird häufig auch als **funktionales** oder **generisches** Benchmarking bezeichnet, da man aus Vergleichbarkeitsgründen die zu analysierenden Felder auf bestimmte Arbeitsprozesse und Funktionen beschränken muss. Beispielsweise könnten sich eine Krankenkasse und eine Fluggesellschaft zusammenfinden, um Defizite im Leistungsniveau des Schalterservice aufzudecken. So hat auch die Erfahrung mit »PIMS« bei General Electric dazu geführt, dass diese Technik verselbstständigt wurde und unter anderem auch für ein funktionales externes Benchmarking eingesetzt wird. Aus dem Forschungsprojekt der Harvard Business School ist ein weltweit agierendes Benchmarking-Unternehmen entstanden, die PIMS Inc. mit Tochter- und Partnergesellschaften in fast allen wichtigen Industriestaaten.

Anhänger des Benchmarkings betonen, dass das funktionale Benchmarking das größte Lernpotenzial beinhalte, da Einsichten möglich seien, die zu einem radikalen Wandel von Unternehmenstätigkeiten führen können. Andererseits stellt diese Form des Vergleichs sicherlich auch die höchsten Anforderungen an das Benchmarking-Team.

Unabhängig von der konkreten Spielart besteht die Vorgehensweise beim Benchmarking grundsätzlich aus **fünf Kernphasen.** In der ersten Phase muss das Vergleichsobjekt festgelegt werden, wie zum Beispiel Produkte, Arbeitsprozesse, Kosten- oder Renditestrukturen und Kundennutzen. Es ist empfehlenswert, mit einem Bereich zu beginnen, der durch Standardisierung und ein hohes Rationalisierungspotenzial gekennzeichnet ist, damit rasch Erfolge vorzuweisen sind. In der zweiten Phase müssen die Benchmarking-Partner identifiziert werden. Die dritte Stufe umfasst die Erhebung der Informationen, was umso leichter fällt, je geringer die Komplexität und je größer der Standardisierungsgrad sind. Anschließend müssen die gesammelten Daten ausgewertet werden, was neben dem Erkennen von Unterschieden und Gemeinsamkeiten insbesondere auch die Analyse der Zusammenhänge und Einflussfaktoren beinhaltet. In der fünften und letzten Phase müssen die erkannten Verbesserungspotenziale umgesetzt werden. Wichtig ist, dass auch nach der Umsetzung das Erreichte immer wieder überprüft und an neue Erfordernisse angepasst wird. Benchmarking muss in diesem Sinne als Instrument der kontinuierlichen Verbesserung betrachtet werden.

Ein **Spezialfall des Benchmarkings** ist der Vergleich von ergebnisverantwortlichen Organisationseinheiten über **Kennzahlen.** So findet man zum Beispiel in der Bankenwelt regelmäßig wiederkehrende Vergleiche zentraler Leistungsmaßstäbe wie der **Cost-Income Ratio,** die den Geschäftsaufwand ins Verhältnis zum Bruttoertrag setzt. Insbesondere innerhalb der einzelnen Bankengruppen mit einigermaßen vergleichbarer Geschäftstätigkeit (zum Beispiel bei den Raiffeisenbanken oder den Sparkassen) sind solche Benchmarks sehr verbreitet. So fordert der Verband der Schweizerischen Kantonalbanken VSKB von seinen Mitgliedern halbjährlich finanzwirtschaftliche Daten ein und wertet diese nach den verschiedensten Kriterien aus. In den Führungsgremien und im Controlling der Kantonalbanken sind diese Vergleiche regelmäßig Gegenstand ausführlicher Erörterung.

Auch die Personalwirtschaft ist ein Gebiet, auf dem Kennzahlenvergleiche und die daran anschließende Detail-Analyse des Felds, aus dem der Benchmark stammt, durchgeführt werden. So stellt die Deutsche Gesellschaft für Personalführung (DGFP) für ein Reorganisationsprojekt dem Interessenten in einem zunächst verdeckten Verfahren unternehmensspezifische Kennzahlen aus verschiedenen Arbeitsgebieten der Personalwirtschaft zur Verfügung. Stimmt das Unternehmen, das die »best practice« besitzt, zu, kann der Interessent mit dem dort Verantwortlichen den Betriebsvergleich konkret weiterführen.

Für **kapitalintensive** Unternehmen oder Profit-Center bietet es sich an, auf Basis der in den Kapiteln zuvor dargestellten kapitalrenditeorientierten Zusammenhänge fiktive Benchmarks zu ermitteln. So könnte man etwa für ein spezifisches Geschäftsfeld diejenigen Einheiten mit der höchsten Umsatzrendite und solche mit dem höchsten Kapitalumschlag identifizieren. Durch Multiplikation ergibt sich dann ein anspruchsvoller Benchmark für eine Kapitalrendite, die sich aus der »klassenbesten« Umsatzrendite sowie dem besten Kapitalumschlag zusammensetzt.

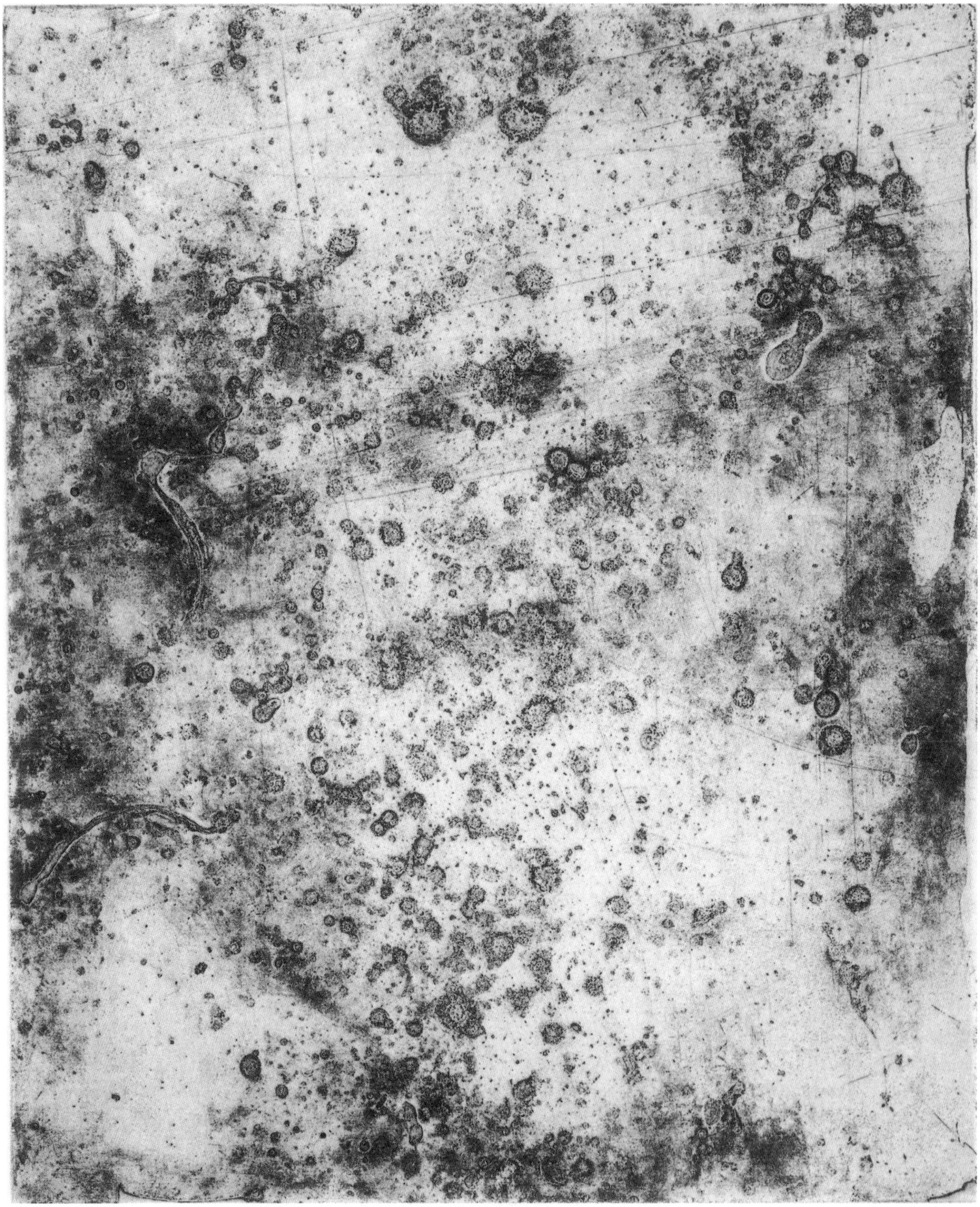

Kapitel 8
Fallbeispiele

Vorbemerkungen

Die folgenden 15 Fallstudien sind – bis auf wenige Modellrechnungen – Beispiele aus der Praxis. Aus Gründen der Vertraulichkeit sind, wo erforderlich, die Ist-Daten durch Faktormultiplikation verändert und teilweise zum besseren Verständnis vereinfacht worden.

Ort der meisten Fallbeispiele ist die Color AG, eine Produktions- und Vertriebsgesellschaft in der chemischen Industrie.

Die Beispiele sind so gewählt, dass der in den Kapiteln 1 bis 6 entwickelte Stoff gezielt nachvollzogen und vertieft werden kann. Die erforderlichen Daten zum Verständnis und zur Lösung der Problemstellungen sind in Excel-Dateien auf der beiliegenden CD-ROM komplett dokumentiert und – aus Platzgründen und zur leichteren Lesbarkeit der Fälle – nur teilweise in die Texte integriert.

Zum besseren Verständnis der Beispiele soll die Color AG kurz beschrieben werden: Die **Color AG** ist eine Tochtergesellschaft eines Chemiekonzerns mit zwei Produktionsstandorten für die Herstellung von organischen und anorganischen Pigmenten und Pigmentpräparationen. Die Produkte dienen im Wesentlichen zur Einfärbung von Lacken, Druckfarben und Kunststoffen. Die Gesellschaft ist Teil eines weltweit operierenden Unternehmensbereichs. Die Zuständigkeiten für das operative Geschäft sind in einer Matrixorganisation nach Produktbereichen und Märkten festgelegt, in die auch die Color AG eingebunden ist (▶ Abb. 8-1).

▼ Abb. 8-1 **Duale Struktur der Color AG**

Produktbereiche \ Marktgebiete/Industrien	Lacke	Druckfarben	Kunststoffe
Organische Pigmente	⬤	⬤	⬤
Anorganische Pigmente	⬤	○	⬤
Präparationen	○	○	⬤

(Die Kreisgröße entspricht der Bedeutung des Geschäfts.)

Innerhalb der drei Produktbereiche bilden die strategischen Geschäftsfelder die eigentlichen Profit-Center, in denen die Color AG mit den in ▶ Abb. 8-2 hervorgehobenen Schwerpunkten tätig ist. Zum Zeitpunkt der Fallstudien sind dies anorganische Pigmente, Polyolefin-Farbkonzentrate und klassische Azo-Druckfarbenpigmente.

▼ Abb. 8-2 **Produktbereiche Color AG nach strategischen Geschäftsfeldern**

Organische Pigmente	Anorganische Pigmente	Pigmentpräparationen
Phthalocyanin-Pigmente	**Titandioxid-Pigmente**	**Polyolefin-Farbkonzentrate (PO)**
Hochwertige organische Pigmente	**Bismutvanadat-Pigmente**	Wässrige Präparationen
Alkaliblau	**Effektpigmente**	Nichtwässrige Präparationen
Azopigmente	**Eisenoxid-Pigmente**	
	Bleichromat-Pigmente	

3 Produktbereiche
12 strategische Geschäftsfelder (7 bei der Color AG)

8.1 Aufbau eines Controllingsystems

oder
Wie kommt man von den Daten aus dem Rechnungswesen zu einem kapitalrenditeorientierten Controllingsystem?

Zielsetzung

- Eine typische finanzwirtschaftliche Berichterstattung kennen lernen.
- Controlling-Cockpit zur Kapitalrendite-Steuerung anwenden.
- Kapitel 2 »Systeme und Daten des Rechnungswesens«, Kapitel 3 »Voraussetzungen controllingrelevanter Daten und Datenstrukturen« sowie Kapitel 4 »Vom Finanzbericht zum Controlling-Cockpit« vertiefen.

Fallbeschreibung

Die **Color AG** wird durch den Chemiekonzern übernommen. Bei der Integration der Color AG in die Konzernorganisation (Unternehmensbereich) werden die Ansprüche an das Controlling deutlich erhöht.

Die Steuerung des Unternehmens erfolgt bislang fast ausschließlich mit Unterlagen des Finanzressorts und speziell des Rechnungswesens.

Die Geschäftsführung der Color AG richtet eine Stabsstelle Controlling ein und beauftragt den neuen Controller mit dem Aufbau eines Controllingsystems in Anlehnung an die Vorgaben des zuständigen Unternehmensbereichs im Konzern.

In einer Projektgruppe aus Rechnungswesen und Controlling wird festgestellt, dass die Abrechnungssysteme der Color AG wie zum Beispiel Kostenstellenrechnung, Ergebnisrechnung, finanzwirtschaftliche Berichterstattung den formalen Ansprüchen des Konzerns bereits entsprechen, jedoch spezielle Controllingsysteme zur renditeorientierten Steuerung fehlen.

Das im Unternehmensbereich entwickelte Controllingsystem soll in der Color AG übernommen werden. Um das System allen Mitarbeitern der Color AG in Marketing, Vertrieb, Produktion und Controlling nahe zu bringen, werden systematische Schulungen mit den Ist-Daten der Gesellschaft begonnen.

Für die **Schulung** liegen folgende Arbeitsunterlagen vor:

- Finanzbericht der Color AG (▶ Abb. 8-3),
- Controlling-Cockpit (▶ Abb. 8-4).

▼ Abb. 8-3 **Finanzbericht Color AG**

Finanzbericht					
in 1.000 EUR Menge in Tonnen					
Perioden	**1**	**2**	**3**	**4**	**5**
Menge Eigenerzeugnisse	**20.656**	**18.754**	**18.116**	**21.117**	**19.355**
Menge Handelswaren von Dritten	**800**	**810**	**750**	**800**	**850**
Menge Gesamt	**21.456**	**19.564**	**18.866**	**21.917**	**20.205**
Nettoumsatz Eigenerzeugnisse	243.726	237.905	236.225	264.476	242.829
Nettoumsatz Handelswaren	6.400	6.561	6.151	6.400	6.800
Nettoumsatz (NU)	**250.126**	**244.466**	**242.376**	**270.876**	**249.629**
Provisionen	5.004	4.891	4.849	5.418	4.991
Frachten	3.218	2.935	2.830	3.288	3.031
Packmittel	3.753	3.668	3.636	4.063	3.743
Absatzkosten	11.975	11.494	11.315	12.769	11.765
Rohstoffkosten	82.657	86.166	88.038	95.116	78.795
Energiekosten variabel	5.837	5.741	5.693	6.325	5.821
Einstandskosten Handelswaren	4.800	4.921	4.613	4.800	5.100
Fixe Fertigungskosten	80.568	81.646	83.522	78.947	86.208
Herstellkosten/Einstandskosten	173.862	178.474	181.866	185.188	175.924
Versandkosten	6.254	6.114	6.061	6.717	6.631
Vertriebskosten	21.037	20.496	20.364	22.640	23.316
Bruttobetriebsergebnis (BBE)	**36.998**	**27.888**	**22.770**	**43.562**	**31.993**
Forschungskosten	3.850	3.920	4.100	4.230	3.950
Verwaltungskosten	6.672	6.608	6.348	6.100	6.185
Sonstige Betriebskosten	9.478	9.472	9.552	9.670	9.865
Betriebsergebnis (BE)	**16.998**	**7.888**	**2.770**	**23.562**	**11.993**
Anlagevermögen (AV)	**148.510**	**161.547**	**166.378**	**166.327**	**146.527**

▼ Abb. 8-4 **Controlling-Cockpit (Nullversion, Basis Bruttobetriebsergebnis)**

in 1.000 EUR **Perioden**	**1**	**2**	**3**	**4**	**5**
Menge in Tonnen	**0**	**0**	**0**	**0**	**0**
Verkaufspreis EUR/kg (VP)	**0,00**	**0,00**	**0,00**	**0,00**	**0,00**
Nettoumsatz (NU)					
Bruttobetriebsergebnis (BBE)					
Umsatzrendite (BBE in % vom NU)					
Break-even (Umsatz)					
Break-even (Menge)					
Fixkosten 1	**0**	**0**	**0**	**0**	**0**
▪ *in % vom NU*					
Variable Kosten					
▪ *in % vom NU*					
▪ **EUR/kg**	**0,00**	**0,00**	**0,00**	**0,00**	**0,00**
Deckungsbeitrag (DB 1)					
▪ *in % vom NU*					
Anlagevermögen (AV)	**0**	**0**	**0**	**0**	**0**
Bruttorendite (BBE in % vom AV)					
Kapitalumschlag (NU/AV)					

Fixkostenstruktur	**in 1.000 EUR**		***in % vom NU***		**Schwachstellen**
	Periode 4	**Periode 5**	**Periode 4**	**Periode 5**	☐ Menge
▪ Versandkosten	0	0			☐ Fixkosten
▪ Vertriebskosten	0	0			☐ Preis
▪ Fertigungskosten	0	0			☐ Variable Kosten
Summe	0	0			☐ Kapitalbindung

Die Eingabefelder sind grau unterlegt.

Aufgabenstellung

- Markieren Sie redundante Informationen und unterscheiden Sie die Kostenpositionen nach fix und variabel.
- Ermitteln Sie die Strukturdaten für das Controlling-Cockpit sowie den Break-even (Umsatz und Menge) der Perioden 1 bis 5.
- Separieren Sie die Finanzdaten für Eigenerzeugnisse. Gehen Sie dabei davon aus, dass für die Handelswaren außer den Einstandskosten keine sonstigen variablen Kosten anfallen (verpackt, frei Kunde, ohne Provision). Nehmen Sie weiterhin an, dass den Handelswaren anteilige Fixkosten zugerechnet werden, die 5% Versandkosten und 20% Vertriebskosten – bezogen auf den Handelswarenumsatz – ausmachen. Um die entsprechenden absoluten Beträge können die Eigenerzeugnisse entlastet werden.
- Übertragen Sie die Steuerungsgrößen Menge, Preis, Fixkosten und variable Stückkosten sowie das Anlagevermögen in das entwickelte Formular des Controlling-Cockpits.

Lösung

▼ Abb. 8-5 **Markierung der Redundanzen und Trennung in fixe und variable Kosten**

Finanzbericht					
in 1.000 EUR Menge in Tonnen					
Perioden	**1**	**2**	**3**	**4**	**5**
Menge Eigenerzeugnisse	**20.656**	**18.754**	**18.116**	**21.117**	**19.355**
Menge Handelswaren von Dritten	**800**	**810**	**750**	**800**	**850**
Menge Gesamt	**21.456**	**19.564**	**18.866**	**21.917**	**20.205**
Nettoumsatz Eigenerzeugnisse	243.726	237.905	236.225	264.476	242.829
Nettoumsatz Handelswaren	6.400	6.561	6.151	6.400	6.800
Nettoumsatz (NU)	**250.126**	**244.466**	**242.376**	**270.876**	**249.629**
Provisionen	5.004	4.891	4.849	5.418	4.991
Frachten	3.218	2.935	2.830	3.288	3.031
Packmittel	3.753	3.668	3.636	4.063	3.743
Absatzkosten	**11.975**	**11.494**	**11.315**	**12.769**	**11.765**
Rohstoffkosten	82.657	86.166	88.038	95.116	78.795
Energiekosten variabel	5.837	5.741	5.693	6.325	5.821
Einstandskosten Handelswaren	4.800	4.921	4.613	4.800	5.100
Fixe Fertigungskosten	**80.568**	**81.646**	**83.522**	**78.947**	**86.208**
Herstellkosten/Einstandskosten	**173.862**	**178.474**	**181.866**	**185.188**	**175.924**
Versandkosten	**6.254**	**6.114**	**6.061**	**6.717**	**6.631**
Vertriebskosten	**21.037**	**20.496**	**20.364**	**22.640**	**23.316**
Bruttobetriebsergebnis (BBE)	**36.998**	**27.888**	**22.770**	**43.562**	**31.993**
Forschungskosten	**3.850**	**3.920**	**4.100**	**4.230**	**3.950**
Verwaltungskosten	**6.672**	**6.608**	**6.348**	**6.100**	**6.185**
Sonstige Betriebskosten	**9.478**	**9.472**	**9.552**	**9.670**	**9.865**
Betriebsergebnis (BE)	**16.998**	**7.888**	**2.770**	**23.562**	**11.993**
Anlagevermögen (AV)	**148.510**	**161.547**	**166.378**	**166.327**	**146.527**

- variable Kosten
- Fixkosten 1
- Fixkosten 2
- redundante/überflüssige Informationen

▼ Abb. 8-6 **Strukturdaten und Break-even (Basis Betriebsergebnis)**

in 1.000 EUR Menge in Tonnen **Perioden**	**1**	**2**	**3**	**4**	**5**
Überleitung Controllingbericht					
Summe variable Kosten	105.269	108.322	109.659	119.010	101.481
Summe Fixkosten 1	107.859	108.256	109.947	108.304	116.155
Summe Fixkosten 2	20.000	20.000	20.000	20.000	20.000
Summe Fixkosten 1 + 2	127.859	128.256	129.947	128.304	136.155
Deckungsbeitrag	144.857	136.144	132.717	151.866	148.148
Verkaufspreise (EUR/kg)	11,66	12,50	12,85	12,36	12,35
Variable Stückkosten (EUR/kg)	4,91	5,54	5,81	5,43	5,02
DB-Rate (in % vom NU)	*57,9*	*55,7*	*54,8*	*56,1*	*59,3*
Break-even (Nettoumsatz)	220.775	230.302	237.317	228.850	229.421
Break-even (Menge)	18.938	18.430	18.472	18.517	18.569

▼ Abb. 8-7 **Finanzdaten Eigenerzeugnisse**

in 1.000 EUR Menge in Tonnen **Perioden**	**1**	**2**	**3**	**4**	**5**
Überleitung Controllingbericht: Eigenwaren bis BBE					
Menge Eigenerzeugnisse	**20.656**	**18.754**	**18.116**	**21.117**	**19.355**
Verkaufspreise (EUR/kg)	**11,80**	**12,69**	**13,04**	**12,52**	**12,55**
Nettoumsatz Eigenerzeugnisse	243.726	237.905	236.225	264.476	242.829
Summe variable Kosten*	100.469	103.401	105.046	114.210	96.381
Variable Stückkosten (EUR/kg)	**4,86**	**5,51**	**5,80**	**5,41**	**4,98**
Summe Fixkosten 1 (bis BBE, also ohne Overhead)	**106.259**	**106.616**	**108.409**	**106.704**	**114.455**
Versandkosten Eigenerzeugnisse**	5.934	5.786	5.753	6.397	6.291
Vertriebskosten Eigenerzeugnisse**	19.757	19.184	19.134	21.360	21.956

* Gesamt ohne Einstandskosten Handelswaren (Handelswaren sind verpackt frei Kunde, also keine Provision, Fracht, Packmittel)

** Gesamt ohne Fixkosten Handelswaren (Handelswaren ziehen 5 % Versandkosten und 20 % Vertriebskosten vom Umsatz auf sich)

▼ Abb. 8-8 **Controlling-Cockpit Eigenerzeugnisse**

in 1.000 EUR **Perioden**	**1**	**2**	**3**	**4**	**5**
Menge in Tonnen	**20.656**	**18.754**	**18.116**	**21.117**	**19.355**
Verkaufspreis EUR/kg (VP)*	**11,80**	**12,69**	**13,04**	**12,52**	**12,55**
Nettoumsatz (NU)	243.726	237.905	236.225	264.476	242.829
Bruttobetriebsergebnis (BBE)	36.998	27.888	22.770	43.562	31.993
Umsatzrendite (BBE in % vom NU)	*15,2*	*11,7*	*9,6*	*16,5*	*13,2*
Break-even (Umsatz)	180.781	188.577	195.222	187.805	189.781
Break-even (Menge)	15.321	14.866	14.971	14.995	15.127
Fixkosten 1	**106.259**	**106.616**	**108.409**	**106.704**	**114.455**
▪ *in % vom NU*	*43,6*	*44,8*	*45,9*	*40,3*	*47,1*
Variable Kosten*	100.469	103.401	105.046	114.210	96.381
▪ *in % vom NU*	*41,2*	*43,5*	*44,5*	*43,2*	*39,7*
▪ **EUR/kg**	**4,86**	**5,51**	**5,80**	**5,41**	**4,98**
Deckungsbeitrag (DB 1)	143.257	134.504	131.179	150.266	146.448
▪ *in % vom NU*	*58,8*	*56,5*	*55,5*	*56,8*	*60,3*
Anlagevermögen (AV)	**148.510**	**161.547**	**166.378**	**166.327**	**146.527**
Bruttorendite (BBE in % vom AV)	*24,9*	*17,3*	*13,7*	*26,2*	*21,8*
Kapitalumschlag (NU/AV)	1,64	1,47	1,42	1,59	1,66

Fixkostenstruktur	**in 1.000 EUR**		***in % vom NU***		**Schwachstellen**
	Periode 4	**Periode 5**	**Periode 4**	**Periode 5**	☒ Menge
▪ Versandkosten	6.397	6.291	*2,4*	*2,6*	☒ Fixkosten
▪ Vertriebskosten	21.360	21.956	*8,1*	*9,0*	☒ Preis
▪ Fertigungskosten	78.947	86.208	*29,9*	*35,5*	☐ Variable Kosten
Summe	106.704	114.455	*40,3*	*47,1*	☐ Kapitalbindung

* gerundet

8.2 Modellbetrachtung »Sanierung einer Produktlinie«

oder
Wie verändert sich die Rendite einer Produktlinie bei kontinuierlicher Veränderung der Ergebnisparameter sowie der Kapitalbindung?

Zielsetzung

- Einflussgrößen eines Profit-Centers analysieren.
- Abschnitte 4.2 »Kosten- und Ertragsstruktur eines Profit-Centers und seine Steuerungsgrößen«, 5.3 »Break-even-Analyse« und 5.4 »Planergebnisrechnung« vertiefen.

Fallbeschreibung

Mit der Einführung des **kapitalrenditeorientierten Controllingsystems** ist es erforderlich, umfangreiche Schulungen durchzuführen. Ziel dieser Schulungen ist unter anderem, dem Management ein »Gespür« zu vermitteln, wie stark die Veränderung des Anlagevermögens und der vier Steuerungsgrößen Menge, Preis, variable Stückkosten und Fixkosten die Umsatz- und die Kapitalrendite sowie den Kapitalumschlag beeinflussen.

Aufgabenstellung

Erstellen Sie für Schulungszwecke eine Modellrechnung, bei der in jeder Periode jeweils ein Parameter gegenüber der jeweiligen Vorperiode wie folgt verändert wird (»best case«):

- Menge: +10% (zu verändern in Periode 1)
- Verkaufspreise: +10% (zu verändern in Periode 2)
- Fixkosten: –10% (zu verändern in Periode 3)
- Variable Stückkosten: –10% (zu verändern in Periode 4)
- Anlagevermögen: –10% (zu verändern in Periode 5).

▶ Abb. 8-9 zeigt die Ausgangssituation:

▼ Abb. 8-9 **Ausgangssituation Sanierung**

in 1.000 EUR **Perioden**	**Ist**	**1**	**2**	**3**	**4**	**5**
Menge in Tonnen	**1.000**					
Verkaufspreis EUR/kg (VP)	**100,00**					
Nettoumsatz (NU)	100.000					
Bruttobetriebsergebnis (BBE)	–10.000					
Umsatzrendite (BBE in % vom NU)	*–10,0*					
Break-even (Umsatz)	120.000					
Break-even (Menge)	1.200					
Fixkosten 1	**60.000**					
■ *in % vom NU*	*60,0*					
Variable Kosten	50.000					
■ *in % vom NU*	*50,0*					
■ **EUR/kg**	**50,00**					
Deckungsbeitrag (DB 1)	50.000					
■ *in % vom NU*	*50,0*					
Anlagevermögen (AV)	**100.000**					
Bruttorendite (BBE in % vom AV)	*–10,0*					
Kapitalumschlag (NU/AV)	1,00					

Umsatz- und Kapitalrendite liegen bei einem schwachen Kapitalumschlag von 1,0 bei jeweils –10%. Alle vier Ergebnisparameter sowie die Kapitalbindung tragen zum schlechten Ergebnis bei.

Lösung

Die einzelnen Schritte führen das Profit-Center insgesamt deutlich in die Gewinnzone; die Umsatzrendite verbessert sich von –10% auf +14,5% (▶ Abb. 8-10).

Die DB-Rate steigt von 50% auf über 59%, die Fixkostenstruktur verbessert sich von 60% auf 44,6% vom Nettoumsatz.

Durch eine weitere Reduzierung des Anlagevermögens (von 100 Mio. EUR auf 90 Mio. EUR) erhöht sich der Kapitalumschlag auf 1,34 und hebelt damit die Umsatzrendite von 14,5% auf eine Bruttorendite von fast 20%.

In der Ausgangssituation lag der Umsatz unter dem Break-even von 120 Mio. EUR. Durch die Verbesserungen bei Preis, Fixkosten und variablen Stückkosten sinkt er auf ein Niveau von circa 91 Mio. EUR, verbessert sich also um fast 29 Mio. EUR.

▼ Abb. 8-10 **Sanierung**

in 1.000 EUR **Perioden**	**Ist**	**1**	**2**	**3**	**4**	**5**
Menge in Tonnen	**1.000**	**1.100**	**1.100**	**1.100**	**1.100**	**1.100**
Verkaufspreis EUR/kg (VP)	**100,00**	**100,00**	**110,00**	**110,00**	**110,00**	**110,00**
Nettoumsatz (NU)	100.000	110.000	121.000	121.000	121.000	121.000
Bruttobetriebsergebnis (BBE)	–10.000	–5.000	6.000	12.000	17.500	17.500
Umsatzrendite (BBE in % vom NU)	*–10,0*	*–4,5*	*5,0*	*9,9*	*14,5*	*14,5*
Break-even (Umsatz)	120.000	120.000	110.000	99.000	91.385	91.385
Break-even (Menge)	1.200	1.200	1.000	900	831	831
Fixkosten 1	**60.000**	**60.000**	**60.000**	**54.000**	**54.000**	**54.000**
▪ *in % vom NU*	*60,0*	*54,5*	*49,6*	*44,6*	*44,6*	*44,6*
Variable Kosten	50.000	55.000	55.000	55.000	49.500	49.500
▪ *in % vom NU*	*50,0*	*50,0*	*45,5*	*45,5*	*40,9*	*40,9*
▪ **EUR/kg**	**50,00**	**50,00**	**50,00**	**50,00**	**45,00**	**45,00**
Deckungsbeitrag (DB 1)	50.000	55.000	66.000	66.000	71.500	71.500
▪ *in % vom NU*	*50,0*	*50,0*	*54,5*	*54,5*	*59,1*	*59,1*
Anlagevermögen (AV)	**100.000**	**100.000**	**100.000**	**100.000**	**100.000**	**90.000**
Bruttorendite (BBE in % vom AV)	*–10,0*	*–5,0*	*6,0*	*12,0*	*17,5*	*19,4*
Kapitalumschlag (NU/AV)	1,00	*1,10*	*1,21*	*1,21*	*1,21*	*1,34*

8.3 Zukauf von Handelswaren: ja oder nein?

oder
Wie wirkt sich der Zukauf von Handelswaren auf das Ergebnis aus?

Zielsetzung

- Relevante Kenngrößen der Ergebnisrechnung erkennen und analysieren.
- Durchführen einer einfachen Dispositionsrechnung.
- Abschnitte 3.3 »Trennung verschiedener Warenursprünge« und 5.2 »Dispositionsrechnung« vertiefen.

Fallbeschreibung

Durch Sortiments- und Produktbereinigungen kommt es – vor allem an einem der beiden Standorte der Color AG – zu einer spürbaren Stagnation des Geschäfts. Insbesondere der logistische Bereich (Fertigwarenlager, Disposition, Einkauf) hat genügend Kapazität für ein deutlich größeres Geschäftsvolumen. Man hatte in den letzten Jahren umfangreich in Neuanlagen und Infrastruktur investiert und dadurch deutliche Kapazitätsreserven geschaffen. Ein »Rückbau« dieser Reserven und die daraus resultierende Anpassung an die Eigenproduktion würden keinen signifikanten liquiditätswirksamen Fixkostenabbau ermöglichen. Da Marketing und Vertrieb erhebliche Zusatzgeschäfte mit Handelswaren befürworten, werden mit Wettbewerbern (Co-Manufacturer) Verhandlungen über die Zulieferung von Pigmenten aufgenommen.

Die Geschäftsleitung der Color AG steht der **Aufnahme eines zusätzlichen Handelsgeschäfts** jedoch skeptisch gegenüber, weil dieses ihrer Ansicht nach ein Verlustgeschäft sei und außerdem die Umsatzrendite des Gesamtgeschäfts negativ beeinflusse. Das Controlling soll den Werkleiter und die Verantwortlichen der Logistik überzeugen, dass ein Handelsgeschäft sowohl den Standort als auch die Color AG insgesamt besser stellt.

In einer Modellrechnung soll daher gezeigt werden, wie sich das Ergebnis der Perioden 1 bis 5 durch ein zusätzliches Handelsgeschäft ändern würde.

Folgende Unterlagen stehen Ihnen dabei zur Verfügung:
- Definition des Handelsgeschäfts (▶ Abb. 8-11),
- Ergebnisrechnung der Eigenproduktion (▶ Abb. 8-12).

▼ Abb. 8-11 **Definition Handelsgeschäft**

in 1.000 EUR **Perioden**	**1**	**2**	**3**	**4**	**5**
Zukauf/Absatz in Tonnen	2.800	2.810	2.750	2.800	2.850
Verkaufspreis (EUR/kg)	8,00	8,10	8,20	8,00	8,00
Nettoumsatz	22.400	22.761	22.550	22.400	22.800
Einstandspreis (EUR/kg)*	6,00	6,08	6,15	6,00	6,00
Fixkostenaufbau	**1.000 pro Periode (Jahr) Vertriebskosten**				

* jeweils 75 % vom Verkaufspreis, also 25 % Co-Manufacturer-Marge

▼ Abb. 8-12 **Ergebnisrechnung Eigenerzeugnisse**

in 1.000 EUR **Perioden**	**1**	**2**	**3**	**4**	**5**
Menge in Tonnen	**20.656**	**18.754**	**18.116**	**21.117**	**19.355**
Verkaufspreis EUR/kg (VP)	**11,80**	**12,69**	**13,04**	**12,52**	**12,55**
Nettoumsatz (NU)	243.726	237.905	236.225	264.476	242.829
Bruttobetriebsergebnis (BBE)	36.998	27.888	22.770	43.562	31.993
Umsatzrendite (BBE in % vom NU)	*15,2*	*11,7*	*9,6*	*16,5*	*13,2*
Break-even (Umsatz)	180.781	188.577	195.222	187.805	189.781
Break-even (Menge)	15.321	14.866	14.971	14.995	15.127
Fixkosten 1	**106.259**	**106.616**	**108.409**	**106.704**	**114.455**
▪ *in % vom NU*	*43,6*	*44,8*	*45,9*	*40,3*	*47,1*
Variable Kosten	100.469	103.401	105.046	114.210	96.381
▪ *in % vom NU*	*41,2*	*43,5*	*44,5*	*43,2*	*39,7*
▪ **EUR/kg**	**4,86**	**5,51**	**5,80**	**5,41**	**4,98**
Deckungsbeitrag (DB 1)	143.257	134.504	131.179	150.266	146.448
▪ *in % vom NU*	*58,8*	*56,5*	*55,5*	*56,8*	*60,3*
Anlagevermögen (AV)	**148.510**	**161.547**	**166.378**	**166.327**	**146.527**
Bruttorendite (BBE in % vom AV)	*24,9*	*17,3*	*13,7*	*26,2*	*21,8*
Kapitalumschlag (NU/AV)	1,64	1,47	1,42	1,59	1,66

Fixkostenstruktur	**in 1.000 EUR**		***in % vom NU***		**Schwachstellen**
	Periode 4	**Periode 5**	**Periode 4**	**Periode 5**	☒ Menge
▪ Versandkosten	6.397	6.291	*2,4*	*2,6*	☒ Fixkosten
▪ Vertriebskosten	21.360	21.956	*8,1*	*9,0*	☒ Preis
▪ Fertigungskosten	78.947	86.208	*29,9*	*35,5*	☐ Variable Kosten
Summe	106.704	114.455	*40,3*	*47,1*	☐ Kapitalbindung

In der zusätzlichen Ergebnisrechnung »Handelswaren« (Vollkosten) ziehen die Handelswaren fixe Kosten auf sich, und zwar Vertriebskosten in Höhe von 20 % vom Nettoumsatz und Versandkosten in Höhe von 5 % vom Nettoumsatz. Um dieselben Umsatzkosten wird die Ergebnisrechnung »Eigenerzeugnisse« entlastet. Es kommt also zu einer Umverteilung von Fixkosten zugunsten der Eigenerzeugnisse. Aufgrund der relativ hohen Menge muss die Color AG ihre Vertriebsorganisation ausbauen; das erfordert einen Fixkostenaufbau im Vertrieb von 1 Mio. EUR pro Jahr.

Aufgabenstellung

- Erstellen Sie eine Ergebnisrechnung für das zusätzliche Geschäft »Handelswaren«.
- Wie verändert sich die Ergebnisrechnung für die Eigenerzeugnisse nach Aufbau des Handelsgeschäfts unter Berücksichtigung der Tatsache, dass die Handelswaren einen Teil der Versand- und Vertriebskosten über entsprechende Fixkostenschlüssel »auf sich ziehen«?
- Erstellen Sie eine Ergebnisrechnung für das gesamte Geschäft inklusive der Handelswaren.

Lösung

In der Ergebnisrechnung Handelswaren (▶ Abb. 8-13) übersteigen zwar die zugeordneten und zusätzlichen liquiditätswirksamen Fixkosten die Deckungsbeiträge (aus 25 % Marge), so dass ein negatives Bruttobetriebsergebnis in Höhe von 1 Mio. EUR resultiert. Die Fixkostenentlastung der Eigenerzeugnisse führt jedoch zu einer deutlichen Renditeerhöhung dieses Profit-Centers. Das ist gegenüber der Ausgangssituation ohne Handelswaren eine spürbare Verbesserung (siehe zum Vergleich ◀ Abb. 8-12). So steigt die Bruttorendite der Eigenproduktion (▶ Abb. 8-14) aufgrund der relativ hohen Fixkostenentlastung von 21,8 auf 25,7 % (in Periode 5).

▼ Abb. 8-13 **Ergebnisrechnung Handelswaren**

in 1.000 EUR **Perioden**	**1**	**2**	**3**	**4**	**5**
Menge in Tonnen	**2.800**	**2.810**	**2.750**	**2.800**	**2.850**
Verkaufspreis EUR/kg (VP)	**8,00**	**8,10**	**8,20**	**8,00**	**8,00**
Nettoumsatz (NU)	22.400	22.761	22.550	22.400	22.800
Bruttobetriebsergebnis (BBE)	−1.000	−1.000	−1.000	−1.000	−1.000
Umsatzrendite (BBE in % vom NU)	*−4,5*	*−4,4*	*−4,4*	*−4,5*	*−4,4*
Fixkosten 1	**6.600**	**6.690**	**6.638**	**6.600**	**6.700**
▪ *in % vom NU*	*29,5*	*29,4*	*29,4*	*29,5*	*29,4*
Variable Kosten	16.800	17.071	16.913	16.800	17.100
▪ *in % vom NU*	*75,0*	*75,0*	*75,0*	*75,0*	*75,0*
▪ **EUR/kg**	**6,00**	**6,08**	**6,15**	**6,00**	**6,00**
Deckungsbeitrag (DB 1)	5.600	5.690	5.638	5.600	5.700
▪ *in % vom NU*	*25,0*	*25,0*	*25,0*	*25,0*	*25,0*

▼ Abb. 8-14 **Ergebnisrechnung Eigenproduktion nach Entlastung durch Handelswaren**

in 1.000 EUR **Perioden**	**1**	**2**	**3**	**4**	**5**
Menge in Tonnen	**20.656**	**18.754**	**18.116**	**21.117**	**19.355**
Verkaufspreis EUR/kg (VP)	**11,80**	**12,69**	**13,04**	**12,52**	**12,55**
Nettoumsatz (NU)	243.726	237.905	236.225	264.476	242.829
Bruttobetriebsergebnis (BBE)	42.598	33.579	28.407	49.162	37.693
Umsatzrendite (BBE in % vom NU)	*17,5*	*14,1*	*12,0*	*18,6*	*15,5*
Fixkosten 1 (inklusive Entlastung)	**100.659**	**100.926**	**102.772**	**101.104**	**108.755**
▪ *in % vom NU*	*41,3*	*42,4*	*43,5*	*38,2*	*44,8*
Anlagevermögen (AV)	**148.510**	**161.547**	**166.378**	**166.327**	**146.527**
Bruttorendite (BBE in % vom AV)	*28,7*	*20,8*	*17,1*	*29,6*	*25,7*
Kapitalumschlag (NU/AV)	1,64	1,47	1,42	1,59	1,66

► Abb. 8-15 enthält die Ergebnisrechnung für das gesamte Geschäft inklusive der Handelswaren. Sie zeigt eine klare Verbesserung der Kapitalrendite (Bruttorendite) gegenüber der Ausgangssituation um über 3 Prozentpunkte (in Periode 5).

▼ Abb. 8-15 **Ergebnisrechnung gesamt inklusive Handelswaren**

in 1.000 EUR **Perioden**	**1**	**2**	**3**	**4**	**5**
Menge in Tonnen	**23.456**	**21.564**	**20.866**	**23.917**	**22.205**
Nettoumsatz (NU)	**266.126**	**260.666**	**258.775**	**286.876**	**265.629**
Bruttobetriebsergebnis (BBE)	41.598	32.579	27.407	48.162	36.693
Umsatzrendite (BBE in % vom NU)	*15,6*	*12,5*	*10,6*	*16,8*	*13,8*
Fixkosten 1	**107.259**	**107.616**	**109.409**	**107.704**	**115.455**
▪ *in % vom NU*	*40,3*	*41,3*	*42,3*	*37,5*	*43,5*
Variable Kosten	**117.269**	**120.472**	**121.959**	**131.010**	**113.481**
▪ *in % vom NU*	*44,1*	*46,2*	*47,1*	*45,7*	*42,7*
▪ **EUR/kg**	**5,00**	**5,59**	**5,84**	**5,48**	**5,11**
Deckungsbeitrag (DB 1)	148.857	140.194	136.817	155.866	152.148
▪ *in % vom NU*	*55,9*	*53,8*	*52,9*	*54,3*	*57,3*
Anlagevermögen (AV)	**148.510**	**161.547**	**166.378**	**166.327**	**146.527**
Bruttorendite (BBE in % vom AV)	*28,0*	*20,2*	*16,5*	*29,0*	*25,0*
Kapitalumschlag (NU/AV)	1,79	1,61	1,56	1,72	1,81

Dazu nochmals im Vergleich Eigenerzeugnisse ohne Handelswaren (◄ Abb. 8-12):

Menge in Tonnen	**20.656**	**18.754**	**18.116**	**21.117**	**19.355**
Nettoumsatz (NU)	243.726	237.905	236.225	264.476	242.829
Bruttobetriebsergebnis (BBE)	36.998	27.888	22.770	43.562	31.993
Umsatzrendite (BBE in % vom NU)	*15,2*	*11,7*	*9,6*	*16,5*	*13,2*
Anlagevermögen (AV)	**148.510**	**161.547**	**166.378**	**166.327**	**146.527**
Bruttorendite (BBE in % vom AV)	*24,9*	*17,3*	*13,7*	*26,2*	*21,8*
Kapitalumschlag (NU/AV)	1,64	1,47	1,42	1,59	1,66

8.4 Schließung eines Produktionsbetriebs

oder
Wie wirkt sich die Schließung eines einzelnen Betriebs auf einen Standort aus?

Zielsetzung

- Relevante Kenngrößen einer Ergebnisrechnung erkennen und analysieren.
- Dispositionsrechnung mit dem Ziel der Teilschließung durchführen.
- Abschnitte 4.2 »Kosten- und Ertragsstruktur eines Profit-Centers und seine Steuerungsgrößen« sowie 5.2 »Dispositionsrechnung« vertiefen.

Fallbeschreibung

Eine größere Pigmentklasse im Werk 1 – **organisches Pigmentgelb** zur Herstellung gelber Skalendruckfarben – ist durch Preisverfall und Mengenrückgang in die Verlustzone gerutscht. Größere Anstrengungen, den Fixkostenblock und das Anlagevermögen anzupassen und die Rohstoffkosten der Rezeptur zu optimieren, können den Ergebniseinbruch nicht aufhalten. Eine Preiskorrektur ist nicht möglich.

Die Muttergesellschaft hatte bereits vor Jahren auf den Ergebnisverfall aller organischen Druckfarbenpigmente reagiert und – um weltweit konkurrenzfähiger Anbieter in diesem großen Arbeitsgebiet bleiben zu können – die Verlagerung dieser Pigmentklassen auf einen neu gegründeten Standort in China beschlossen. Angesichts der unhaltbaren Situation von Pigmentgelb im Werk 1 der Color AG wird eine Teilschließung und eine möglichst zügige Verlagerung nach China erwogen. Der Controller wird zusammen mit dem Werkleiter und dem Produktionsleiter der Anlage »Pigmentgelb« beauftragt, die **Folgen der Teilschließung** auf den Standort zu prüfen. Falls sich das Gesamtergebnis des Standorts nicht verschlechtern oder sogar verbessern sollte, dürfte damit die Abstimmung mit den Arbeitnehmervertretungen – dem Betriebsrat und dem Wirtschaftsausschuss – sowie der Belegschaft erleichtert werden.

Durch die Schließung einer kompletten Produktlinie ist davon auszugehen, dass ein Großteil der originären – also direkt mit der Produktion und dem Absatz (Versand, Disposition, Vertrieb) zusammenhängenden – Fixkosten abgebaut werden kann. Nach Durchsicht aller Kostenstellen wird in der Tat eine durchschnittliche Abbaurate von 70 % festgestellt.

Das Anlagevermögen soll stillgelegt, das Betriebspersonal komplett abgebaut und durch »Streckung« der Schließungsphase über ein halbes Jahr sozialverträglich in anderen Betrieben des Standorts weiterbeschäftigt werden. Dafür können Neueinstellungen an diesen Stellen entfallen.

Die ▶ Abb. 8-16 und 8-17 zeigen die Kosten- und Ertragsstruktur von Werk 1 gesamt sowie von Pigmentgelb allein.

▼ Abb. 8-16 **Kosten- und Ertragsstruktur von Werk 1 (inklusive Pigmentgelb)**

in 1.000 EUR **Perioden**	**1**	**2**	**3**	**4**	**5**
Menge in Tonnen	**7.684**	**6.949**	**7.090**	**7.582**	**6.432**
Verkaufspreis EUR/kg (VP)	**15,09**	**17,01**	**17,44**	**16,87**	**17,32**
Nettoumsatz (NU)	115.952	118.202	123.650	127.908	111.402
Bruttobetriebsergebnis (BBE)	13.474	10.996	11.920	17.230	4.512
Umsatzrendite (BBE in % vom NU)	*11,6*	*9,3*	*9,6*	*13,5*	*4,1*
Break-even (Umsatz)	91.832	97.828	101.248	95.931	103.516
Break-even (Menge)	6.086	5.751	5.805	5.686	5.977
Fixkosten 1	**51.302**	**52.796**	**53.875**	**51.690**	**59.229**
■ *in % vom NU*	*44,2*	*44,7*	*43,6*	*40,4*	*53,2*
Variable Kosten	51.175	54.411	57.854	58.988	47.661
■ *in % vom NU*	*44,1*	*46,0*	*46,8*	*46,1*	*42,8*
■ **EUR/kg**	**6,66**	**7,83**	**8,16**	**7,78**	**7,41**
Deckungsbeitrag (DB 1)	64.776	63.792	65.795	68.920	63.741
■ *in % vom NU*	*55,9*	*54,0*	*53,2*	*53,9*	*57,2*
Anlagevermögen (AV)	**72.023**	**89.760**	**86.658**	**82.560**	**72.012**
Bruttorendite (BBE in % vom AV)	*18,7*	*12,3*	*13,8*	*20,9*	*6,3*
Kapitalumschlag (NU/AV)	1,61	1,32	1,43	1,55	1,55

Fixkostenstruktur	**in 1.000 EUR**		***in % vom NU***		**Schwachstellen**
	Periode 4	**Periode 5**	**Periode 4**	**Periode 5**	☒ Menge
■ Versandkosten	2.465	2.205	*1,9*	*2,0*	☒ Fixkosten
■ Vertriebskosten	10.774	10.526	*8,4*	*9,4*	☐ Preis
■ Fertigungskosten	38.451	46.498	*30,1*	*41,7*	☒ Variable Kosten
Summe	51.690	59.229	*40,4*	*53,2*	☐ Kapitalbindung

▼ Abb. 8-17 **Kosten- und Ertragsstruktur von Pigmentgelb allein (Werk 1)**

in 1.000 EUR **Perioden**	**1**	**2**	**3**	**4**	**5**
Menge in Tonnen	**1.007**	**1.061**	**1.330**	**1.356**	**928**
Verkaufspreis EUR/kg (VP)	**19,29**	**18,42**	**16,93**	**15,51**	**15,10**
Nettoumsatz (NU)	19.425	19.544	22.517	21.032	14.013
Bruttobetriebsergebnis (BBE)	172	−61	−1.813	−1.615	−2.838
Umsatzrendite (BBE in % vom NU)	*0,9*	*−0,3*	*−8,1*	*−7,7*	*−20,3*
Break-even (Umsatz)	19.005	19.697	27.633	25.662	21.014
Break-even (Menge)	985	1.069	1.632	1.655	1.392
Fixkosten 1	**7.803**	**7.881**	**9.793**	**8.951**	**8.517**
▪ *in % vom NU*	*40,2*	*40,3*	*43,5*	*42,6*	*60,8*
Variable Kosten	11.450	11.724	14.537	13.696	8.333
▪ *in % vom NU*	*58,9*	*60,0*	*64,6*	*65,1*	*59,5*
▪ **EUR/kg**	**11,37**	**11,05**	**10,93**	**10,10**	**8,98**
Deckungsbeitrag (DB 1)	7.975	7.820	7.980	7.336	5.679
▪ *in % vom NU*	*41,1*	*40,0*	*35,4*	*34,9*	*40,5*
Anlagevermögen (AV)	**12.660**	**12.322**	**13.207**	**9.063**	**7.713**
Bruttorendite (BBE in % vom AV)	*1,4*	*−0,5*	*−13,7*	*−17,8*	*−36,8*
Kapitalumschlag (NU/AV)	1,53	1,59	1,70	2,32	1,82

Fixkostenstruktur	**in 1.000 EUR**		***in % vom NU***		**Schwachstellen**
	Periode 4	**Periode 5**	**Periode 4**	**Periode 5**	☒ Menge
▪ Versandkosten	427	318	*2,0*	*2,3*	☒ Fixkosten
▪ Vertriebskosten	1.595	1.004	*7,6*	*7,2*	☒ Preis
▪ Fertigungskosten	6.929	7.195	*32,9*	*51,3*	☒ Variable Kosten
Summe	8.951	8.517	*42,6*	*60,8*	☐ Kapitalbindung

Aufgabenstellung

- Erstellen Sie eine Ergebnisrechnung für Werk 1 ohne Pigmentgelb laut Vorgaben.
- Vergleichen Sie die beiden Ergebnisrechnungen für Werk 1 mit und ohne Pigmentgelb. Sind die Bedenken der Arbeitnehmervertreter bezüglich einer weiteren Ergebnisverschlechterung berechtigt?

Lösung

Gegenüber der ursprünglichen Ergebnisrechnung (◀ Abb. 8-16) ist der Standort ohne Pigmentgelb – **rückwirkend über alle 5 Perioden gerechnet** – nicht schlechter als mit Pigmentgelb, ab Periode 3 sogar leicht rentabler (▶ Abb. 8-18). Die Schließung wird also zum richtigen Zeitpunkt durchgeführt.

▼ Abb. 8-18 **Ergebnisrechnung von Werk 1 ohne Pigmentgelb**

in 1.000 EUR **Perioden**	**1**	**2**	**3**	**4**	**5**
Menge in Tonnen	**6.677**	**5.888**	**5.760**	**6.226**	**5.504**
Verkaufspreis EUR/kg (VP)	**14,46**	**16,76**	**17,56**	**17,17**	**17,69**
Nettoumsatz (NU)	96.527	98.659	101.133	106.877	97.389
Bruttobetriebsergebnis (BBE)	10.961	8.693	10.795	16.160	4.795
Umsatzrendite (BBE in % vom NU)	*11,4*	*8,8*	*10,7*	*15,1*	*4,9*
Break-even (Umsatz)	77.900	83.336	82.249	78.832	89.347
Break-even (Menge)	5.389	4.974	4.684	4.592	5.049
Fixkosten 1	**45.840**	**47.279**	**47.020**	**45.424**	**53.267**
▪ *in % vom NU*	*47,5*	*47,9*	*46,5*	*42,5*	*54,7*
Variable Kosten	39.726	42.687	43.318	45.292	39.328
▪ *in % vom NU*	*41,2*	*43,3*	*42,8*	*42,4*	*40,4*
▪ **EUR/kg**	**5,95**	**7,25**	**7,52**	**7,27**	**7,15**
Deckungsbeitrag (DB 1)	56.801	55.972	57.815	61.584	58.062
▪ *in % vom NU*	*58,8*	*56,7*	*57,2*	*57,6*	*59,6*
Anlagevermögen (AV)	**59.363**	**77.438**	**73.451**	**73.497**	**64.299**
Bruttorendite (BBE in % vom AV)	*18,5*	*11,2*	*14,7*	*22,0*	*7,5*
Kapitalumschlag (NU/AV)	1,63	1,27	1,38	1,45	1,51

Fixkostenstruktur	**in 1.000 EUR**		***in % vom NU***		**Schwachstellen**
	Periode 4	**Periode 5**	**Periode 4**	**Periode 5**	☒ Menge
▪ Versandkosten	2.166	1.982	*2,0*	*2,0*	☒ Fixkosten
▪ Vertriebskosten	9.658	9.823	*9,0*	*10,1*	☐ Preis
▪ Fertigungskosten	33.601	41.462	*31,4*	*42,6*	☒ Variable Kosten
Summe	45.424	53.267	*42,5*	*54,7*	☐ Kapitalbindung

In der Praxis kommt es relativ selten vor, dass der Verlust an Deckungsbeiträgen kleiner ist als die abbaubaren Fixkosten. Die Schließung des unrentabel arbeitenden Pigmentgelb-Betriebs kann unter diesen Bedingungen problemlos durchgeführt werden. Nach Teilschließung ist das Werk – trotz erheblicher Einbußen an Umsatz und Deckungsbeitrag – rentabler als vorher. Der eigentliche Vorteil der Schließung liegt aber in der Verlagerung nach China (siehe dazu ausführlicher das nächste Fallbeispiel).

8.5 Verlagerung einer Produktlinie

oder
Lohnt sich die Verlagerung der stillgelegten Pigmentgelb-Produktion im Werk 1 nach China?

Zielsetzung

- Relevante Kenngrößen bei Stilllegung und Verlagerung erkennen und analysieren.
- Verlagerungsplanung durchführen.
- Abschnitte 5.2 »Dispositionsrechnung« und 5.4 »Planergebnisrechnung« vertiefen.

Fallbeschreibung

Eine größere Pigmentklasse im Werk 1 der Color AG – **Organisches Pigmentgelb** – zur Herstellung gelber Skalendruckfarben ist durch Preisverfall und Mengenrückgang erheblich in die Verlustzone gerutscht (siehe auch das vorangehende Fallbeispiel 8.4).

Angesichts der unhaltbaren Situation von Pigmentgelb im Werk 1 wird eine Teilschließung und möglichst zügige Verlagerung nach China eingeleitet.

Mit der **Verlagerung nach China** können die bisherigen Absatzmärkte mit circa 1.000 Tonnen weiterbeliefert und nach Stabilisierung der Produktion auch lokal entwickelt werden.

Die Preisplanung geht (inflationsneutral) vom letzten Preisniveau laut Periode 5 aus (Verkaufspreis: 15,10 EUR/kg).

Durch erheblich günstigere lokale Rohstoffe (inklusive Exportvergütung) können die variablen Stückkosten von bisher 8,98 auf 7,00 EUR/kg gesenkt werden.

Die Produktion und der Absatz sollen im dritten Planjahr 1.000 Tonnen und im fünften Planjahr die Kapazitätsgrenze von 1.200 Tonnen erreichen. Dafür wird eine Anlage mit einer Investition von 5 Mio. EUR erstellt.

Die sprungfixen Kosten für Versand, Vertrieb und Fertigung steigen – analog zur rasch zunehmenden Menge – von 3 Mio. EUR auf 7 Mio. EUR im fünften Planjahr. Die Versandkosten liegen jeweils bei 2 % vom Umsatz, die Vertriebskosten bei 5 % vom Umsatz; der Rest sind fixe Fertigungskosten.

Zusammen mit dem Bereichscontroller der Muttergesellschaft, dem Marketing »Organische Pigmente« und der Produktionsleitung, die auch für den neuen China-Standort verantwortlich ist, wird eine Planergebnisrechnung für Pigmentgelb am Standort China erstellt.

Vorgabe für eine Verlagerung ist eine langfristig rentable Produktion mit Ziel-Renditen von > 10 % Umsatzrendite (Basis BBE) und > 20 % Kapitalrendite (Bruttorendite auf Basis BBE).

Die Eckdaten der 5-Jahres-Planung lauten (▶ Abb. 8-19):

▼ Abb. 8-19 **5-Jahres-Plan China-Plant**

China-Plant					
Periode	**1**	**2**	**3**	**4**	**5**
Absatz in Tonnen	300	800	1.000	1.100	1.200
Verkaufspreis (EUR/kg)	15,10	15,10	15,10	15,10	15,10
Nettoumsatz (1.000 EUR)	4.530	12.080	15.100	16.610	18.120
variable Kosten (EUR/kg)	7,00	7,00	7,00	7,00	7,00
Fixkosten (1.000 EUR)	3.000	6.000	6.500	7.000	7.000
Anlagevermögen (1.000 EUR)	5.000	5.000	5.000	5.000	5.000

Aufgabenstellung

Erstellen Sie eine Planergebnisrechnung für Pigmentgelb am Standort China laut Vorgaben.

Lösung

Ausgehend von den Daten der 5-Jahres-Planung »China-Plant« ergibt sich die Ergebnisplanung gemäß ▶ Abb. 8-20. Die Periode 5 zeigt zum Vergleich noch einmal die Daten von Pigmentgelb am »alten« Standort (siehe ◀ Abb. 8-17).

Das Profit-Center in China erreicht bereits während des zweiten vollen Betriebsjahrs den Break-even. Mit dem Erreichen der Plankapazität von 1.200 Tonnen erhöht sich die Umsatzrendite auf ein Niveau von 15 %. Aufgrund eines hohen Kapitalumschlags von circa 3,6 liegt die Kapitalrendite (Bruttorendite) bei fast 55 %. Damit gelingt es, die Produktlinie »Organisches Pigmentgelb« weiterzuführen.

▼ Abb. 8-20 **Planergebnisrechnung Pigmentgelb China-Plant**

in 1.000 EUR	Periode 5	Plan 1	Plan 2	Plan 3	Plan 4	Plan 5
Menge in Tonnen	**928**	**300**	**800**	**1.000**	**1.100**	**1.200**
Verkaufspreis EUR/kg (VP)	**15,10**	**15,10**	**15,10**	**15,10**	**15,10**	**15,10**
Nettoumsatz (NU)	14.013	4.530	12.080	15.100	16.610	18.120
Bruttobetriebsergebnis (BBE)	−2.838	−570	480	1.600	1.910	2.720
Umsatzrendite (BBE in % vom NU)	*−20,3*	*−12,6*	*4,0*	*10,6*	*11,5*	*15,0*
Break-even (Umsatz)	21.014	5.593	11.185	12.117	13.049	13.049
Break-even (Menge)	1.392	370	741	802	864	864
Fixkosten 1	**8.517**	**3.000**	**6.000**	**6.500**	**7.000**	**7.000**
▪ *in % vom NU*	*60,8*	*66,2*	*49,7*	*43,0*	*42,1*	*38,6*
Variable Kosten	8.333	2.100	5.600	7.000	7.700	8.400
▪ *in % vom NU*	*59,5*	*46,4*	*46,4*	*46,4*	*46,4*	*46,4*
▪ **EUR/kg**	**8,98**	**7,00**	**7,00**	**7,00**	**7,00**	**7,00**
Deckungsbeitrag (DB 1)	5.679	2.430	6.480	8.100	8.910	9.720
▪ *in % vom NU*	*40,5*	*53,6*	*53,6*	*53,6*	*53,6*	*53,6*
Anlagevermögen (AV)	**7.713**	**5.000**	**5.000**	**5.000**	**5.000**	**5.000**
Bruttorendite (BBE in % vom AV)	*−36,8*	*−11,4*	*9,6*	*32,0*	*38,2*	*54,4*
Kapitalumschlag (NU/AV)	1,82	0,91	2,42	3,02	3,32	3,62

8.6 Umsatz- und Ergebnisschätzung im Monats-Schnellbericht

oder
Wie ermittelt man einen plausiblen Break-even und wie setzt man diese Kennzahl zum Beispiel in der Berichterstattung ein?

Zielsetzung

- Grundprinzipien zur Berechnung des Break-even erkennen.
- Break-even bei der Umsatz- und Ergebnisschätzung anwenden.
- Kapitel 2 »Systeme und Daten des Rechnungswesens« sowie Abschnitte 5.3 »Break-even-Analyse« und 6.1 »Glättung von Fixkosten« vertiefen.

Fallbeschreibung

Nachdem die Color AG in das Berichtssystem des weltweiten Unternehmensbereichs des Chemiekonzerns integriert worden ist, muss sie – als wichtige Gruppengesellschaft – einen **monatlichen Schnellbericht** für Umsatz und Betriebsergebnis bis zum dritten Arbeitstag nach Monatsende vorlegen. Bisher hat man sich mit Umsatz- und Ergebnisschätzungen des Vormonats begnügt, die erst relativ spät im Monat vorgelegt werden können und nicht selten stark von den tatsächlichen Ist-Zahlen der monatlichen Nachkalkulation und Ergebnisrechnung abweichen.

Die Gründe dafür liegen in einer sehr breiten Streuung der monatlich erfassten Fixkosten sowie einer mangelhaften Trennung und Erfassung fixer und variabler Kosten. So werden die Herstellkosten – in EUR/kg – als zentrale Steuerungsgröße der Produktion ausgewiesen, anstatt die (fixen) Fertigungskosten – absolut und in Prozent vom Umsatz – und die (variablen) Rohstoffkosten in EUR/kg als separate Kosteninformationen zu führen und auszuwerten.

Die monatlichen Fixkosten schwanken teilweise beträchtlich, weil keinerlei Abgrenzung größerer Einzelaufwendungen – insbesondere der jährlichen Großreparaturen – vorgenommen werden.

Auch vorhersehbare Kostensteigerungen – insbesondere bei Personalkosten oder der Jahresprämie – werden stets zum Zeitpunkt des Eintretens verbucht und nicht aus einer Rückstellung oder Abgrenzung heraus möglichst gleichmäßig auf das Jahr verteilt. Dadurch gibt es keine strenge Logik zwischen Umsatzhöhe und Betriebsergebnis, das heißt, der Break-even ist starken Schwankungen unterworfen.

Ergebnisschätzungen aus dem laufenden Geschäft heraus sind daher zwangsläufig sehr unzuverlässig. Dies soll geändert werden.

Das Controlling stimmt sich mit dem Rechnungswesen der Color AG über die Aufgabenstellung ab und legt nach einer Projektstudie folgendes Konzept vor:

- Die täglichen Auftragseingänge und fakturierten Umsätze werden durch die Logistik erfasst.
- Alle größeren, von der Produktionsmenge unabhängigen Ausgaben werden – soweit abschätzbar – durch Bildung von Rückstellungen ab Jahresbeginn gleichmäßig auf die Geschäftsmonate verteilt.
- Fixe und variable Kosten werden strikt separat erfasst. Aus der endgültigen Quartalsabrechnung wird eine bereinigte Deckungsbeitragsrate der Gesellschaft ermittelt. Die Größe soll dann für die Folgemonate – bis zur nächsten Ist-Abrechnung – unter Berücksichtigung von absehbaren Preis- und Kostenänderungen festgelegt werden. Aus den Fixkosten der Periode (Monatsdurchschnitt) und der DB-Rate des Berichtsmonats wird der Break-even errechnet. Auf Basis der fakturierten Umsätze des Monats kann das Betriebsergebnis problemlos ermittelt werden.

Die folgenden, ungeglätteten Fixkosteninformationen (▶ Abb. 8-21) basieren auf der **Kostenstellenrechnung** (zum besseren Verständnis des Fallbeispiels siehe Kapitel 2 »Systeme und Daten des Rechnungswesens«).

Mit dieser Fixkostenverbuchung ergeben sich die Betriebsergebnisse (BE) in den Berichtsmonaten Januar bis Dezember (1 bis 12) gemäß ▶ Abb. 8-22.

▼ Abb. 8-21 **Fixkosten ungeglättet**

in 1.000 EUR

Monat	Personal	H&B*	AfA**	Sonstige	Reparaturen	originär	abgeleitet	Fixkosten
1	5.576	181	1.708	795	287	**8.547**	1.051	**9.598**
2	5.670	343	1.724	750	739	**9.226**	1.049	**10.275**
3	5.650	332	1.746	805	884	**9.417**	1.109	**10.526**
4	5.738	340	1.772	795	964	**9.609**	1.589	**11.198**
5	5.942	397	1.764	804	605	**9.512**	940	**10.452**
6	6.603	358	1.747	797	758	**10.263**	1.295	**11.558**
7	5.897	442	1.755	842	843	**9.779**	1.156	**10.935**
8	5.953	374	1.761	783	**3.135**	**12.006**	1.208	**13.214**
9	5.881	393	1.759	759	692	**9.484**	1.154	**10.638**
10	5.905	275	1.802	823	908	**9.713**	1.514	**11.227**
11	5.838	381	1.829	782	874	**9.704**	1.347	**11.051**
12	**9.281**	430	1.922	830	1.756	**14.219**	1.216	**15.435**
Jahr	**73.934**	**4.246**	**21.289**	**9.565**	**12.445**	**121.479**	**14.628**	**136.107**

Im Monat **August** (8) ist eine **Sonderreparatur von 2,4 Mio. EUR**, im Monat **Dezember** (12) eine **Jahresprämie von 3,6 Mio. EUR** gebucht worden.

* Hilfs- und Betriebsstoffe
** Absetzung für Abnutzung (Abschreibungen)

- Die **originären Fixkosten** ergeben sich aus der Summe der Kosten für Personal, H&B, AfA, Sonstige und Reparaturen.
- Die **abgeleiteten Fixkosten** ergeben sich aus den von anderen Stellen bezogenen Leistungen, in diesem Fall aus einer Kostenverrechnung mit der Konzernmutter. Die Spalte Fixkosten ist die Summe der originären und abgeleiteten Fixkosten.

▼ Abb. 8-22 **Betriebsergebnisse bei ungeglätteten Fixkosten**

in 1.000 EUR

Monat	Umsatz	DB-Rate	Break-even	Umsatz – Break-even	Betriebsergebnis
1	21.653	0,59	16.268	+5.385	**3.177**
2	22.062	0,59	17.415	+4.647	**2.742**
3	23.995	0,59	17.841	+6.154	**3.631**
4	25.614	0,59	18.980	+6.634	**3.914**
5	20.451	0,59	17.715	+2.736	**1.614**
6	21.146	0,59	19.590	+1.556	**918**
7	23.535	0,59	18.534	+5.001	**2.951**
8	18.514	0,59	22.397	–3.883	**–2.291**
9	21.559	0,59	18.031	+3.528	**2.082**
10	18.522	0,59	19.029	–507	**–299**
11	17.246	0,59	18.731	–1.485	**–876**
12	14.681	0,59	26.161	–11.480	**–6.773**
Jahr	**248.978**	**0,59**	**230.690**	**+18.288**	**10.790**

Aufgabenstellung

- Glätten Sie die in den Monaten 8 und 12 geplanten Fixkosten der Sonderreparatur und Jahresprämie durch die Bildung und Auflösung von Rückstellungen.
- Vergleichen Sie die monatlich geschätzten Betriebsergebnisse bei geglätteten und ungeglätteten Fixkosten miteinander und kommentieren Sie das Ergebnis.

Lösung

▶ Abb. 8-23 zeigt die Entwicklung der Fixkosten bei gleichmäßiger Verteilung der Jahresprämie sowie der Reparaturkosten.

▼ Abb. 8-23 **Fixkosten geglättet**

in 1.000 EUR

Monat	Personal	H&B*	AfA**	Sonstige	Reparaturen	originär	abgeleitet	Fixkosten
1	5.876	181	1.708	795	487	**9.047**	1.051	**10.098**
2	5.970	343	1.724	750	939	**9.726**	1.049	**10.775**
3	5.950	332	1.746	805	1.084	**9.917**	1.109	**11.026**
4	6.038	340	1.772	795	1.164	**10.109**	1.589	**11.698**
5	6.242	397	1.764	804	805	**10.012**	940	**10.952**
6	6.903	358	1.747	797	958	**10.763**	1.295	**12.058**
7	6.197	442	1.755	842	1.043	**10.279**	1.156	**11.435**
8	6.253	374	1.761	783	**935**	**10.106**	1.208	**11.314**
9	6.181	393	1.759	759	892	**9.984**	1.154	**11.138**
10	6.205	275	1.802	823	1.108	**10.213**	1.514	**11.727**
11	6.138	381	1.829	782	1.074	**10.204**	1.347	**11.551**
12	**5.981**	430	1.922	830	1.956	**11.119**	1.216	**12.335**
Jahr	**73.934**	**4.246**	**21.289**	**9.565**	**12.445**	**121.479**	**14.628**	**136.107**

* Hilfs- und Betriebsstoffe
** Absetzung für Abnutzung (Abschreibungen)

Aus den geglätteten Fixkosten ergeben sich für die Periode repräsentativere Break-even und Betriebsergebnisse (▶ Abb. 8-24).

▼ Abb. 8-24 **Betriebsergebnisse bei geglätteten Fixkosten**

in 1.000 EUR

Monat	Umsatz	DB-Rate	Break-even	Umsatz – Break-even	Betriebsergebnis
1	21.653	0,59	17.115	+4.538	**2.677**
2	22.062	0,59	18.263	+3.799	**2.242**
3	23.995	0,59	18.688	+5.307	**3.131**
4	25.614	0,59	19.827	+5.787	**3.414**
5	20.451	0,59	18.563	+1.888	**1.114**
6	21.146	0,59	20.437	+709	**418**
7	23.535	0,59	19.381	+4.154	**2.451**
8	18.514	0,59	19.176	−662	**−391**
9	21.559	0,59	18.878	+2.681	**1.582**
10	18.522	0,59	19.876	−1.354	**−799**
11	17.246	0,59	19.578	−2.332	**−1.376**
12	14.681	0,59	20.907	−6.226	**−3.673**
Jahr	**248.978**	**0,59**	**230.690**	**+18.288**	**10.790**

Vergleicht man die Schätzungen der Betriebsergebnisse (BE) bei ungeglättetem und geglättetem Verlauf der Fixkosten, werden die monatlichen »Fehleinschätzungen« deutlich (▶ Abb. 8-25).

▼ Abb. 8-25 **Ergebnisdifferenz bei Fixkostenglättung**

in 1.000 EUR

Monat	BE ungeglättet	BE geglättet	Δ
1	3.177	2.677	−500
2	2.742	2.242	−500
3	3.631	3.131	−500
4	3.914	3.414	−500
5	1.614	1.114	−500
6	918	418	−500
7	2.951	2.451	−500
8	−2.291	−391	**+1.900**
9	2.082	1.582	−500
10	−299	−799	−500
11	−876	−1.376	−500
12	−6.773	−3.673	**+3.100**
Jahr	**10.790**	**10.790**	**±0**

Mit der Einführung einer verbesserten Kostenrechnung stabilisieren sich Fixkosten und Deckungsbeitragsraten bereits nach wenigen Monaten in engen Grenzen. Die monatlichen Veränderungen beider Strukturgrößen sind – dies galt auch bereits in der Vergangenheit – stetig und gut prognostizierbar. Die »Trefferquote« der Schätzungen steigt signifikant, auch ohne Vorliegen definitiv abgerechneter Daten.

8.7 Umsatz- und Ergebnisprognose in der Jahreshochschätzung

oder
Wie erkennt man frühzeitig den Trend der Geschäftsentwicklung und leitet daraus plausible Umsatz- und Ergebnisschätzungen ab?

Zielsetzung

- Trends für Umsatz und Auftragseingang erkennen und analysieren.
- Plausible Ergebnishochschätzung durchführen.
- Break-even-Instrumentarium anwenden.
- Abschnitte 5.3 »Break-even-Analyse« und 6.3 »Rollierende Daten« vertiefen.

Fallbeschreibung

Die Color AG ist eine der wichtigsten Gesellschaften des weltweit tätigen Unternehmensbereichs des Konzerns und daher von großer Bedeutung für eine zuverlässige Umsatz- und Ergebnisprognose. Die Vorgabe des Konzerns, bis zum dritten Arbeitstag des Folgemonats eine Umsatz- und Ergebnisschätzung durchzuführen, wird ergänzt durch eine rollierende **Umsatz- und Ergebnishochschätzung.**

Während der Monats-Schnellbericht mit einer Ergebnisschätzung auf Basis eines tatsächlich fakturierten Umsatzes erstellt wird, erfordert die Hochschätzung mehr oder weniger längerfristige – plausible – Annahmen über den Trend von Auftragseingang, Umsatz und Fixkosten. Die DB-Rate wird aus der Quartalsergebnisrechnung zeitnah fortgeschrieben.

Betriebswirtschaft und Controlling der Color AG erstellen eine Übersicht der monatlich relevanten Daten und führen das rollierende Geschäftsjahr ein. In jedem Monat werden nicht nur die Monatsdaten erfasst, sondern die jeweils letzten zwölf Monatswerte kumuliert und analysiert.

Daraus ergeben sich folgende Erkenntnisse:

- Der Auftragseingang zeigt sehr früh – bereits Monate vorher – den Trend oder einen Trendwechsel für die Umsatzentwicklung an.
- Die Entwicklung der 12-Monats-Werte von Umsatz und Auftragseingang erfolgen stetig.

- Die geglätteten Fixkosten der gleitenden Geschäftsjahre sind präzise vorhersehbar.
- Die DB-Raten ändern sich pro Quartal in kleinen Schritten und können für die laufenden Schätzungen sehr genau gesetzt werden.
- Man kann von einer stetigen Entwicklung des Break-even ausgehen.

▶ Abb. 8-26 veranschaulicht die langfristige Entwicklung des Nettoumsatzes und des Lead-Indikators »Auftragseingang« der Color AG über vier Geschäftsjahre. Die eingeblendeten kumulierten Jahreszahlen zeigen im vierten Geschäftsjahr gegenüber dem abgelaufenen Vorjahr sowohl im Nettoumsatz (+0,6 %) als auch im Auftragseingang (+7,3 %) einen positiven Trend (Pfeile in der Spalte »Ausblick«). Da der Anstieg des vorauseilenden Auftragseingangs größer ist als der Nettoumsatz, bleibt die Umsatzdynamik auch für die ersten Monate des fünften Geschäftsjahrs erhalten.

▼ Abb. 8-26 **Nettoumsatz und Auftragseingang (gleitende Jahreswerte) der Color AG**

Nettoumsatz (NU) und Auftragseingang (AE)
(gleitender Jahreswert)

in Mio. EUR	Jahr 2 kum.	Jahr 3 kum.	Jahr 4 kum.	Abw. % roll.	Ausblick
NU	273	249	250	+0,6	↗
AE	277	243	260	+7,3	↗

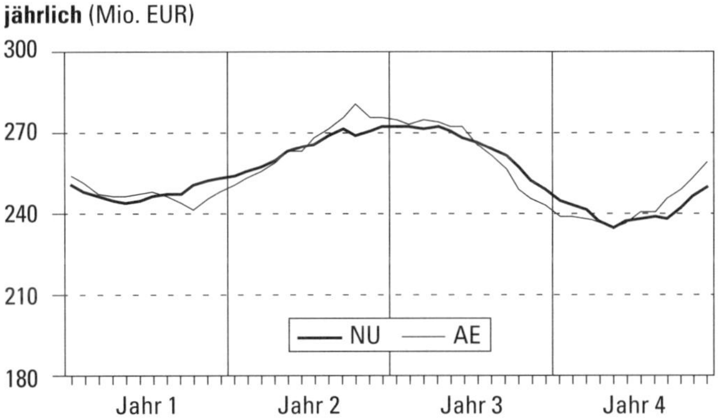

kum.: kumuliert; roll.: rollierend; Abw.: Abweichung

Aufgabenstellung

Sie befinden sich am Ende von Geschäftsjahr 2. Ihnen liegen die Geschäftsdaten und Kurvenverläufe der ◀ Abb. 8-26 und ▶ 8-27 vor. Vollziehen Sie anhand dieser Daten die offiziellen Schätzungen des Controllings nach. Antizipieren Sie dabei die Trends von Auftragseingang, Nettoumsatz, Fixkosten und gleitendem 12-Monats-Wert für das Betriebsergebnis bei konstanter DB-Rate.

▼ Abb. 8-27 **Betriebsergebnisse geschätzt**

in 1.000 EUR Monat		12 AE	12 NU	AE – NU	DB-Rate	Fixkosten	Break-even	12 NU – Break-even	BE gerechnet	BE geschätzt
Jahr 3	1	274.279	271.983	2.296	0,6	139.140	231.900	40.083	24.050	15.000
	2	272.837	271.853	984	0,6	138.865	231.442	40.411	24.247	14.000
	3	278.343	274.016	4.327	0,6	138.590	230.983	43.033	25.820	14.000
	4	274.953	273.350	1.603	0,6	138.315	230.525	42.825	25.695	14.000
	5	272.866	271.032	1.834	0,6	138.040	230.067	40.965	24.579	14.000
	6	272.475	266.900	5.575	0,6	137.765	229.608	37.292	22.375	14.000
	7	265.055	266.227	−1.172	0,6	137.490	229.150	37.077	22.246	14.000
	8	260.693	262.722	−2.029	0,6	137.215	228.692	34.030	20.418	14.000
	9	254.421	260.501	−6.080	0,6	136.940	228.233	32.268	19.361	14.000
	10	246.458	255.402	−8.944	0,6	136.665	227.775	27.627	16.576	13.000
	11	244.041	251.416	−7.375	0,6	136.390	227.317	24.099	14.460	13.000
	12	242.771	248.978	−6.207	0,6	136.107	226.845	22.133	13.280	13.000
Jahr 4	1	236.966	243.252	−6.286	0,6	135.905	226.508	16.744	10.046	12.000
	2	237.017	241.674	−4.657	0,6	135.795	226.325	15.349	9.209	11.000
	3	236.492	240.442	−3.950	0,6	135.595	225.992	14.450	8.670	10.000
	4	235.676	235.993	−317	0,6	135.395	225.658	10.335	6.201	11.000
	5	233.772	233.373	399	0,6	135.195	225.325	8.048	4.829	11.000
	6	235.733	236.382	−649	0,6	134.995	224.992	11.390	6.834	11.000
	7	239.232	236.741	2.491	0,6	134.795	224.658	12.083	7.250	12.000
	8	240.704	238.663	2.041	0,6	134.595	224.325	14.338	8.603	14.000
	9	245.827	237.851	7.976	0,6	134.395	223.992	13.859	8.316	15.000
	10	248.232	241.224	7.008	0,6	134.195	223.658	17.566	10.539	15.000
	11	253.289	246.163	7.126	0,6	133.995	223.325	22.838	13.703	16.000
	12	260.430	250.482	9.948	0,6	133.897	223.162	27.320	16.392	16.000

Lösung (offizielle Schätzungen des Controllings)

◀ Abb. 8-27 zeigt den monatlichen Verlauf von zwei Geschäftsjahren (24 Monaten), von Januar Jahr 3 bis Dezember Jahr 4. Die Daten entsprechen den Kurven in ◀ Abb. 8-26.

Im Januar von Jahr 3 liegt der Auftragseingang (AE) der letzten 12 Monate bei einem rollierenden Jahreswert – alle folgenden Werte in 1.000 EUR – von 274.279, der entsprechende Nettoumsatz (NU) bei 271.983. Die Differenz beider Werte (AE – NU) ist mit 2.296 deutlich positiv. Der Break-even (Umsatz) liegt – mit Fixkosten von 139.140 und einer Deckungsbeitragsrate (DB-Rate) von 0,6 – bei 231.900 (= 139.140/0,6). Die Differenz zum Ist-Umsatz beträgt 40.083, daraus **errechnet** sich ein Betriebsergebnis von circa 24 Mio. EUR (= 40.083 · 0,6).

Für denselben Monat gibt das Controlling als **Jahreshochschätzung** einen völlig anderen Wert ab (Spalte »BE geschätzt«). Es liegen seit September des Vorjahrs deutliche Anzeichen für eine anhaltende Verschlechterung von Auftragseingang und Nettoumsatz vor (▶ Abb. 8-28). Bereits im Januar des Jahrs 3 rechnet das Controlling – aufgrund der Erfahrungen mit vergangenen Auftragszyklen – für das Gesamtjahr nur noch mit einem Umsatz von circa 255 Mio. EUR. Bei unverändert angenommener DB-Rate von 0,6 so-

▼ Abb. 8-28 **Trendumkehr Auftragseingang**

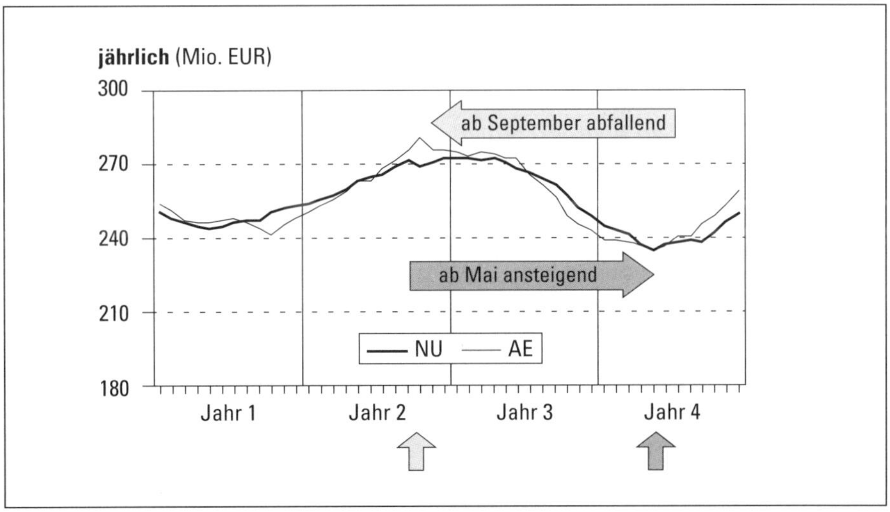

wie geschätzten Fixkosten von 138 Mio. EUR erhält man gemäß der Formel

Break-even-Umsatz = Fixkosten (geschätzt)/DB-Rate (geschätzt)

einen Break-even-Umsatz von 230 Mio. EUR. Daraus kann man wiederum das geschätzte Ergebnis für das Jahr 3 aufgrund folgender Zusammenhänge herleiten:

Ergebnis = (Umsatz – Break-even-Umsatz) × DB-Rate
= (255 – 230) · 0,6 = 15 Mio. EUR

Diesen Wert korrigiert das Controlling (wegen nachhaltiger Verschlechterung der Auftragseingänge) ab Februar auf 14 Mio. EUR und ab Oktober sogar auf 13 Mio. EUR; der endgültige Jahreswert liegt dann bei 13,28 Mio. EUR.

Eine andere Entwicklung ergibt sich im Jahr 4. Die errechneten Zahlen fallen weiter bis Mai, drehen dann aber wieder nach oben. Aufgrund des abgeschwächten negativen Trends des Auftragseingangs gegen Ende des Jahrs 3 wird die Hochschätzung auf dem Stand des Jahreswertes 3 stehen gelassen und fängt erst im August an, sich dem offiziellen Ergebnis von 16,39 Mio. EUR anzunähern.

Bei konsequenter Anwendung der rollierenden 12-Monats-Daten werden Veränderungen der geschäftlichen Entwicklung sehr früh erkannt. Speziell bei börsennotierten Unternehmen mit der kurzfristigen Orientierung an Monats- und Quartalsberichten wird das Problem falscher Hochschätzungen – zu späte Gewinnwarnungen – mit der Nutzung rollierender 12-Monats-Daten für Umsatz, Auftragseingang, Break-even und Deckungsbeitragsrate deutlich reduziert. Eine Gewinnprognose für das Gesamtjahr von +100 Mio. EUR im August eines Geschäftsjahrs und eine Gewinnwarnung von –100 Mio. EUR zwei Monate später für das normale operative Geschäft (ohne Sonderabschreibungen, Wertberichtigungen und andere Sondereinflüsse wie starke Wechselkursschwankungen) sind für viele Unternehmen nicht plausibel.

8.8 Preisfindung bei der Auftragsfertigung

oder
Wie kalkuliert man Angebotspreise bei Auftragsfertigung?

Zielsetzung

- Grundprinzipien einer Preiskalkulation erkennen.
- Sortimentsspezifische Strukturdaten ableiten.
- Preiskalkulationen bei der Auftragsfertigung durchführen.
- Abschnitt 5.5 »Preisfindung« vertiefen.

Fallbeschreibung

Während für Standardpigmente die Verkaufspreise – mehr oder weniger – durch den Markt vorgegeben sind, sind die individuell für jeden Kunden gefertigten, farbton-gestellten Farbkonzentrate für jeden Auftrag neu zu kalkulieren. Dabei ist der jeweils **»angemessene« Angebotspreis** – neben Qualität und Schnelligkeit – eine sehr entscheidende Größe.

Ziel des Produzenten ist es, mit jedem Auftrag im Rahmen der Ziel-Rendite der jeweiligen Produktlinie zu liegen.

Ziel des Kunden ist es, die Kosten seiner Rohstoffe in einer angemessenen Größenordnung zu halten, die es ihm erlaubt, mit den Preisen seiner daraus gefertigten Endprodukte ebenfalls seine Ziel-Rendite zu erreichen.

Der »angemessene« Verkaufspreis muss also beide Partner befriedigen, soll die Geschäftsbeziehung auf lange Sicht angelegt sein.

Marketing und Vertrieb des Geschäftsfelds »Farbkonzentrate« der Color AG stellen fest, dass von fünf Laborausarbeitungen, die dem Kunden einschließlich eines Preisangebots gemacht wurden, aufgrund der Preiskonditionen durchschnittlich nur eine Ausarbeitung akzeptiert wurde und zu einem Geschäftsabschluss führte. Es stellt sich daher die Frage der Angemessenheit der bisherigen Kalkulation.

Bei den realisierten Aufträgen wird untersucht, wie stark sich der Angebotspreis vom tatsächlich fakturierten Preis unterscheidet. Ergebnis: Die tatsächlichen Preise liegen durchschnittlich um 30%, teilweise sogar 50%, unter den zunächst geforderten Preisen. Auffallend ist, dass diese extremen Ausreißer insbesondere bei den hochpreisigen Produkten auftreten. Dennoch lag die Rentabilität gerade dieser Geschäfte in vielen Fällen im Zielfeld der geforderten Renditen. Es ist offensichtlich die Einbeziehung aller Entscheidungsebenen – vom Außendienst über das Produktmanagement bis zum Vertriebsleiter – notwendig, um den Preis auf das vom Kunden gewünschte Niveau zu senken.

Produktmanagement und Controlling werden beauftragt, das Angebotspreissystem zu überarbeiten sowie besser mit der Nachkalkulation und Ergebnisrechnung – auch methodisch – zu verzahnen.

Das System soll zwei Bedingungen erfüllen:

- Die Preisabstimmungsprozesse zwischen Kunde und Lieferant sind zu minimieren.
- Der Angebotsverkaufspreis muss direkt die geforderte Ziel-Rendite laut Produktergebnisrechnung simulieren.

Controller und Produktmanager stellen fest, dass bisher mit einer einfachen Rechenformel Preiskalkulationen durchgeführt wurden:

Angebotsverkaufspreis = Herstellkosten · 2
+ 20 % Verwaltungs- und Vertriebskostenzuschlag
+ 20 % Gewinnmarge

Mit dieser Formel hatte man sich zwar ein »griffiges« Rechenmodell geschaffen, konnte jedoch keine Brücke zur Nachkalkulation und Ergebnisrechnung schlagen. Die Preisfindung war weder zielkonform noch transparent und offensichtlich zu grob.

Für das zukünftige Rechenmodell werden folgende Regeln festgelegt:

- Alle Positionen der Produktergebnisrechnung werden eins zu eins übernommen.
- Die variablen und fixen Kosten werden getrennt und einzeln ausgewiesen.
- Die variablen Kosten entsprechen den aktuellen oder bereits absehbaren zukünftigen Werten (Rohstoffe) und den Standardkosten (Packmittel, Frachten, Energiekosten); sie werden direkt in EUR/kg ermittelt. Für Provisionen wird ein Prozentsatz von den Rohstoffkosten ermittelt (zum Beispiel 5 %) und in EUR/kg umgerechnet.
- Die zuordenbaren Fixkosten (Versand, Vertrieb, Fertigung) werden als Strukturkosten grundsätzlich in Prozent vom Umsatz gesetzt. Basis ist eine auch vor längerfristigem Hintergrund repräsentativ gute Auslastung (circa 80 % der Maximalkapazität).
- Mit der Vorgabe der sortimentsspezifischen Ziel-Umsatzrendite – zum Beispiel Bruttobetriebsergebnis 26 % vom Nettoumsatz – wird das Kal-

▼ Abb. 8-29 **Ist- und Planergebnisrechnung »PO-Farbkonzentrate«**

in 1.000 EUR **Perioden**	**1**	**2**	**3**	**4**	**Plan 5**
Menge in Tonnen	**1.749**	**1.793**	**1.535**	**1.618**	**1.800**
Verkaufspreis EUR/kg (VP)	**14,41**	**14,20**	**14,09**	**13,52**	**15,00**
Nettoumsatz (NU)	25.203	25.461	21.628	21.875	27.000
Bruttobetriebsergebnis (BBE)	4.438	2.871	1.822	2.848	7.020
Umsatzrendite (BBE in % vom NU)	*17,6*	*11,3*	*8,4*	*13,0*	*26,0*
Anlagevermögen (AV)	**10.667**	**11.421**	**10.694**	**10.920**	**11.000**
Bruttorendite (BBE in % vom AV)	*41,6*	*25,1*	*17,0*	*26,1*	*63,8*
Kapitalumschlag (NU/AV)	2,36	2,23	2,02	2,00	2,45

Fixkostenstruktur	**in 1.000 EUR**		***in % vom NU***		**Schwachstellen**
	Periode 4	**Plan 5**	**Periode 4**	**Plan 5**	☐ Menge
▪ Versandkosten	509	540	*2,3*	*2,0*	☐ Fixkosten
▪ Vertriebskosten	2.852	3.240	*13,0*	*12,0*	☐ Preis
▪ Fertigungskosten	5.861	5.400	*26,8*	*20,0*	☐ Variable Kosten
Summe	9.222	9.180	*42,2*	*34,0*	☐ Kapitalbindung

kulationsschema **eineindeutig.** Im Ziel-Prozentsatz sind die Overheadkosten (= Kosten für Verwaltung und Forschung sowie sonstige betriebliche Kosten) bereits berücksichtigt.

Ein Angebotspreis, der in der errechneten Höhe auch tatsächlich realisiert wird, führt zu einer Umsatzrendite in Höhe der vorgegebenen Ziel-Rendite.

◀ Abb. 8-29 zeigt die Ergebnisrechnung der Produktlinie »PO-Farbkonzentrate«.

Die variablen Kosten werden mit 6,47 EUR/kg vorgegeben und setzen sich wie folgt zusammen:

- Rohstoffkosten 5,62 EUR/kg (Rezeptur Richtkalkulation)
- Frachtkosten 0,15 EUR/kg (Speditionsvertrag)
- Packmittelkosten 0,09 EUR/kg (Packmittelliste)
- Energiekosten 0,33 EUR/kg (Richtkalkulation)
- Provisionen 0,28 EUR/kg (Sonderkalkulation)

Aufgabenstellung

- Erstellen Sie eine Angebotskalkulation laut Vorgaben.
- Kalkulieren Sie ein spezielles Kundenangebot mit Sonderkonditionen.

Lösung

In der Standardkalkulation wie auch in der Sonderrechnung wird das Renditeziel jeweils mit 26% gesetzt (▶ Abb. 8-30). Trotz der Sonderverpackung bezahlt der Spezialkunde aufgrund des geringeren Aufwands für Vertriebskosten einen deutlich geringeren Preis: 14,60 statt 16,18 EUR/kg. Dieser Lösungsweg orientiert sich konsequent an der Ziel-Rendite und an der Trennung fixer und variabler Kosten.

▼ Abb. 8-30 **Angebotspreiskalkulation (Modellrechnung)**

Marke/Produkt/Bezeichnung:	**PO-Gelbkonzentrat**		
	in EUR/kg	**in % vom AVP**	**Quelle der Daten**
Variable Kosten (Ist)	**6,47**		
▪ Rohstoffe	5,62		Rezeptur (Richtkalkulation)
▪ Frachten	0,15		Speditionsvertrag
▪ Packmittel	0,09		Packmittelliste
▪ Energiekosten	0,33		Richtkalkulation
▪ Provisionen	0,28		Sonderkalkulation
Fixkosten		**34,00**	
▪ Versand		2,00	Planergebnisrechnung
▪ Vertrieb		12,00	Planergebnisrechnung
▪ Fertigung		20,00	Planergebnisrechnung
Ziel-Rendite		**26,00**	
Ziel-DB-Rate		**60,00**	
Ziel-Angebotsverkaufspreis (AVP)	**16,18**	100,00	
Variable Kosten	**6,47**	40,00	
Deckungsbeitrag	**9,71**	60,00	
Fixkosten		34,00	
BBE		**26,00**	

AVP-Sonderrechnung			
Kundenaufschlag	***0,10***		Sonderverpackung
Kundenabschlag		***5,00***	geringere Vertriebskosten
Ziel-Angebotsverkaufspreis (AVP)	**14,60**	100,00	
Variable Kosten	**6,57**	45,00	
Deckungsbeitrag	**8,03**	55,00	
Fixkosten		29,00	
BBE		**26,00**	

8.9 Ergebniskonsolidierung Produktion und Vertrieb

oder
Wie konsolidiert man gesellschaftsübergreifend die Ergebnisrechnung einer Produktionsgesellschaft mit derjenigen einer Vertriebsgesellschaft?

Zielsetzung

- Gesellschaftsübergreifend Profit-Center analysieren und steuern.
- Abschnitte 5.6 »Transfer- und Verrechnungspreise in verbundenen Unternehmen« und 6.7 »Konsolidierte Daten« vertiefen.

Fallbeschreibung

Seit Jahren produziert das Werk 1 der Color AG eine bestimmte Produktklasse hochwertiger anorganischer Pigmente – **Pigmentrot** –, die ausschließlich für den amerikanischen Markt gefertigt werden. Der Vertrieb erfolgt als Eigenhändlergeschäft über die Konzern-Vertriebsgesellschaft USA. In der Color AG verfehlt die Produktklasse die geforderten Ziel-Renditen deutlich. Über das Gesamtergebnis hat man dort zunächst keine Informationen.

Der Verrechnungspreis zwischen der Color AG und der Vertriebsgesellschaft USA war zu Beginn der USA-Lieferung aufgrund von damaligen Absatzplänen festgelegt, seither jedoch nur unwesentlich angepasst worden.

Das Controlling der Color AG setzt sich deshalb mit dem Bereichscontrolling, dem Produktmanager und dem Controlling der Vertriebsgesellschaft USA in Verbindung. Es bittet um Klärung folgender Fragen:

- Entsprechen die Verrechnungspreise der Color AG mit der Konzern-Vertriebsgesellschaft USA der Verrechnungspreisrichtlinie?
- Wie ist das Ergebnis der Vertriebsgesellschaft?
- Wie hoch ist das konsolidierte Ergebnis?

Nach der Besprechung wird festgelegt:

- Die Verrechnungspreise werden vierteljährlich überprüft.
- Die Verrechnungspreise werden nach der Wiederverkaufspreismethode festgelegt. Dabei erhält die Vertriebsgesellschaft einen vollen Kostenausgleich. Bei Overheadkosten von 6% vom Umsatz wird ein Betriebsergebnis von 2% vom Umsatz gesetzt.

▼ Abb. 8-31 **Ergebnisrechnung »Anorganisches Pigmentrot« der Color AG**

in 1.000 EUR **Perioden**	**1**	**2**	**3**	**4**	**5**
Menge in Tonnen	**1.455**	**1.196**	**902**	**1.123**	**1.152**
Verkaufspreis EUR/kg (VP)	**10,00**	**10,30**	**10,60**	**10,80**	**11,00**
Nettoumsatz (NU)	14.550	12.319	9.561	12.128	12.672
Bruttobetriebsergebnis (BBE)	113	–1.170	–728	6	831
Umsatzrendite (BBE in % vom NU)	*0,8*	*–9,5*	*–7,6*	*0,0*	*6,6*
Break-even (Umsatz)	14.264	15.507	11.424	12.113	10.829
Break-even (Menge)	1.426	1.506	1.078	1.122	984
Fixkosten 1	**5.663**	**5.691**	**4.462**	**4.778**	**4.883**
■ *in % vom NU*	*38,9*	*46,2*	*46,7*	*39,4*	*38,5*
Variable Kosten	8.774	7.798	5.827	7.344	6.958
■ *in % vom NU*	*60,3*	*63,3*	*60,9*	*60,6*	*54,9*
■ **EUR/kg**	**6,03**	**6,52**	**6,46**	**6,54**	**6,04**
Deckungsbeitrag (DB 1)	5.776	4.521	3.734	4.784	5.714
■ *in % vom NU*	*39,7*	*36,7*	*39,1*	*39,4*	*45,1*
Anlagevermögen (AV)	**10.613**	**10.485**	**9.644**	**9.432**	**9.317**
Bruttorendite (BBE in % vom AV)	*1,1*	*–11,2*	*–7,5*	*0,1*	*8,9*
Kapitalumschlag (NU/AV)	1,37	1,17	0,99	1,29	1,36

▼ Abb. 8-32 **Ergebnisrechnung »Anorganisches Pigmentrot« beim Vertrieb USA**

in 1.000 EUR **Perioden**	**1**	**2**	**3**	**4**	**5**
Menge in Tonnen	**1.455**	**1.196**	**902**	**1.123**	**1.152**
Verkaufspreis EUR/kg (VP)	**13,80**	**15,50**	**17,16**	**17,42**	**17,41**
Nettoumsatz (NU)	20.079	18.538	15.478	19.563	20.056
Bruttobetriebsergebnis (BBE)	1.752	2.800	2.849	3.958	3.850
Umsatzrendite (BBE in % vom NU)	*8,7*	*15,1*	*18,4*	*20,2*	*19,2*
Fixkosten 1	**3.050**	**2.821**	**2.617**	**2.915**	**2.958**
■ *in % vom NU*	*15,2*	*15,2*	*16,9*	*14,9*	*14,7*
Variable Kosten	15.278	12.917	10.012	12.690	13.248
■ *in % vom NU*	*76,1*	*69,7*	*64,7*	*64,9*	*66,1*
■ **EUR/kg**	**10,50**	**10,80**	**11,10**	**11,30**	**11,50**
■ **davon Einstandskosten**	**10,00**	**10,30**	**10,60**	**10,80**	**11,00**
■ **davon Frachten**	**0,50**	**0,50**	**0,50**	**0,50**	**0,50**
Deckungsbeitrag (DB)	4.802	5.621	5.466	6.873	6.808
■ *in % vom NU*	*23,9*	*30,3*	*35,3*	*35,1*	*33,9*

- Die Konzern-Vertriebsgesellschaft USA und die Color AG tauschen pro Quartal die Ergebnisrechnungen aus und stimmen sich auf Basis der konsolidierten Ergebnisrechnung über notwendige Maßnahmen ab.

Die ◀ Abb. 8-31 und 8-32 enthalten die Ergebnisrechnungen der Produktklasse »Anorganisches Pigmentrot« der Color AG und der Vertriebsgesellschaft USA.

Aufgabenstellung

- Erstellen Sie eine konsolidierte Ergebnisrechnung laut Vorgaben und interpretieren Sie das Ergebnis.
- Legen Sie die BBE-Umsatzrendite der Vertriebsgesellschaft auf 8 % fest, so dass bei Overheadkosten von 6 % vom Umsatz das Betriebsergebnis exakt 2 % vom Umsatz beträgt.
- Legen Sie die neuen Verrechnungspreise fest.
- Ermitteln Sie die Renditen in Werk 1 auf Basis dieser neuen Verrechnungspreise.

Lösung

Zur Konsolidierung werden zusammengeführt:
- Fixkosten beider Gesellschaften,
- variable Kosten von Werk 1 und variable Kosten Vertrieb USA *ohne* Einstandskosten,
- Absatz und Verkaufspreise Markt (Vertrieb USA),
- Anlagevermögen Werk 1.

Absatzmenge und Verkaufspreis in einer konsolidierten Rechnung sind immer die Werte der letzten Stufe, also der Vertriebsgesellschaft USA. Dies bedeutet letztlich, dass die Innenumsätze (Werk an Vertrieb) gegen die gleich hohen Einstandskosten Vertrieb (Komplementärposition zum Umsatz zu Verrechnungspreisen) aufgerechnet werden (▶ Abb. 8-33).

▼ Abb. 8-33 **Konsolidierte Rechnung Produktion und Vertrieb**

in 1.000 EUR **Perioden**	**1**	**2**	**3**	**4**	**5**
Menge in Tonnen	**1.455**	**1.196**	**902**	**1.123**	**1.152**
Verkaufspreis EUR/kg (VP)	**13,80**	**15,50**	**17,16**	**17,42**	**17,41**
Nettoumsatz (NU)	20.079	18.538	15.478	19.563	20.056
Bruttobetriebsergebnis (BBE)	1.865	1.630	2.121	3.964	4.681
Umsatzrendite (BBE in % vom NU)	*9,3*	*8,8*	*13,7*	*20,3*	*23,3*
Fixkosten 1	**8.713**	**8.512**	**7.079**	**7.693**	**7.841**
▪ *in % vom NU*	*43,4*	*45,9*	*45,7*	*39,3*	*39,1*
Variable Kosten	9.501	8.396	6.278	7.906	7.534
▪ *in % vom NU*	*47,3*	*45,3*	*40,6*	*40,4*	*37,6*
▪ **EUR/kg**	**6,53**	**7,02**	**6,96**	**7,04**	**6,54**
Deckungsbeitrag (DB 1)	10.578	10.142	9.200	11.657	12.522
▪ *in % vom NU*	*52,7*	*54,7*	*59,4*	*59,6*	*62,4*
Anlagevermögen (AV)	**10.613**	**10.485**	**9.644**	**9.432**	**9.317**
Bruttorendite (BBE in % vom AV)	*17,6*	*15,5*	*22,0*	*42,0*	*50,2*
Kapitalumschlag (NU/AV)	1,9	1,8	1,6	2,1	2,2

Fixkostenstruktur	**in 1.000 EUR**		***in % vom NU***		**Schwachstellen**
	Periode 4	**Periode 5**	**Periode 4**	**Periode 5**	☐ Menge
▪ Versandkosten	876	903	*4,5*	*4,5*	☐ Fixkosten
▪ Vertriebskosten	3.130	3.193	*16,0*	*15,9*	☐ Preis
▪ Fertigungskosten	3.687	3.745	*18,8*	*18,7*	☐ Variable Kosten
Summe	7.693	7.841	*39,3*	*39,1*	☐ Kapitalbindung

Danach wird der Verrechnungspreis so festgelegt, dass sich bei der Vertriebsabteilung eine Umsatzrendite von 8 % ergibt (▶ Abb. 8-34).

Für das Werk 1 der Color AG erhöht sich entsprechend der Verrechnungspreis, identisch mit den Einstandskosten bei Vertrieb USA (▶ Abb. 8-35).

Diese Modellbedingungen werden sich in der Praxis nicht immer exakt einstellen lassen. Im Rahmen der anzuwendenden Wiederverkaufspreismethode kommt es durch Preisanpassungen und auch Wechselkursveränderungen zu ständigen Veränderungen der Verrechnungspreise. Um Probleme mit den Steuerbehörden zu vermeiden, sollte die Ziel-Rendite – die man zu festen Terminen (mindestens jährlich) vornimmt – pragmatisch angepasst werden. Die Dokumentation der Preislisten sollte obligatorisch sein.

▼ Abb. 8-34 **Bereinigte Rechnung Vertrieb USA**

in 1.000 EUR **Perioden**	**1**	**2**	**3**	**4**	**5**
Menge in Tonnen	**1.455**	**1.196**	**902**	**1.123**	**1.152**
Verkaufspreis EUR/kg (VP)	**13,80**	**15,50**	**17,16**	**17,42**	**17,41**
Nettoumsatz (NU)	20.079	18.538	15.478	19.563	20.056
Bruttobetriebsergebnis (BBE)	1.606	1.483	1.238	1.565	1.605
Umsatzrendite (BBE in % vom NU)	*8,0*	*8,0*	*8,0*	*8,0*	*8,0*
Fixkosten 1	**3.050**	**2.821**	**2.617**	**2.915**	**2.958**
■ *in % vom NU*	*15,2*	*15,2*	*16,9*	*14,9*	*14,7*
Variable Kosten	15.423	14.234	11.623	15.083	15.494
■ *in % vom NU*	*76,8*	*76,8*	*75,1*	*77,1*	*77,3*
■ **EUR/kg**	**10,60**	**11,90**	**12,89**	**13,43**	**13,45**
■ **davon Einstandskosten**	**10,10**	**11,40**	**12,39**	**12,93**	**12,95**
■ **davon Frachten**	**0,50**	**0,50**	**0,50**	**0,50**	**0,50**
Deckungsbeitrag (DB)	4.656	4.304	3.855	4.480	4.563
■ *in % vom NU*	*23,2*	*23,2*	*24,9*	*22,9*	*22,7*

Die Umsatzrendite ist auf 8% vorgegeben.

▼ Abb. 8-35 **Bereinigte Rechnung Produktion in Werk 1**

in 1.000 EUR **Perioden**	**1**	**2**	**3**	**4**	**5**
Menge in Tonnen	**1.455**	**1.196**	**902**	**1.123**	**1.152**
Verkaufspreis EUR/kg (VP)	**10,10**	**11,40**	**12,39**	**12,93**	**12,95**
Nettoumsatz (NU)	14.695	13.636	11.172	14.521	14.918
Bruttobetriebsergebnis (BBE)	259	147	883	2.399	3.077
Umsatzrendite (BBE in % vom NU)	*1,8*	*1,1*	*7,9*	*16,5*	*20,6*
Fixkosten 1	**5.663**	**5.691**	**4.462**	**4.778**	**4.883**
■ *in % vom NU*	*38,5*	*41,7*	*39,9*	*32,9*	*32,7*
Variable Kosten	8.774	7.798	5.827	7.344	6.958
■ *in % vom NU*	*59,7*	*57,2*	*52,2*	*50,6*	*46,6*
■ **EUR/kg**	**6,03**	**6,52**	**6,46**	**6,54**	**6,04**
Deckungsbeitrag (DB 1)	5.922	5.838	5.345	7.177	7.960
■ *in % vom NU*	*40,3*	*42,8*	*47,8*	*49,4*	*53,4*
Anlagevermögen (AV)	**10.613**	**10.485**	**9.644**	**9.432**	**9.317**
Bruttorendite (BBE in % vom AV)	*2,4*	*1,4*	*9,2*	*25,4*	*33,0*
Kapitalumschlag (NU/AV)	1,38	1,30	1,16	1,54	1,60

8.10 Ergebniskonsolidierung im internen Transfer

oder
Wie organisiert man einen »angemessenen« Transferpreis für ein Vorprodukt?

Zielsetzung

- Bereichsübergreifende Profit-Center analysieren und steuern.
- Abschnitte 3.5 »Kompatibilität der Systeme und Systemdaten«, 5.6 »Transfer- und Verrechnungspreise in verbundenen Unternehmen« und 6.7 »Konsolidierte Daten« vertiefen.

Fallbeschreibung

Die Muttergesellschaft der Color AG ist ein Chemiekonzern mit zahlreichen Unternehmensbereichen und einer entsprechend tief gestaffelten Verbundstruktur. Speziell zwischen den beiden Unternehmensbereichen A und B besteht ein sehr **umfangreiches Transfergeschäft** an Rohstoffen, Zwischen- und Fertigprodukten, die der Bereich A herstellt und intern nach den Regeln der Transferpreisrichtlinie an den Bereich B liefert.

Aufgrund der Fülle der zu vereinbarenden Preise haben die beiden Einheiten die jährlich festzulegenden Transferpreise durch einfache Preisformeln geregelt.

Der Bereich B – verantwortlich für die Produktion von Pigmenten und Farbstoffen – bezieht vom Bereich A unter anderem für die Herstellung seines wichtigsten Violett-Pigments die **Vorstufe Rohviolett.** Das Rohviolett wird durch Bereich B ohne weitere Rohstoffe durch einige Fertigungsschritte (Brennen, Mahlen) im Verhältnis eins zu eins zu Pigment verarbeitet. An variablen Kosten entstehen lediglich Energiekosten.

Seit Jahren wird der Transferpreis dieses Vorprodukts durch die Nachkalkulation des produzierenden Bereichs A nach der Formel »Bruttorendite = 20%« errechnet. Das Bruttobetriebsergebnis im Verhältnis zum Anlagevermögen beträgt also 20%. Der Transferpreis liegt damit bei circa 10 EUR/kg, mit steigender Tendenz.

Dahinter steht die ursprüngliche Kalkulation, die bei einer Standard-Auslastung von 75 bis 80% zu einem Transferpreis führt, der – neben einer

▼ Abb. 8-36 **Ergebnisrechnung Rohviolett Bereich A**

in 1.000 EUR **Perioden**	**1**	**2**	**3**	**4**	**5**
Menge in Tonnen	**6.000**	**6.100**	**5.900**	**6.100**	**6.000**
Verkaufspreis EUR/kg (VP)	**9,90**	**9,90**	**10,25**	**10,36**	**10,52**
Nettoumsatz (NU)	59.400	60.390	60.475	63.196	63.120
Bruttobetriebsergebnis (BBE)	11.400	11.585	11.626	11.976	12.020
Umsatzrendite (BBE in % vom NU)	*19,2*	*19,2*	*19,2*	*19,0*	*19,0*
Fixkosten 1	**24.000**	**24.100**	**24.600**	**25.600**	**25.900**
▪ *in % vom NU*	*40,4*	*39,9*	*40,7*	*40,5*	*41,0*
Variable Kosten	24.000	24.705	24.249	25.620	25.200
▪ *in % vom NU*	*40,4*	*40,9*	*40,1*	*40,5*	*39,9*
▪ **EUR/kg**	**4,00**	**4,05**	**4,11**	**4,20**	**4,20**
Deckungsbeitrag (DB 1)	35.400	35.685	36.226	37.576	37.920
▪ *in % vom NU*	*59,6*	*59,1*	*59,9*	*59,5*	*60,1*
Anlagevermögen (AV)	**57.000**	**58.000**	**58.000**	**60.000**	**60.100**
Bruttorendite (BBE in % vom AV)	*20,0*	*20,0*	*20,0*	*20,0*	*20,0*
Kapitalumschlag (NU/AV)	1,04	1,04	1,04	1,05	1,05

▼ Abb. 8-37 **Ergebnisrechnung Pigmentviolett Bereich B**

in 1.000 EUR **Perioden**	**1**	**2**	**3**	**4**	**5**
Menge in Tonnen	**6.000**	**6.100**	**5.900**	**6.100**	**6.000**
Verkaufspreis EUR/kg (VP)	**20,00**	**19,00**	**18,00**	**17,00**	**16,00**
Nettoumsatz (NU)	120.000	115.900	106.200	103.700	96.000
Bruttobetriebsergebnis (BBE)	18.400	13.885	5.055	574	−6.220
Umsatzrendite (BBE in % vom NU)	*15,3*	*12,0*	*4,8*	*0,6*	*−6,5*
Fixkosten 1	**35.000**	**34.000**	**33.000**	**32.000**	**31.000**
▪ *in % vom NU*	*29,2*	*29,3*	*31,1*	*30,9*	*32,3*
Variable Kosten	66.600	68.015	68.145	71.126	71.220
▪ *in % vom NU*	*55,5*	*58,7*	*64,2*	*68,6*	*74,2*
▪ **EUR/kg**	**11,10**	**11,15**	**11,55**	**11,66**	**11,87**
▪ **davon Einstandskosten**	**9,90**	**9,90**	**10,25**	**10,36**	**10,52**
▪ **davon Energiekosten**	**1,20**	**1,25**	**1,30**	**1,30**	**1,35**
Deckungsbeitrag (DB 1)	53.400	47.885	38.055	32.574	24.780
▪ *in % vom NU*	*44,5*	*41,3*	*35,8*	*31,4*	*25,8*
Anlagevermögen (AV)	**63.000**	**64.000**	**65.000**	**66.000**	**67.100**
Bruttorendite (BBE in % vom AV)	*29,2*	*21,7*	*7,8*	*0,9*	*−9,3*
Kapitalumschlag (NU/AV)	1,90	1,81	1,63	1,57	1,43

angemessenen Kapitalrendite für das Rohviolett – auch eine wettbewerbsfähige Position für das Violett-Pigment bedeutet.

Durch stark fallende Pigment-Preise wird aber die Position für den Bereich B immer unbefriedigender. Deshalb drängt man seit einiger Zeit darauf, den Transferpreis zu reduzieren, was A aber zunächst ablehnt. Erst als B belegen kann, dass qualitativ gleichwertiges Rohviolett inzwischen auch auf dem Markt zu Preisen bis zu 20% unter dem bisherigen Transferpreis erhältlich ist, zeigt A Kompromissbereitschaft.

Die ◀ Abb. 8-36 und 8-37 enthalten die Ergebnisrechnungen Rohviolett (Bereich A) und Pigmentviolett (Bereich B).

Aufgabenstellung

Die Controller der beiden Bereiche A und B analysieren die Ergebnisrechnungen ihrer Profit-Center »Rohviolett« und »Pigmentviolett« und stellen dabei folgende Fragen:

- Wie verändern sich die Renditen bei Rohviolett und Pigmentviolett, wenn der bisher auf die vorgegebene Bruttorendite von 20% gestellte Transferpreis durch den repräsentativen Marktpreis von 8 EUR/kg für das Rohviolett ersetzt wird?
- Wie rentabel ist das Profit-Center gruppenkonsolidiert?

Nach der Analyse wird vereinbart, dass Bereich A den Betrieb »Rohviolett-Fertigung« an B abgibt, um eine unnötige Schnittstelle – der Betrieb arbeitet ausschließlich für den Bereich B – zu eliminieren. Dies hat erhebliche Konsequenzen. Während sich der Bereich A in der Vergangenheit wegen des hohen Transferpreises nicht intensiv genug um seine Wirtschaftlichkeit kümmern musste, sieht sich Bereich B aufgrund des Wettbewerbs- und Kostendrucks unmittelbar genötigt, die Wirtschaftlichkeit der Rohviolett-Fertigung zu verbessern. Das Verfahren wird in Regie von B daher auch sofort optimiert: Im Einzelnen werden die Fixkosten auf 48 Mio. EUR und das Anlagevermögen auf 90 Mio. EUR begrenzt und die variablen Kosten durch Verfahrensverbesserung auf 4,80 EUR/kg reduziert.

- Wie rentabel ist der Bereich B nach Durchführung dieser Maßnahmen, wenn man die Daten in Periode 5 zugrunde legt?

Lösung

Die Änderung des Transferpreises von einer Standard-Bruttorendite (20 %) zu einem Marktpreis (8 EUR/kg) zeigt das ganze Maß der Unwirtschaftlichkeit der Rohviolett-Produktion beim Bereich A. Die Bruttorendite in Periode 5 beträgt –5,2 % (▶ Abb. 8-38).

▼ Abb. 8-38 **Rohviolett zu marktgerechten Verkaufspreisen**

in 1.000 EUR **Perioden**	**1**	**2**	**3**	**4**	**5**
Menge in Tonnen	**6.000**	**6.100**	**5.900**	**6.100**	**6.000**
Verkaufspreis EUR/kg (VP)	**8,00**	**8,00**	**8,00**	**8,00**	**8,00**
Nettoumsatz (NU)	48.000	48.800	47.200	48.800	48.000
Bruttobetriebsergebnis (BBE)	0	–5	–1.649	–2.420	–3.100
Umsatzrendite (BBE in % vom NU)	*0,0*	*0,0*	*–3,5*	*–5,0*	*–6,5*
Anlagevermögen (AV)	**57.000**	**58.000**	**58.000**	**60.000**	**60.100**
Bruttorendite (BBE in % vom AV)	*0,0*	*0,0*	*–2,8*	*–4,0*	*–5,2*
Kapitalumschlag (NU/AV)	0,84	0,84	0,81	0,81	0,80

Durch den marktorientierten Bezugspreis von Rohviolett verbessert sich die Pigment-Stufe deutlich. Allerdings sinkt die Umsatzrendite – durch den jahrelangen Preisverfall von Pigmentviolett – ab der dritten Periode unter die Zielmarke von 20 % (▶ Abb. 8-39).

▼ Abb. 8-39 **Pigmentviolett bei Rohviolett-Zukauf zum vergleichbaren Marktpreis**

in 1.000 EUR **Perioden**	**1**	**2**	**3**	**4**	**5**
Menge in Tonnen	**6.000**	**6.100**	**5.900**	**6.100**	**6.000**
Verkaufspreis EUR/kg (VP)	**20,00**	**19,00**	**18,00**	**17,00**	**16,00**
Nettoumsatz (NU)	120.000	115.900	106.200	103.700	96.000
Bruttobetriebsergebnis (BBE)	29.800	25.475	18.330	14.970	8.900
Umsatzrendite (BBE in % vom NU)	*24,8*	*22,0*	*17,3*	*14,4*	*9,3*
Fixkosten 1	**35.000**	**34.000**	**33.000**	**32.000**	**31.000**
▪ *in % vom NU*	*29,2*	*29,3*	*31,1*	*30,9*	*32,3*
Variable Kosten	55.200	56.425	54.870	56.730	56.100
▪ *in % vom NU*	*46,0*	*48,7*	*51,7*	*54,7*	*58,4*
▪ **EUR/kg**	**9,20**	**9,25**	**9,30**	**9,30**	**9,35**
▪ **davon Einstandskosten**	**8,00**	**8,00**	**8,00**	**8,00**	**8,00**
▪ **davon Energiekosten**	**1,20**	**1,25**	**1,30**	**1,30**	**1,35**
Deckungsbeitrag (DB 1)	64.800	59.475	51.330	46.970	39.900
▪ *in % vom NU*	*54,0*	*51,3*	*48,3*	*45,3*	*41,6*
Anlagevermögen (AV)	**63.000**	**64.000**	**65.000**	**66.000**	**67.100**
Bruttorendite (BBE in % vom AV)	*47,3*	*39,8*	*28,2*	*22,7*	*13,3*
Kapitalumschlag (NU/AV)	1,90	1,81	1,63	1,57	1,43

Aufgrund der unrentablen Rohviolett-Stufe ist die konsolidierte Rechnung noch unbefriedigender. Der Kapitalumschlag der gesamten Anlage ist mit 0,75 (Periode 5) ein deutlicher Hinweis für eine viel zu hohe Kapitalbindung (▶ Abb. 8-40).

Die im Bereich B durch Eliminierung der Transferschnittstelle organisatorisch zusammengefasste Rohviolett- und Pigmentviolettproduktion (Gesamtanlage) kann in Periode 5 aufgrund der durchgeführten Maßnahmen von Grund auf saniert werden (▶ Abb. 8-41). Große Teile des Anlagevermögens waren durch die bisherige organisatorische Trennung zu groß ausgelegt. Durch eine Optimierung des gesamten Produktionsverfahrens kann erhebliches Anlagevermögen freigesetzt werden. Der Kapitalumschlag steigt auf über 1, ein angemessener Wert selbst für dieses kapitalintensive Produktionsverfahren. Die Fixkosten können deutlich abgesenkt werden. Das neue, integrierte Verfahren ermöglicht eine wesentlich höhere Produktausbeute; die variablen Stückkosten (fast ausschließlich Rohstoffkosten der Vorstufe Rohviolett) sinken auf 4,80 EUR/kg. Die Ziel-Renditen werden erreicht, auch bei einem möglichen, weiteren Preisverfall.

▼ Abb. 8-40 **Pigmentviolett und Rohviolett konsolidiert**

in 1.000 EUR **Perioden**	**1**	**2**	**3**	**4**	**5**
Menge in Tonnen	**6.000**	**6.100**	**5.900**	**6.100**	**6.000**
Verkaufspreis EUR/kg (VP)	**20,00**	**19,00**	**18,00**	**17,00**	**16,00**
Nettoumsatz (NU)	120.000	115.900	106.200	103.700	96.000
Bruttobetriebsergebnis (BBE)	29.800	25.470	16.681	12.550	5.800
Umsatzrendite (BBE in % vom NU)	*24,8*	*22,0*	*15,7*	*12,1*	*6,0*
Fixkosten 1	**59.000**	**58.100**	**57.600**	**57.600**	**56.900**
■ *in % vom NU*	*49,2*	*50,1*	*54,2*	*55,5*	*59,3*
Variable Kosten	31.200	32.330	31.919	33.550	33.300
■ *in % vom NU*	*26,0*	*27,9*	*30,1*	*32,4*	*34,7*
■ **EUR/kg**	**5,20**	**5,30**	**5,41**	**5,50**	**5,55**
Deckungsbeitrag (DB 1)	88.800	83.570	74.281	70.150	62.700
■ *in % vom NU*	*74,0*	*72,1*	*69,9*	*67,6*	*65,3*
Anlagevermögen (AV)	**120.000**	**122.000**	**123.000**	**126.000**	**127.200**
Bruttorendite (BBE in % vom AV)	*24,8*	*20,9*	*13,6*	*10,0*	*4,6*
Kapitalumschlag (NU/AV)	1,00	0,95	0,86	0,82	0,75

▼ Abb. 8-41 **Pigmentviolett saniert**

in 1.000 EUR **Perioden**	**1**	**2**	**3**	**4**	**5**
Menge in Tonnen	**6.000**	**6.100**	**5.900**	**6.100**	**6.000**
Verkaufspreis EUR/kg (VP)	**20,00**	**19,00**	**18,00**	**17,00**	**16,00**
Nettoumsatz (NU)	120.000	115.900	106.200	103.700	96.000
Bruttobetriebsergebnis (BBE)	29.800	25.470	16.681	12.550	19.200
Umsatzrendite (BBE in % vom NU)	*24,8*	*22,0*	*15,7*	*12,1*	*20,0*
Fixkosten 1	**59.000**	**58.100**	**57.600**	**57.600**	**48.000**
■ *in % vom NU*	*49,2*	*50,1*	*54,2*	*55,5*	*50,0*
Variable Kosten	31.200	32.330	31.919	33.550	28.800
■ *in % vom NU*	*26,0*	*27,9*	*30,1*	*32,4*	*30,0*
■ **EUR/kg**	**5,20**	**5,30**	**5,41**	**5,50**	**4,80**
Deckungsbeitrag (DB 1)	88.800	83.570	74.281	70.150	67.200
■ *in % vom NU*	*74,0*	*72,1*	*69,9*	*67,6*	*70,0*
Anlagevermögen (AV)	**120.000**	**122.000**	**123.000**	**126.000**	**90.000**
Bruttorendite (BBE in % vom AV)	*24,8*	*20,9*	*13,6*	*10,0*	*21,3*
Kapitalumschlag (NU/AV)	1,00	0,95	0,86	0,82	1,07

8.11 Sortimentsanalyse

oder
Wie optimiert man ein Sortiment mit zahlreichen Einzelprodukten?

Zielsetzung

- Sortiment analysieren und optimieren.
- Abschnitt 6.9 »Pareto-Prinzip und ABC-Analyse« vertiefen.

Fallbeschreibung

Für die Einfärbung von Industrielacken produziert das Werk 2 der Color AG ein **Sortiment von anorganischen Mischpigmenten** in den Farbtonbereichen Blau, Rot, Gelb und Grün (▶ Abb. 8-42).

Innerhalb jedes dieser Farbtonbereiche gibt es eine Reihe von Farbnuancen, die für derartige Sortimente typisch sind. Durch Modeschwankungen bei den Farbtönen ergeben sich häufig Veränderungen der Rezepturen und damit auch der Verkaufspreise. Dabei kommt es immer wieder zu stärkeren Einbrüchen bei der Wirtschaftlichkeit einzelner Produkte. Für das Produktmanagement ist wichtig, die kritischen Produkte schnell zu erkennen und entweder durch Preiserhöhungen zu sanieren oder durch rentablere alternative Rezepturen zu ersetzen.

Aufgabenstellung

- Welches ist das deckungsbeitragsschwächste Einzelprodukt (insgesamt und pro Farbe), gemessen am Deckungsbeitrag pro Kilogramm?
- Wie groß sind der absolute Deckungsbeitrag (DB) und das absolute Bruttobetriebsergebnis (BBE), wenn das deckungsbeitragsstärkste Einzelprodukt pro Farbe die jeweilige Gesamtmenge pro Farbe übernehmen würde?
- Wie verändert sich das absolute BBE, wenn alle Einzelprodukte mit negativem BBE gestrichen würden?

▼ Abb. 8-42 **Sortiment nach Farbtönen**

in EUR und EUR/kg Produkt	Menge	Preis	Umsatz	variable Kosten	variable Kosten absolut	DB/kg	DB absolut	DB in %	Fixkosten in %	Fixkosten absolut	BBE absolut	BBE in %
Blau 1	100	14,30	1.430	6,20	620	8,10	810	56,6	84,5	1.208	−398	−27,9
Blau 2	150	15,40	2.310	7,10	1.065	8,30	1.245	53,9	67,3	1.555	−310	−13,4
Blau 3	400	14,80	5.920	6,90	2.760	7,90	3.160	53,4	64,7	3.830	−670	−11,3
Blau 4	9.500	13,90	132.050	7,20	68.400	6,70	63.650	48,2	35,9	47.406	16.244	12,3
Blau 5	33.000	16,15	532.950	8,30	273.900	7,85	259.050	48,6	34,2	182.269	76.781	14,4
Rot 1	100	11,15	1.115	5,40	540	5,75	575	51,6	80,4	896	−321	−28,8
Rot 2	150	12,40	1.860	5,50	825	6,90	1.035	55,6	77,2	1.436	−401	−21,6
Rot 3	400	10,90	4.360	4,80	1.920	6,10	2.440	56,0	61,2	2.668	−228	−5,2
Rot 4	28.500	11,25	320.625	5,90	168.150	5,35	152.475	47,6	38,8	124.403	28.073	8,8
Rot 5	26.000	10,90	283.400	5,80	150.800	5,10	132.600	46,8	35,1	99.473	33.127	11,7
Gelb 1	100	13,15	1.315	5,70	570	7,45	745	56,7	78,8	1.036	−291	−22,1
Gelb 2	150	13,60	2.040	6,10	915	7,50	1.125	55,1	74,2	1.514	−389	−19,1
Gelb 3	400	14,15	5.660	6,70	2.680	7,45	2.980	52,7	63,3	3.583	−603	−10,6
Gelb 4	27.500	12,90	354.750	6,60	181.500	6,30	173.250	48,8	41,2	146.157	27.093	7,6
Gelb 5	35.000	12,60	441.000	6,50	227.500	6,10	213.500	48,4	39,9	175.959	37.541	8,5
Grün 1	100	18,30	1.830	8,30	830	10,00	1.000	54,6	98,4	1.801	−801	−43,8
Grün 2	150	16,25	2.438	7,20	1.080	9,05	1.358	55,7	83,3	2.030	−673	−27,6
Grün 3	400	17,40	6.960	7,20	2.880	10,20	4.080	58,6	62,3	4.336	−256	−3,7
Grün 4	27.500	16,10	442.750	8,80	242.000	7,30	200.750	45,3	35,5	157.176	43.574	9,8
Grün 5	34.500	19,10	658.950	10,10	348.450	9,00	310.500	47,1	35,8	235.904	74.596	11,3
Summe	**224.100**	**14,30**	**3.203.713**	**7,48**	**1.677.385**	**6,81**	**1.526.328**	**47,6**	**37,3**	**1.194.641**	**331.687**	**10,4**
Σ Blau	43.150	15,64	674.660	8,04	346.745	7,60	327.915	48,6	35,0	236.268	91.647	13,6
Σ Rot	55.150	11,09	611.360	5,84	322.235	5,24	289.125	47,3	37,4	228.877	60.248	9,9
Σ Gelb	63.150	12,74	804.765	6,54	413.165	6,20	391.600	48,7	40,8	328.249	63.351	7,9
Σ Grün	62.650	17,76	1.112.928	9,50	595.240	8,26	517.688	46,5	36,1	401.248	116.440	10,5
Summe	**224.100**	**14,30**	**3.203.713**	**7,48**	**1.677.385**	**6,81**	**1.526.328**	**47,6**	**37,3**	**1.194.641**	**331.687**	**10,4**

Lösung

Bei Sortimentsanalysen wird die Deckungsbeitragsstärke eines Einzelprodukts in der Höhe des **spezifischen Deckungsbeitrags** (DB/kg) gemessen. Innerhalb eines Sortiments aus mehreren Einzelprodukten sind die vorgegebenen Fixkosten des Sortiments zwar auf jedes Einzelprodukt zugeschlüsselt, bleiben jedoch unverändert, wenn ein Einzelprodukt gestrichen wird. Die Fixkosten dieses Produkts werden auf die restlichen Produkte umverteilt. Deshalb ist das absolute Ergebnis (BBE) eines Produkts kein Entscheidungskriterium; erst in der Aggregation aller Einzelprodukte ändert sich dies.

Das **deckungsbeitragsschwächste** Einzelprodukt insgesamt betrachtet ist das Rot 5 (DB/kg = 5,10 EUR), die deckungsbeitragsschwächsten der anderen Sortimente sind Blau 4, Gelb 5 und Grün 4 (▶ Abb. 8-43).

▼ Abb. 8-43 **Sortimentsanalyse (Einzelprodukte mit dem geringsten DB/kg pro Farbe)**

in EUR und EUR/kg Produkt	Menge	Preis	Umsatz	variable Kosten	variable Kosten absolut	DB/kg	DB absolut	DB in %	Fixkosten in %	Fixkosten absolut	BBE absolut	BBE in %
Blau 4	9.500	13,90	132.050	7,20	68.400	6,70	63.650	*48,2*	*35,9*	47.406	16.244	*12,3*
Rot 5	26.000	10,90	283.400	5,80	150.800	5,10	132.600	*46,8*	*35,1*	99.473	33.127	*11,7*
Gelb 5	35.000	12,60	441.000	6,50	227.500	6,10	213.500	*48,4*	*39,9*	175.959	37.541	*8,5*
Grün 4	27.500	16,10	442.750	8,80	242.000	7,30	200.750	*45,3*	*35,5*	157.176	43.574	*9,8*
Summe	**98.000**	**13,26**	**1.299.200**	**7,03**	**688.700**	**6,23**	**610.500**	***47,0***	***36,9***	**480.015**	**130.485**	***10,0***

Wählt man pro Sortiment das jeweils **deckungsbeitragsstärkste** aus (DB/kg) und bewertet es mit der Gesamtmenge des Sortiments, ergibt sich die in ▶ Abb. 8-44 dargestellte Situation.

▼ Abb. 8-44 **Herstellung nur des jeweils deckungsbeitragsstärksten Produkts**

in EUR und EUR/kg Produkt	Menge	Preis	Umsatz	variable Kosten	variable Kosten absolut	DB/kg	DB absolut	DB in %	Fixkosten in %	Fixkosten absolut	BBE absolut	BBE in %
Blau 2	43.150	15,40	664.510	7,10	306.365	8,30	358.145	*53,9*	*35,9*	236.268	121.877	*18,3*
Rot 2	55.150	12,40	683.860	5,50	303.325	6,90	380.535	*55,6*	*35,1*	228.877	151.658	*22,2*
Gelb 2	63.150	13,60	858.840	6,10	385.215	7,50	473.625	*55,1*	*39,9*	328.249	145.376	*16,9*
Grün 3	62.650	17,40	1.090.110	7,20	451.080	10,20	639.030	*58,6*	*35,5*	401.248	237.782	*21,8*
Summe	**224.100**	**14,71**	**3.297.320**	**6,45**	**1.445.985**	**8,26**	**1.851.335**	***56,1***	***36,2***	**1.194.641**	**656.694**	***19,9***

Bei identischen Fixkosten pro Sortiment und gesamt (1,195 Mio. EUR) generiert das Sortiment – bewertet mit den deckungsbeitragsstärksten Einzelmarken – ein fast doppelt so hohes Ergebnis. Der Deckungsbeitrag steigt von 1,526 Mio. EUR auf 1,851 Mio. EUR, die Umsatzrendite von 10,4 auf 19,9 %, bei einer Deckungsbeitragsrate von 56,1 % und Fixkosten von 36,2 % vom Umsatz.

Würde man den **Fehler** begehen, alle Einzelprodukte mit negativem Bruttobetriebsergebnis (BBE) zu streichen – so etwas passiert in der Praxis häufiger als man denkt –, vernichtet man erhebliche Deckungsbeiträge, ohne Fixkosten abbauen zu können (▶ Abb. 8-45). Maxime eines Unternehmens muss daher sein, bei gegebenen Kapazitäten den Verkauf der deckungsbeitragsstarken Produkte zu Lasten der deckungsbeitragsschwächeren zu forcieren.

▼ Abb. 8-45 **Ergebnis bei Eliminierung der Verlustprodukte**

in EUR und EUR/kg Produkt	Menge	Preis	Umsatz	variable Kosten	variable Kosten absolut	DB/kg	DB absolut	DB in %	Fixkosten in %	Fixkosten absolut	BBE absolut	BBE in %
Blau 1	0									1.208	–1.208	
Blau 2	0									1.555	–1.555	
Blau 3	0									3.830	–3.830	
Blau 4	9.500	13,90	132.050	7,20	68.400	6,70	63.650	*48,2*	*35,9*	47.406	16.244	*12,3*
Blau 5	33.000	16,15	532.950	8,30	273.900	7,85	259.050	*48,6*	*34,2*	182.269	76.781	*14,4*
Rot 1	0									896	–896	
Rot 2	0									1.436	–1.436	
Rot 3	0									2.668	–2.668	
Rot 4	28.500	11,25	320.625	5,90	168.150	5,35	152.475	*47,6*	*38,8*	124.403	28.073	*8,8*
Rot 5	26.000	10,90	283.400	5,80	150.800	5,10	132.600	*46,8*	*35,1*	99.473	33.127	*11,7*
Gelb 1	0									1.036	–1.036	
Gelb 2	0									1.514	–1.514	
Gelb 3	0									3.583	–3.583	
Gelb 4	27.500	12,90	354.750	6,60	181.500	6,30	173.250	*48,8*	*41,2*	146.157	27.093	*7,6*
Gelb 5	35.000	12,60	441.000	6,50	227.500	6,10	213.500	*48,4*	*39,9*	175.959	37.541	*8,5*
Grün 1	0									1.801	–1.801	
Grün 2	0									2.030	–2.030	
Grün 3	0									4.336	–4.336	
Grün 4	27.500	16,10	442.750	8,80	242.000	7,30	200.750	*45,3*	*35,5*	157.176	43.574	*9,8*
Grün 5	34.500	19,10	658.950	10,10	348.450	9,00	310.500	*47,1*	*35,8*	235.904	74.596	*11,3*
Summe	**221.500**	**14,30**	**3.166.475**	**7,50**	**1.660.700**	**6,80**	**1.505.775**	***47,6***	***37,7***	**1.194.641**	**311.134**	***9,8***

Zum Vergleich die Ausgangssituation (aus ◀ Abb. 8-42):

Σ Blau	43.150	15,64	674.660	8,04	346.745	7,60	327.915	*48,6*	*35,0*	236.268	91.647	*13,6*
Σ Rot	55.150	11,09	611.360	5,84	322.235	5,24	289.125	*47,3*	*37,4*	228.877	60.248	*9,9*
Σ Gelb	63.150	12,74	804.765	6,54	413.165	6,20	391.600	*48,7*	*40,8*	328.249	63.351	*7,9*
Σ Grün	62.650	17,76	1.112.928	9,50	595.240	8,26	517.688	*46,5*	*36,1*	401.248	116.440	*10,5*
Summe	**224.100**	**14,30**	**3.203.713**	**7,48**	**1.677.385**	**6,81**	**1.526.328**	***47,6***	***37,3***	**1.194.641**	**331.687**	***10,4***

8.12 Investitions- und Wirtschaftlichkeitsrechnung

oder
Mit welchen Daten und welchen Rechenmethoden wird die Wirtschaftlichkeit eines Investitionsprojekts festgestellt?

Zielsetzung

- Methoden der Investitionsrechnung und Planergebnisrechnung anwenden.
- Abschnitte 5.1 »Investitionsrechnung«, 5.2 »Dispositionsrechnung« und 5.4 »Planergebnisrechnung« vertiefen.

Fallbeschreibung

Anorganische Gelbpigmente sind besonders geeignet zur Einfärbung einfacher, robuster und kostengünstiger Industrielacke. Die Wirtschaftlichkeit der Pigmente basiert auf einem idealen Preis-Leistungs-Verhältnis durch ein relativ niedriges Preisniveau (circa 5 bis 15 EUR/kg) bei hohem Leistungsvermögen (Wetterbeständigkeit und Lichtechtheit, Säurebeständigkeit).

Im Werk 2 der Color AG läuft seit Jahren – neben einer Großanlage mit einer Kapazität von circa 6.000 Jahrestonnen – sehr erfolgreich eine kleinere Anlage für Spezialmarken mit einer Kapazität von 2.000 Jahrestonnen.

Trotz partieller Substitution durch einfache und preisgünstige **organische** Pigmente konnte über Jahre die Ziel-Rendite erreicht werden. Im letzten Geschäftsjahr kommt es plötzlich zu Preis- und Mengenrückgängen aufgrund aggressiver Wettbewerber. Bei gleichzeitig ungünstiger Kostenentwicklung sinkt die Kapitalrendite (Bruttorendite) auf knapp 3 % (▶ Abb. 8-46).

In einem Strategiegespräch zwischen Marketing, Vertrieb, Produktion, Forschung und Controlling werden die Möglichkeiten einer Sanierung diskutiert. Eine Stilllegung wird insbesondere vom Marketing abgelehnt, da die Spezialitäten einen unverzichtbaren Teil des Gesamtsortiments bilden und eine »Schleppfunktion« haben, also potenzielle Geschäfte für die Großanlage mit dem Standardsortiment anbahnen sollen. Man ist sich je-

▼ Abb. 8-46 **Ergebnisrechnung »Anorganisches Pigmentgelb«**

in 1.000 EUR					
Perioden	**1**	**2**	**3**	**4**	**5**
Menge in Tonnen	**1.772**	**1.772**	**1.948**	**1.913**	**1.736**
Verkaufspreis EUR/kg (VP)	**7,09**	**7,33**	**7,09**	**7,49**	**6,70**
Nettoumsatz (NU)	12.563	12.989	13.811	14.328	11.631
Bruttobetriebsergebnis (BBE)	3.138	3.631	4.208	2.601	342
Umsatzrendite (BBE in % vom NU)	*25,0*	*28,0*	*30,5*	*18,2*	*2,9*
Anlagevermögen (AV)	**11.224**	**11.962**	**12.931**	**13.766**	**11.699**
Bruttorendite (BBE in % vom AV)	*28,0*	*30,4*	*32,5*	*18,9*	*2,9*
Kapitalumschlag (NU/AV)	1,12	1,09	1,07	1,04	0,99

Fixkostenstruktur	**in 1.000 EUR**		***in % vom NU***		**Schwachstellen**
	Periode 4	**Periode 5**	**Periode 4**	**Periode 5**	☒ Menge
■ Versandkosten	131	108	*0,9*	*0,9*	☒ Fixkosten
■ Vertriebskosten	1.408	1.304	*9,8*	*11,2*	☒ Preis
■ Fertigungskosten	4.086	4.200	*28,5*	*36,1*	☒ Variable Kosten
Summe	5.625	5.612	*39,3*	*48,2*	☒ Kapitalbindung

doch mit dem Vertrieb einig, dass man bei Produktverbesserungen und Beibehaltung des niedrigen Preisniveaus durchaus eine Vorwärtsstrategie – eine kombinierte Erweiterungs- und Rationalisierungsinvestition mit Verfahrensverbesserung – wagen sollte.

Dieses Projekt wird kurzfristig in den Investitionsplan des Bereichs aufgenommen.

- Investitionsauszahlung 4 Mio. EUR
- Anlagevermögen neu 16 Mio. EUR
- Erweiterung der Jahreskapazität auf 2.800 Tonnen
- Jahreskapazität der Altanlage 2.000 Tonnen
- Fixkosteneinsparung bei der Gesamtanlage 1 Mio. EUR/Jahr
- Fixkostenaufbau aufgrund zusätzlicher Reparaturauszahlungen 5% von 4 Mio. EUR
- Senkung der variablen Kosten um 0,27 EUR/kg (bessere Ausbeute)
- Mengenentwicklung siehe ▶ Abb. 8-47
- Kalkulationszinssatz (Wiederanlagezinssatz, Hurdle Rate) 10%
- Steuersatz vom Ergebnis 35%
- Geplante Lebensdauer der Anlage 10 Jahre

- Abschreibung in der Planergebnisrechnung — linear über die Lebensdauer
- Steuerlich zulässige Abschreibung — linear über die Lebensdauer

▶ Abb. 8-47 zeigt die Ergebnisplanung für »Anorganisches Pigmentgelb«.

▼ Abb. 8-47 **Ergebnisplanung »Anorganisches Pigmentgelb«**

in 1.000 EUR	Periode 5	Plan 1	Plan 2	Plan 3	Plan 4	Plan 5
Menge in Tonnen	**1.736**	**1.900**	**2.090**	**2.300**	**2.530**	**2.780**
Verkaufspreis EUR/kg (VP)	**6,70**	**6,70**	**6,70**	**6,70**	**6,70**	**6,70**
Nettoumsatz (NU)	11.631	12.730	14.003	15.410	16.951	18.626
Bruttobetriebsergebnis (BBE)	342	1.818	2.521	3.298	4.149	5.074
Umsatzrendite (BBE in % vom NU)	*2,9*	*14,3*	*18,0*	*21,4*	*24,5*	*27,2*
Fixkosten 1	**5.612**	**5.212**	**5.212**	**5.212**	**5.212**	**5.212**
▪ *in % vom NU*	*48,2*	*40,9*	*37,2*	*33,8*	*30,7*	*28,0*
Variable Kosten	5.677	5.700	6.270	6.900	7.590	8.340
▪ *in % vom NU*	*48,8*	*44,8*	*44,8*	*44,8*	*44,8*	*44,8*
▪ **EUR/kg**	**3,27**	**3,00**	**3,00**	**3,00**	**3,00**	**3,00**
Deckungsbeitrag (DB 1)	5.954	7.030	7.733	8.510	9.361	10.286
▪ *in % vom NU*	*51,2*	*55,2*	*55,2*	*55,2*	*55,2*	*55,2*
Anlagevermögen (AV)	**11.699**	**16.000**	**16.000**	**16.000**	**16.000**	**16.000**
Bruttorendite (BBE in % vom AV)	*2,9*	*11,4*	*15,8*	*20,6*	*25,9*	*31,7*
Kapitalumschlag (NU/AV)	0,99	0,80	0,88	0,96	1,06	1,16

Fixkostenstruktur	**in 1.000 EUR**		***in % vom NU***		**Schwachstellen**
	Periode 5	**Plan 5**	**Periode 5**	**Plan 5**	☐ Menge
▪ Versandkosten	108	112	*0,9*	*0,6*	☐ Fixkosten
▪ Vertriebskosten	1.304	1.600	*11,2*	*8,6*	☐ Preis
▪ Fertigungskosten	4.200	3.500	*36,1*	*18,8*	☐ Variable Kosten
Summe	5.612	5.212	*48,2*	*28,0*	☐ Kapitalbindung

Aufgabenstellung

- Erstellen Sie eine Wirtschaftlichkeitsrechnung für die Erweiterungsinvestition laut Vorgaben.
- Wie hoch ist die Rendite der Investition (Realer Zinsfuß)?
- Wie hoch ist der Kapitalwert (Net Present Value) der Investition?
- Wie hoch ist die Bruttorendite im vierten Planjahr nach Inbetriebnahme?
- Wie reagiert die Planung bei 10% höheren Fixkosten und 10% geringeren Mengen und Preisen?

Lösung

▼ Abb. 8-48 **Investitionsrechnung**

Investition: Kapazitätserweiterung von 2.000 auf 2.800 Tonnen inklusive Rationalisierung											
Investition (in 1.000 EUR):		4.000									
steuerliche zulässige AfA (%)		10,0%	10,0%	10,0%	10,0%	10,0%	10,0%	10,0%	10,0%	10,0%	10,0%

Geschäftsjahr		**1**	**2**	**3**	**4**	**5**	**6**	**7**	**8**	**9**	**10**
Absatz/Gesamt	Tonnen	1.900	2.090	2.300	2.530	2.780	2.800	2.800	2.800	2.800	2.800
Verkaufspreis	EUR/kg	6,70	6,70	6,70	6,70	6,70	6,70	6,70	6,70	6,70	6,70
Variable Kosten	EUR/kg	3,00	3,00	3,00	3,00	3,00	3,00	3,00	3,00	3,00	3,00
Deckungsbeitrag (DB)	EUR/kg	3,70	3,70	3,70	3,70	3,70	3,70	3,70	3,70	3,70	3,70
Δ DB	EUR/kg	**0,27**	**0,27**	**0,27**	**0,27**	**0,27**	**0,27**	**0,27**	**0,27**	**0,27**	**0,27**
Δ Absatz aus Erweiterung	Tonnen	**0**	**90**	**300**	**530**	**780**	**800**	**800**	**800**	**800**	**800**
Δ DB (Ausbeute Altanlage)	1.000 EUR	**513**	**540**	**540**	**540**	**540**	**540**	**540**	**540**	**540**	**540**
Δ DB (Erweiterung)	1.000 EUR	**0**	**333**	**1.110**	**1.961**	**2.886**	**2.960**	**2.960**	**2.960**	**2.960**	**2.960**
Δ DB Gesamt	1.000 EUR	**513**	**873**	**1.650**	**2.501**	**3.426**	**3.500**	**3.500**	**3.500**	**3.500**	**3.500**
Fixkostenabbau	1.000 EUR	**1.000**	**1.000**	**1.000**	**1.000**	**1.000**	**1.000**	**1.000**	**1.000**	**1.000**	**1.000**
Fixkostenaufbau	1.000 EUR	**−200**	**−200**	**−200**	**−200**	**−200**	**−200**	**−200**	**−200**	**−200**	**−200**
Δ Fixkosten	1.000 EUR	**800**	**800**	**800**	**800**	**800**	**800**	**800**	**800**	**800**	**800**
Δ Ergebnis*	1.000 EUR	**1.313**	**1.673**	**2.450**	**3.301**	**4.226**	**4.300**	**4.300**	**4.300**	**4.300**	**4.300**
* liquiditätswirksam											
Steuerlich zulässige AfA	1.000 EUR	400	400	400	400	400	400	400	400	400	400
Ergebnis vor Steuern	1.000 EUR	913	1.273	2.050	2.901	3.826	3.900	3.900	3.900	3.900	3.900
Steuern (35%)	1.000 EUR	320	446	718	1.015	1.339	1.365	1.365	1.365	1.365	1.365
Ergebnis nach Steuern	1.000 EUR	593	827	1.333	1.886	2.487	2.535	2.535	2.535	2.535	2.535
Cash Flow nach Steuern	1.000 EUR	**993**	**1.227**	**1.733**	**2.286**	**2.887**	**2.935**	**2.935**	**2.935**	**2.935**	**2.935**
Abzinsungsfaktor	*10%*	*0,909*	*0,826*	*0,751*	*0,683*	*0,621*	*0,564*	*0,513*	*0,467*	*0,424*	*0,386*
Aufzinsungsfaktor	*10%*	*2,358*	*2,144*	*1,949*	*1,772*	*1,611*	*1,464*	*1,331*	*1,210*	*1,100*	*1,000*
Barwert Cash Flow	1.000 EUR	**903**	**1.014**	**1.302**	**1.561**	**1.793**	**1.657**	**1.506**	**1.369**	**1.245**	**1.132**
Barwert kumuliert	1.000 EUR	**903**	**1.918**	**3.219**	**4.780**	**6.573**	**8.230**	**9.736**	**11.105**	**12.350**	**13.481**
Endwert Cash Flow	1.000 EUR	**2.343**	**2.631**	**3.376**	**4.049**	**4.649**	**4.297**	**3.906**	**3.551**	**3.229**	**2.935**
Endwert kumuliert	1.000 EUR	**2.343**	**4.974**	**8.350**	**12.399**	**17.048**	**21.345**	**25.252**	**28.803**	**32.032**	**34.967**
Barwert Gesamt	1.000 EUR	**13.481**									
Endwert Gesamt	1.000 EUR	**34.967**									

Realer Zinsfaktor	**8,7417**	Zinstabelle Aufzinsungsfaktoren (8,741 ≙ 24,21%)
Rendite (Realer Zinsfuß)	**24,21 %**	
Kapitalwert (NPV)	**9.481**	
Pay-back-Dauer (Jahre)	**3,5**	

Die Cash Flows in den 10 Planjahren begründen sich allein aus der Veränderung der Zahlungen gegenüber dem Status quo. Folgende Veränderungen sind relevant:

- Zusätzliche Deckungsbeiträge der alten Anlage bis 2.000 Tonnen Absatz (in ◀ Abb. 8-48 in der Zeile »Δ DB (Ausbeute Altanlage)« abzulesen). Diese Deckungsbeiträge ergeben sich aus der Reduzierung der variablen Kosten aufgrund verbesserter Ausbeute und beziehen sich nur auf die Kapazität bis 2.000 Tonnen.
- Zusätzliche Deckungsbeiträge der Mengen über 2.000 Tonnen Kapazität, die in ◀ Abb. 8-48 in der Zeile »Δ DB (Erweiterung)« eingetragen sind. Dieser Effekt ergibt sich aus der Kapazitätserweiterung bei Zugrundelegung des verbesserten Deckungsbeitrags von 3,70 EUR, wird aber aufgrund des stufenweisen Mengenaufbaus erst ab Geschäftsjahr 2 relevant. Ab Periode 6 wird die Kapazitätsgrenze erreicht; die Menge stagniert daher ab diesem Zeitpunkt bei 2.800 Tonnen.
- Geringere Fixkosten durch Verfahrensverbesserung (siehe Zeile Fixkostenabbau).
- Zusätzliche Fixkosten (Reparaturkosten: 5 % von 4 Mio. EUR) durch Kapazitätserweiterung (siehe Zeile Fixkostenaufbau).
- Die Effekte aus zusätzlichen Deckungsbeiträgen und geringeren Fixkosten ergeben jährliche – zusätzliche – Betriebsergebnisse.

Da jede Investitionsrechnung Steuereffekte berücksichtigt, wird dieses Betriebsergebnis zunächst mit den angegebenen linearen bilanziellen Abschreibungen aus der Investitionsausgabe (4 Mio. EUR) belastet. Dies ergibt das Ergebnis vor Steuern und nach Abzug der Steuern (35 %) das Ergebnis nach Steuern. Das Ergebnis nach Steuern zuzüglich der **nicht** liquiditätswirksamen Aufwendungen – hier der Abschreibungen – führt zum **Cash Flow nach Steuern.**

Gesucht sind gemäß Aufgabenstellung sowohl der Kapitalwert als auch der Reale Zinsfuß der Investition. In der Praxis kann man sich auf eine der beiden Methoden beschränken. Der **Kapitalwert** (Net Present Value) fragt nach dem um die Investitionsauszahlung reduzierten absoluten Betrag, den die jährlichen zusätzlichen Cash Flows der Investition aus heutiger Sicht »wert« sind. Gesucht ist also die Differenz zwischen dem Barwert (13,5 Mio. EUR) der Cash Flows, die durch Abzinsen (10 %) ermittelt werden, und der Investitionsauszahlung von 4 Mio. EUR. Die Differenz ergibt einen klar positiven Kapitalwert von 9,5 Mio. EUR. Gemessen an der Investitionssumme ist die Investition also hoch rentabel.

Dies zeigt direkt die Berechnung des **Realen Zinsfußes.** Hierzu ist es notwendig, zunächst den Endwert (35 Mio. EUR) der Rückflüsse (Cash Flows) zu berechnen und dann nach der geometrischen Durchschnittsrendite zu fragen, welche die Investitionsauszahlung von 4 Mio. EUR in den Endwert der Rückflüsse überführt. Die Cash Flows der Jahre 1 bis 10 werden jeweils zum Jahresende angenommen, so dass der Aufzinsungsfaktor im zehnten Jahr 1,0 und der Abzinsungsfaktor im ersten Jahr 0,909 beträgt.

Die Relation aus Endwert (35 Mio. EUR) und Investitionsauszahlung (4 Mio. EUR) ergibt einen Realen Zinsfaktor von 8,7417 einer 10-jährigen Zahlungsreihe. Daraus erhält man einen Zinsfuß von 24,2 %. Das ist die Rentabilität der Investition. Vergleicht man diesen Wert mit dem Kalkulationszinssatz von 10 %, zeigt sich die überdurchschnittliche Verzinsung.

Neben der Rentabilität spielt aber auch die **Wiedereinbringungszeit** (Amortisationsdauer, Pay-back-Dauer) eine wichtige Rolle. Addiert man – ausgehend von der Investitionsauszahlung im Bewertungszeitpunkt (–4 Mio. EUR) – sukzessive die Barwerte der Rückflüsse hinzu und beobachtet man dann, wann der kumulierte Wert null wird, ergibt sich die gesuchte Zeit. Dies ist zwischen dem dritten und vierten Jahr der Fall.

Schließlich ist noch zu prüfen, wie sich die Rentabilität des gesamten Arbeitsgebiets (hier das strategische Geschäftsfeld »Anorganisches Pigmentgelb«) verbessert. Die dazu notwendige **Planergebnisrechnung** (◀ Abb. 8-47) zeigt, dass die Bruttorendite bereits im vierten Jahr der Inbetriebnahme der Kapazitätserweiterung die Marke von 25 % überschreitet. Damit sind die wichtigen Bedingungen für die Genehmigung einer Investition erfüllt:

- Rentable Investition (Mindestverzinsung größer 10 %),
- Erreichung der Mindest-Bruttorendite (BBE zum AV größer 25 %),
- Amortisationsdauer kleiner als 5 Jahre.

Allerdings ergibt die Überprüfung der Sensitivität von Menge, Fixkosten und Preis eine Schwachstelle bei der Preisentwicklung. Bei 10 % geringeren Preisen fällt das Projekt erneut unter die Ziel-Umsatzrendite von 20 %. Selbst bei Erreichen der Kapazitätsgrenze wird die geforderte Kapitalrendite (Bruttorendite größer als 25 %) nicht erreicht. Die Produktlinie bleibt also latent kritisch, wie ▶ Abb. 8-49 verdeutlicht.

Das Unternehmen befasst sich deshalb alternativ mit der Desinvestition dieser wirtschaftlich labilen Produktlinie.

▼ Abb. 8-49 **Preissensitivität**

					Preis	–10%
in 1.000 EUR	**Periode 5**	**Plan 1**	**Plan 2**	**Plan 3**	**Plan 4**	**Plan 5**
Menge in Tonnen	**1.736**	**1.900**	**2.090**	**2.300**	**2.530**	**2.780**
Verkaufspreis EUR/kg (VP)	**6,70**	**6,03**	**6,03**	**6,03**	**6,03**	**6,03**
Nettoumsatz (NU)	11.631	11.457	12.603	13.869	15.256	16.763
Bruttobetriebsergebnis (BBE)	342	545	1.121	1.757	2.454	3.211
Umsatzrendite (BBE in % vom NU)	*2,9*	*4,8*	*8,9*	*12,7*	*16,1*	*19,2*
Anlagevermögen (AV)	**11.699**	**16.000**	**16.000**	**16.000**	**16.000**	**16.000**
Bruttorendite (BBE in % vom AV)	*2,9*	*3,4*	*7,0*	*11,0*	*15,3*	*20,1*
Kapitalumschlag (NU/AV)	0,99	0,72	0,79	0,87	0,95	1,05

Fixkostenstruktur	**in 1.000 EUR**		*in % vom NU*		**Schwachstellen**
	Periode 5	**Plan 5**	**Periode 5**	**Plan 5**	☒ Menge
▪ Versandkosten	108	112	*0,9*	*0,7*	☐ Fixkosten
▪ Vertriebskosten	1.304	1.600	*11,2*	*9,5*	☒ Preis
▪ Fertigungskosten	4.200	3.500	*36,1*	*20,9*	☐ Variable Kosten
Summe	5.612	5.212	*48,2*	*31,1*	☐ Kapitalbindung

8.13 Desinvestition einer Produktlinie

oder
Welche Daten und Methoden werden benötigt, um den Veräußerungswert bei Desinvestitionen zu bestimmen?

Zielsetzung

- Methoden der Unternehmensbewertung anwenden.
- Abschnitte 5.1 »Investitionsrechnung«, 5.2 »Dispositionsrechnung« und 5.4 »Planergebnisrechnung« vertiefen.

Fallbeschreibung

Die in Abschnitt 8.12 »Investitions- und Wirtschaftlichkeitsrechnung« beschriebene Investitionsrechnung hinterlässt bei den Verantwortlichen der Color AG einen »zwiespältigen« Eindruck. Zwar ist die Erweiterungsinvestition für sich genommen hoch rentabel, allerdings ist sie nur bei günstiger Entwicklung der Mengen und Verkaufspreise geeignet, die gesamte, in Schieflage geratene Produktlinie **»Anorganisches Pigmentgelb«** in den »grünen Bereich« zu manövrieren. Die langfristige Zukunft dieser eher kleinen Produktlinie ist also keineswegs gesichert. Deshalb werden – parallel zur Investitionsrechnung – Überlegungen angestellt, dieses Geschäft zu veräußern. Die Konkurrenz hat bereits Interesse signalisiert, Kundenstamm und Anlagenteile sowie die wichtigsten Mitarbeiter (Know-how-Träger) zu übernehmen.

Bei der Konzernmutter der Color AG hat ein Desinvestitions-Team des zuständigen Unternehmensbereichs die Aufgabe, das bisherige und zukünftige Geschäft zu bewerten und einen **Mindest-Verkaufspreis** als Basis für Verhandlungen zu erarbeiten.

Für die Bewertung der Produktlinie – als Alternative zur Investition – werden folgende Annahmen getroffen:

- Fortführung der Produktlinie ohne Investition (siehe Abschnitt 8.12 »Investitions- und Wirtschaftlichkeitsrechnung«) über 10 Jahre bis zur Kapazitätsgrenze von 2.000 Tonnen pro Jahr.
- Stilllegung der Produktlinie im zehnten Jahr.

- Optimierung der Kosten und des Vermögens im Rahmen der alten Anlage.
- Geschäftsverluste **beim potenziellen Erwerber** durch »Kannibalisierungseffekte« des vom Erwerber integrierten Geschäfts in Höhe von 10% der Umsätze.
- Zusätzliche liquiditätswirksame Fixkosten **beim Erwerber** in Höhe von 15% vom Nettoumsatz in jeder Periode.
- Variable Kosten bei Verkäufer und Käufer (potenziellem Erwerber) identisch.
- Kalkulationszinssatz (Wiederanlagezinsfuß, Hurdle Rate) bei Verkäufer und Käufer: 10%.
- Steuersatz vom Einkommen und Ertrag (bei Käufer und Verkäufer): 35%.

Bei Fortführung des Geschäfts im Rahmen der Kapazität von 2.000 Tonnen jährlich und Optimierung von Kosten und Vermögen ergibt sich – als Basis für den Wert des Verkäufers – die in ▶ Abb. 8-50 beschriebene Entwicklung.

▼ Abb. 8-50 **Ergebnisplanung »Fortführung der Produktlinie«**

in 1.000 EUR	Plan 1	Plan 2	Plan 3	Plan 4	Plan 5	Plan 6	Plan 7	Plan 8	Plan 9	Plan 10
Menge in Tonnen	**1.750**	**1.800**	**1.850**	**1.900**	**1.950**	**2.000**	**2.000**	**2.000**	**2.000**	**2.000**
Verkaufspreis EUR/kg (VP)	**6,70**	**6,70**	**6,70**	**6,70**	**6,70**	**6,70**	**6,70**	**6,70**	**6,70**	**6,70**
Nettoumsatz (NU)	11.725	12.060	12.395	12.730	13.065	13.400	13.400	13.400	13.400	13.400
Betriebsergebnis (BE)	1.413	1.590	1.768	1.845	2.023	2.100	2.100	2.100	2.100	2.100
Umsatzrendite (BE in % vom NU)	*12,0*	*13,2*	*14,3*	*14,5*	*15,5*	*15,7*	*15,7*	*15,7*	*15,7*	*15,7*
Break-even (Umsatz)	9.059	9.059	9.059	9.248	9.248	9.437	9.437	9.437	9.437	9.437
Break-even (Menge)	1.352	1.352	1.352	1.380	1.380	1.408	1.408	1.408	1.408	1.408
Fixkosten (bis BE)*	**4.800**	**4.800**	**4.800**	**4.900**	**4.900**	**5.000**	**5.000**	**5.000**	**5.000**	**5.000**
■ *in % vom NU*	*40,9*	*39,8*	*38,7*	*38,5*	*37,5*	*37,3*	*37,3*	*37,3*	*37,3*	*37,3*
Variable Kosten	5.513	5.670	5.828	5.985	6.143	6.300	6.300	6.300	6.300	6.300
■ *in % vom NU*	*47,0*	*47,0*	*47,0*	*47,0*	*47,0*	*47,0*	*47,0*	*47,0*	*47,0*	*47,0*
■ **EUR/kg**	**3,15**	**3,15**	**3,15**	**3,15**	**3,15**	**3,15**	**3,15**	**3,15**	**3,15**	**3,15**
Deckungsbeitrag (DB 1)	6.213	6.390	6.568	6.745	6.923	7.100	7.100	7.100	7.100	7.100
■ *in % vom NU*	*53,0*	*53,0*	*53,0*	*53,0*	*53,0*	*53,0*	*53,0*	*53,0*	*53,0*	*53,0*
* enthält lineare Abschreibungen (10% p.a.) auf das Anlagevermögen										
Vermögen (AV + UV)	**9.931**	**10.015**	**10.099**	**10.183**	**10.266**	**10.350**	**10.350**	**10.350**	**10.350**	**10.350**
■ **Anlagevermögen (AV)**	**7.000**	**7.000**	**7.000**	**7.000**	**7.000**	**7.000**	**7.000**	**7.000**	**7.000**	**7.000**
■ **Vorräte und Forderungen (UV)**	**2.931**	**3.015**	**3.099**	**3.183**	**3.266**	**3.350**	**3.350**	**3.350**	**3.350**	**3.350**
Bruttorendite [BE in % vom (AV + UV)]	*14,2*	*15,9*	*17,5*	*18,1*	*19,7*	*20,3*	*20,3*	*20,3*	*20,3*	*20,3*
Kapitalumschlag [NU/(AV + UV)]	1,18	1,20	1,23	1,25	1,27	1,29	1,29	1,29	1,29	1,29

Aufgabenstellung

- Ermitteln Sie den Mindest-Verkaufspreis auf Basis einer Barwertbetrachtung der geplanten Betriebsergebnisse.
- Stellen Sie Berechnungen zur Ermittlung des Grenzpreises für die Übernahme der Produktlinie aus Sicht des potenziellen Erwerbers (Käufers) an.

Lösung

Aus der **Sicht des Verkäufers** (Color AG) ergibt sich ein Mindest-Verkaufspreis von circa 11,7 Mio. EUR. Dieser Wert errechnet sich, indem alle zukünftigen Cash Flows nach Steuern, die durch den Verkauf der Produktlinie entfallen würden, auf den Entscheidungszeitpunkt diskontiert werden (▶ Abb. 8-51). Im vorliegenden Fall sind dies die liquiditätswirksamen Ergebnisse nach Steuern, die durch den Verkauf eliminiert würden. Hinter der Diskontierung steht die Idee, zukünftige Zahlungen zu dem Wert anzusetzen, den die Geschäftsleitung diesen Zahlungen aus heutiger Sicht beimisst. Der Abzinsungsfaktor ergibt sich dabei aus dem für den Bereich relevanten Kapitalkostensatz (einer Hurdle Rate) von 10%.

▼ Abb. 8-51 **Wert der Produktlinie aus Sicht des Verkäufers**

Geschäftsjahr		**1**	**2**	**3**	**4**	**5**	**6**	**7**	**8**	**9**	**10**
Absatz	Tonnen	1.750	1.800	1.850	1.900	1.950	2.000	2.000	2.000	2.000	2.000
Verkaufspreis	EUR/kg	6,70	6,70	6,70	6,70	6,70	6,70	6,70	6,70	6,70	6,70
Umsatz	1.000 EUR	11.725	12.060	12.395	12.730	13.065	13.400	13.400	13.400	13.400	13.400
Betriebsergebnis	1.000 EUR	**1.413**	**1.590**	**1.768**	**1.845**	**2.023**	**2.100**	**2.100**	**2.100**	**2.100**	**2.100**
Ergebnis vor Steuern	1.000 EUR	1.413	1.590	1.768	1.845	2.023	2.100	2.100	2.100	2.100	2.100
Steuern (35%)	1.000 EUR	495	557	619	646	708	735	735	735	735	735
Ergebnis nach Steuern	1.000 EUR	918	1.033	1.149	1.199	1.315	1.365	1.365	1.365	1.365	1.365
Abschreibungen*	1.000 EUR	**700**	**700**	**700**	**700**	**700**	**700**	**700**	**700**	**700**	**700**
Cash Flow nach Steuern	1.000 EUR	**1.618**	**1.733**	**1.849**	**1.899**	**2.015**	**2.065**	**2.065**	**2.065**	**2.065**	**2.065**
* 10% vom Anlagevermögen											
Abzinsungsfaktor	*10%*	*0,909*	*0,826*	*0,751*	*0,683*	*0,621*	*0,564*	*0,513*	*0,467*	*0,424*	*0,386*
Barwert Cash Flow	1.000 EUR	**1.471**	**1.432**	**1.389**	**1.297**	**1.251**	**1.165**	**1.059**	**964**	**876**	**797**
Barwert kumuliert	1.000 EUR	**1.471**	**2.903**	**4.292**	**5.589**	**6.840**	**8.005**	**9.064**	**10.028**	**10.904**	**11.701**
Barwert Gesamt	1.000 EUR	**11.701**									

▼ Abb. 8-52 **Wert der Produktlinie aus Sicht des Käufers**

Geschäftsjahr		**1**	**2**	**3**	**4**	**5**	**6**	**7**	**8**	**9**	**10**
Absatz (Plan)	Tonnen	1.750	1.800	1.850	1.900	1.950	2.000	2.000	2.000	2.000	2.000
Absatz –10%	Tonnen	**1.575**	**1.620**	**1.665**	**1.710**	**1.755**	**1.800**	**1.800**	**1.800**	**1.800**	**1.800**
Verkaufspreis	EUR/kg	6,70	6,70	6,70	6,70	6,70	6,70	6,70	6,70	6,70	6,70
Deckungsbeitrag	EUR/kg	3,55	3,55	3,55	3,55	3,55	3,55	3,55	3,55	3,55	3,55
Umsatz	1.000 EUR	10.553	10.854	11.156	11.457	11.759	12.060	12.060	12.060	12.060	12.060
Δ Deckungsbeitrag	1.000 EUR	**5.591**	**5.751**	**5.911**	**6.071**	**6.230**	**6.390**	**6.390**	**6.390**	**6.390**	**6.390**
Δ Fixe Auszahlungen	1.000 EUR	**1.583**	**1.628**	**1.673**	**1.719**	**1.764**	**1.809**	**1.809**	**1.809**	**1.809**	**1.809**
Δ Ergebnis vor Steuern	1.000 EUR	**4.008**	**4.123**	**4.237**	**4.352**	**4.466**	**4.581**	**4.581**	**4.581**	**4.581**	**4.581**
Steuern (35%)	1.000 EUR	1.403	1.443	1.482	1.523	1.563	1.603	1.603	1.603	1.603	1.603
Δ Ergebnis nach Steuern	1.000 EUR	**2.605**	**2.680**	**2.754**	**2.829**	**2.903**	**2.978**	**2.978**	**2.978**	**2.978**	**2.978**
Abzinsungsfaktor	*10%*	*0,909*	*0,826*	*0,751*	*0,683*	*0,621*	*0,564*	*0,513*	*0,467*	*0,424*	*0,386*
Barwert Cash Flow	1.000 EUR	2.368	2.214	2.068	1.932	1.803	1.679	1.528	1.391	1.263	1.149
Barwert kumuliert	1.000 EUR	2.368	4.582	6.650	8.582	10.385	12.064	13.592	14.983	16.246	17.395
Barwert Gesamt	1.000 EUR	**17.395**									

Für die Verhandlungen mit dem Käufer ist es aber auch sinnvoll, dessen Rechnung abzuschätzen, um den Verhandlungsspielraum besser ausloten zu können. Im Einzelnen macht der **Käufer** folgende Rechnung auf: Er integriert zunächst den zusätzlichen Deckungsbeitrag der zu kaufenden Produktlinie sowie den dafür notwendigen Fixkostenaufbau. Dieser sei per Annahme in jeder Periode 15% vom Nettoumsatz. ◀ Abb. 8-52 zeigt die Daten.

Bei Übernahme der Produktlinie durch den Käufer entstehen automatisch Umsatzeinbußen, da im Markt ein Anbieter wegfällt. Kunden, die aus Gründen der Versorgungssicherheit stets zwei Lieferanten halten und bisher sowohl bei der Color AG wie auch beim potenziellen Käufer die Produkte bezogen haben, werden sich einen Dritten als neuen Zweitlieferanten suchen. Dieser Kannibalisierungseffekt wird mit einem Abschlag von 10% auf den bisherigen Umsatz der Color AG bewertet.

Aus der Differenz von Δ Deckungsbeitrag und Δ Fixkosten ergibt sich die Veränderung des Ergebnisses vor Steuern. Das um Steuern auf Einkommen und Ertrag (Steuersatz 35%) bereinigte Ergebnis ist zugleich der für die Berechnung relevante Cash Flow, da alle eingehenden Größen unmittelbar liquiditätswirksam sind. Unterstellt man, dass auch der Käufer mit 10% Verzinsungsanspruch rechnet, erhält man eine Obergrenze für den Kaufpreis in Höhe von knapp 17,4 Mio. EUR.

Die Color AG bewertet also das Geschäft »in der Hand des anderen« höher. Man kann es auch anders ausdrücken: Der Verkäufer sieht den Wert der Produktlinie im günstigsten Fall leicht unter seinem Jahresumsatz (11,7 gegenüber 13,4 Mio. EUR), der Käufer eher über seinem (reduzierten) Jahresumsatz (17,4 gegenüber 12 Mio. EUR). Das sind »übliche« Werte für durchschnittlich rentable Geschäfte, was aus Sicht beider Partner der Fall ist. Die Color AG weiß jedoch, dass die Produktlinie beim Käufer mehr wert ist als bei ihr.

Wenn der Käufer die gleiche Rechnung aufmacht, kann man davon ausgehen, dass beide Verhandlungspartner um etwa 11,7 bis 17,4 Mio. EUR »pokern«. Allerdings werden beide versuchen, die Synergien des anderen »gut-« beziehungsweise »schlechtzurechnen«. Ob der tatsächlich gezahlte Preis dann letztlich näher bei 11,7 Mio. EUR oder eher bei 17,4 Mio. EUR liegen wird, hängt vom Verhandlungsgeschick beider Parteien ab.

8.14 Ergebnisplanung

oder
Wie schließt man eine Ergebnislücke?

Zielsetzung

- Maßnahmenplan zur Renditeoptimierung entwickeln.
- Kapitel 4 »Vom Finanzbericht zum Controlling-Cockpit« und Abschnitte 5.2 »Dispositionsrechnung«, 5.3 »Break-even-Analyse«, 5.4 »Planergebnisrechnung« sowie 6.11 »Plausibilität und Sensitivität von Daten« vertiefen.

Fallbeschreibung

In der Rückschau der letzten fünf Geschäftsjahre hat die Color AG insbesondere in Periode 3 eine **äußerst angespannte, unbefriedigende Rendite.** Die Umsatzrendite liegt bei 1,1 %, der Kapitalumschlag bei 1,46 und damit die Kapitalrendite bei 1,7 % (▶ Abb. 8-53).

Die Gesellschaft bekommt von der Bereichsleitung im Stammhaus die Auflage, bei gegebenem Kapital eine Kapitalrendite von mindestens 15 % zu erreichen. Dies erfordert – aufgrund der Struktur der Gesellschaft – eine Umsatzrendite von mindestens 10 % und einen Kapitalumschlag von 1,5.

Aufgabenstellung

- Analysieren Sie die Schwachstellen in Periode 3.
- Setzen Sie Targets für die Umsatzkosten laut Ziel-Rendite.
- Erarbeiten Sie plausible Maßnahmen, wie sich bei einem Mengenzuwachs von jeweils 5 % von Periode 3 bis Plan 2 und einem Preisniveau Stand Periode 3 die Ziel-Rendite erreichen lässt.
- Ergänzen Sie im Controlling-Cockpit die Planjahre 1 und 2 gemäß jeweiliger Strategie.

▼ Abb. 8-53 **Ergebnisentwicklung der Color AG bis Periode 3**

in 1.000 EUR **Perioden**	**1**	**2**	**3**	**Plan 1**	**Plan 2**
Menge in Tonnen	**21.456**	**19.564**	**18.866**		
Verkaufspreis EUR/kg (VP)*	**11,66**	**12,50**	**12,85**		
Nettoumsatz (NU)	250.126	244.466	242.376		
Betriebsergebnis (BE)	16.998	7.888	2.770		
Umsatzrendite (BE in % vom NU)	*6,8*	*3,2*	*1,1*		
Fixkosten (bis BE)	**127.859**	**128.256**	**129.947**		
■ *in % vom NU*	*51,1*	*52,5*	*53,6*		
Variable Kosten	105.269	108.322	109.659		
■ *in % vom NU*	*42,1*	*44,3*	*45,2*		
■ **EUR/kg***	**4,91**	**5,54**	**5,81**		
Deckungsbeitrag (DB 1)	144.857	136.144	132.717		
■ *in % vom NU*	*57,9*	*55,7*	*54,8*		
Betriebsnotwendiges Kapital (BNK)	**148.510**	**161.547**	**166.378**		
Kapitalrendite (BE in % vom BNK)	*11,4*	*4,9*	*1,7*		
Kapitalumschlag (NU/BNK)	1,68	1,51	1,46		

Fixkostenstruktur	**in 1.000 EUR**		***in % vom NU***		**Schwachstellen**
	Periode 2	**Periode 3**	**Periode 2**	**Periode 3**	☒ Menge
■ Versandkosten	6.114	6.061	*2,5*	*2,5*	☒ Fixkosten
■ Vertriebskosten	20.496	20.364	*8,4*	*8,4*	☒ Preis
■ Fertigungskosten	81.646	83.522	*33,4*	*34,5*	☒ Variable Kosten
■ Overheadkosten	20.000	20.000	*8,2*	*8,3*	☒ Kapitalbindung

* gerundet

Lösung

Eine Analyse der Ist-Situation (Periode 3) ergibt Schwachstellen bei Menge, Fixkosten, variablen Kosten und Kapitalbindung. An Maßnahmen werden geprüft:

Menge	■ beschleunigter Ausbau neuer Produktlinien, ■ zusätzliche Handelsgeschäfte;
Fixkosten	■ Verschrottung alter Anlagen (Reparaturen), ■ Erhöhung Forschungsaufwand für verbesserte Verfahren, ■ Senkung der Fertigungskosten durch verbesserte Verfahren;

variable Kosten	▪ Verhandlung günstigerer Rohstoffkosten, ▪ Verbesserung der Ausbeute durch verbesserte Verfahren;
Kapitalbindung	▪ Abbau von alten Anlagen.

Der letztlich beschlossene Maßnahmenplan konzentriert sich auf:

- Abbau von Fixkosten (Reparaturen, Personal),
- Optimierung der Verfahren (Rezepturen),
- Reduzierung der Einkaufspreise,
- Abbau von alten Anlagen,
- Ersatz- und Neuinvestitionen mit kostengünstigeren Verfahren.

Mit diesen Vorgaben wird eine Planung gemäß ▶ Abb. 8-54 erstellt.

▼ Abb. 8-54 **Mögliche Entwicklung**

in 1.000 EUR **Periode**	**1**	**2**	**3**	**Plan 1**	**Plan 2**
Menge in Tonnen	**21.456**	**19.564**	**18.866**	**19.809**	**20.800**
Verkaufspreis EUR/kg (VP)*	**11,66**	**12,50**	**12,85**	**12,85**	**12,85**
Nettoumsatz (NU)	250.126	244.466	242.376	254.495	267.220
Betriebsergebnis (BE)	16.998	7.888	2.770	21.506	35.221
Umsatzrendite (BE in % vom NU)	*6,8*	*3,2*	*1,1*	*8,5*	*13,2*
Fixkosten (bis BE)	**127.859**	**128.256**	**129.947**	**128.000**	**128.000**
▪ *in % vom NU*	*51,1*	*52,5*	*53,6*	*50,3*	*47,9*
Variable Kosten	105.269	108.322	109.659	104.989	103.999
▪ *in % vom NU*	*42,1*	*44,3*	*45,2*	*41,3*	*38,9*
▪ **EUR/kg***	**4,91**	**5,54**	**5,81**	**5,30**	**5,00**
Deckungsbeitrag (DB 1)	144.857	136.144	132.717	149.506	163.221
▪ *in % vom NU*	*57,9*	*55,7*	*54,8*	*58,7*	*61,1*
Betriebsnotwendiges Kapital (BNK)	**148.510**	**161.547**	**166.378**	**155.000**	**150.000**
Kapitalrendite (BE in % vom BNK)	*11,4*	*4,9*	*1,7*	*13,9*	*23,5*
Kapitalumschlag (NU/BNK)	1,68	1,51	1,46	1,64	1,78

* gerundet

Die vorgeschlagene Planung lässt sich mit der in der Praxis tatsächlich stattgefundenen Entwicklung vergleichen. Diese ist in ▶ Abb. 8-55 wiedergegeben und lässt sich wie folgt kommentieren:

- Deutliche Mengensteigerung in Periode 4, die durch konjunkturelle Abschwächung jedoch in Periode 5 teilweise wieder verloren ging.

▼ Abb. 8-55 **Tatsächliche Entwicklung**

in 1.000 EUR **Perioden**	**1**	**2**	**3**	**4**	**5**
Menge in Tonnen	**21.456**	**19.564**	**18.866**	**21.917**	**20.205**
Verkaufspreis EUR/kg (VP)*	**11,66**	**12,50**	**12,85**	**12,36**	**12,35**
Nettoumsatz (NU)	250.126	244.466	242.376	270.876	249.629
Betriebsergebnis (BE)	16.998	7.888	2.770	23.562	11.993
Umsatzrendite (BE in % vom NU)	*6,8*	*3,2*	*1,1*	*8,7*	*4,8*
Break-even (Umsatz)	220.775	230.302	237.317	228.850	229.421
Break-even (Menge)	18.938	18.430	18.472	18.517	18.569
Fixkosten (bis BE)	**127.859**	**128.256**	**129.947**	**128.304**	**136.155**
▪ *in % vom NU*	*51,1*	*52,5*	*53,6*	*47,4*	*54,5*
Variable Kosten	105.269	108.322	109.659	119.010	101.481
▪ *in % vom NU*	*42,1*	*44,3*	*45,2*	*43,9*	*40,7*
▪ **EUR/kg***	**4,91**	**5,54**	**5,81**	**5,43**	**5,02**
Deckungsbeitrag (DB 1)	144.857	136.144	132.717	151.866	148.148
▪ *in % vom NU*	*57,9*	*55,7*	*54,8*	*56,1*	*59,3*
Betriebsnotwendiges Kapital (BNK)	**148.510**	**161.547**	**166.378**	**166.327**	**146.527**
Kapitalrendite (BE in % vom BNK)	*11,4*	*4,9*	*1,7*	*14,2*	*8,2*
Kapitalumschlag (NU/BNK)	1,68	1,51	1,46	1,63	1,70

Fixkostenstruktur	**in 1.000 EUR**		***in % vom NU***		**Schwachstellen**
	Periode 4	**Periode 5**	**Periode 4**	**Periode 5**	☒ Menge
▪ Versandkosten	6.717	6.631	*2,5*	*2,7*	☒ Fixkosten
▪ Vertriebskosten	22.640	23.316	*8,4*	*9,3*	☒ Preis
▪ Fertigungskosten	78.947	86.208	*29,1*	*34,5*	☒ Variable Kosten
▪ Overheadkosten	20.000	20.000	*7,4*	*8,0*	☒ Kapitalbindung

* gerundet

- Umkehr des Trends steigender variabler Kosten – insbesondere Rohstoffkosten und Einstandskosten (Handelswaren) – und Zurückgewinnung einer DB-Rate von annähernd 60%.
- Abschluss der starken Investitionstätigkeit in Periode 4 und danach konsequenter Abbau alter Anlagen und nicht mehr benötigter Anlagenteile.
- Einfrieren der Fixkosten bis Periode 4, die jedoch durch hohe Einmalkosten in Periode 5 (Verschrottung alter Anlagen) kurzfristig wieder ansteigen, danach Stabilisierung auf dem Niveau von Periode 4.

Unter Abzug der Einmalkosten (Stilllagekosten) in der Höhe von circa 8 Mio. EUR in Periode 5 ist die Wiedergewinnung des geforderten Renditeniveaus fast gelungen.

8.15 Der Wirtschaftsteil von Tageszeitungen

oder
Wie lässt sich die Aussagekraft ausgewählter Firmenberichte und Wirtschaftskommentare verbessern?

Zielsetzung

- Falsche und unvollständige Informationen erkennen.
- Kapitel 1 »Vermögenszuwachs und Kapitalrendite«, Abschnitt 6.3 »Rollierende Daten« sowie 6.12 »›Falsche‹ Daten« vertiefen.

Aufgabenstellung

- Lesen Sie die nachfolgenden Texte aufmerksam und kritisch. Wo sind Informationen falsch oder unvollständig wiedergegeben?
- Kommentieren Sie die Berichte.

Frankfurter Allgemeine Zeitung (FAZ): Umsatzrendite und Jahresüberschuss

Bilanz der Bilanzen
in FAZ vom 03.07.2001, S. 13

»In Zeiten des Shareholder Value will die Börse Erfolgsgeschichten. Das legt bei aller Verpflichtung zur Transparenz nahe, Verschlechterungen zu bemänteln, zumal mit sinkenden Kursen die Sorge in den Unternehmen wächst, übernommen zu werden. Da wundert es kaum, dass schlechte Quartalszahlen mit angeblich einmaligen Ausrutschern begründet werden und darauf verwiesen wird, dass Zahlen weder mit dem Vorjahr noch mit der Konkurrenz vergleichbar seien. Auch sind immer neue Kennziffern erfunden worden, die angeblich noch realistischer als alle bisherigen die eigene Lage darstellen.

Statt Jahresüberschuss wird eine inflationär zunehmende Zahl von unterschiedlichen Gewinngrößen verwandt. Sie reicht vom Gewinn vor Steuern über jenen vor Steuern und Zinsen bis hin zu jenem vor Steuern, Zinsen und Abschreibungen auf den Unternehmenswert oder vor allen Abschreibungen oder zu jenem, der den Jahresüberschuss auch noch um den Aufwand für Aktienoptionsprogramme bereinigt. Anstatt der vormals üblichen Umsatzrendite werden heute üblicherweise und angeblich anlegerfreundlich Kennziffern zur Kapitalrendite gebraucht. Mal ist das Eigenkapital die Bezugsgröße, mal das investierte und dann wieder das gesamte Kapital. Jeder sucht sich die Kennziffer, bei der er gut abschneidet. Die Forderungen nach weiteren Kennziffern liegen schon auf dem Tisch.

Dieser Weg führt aber in die Irre. Er führt nicht zu mehr Transparenz, sondern erschwert die Vergleichbarkeit. Er führt dazu, dass man sich in Einzelinformationen verzettelt. Die klassischen Kennziffern Jahresüberschuss und Umsatzrendite hatten den Vorteil, dass man erstens erkennen konnte, ob ein Gewinn erwirtschaftet worden war – unabhängig von allen Sondereinflüssen. Zweitens gebrauchten alle die gleichen Kennziffern; sie erlaubten also einen Vergleich. Die Vielfalt der Kennziffern trägt zwar dazu bei, das einzelne Unternehmen genauer analysieren zu können. Da aber wegen des unterschiedlichen Gebrauchs kaum noch ein Vergleich möglich ist, sieht man den Wald vor lauter Bäumen nicht mehr, erkennt also gar nicht, dass sich die Lage der Unternehmen insgesamt verschlechtert hat, wie es nun der Fall ist.«

Unser Kommentar

Wenn die **Umsatzrendite** und der **Jahresüberschuss** im Verständnis der Wirtschaftsredaktion einer renommierten Tageszeitung die dominierenden Kenngrößen zur Messung der Performance eines Unternehmens sind und Kennziffern zur Kapitalrendite in die Irre führen, wird die chronisch unvollständige und teilweise falsche Berichterstattung verständlich.

Entscheidend ist nicht die Umsatzrendite allein, sondern die Kapitalrendite als Produkt aus Umsatzrendite und Kapitalumschlag sowie der Vergleich mit den Verzinsungsansprüchen der Investoren (Kapitalkostensatz). Das Fehlen jeglicher Berichterstattung über den Kapitalumschlag belegt, dass die Renditeformel – und ihre Ableitung – vielen Wirtschaftsjournalisten nicht bekannt zu sein scheint. Die Darstellung von Gesellschaften mit der Umsatzrendite allein ist unvollständig, ein Vergleich von Gesellschaften oder von Segmenten einer Gesellschaft ist jedoch **falsch.** Dennoch ist dies der Standard in den Kommentaren der Wirtschaftspresse, zumeist unwidersprochen.

Süddeutsche Zeitung (SZ): Jahresbericht Henkel

Henkel trotzt der Konsumflaute
in SZ vom 03.02.2004, S. 25

»In allen Arbeitsgebieten hat Henkel im vergangenen Jahr die Ertragskraft verbessert. Am deutlichsten aufwärts ging es dabei im Klebstoffgeschäft für Konsumenten und Handwerker. Dort stieg das betriebliche Ergebnis um 14,6 Prozent auf 141 Millionen EUR. Mit einer Umsatzrendite von 10,8 Prozent ist dieser Unternehmensbereich inzwischen die rentabelste Aktivität im Henkel-Verbund. Es folgen die deutlich umsatzstärkeren Bereiche Wasch-/Reinigungsmittel und Kosmetik/Körperpflege (jeweils 9,3 Prozent). Nachholbedarf hat weiter das Industrieklebstoffgeschäft (Henkel Technologies), das mit einer Umsatzrendite von 7,3 Prozent unter der schwachen Nachfrage aus der Elektronikindustrie leidet.«

Unser Kommentar

Diese Aussagen zu den Arbeitsgebieten sind missverständlich! Ein Blick in den Geschäftsbericht führt zu einer anderen Aussage (▶ Abb. 8-56).

Nicht Klebstoffe ist das rentabelste Arbeitsgebiet, sondern Wasch- und Reinigungsmittel. In diesem auch vom Umsatz her größten Arbeitsgebiet liegt der Kapitalumschlag mit 3,56 deutlich über den anderen Segmenten; die Kapitalrendite beläuft sich damit auf überragende 33,1 % (▶ Abb. 8-57).

Aber auch die Kapitalrendite allein ist noch nicht aussagefähig. Entscheidend ist der Vergleich mit den Verzinsungsansprüchen der Investoren. Diese Ansprüche kommen im Kapitalkostensatz zum Ausdruck und sind vom Risiko eines Geschäftsfelds abhängig (siehe Abschnitt 7.2 »Die Kennzahl EVA®«).

▼ Abb. 8-56 **Henkel-Segmentberichterstattung** (Quelle: Geschäftsbericht Henkel 2003)

in Mio. EUR **Unternehmensbereiche**	**Wasch-/ Reinigungs-mittel**	**Kosmetik/ Körper-pflege**	**Kleb-stoffe**	**Henkel Techno-logies**	**Cor-porate**	**Konzern**
Umsatz 2003	**3.074**	**2.086**	**1.313**	**2.666**	**297**	**9.436**
Veränderung gegenüber Vorjahr	−1,8 %	−1,4 %	−0,3 %	−3,5 %	−10,0 %	**−2,3 %**
Anteil am Konzernumsatz	33 %	22 %	14 %	28 %	3 %	**100 %**
Umsatz 2002	3.131	2.116	1.317	2.763	329	**9.656**
EBITDA 2003	**384**	**272**	**193**	**351**	**−89**	**1.111**
EBITDA 2002	398	264	178	357	−61	**1.136**
EBIT 2003	**287**	**194**	**141**	**194**	**−110[1]**	**706**
EBIT 2002	268	184	123	185	−94	**666**
Veränderung gegenüber Vorjahr	7,1 %	5,4 %	14,6 %	4,9 %	–	**6,0 %**
Umsatzrendite (EBIT) 2003	**9,3 %**	**9,3 %**	**10,8 %**	**7,3 %**	←	**7,5 %**
Umsatzrendite (EBIT) 2002	8,5 %	8,7 %	9,4 %	6,7 %	–	**6,9 %**
Rendite auf das eingesetzte Kapital (ROCE) 2003	**33,1 %**	**22,6 %**	**20,7 %**	**11,3 %**	←	**16,2 %**
Rendite auf das eingesetzte Kapital (ROCE) 2002	31,2 %	21,9 %	19,2 %	10,5 %	–	**15,7 %**
Eingesetztes Kapital 2003[2]	**891**	**1.008**	**764**	**2.306**	**147**	**5.116**
Eingesetztes Kapital 2002[2]	896	999	731	2.461	55	**5.142**
Veränderung gegenüber Vorjahr	−0,6 %	0,9 %	4,5 %	−6,3 %	–	**−0,5 %**

1) darin enthaltene Aufwendungen »Extended Restructuring« 85 Mio. EUR

2) mit Geschäftswerten zu Anschaffungskosten; davon entfallen auf Wasch-/Reinigungsmittel 22 Mio. EUR; Kosmetik/Körperpflege 18 Mio. EUR; Klebstoffe 10 Mio. EUR; Henkel Technologies 24 Mio. EUR; Corporate 11 Mio. EUR

▼ Abb. 8-57 **Henkel-Kapitalrenditen 2003 nach Segmenten**

	KR	**=**	**UR**	**×**	**KU**
Konzern*	**16,2**	=	**7,5**	×	**2,16**
▪ Wasch-/Reinigungsmittel	33,1	=	9,3	×	3,56
▪ Kosmetik/Körperpflege	22,6	=	9,3	×	2,43
▪ Klebstoffe	20,7	=	10,8	×	1,92
▪ Henkel Technologies	11,3	=	7,3	×	1,55

* konsolidiert

KR = Kapitalrendite (Basis ROCE); UR = Umsatzrendite; KU = Kapitalumschlag

Neue Zürcher Zeitung (NZZ): Quartalsbericht Akzo Nobel

Robuster Leistungsausweis von Akzo Nobel
in NZZ vom 25.10.2001, S. 29

»Der Pharma- und Chemiekonzern hat im 3. Quartal ein Netto-Ergebnis von 239 (i. V. 242) Mio. EUR oder 0.84 (0.85) je Titel erwirtschaftet und lag damit deutlich über den Erwartungen von Analytikern. Mit 3,52 (3,54) Mrd. EUR blieb der Konzernumsatz in der Berichtsperiode auf dem Vorjahresniveau. Erneut ist der Leistungsausweis geprägt durch ein starkes Wachstum im Pharma-Bereich: Mit den fortgeführten Aktivitäten kletterten die Erlöse um 14%, während das Betriebsergebnis um 10% auf 205 Mio. EUR zulegen konnte. …«

▼ Abb. 8-58 **Leistungswerte im Dreivierteljahr Akzo Nobel** (Quelle: NZZ vom 25.10.2001, S. 29)

Akzo Nobel			
Leistungswerte im Dreivierteljahr in Mrd. EUR	**2000**	**2001**	**Δ in %**
Umsatzerlöse	10,44	10,73	3
Betriebsgewinn	1,27	1,24	–2
▪ Pharma	0,54	0,62	14
▪ Coatings	0,39	0,36	–9
▪ Chemie	0,35	0,28	–21
Netto-Ergebnis*	0,73	0,71	–2
▪ je Aktie (in EUR)	2,54	2,49	–2
Umsatzrendite in %	12,2	11,6	
Mitarbeiter	68.400	67.400	

* ohne außerordentliches Ergebnis und Sonderposten

Unser Kommentar

Die ◄ Abb. 8-58 zeigt die üblichen Dreivierteljahres-Kennzahlen (in diesem Fall per 09/2001). Auch wenn die ausgewählten Leistungswerte in einem Kurzkommentar behandelt werden, sind derartige Informationen irreführend und unvollständig, und dies aus folgenden Gründen:

- fehlende Segmentkennzahlen (Umsatz und Kapitalrendite),
- fehlende Informationen zu Investitionen und Abschreibungen,
- fehlender Kapitalumschlag,
- fehlende Information zum beschäftigten Kapital (Capital Employed).

▼ Abb. 8-59 **Auswertung Dreivierteljahresbericht 2001 Akzo Nobel**

in Mio. EUR, Januar bis September	2000	2001	Veränderung
Konzernumsatz (NU)	**10.443**	**10.725**	**+2,7** %
■ Pharma	2.789	2.996	+7,4 %
■ Coatings	4.259	4.325	+1,5 %
■ Chemicals	3.514	3.505	−0,3 %
EBIT (Betriebsergebnis)	**1.269**	**1.241**	**−28 abs.**
Investitionen (Sachanlagen)	**459**	**550**	**+91 abs.**
Abschreibungen (Sachanlagen)	**469**	**486**	**+17 abs.**
Capital Employed (CE)	**7.803**	**8.047**	**+244 abs.**
Bilanzsumme (BS)	**12.134**	**12.390**	**+256 abs.**
Umsatzrendite (EBIT/NU)	***12,2%***	***11,6%***	***−0,6 %-Punkte***
Kapitalumschlag (NU/CE)	***1,78***	***1,78***	***0***
Kapitalrendite (EBIT/CE)	***21,7%***	***20,6%***	***−1,1 %-Punkte***
■ Pharma	30,5%	32,2%	+ 1,7 %-Punkte
■ Coatings	22,3%	19,6%	−2,7 %-Punkte
■ Chemicals	15,2%	12,1%	−3,1 %-Punkte
Mitarbeiter	**68.400**	**67.400**	**−1.000 abs.**

Ohne diese Informationen ist keine sinnvolle Kurzanalyse der Performance möglich.

Die fehlenden Informationen (in ◄ Abb. 8-59 grau unterlegt) sind beispielhaft für Akzo Nobel aus dem zugänglichen Quartalsbericht entnommen und ergänzt worden. Diese **Minimalform** sollte der Standard für Wirtschaftskommentare – im Falle der Segmentberichterstattung – sein.

Darüber hinaus ist die Angabe eines Vergleichsmaßstabs für die Kapitalrendite (zum Beispiel eine **Soll-** oder **Ziel-Rendite**) für die Beurteilung eines Unternehmens notwendig. Auch ein Blick auf die Cash-Flow-Entwicklung sollte selbstverständlich sein.

Sicherlich sind die genannten Kennzahlen vor dem Hintergrund von Bilanzierungs- und Manipulationsspielräumen sowie ihres starken Vergangenheitsbezugs angreifbar. Gleichwohl geben sie in jedem Fall ein differenzierteres Bild als das **alleinige** Abstellen auf Gewinn und Umsatzrendite, die letztlich denselben Spielräumen und sonstigen Einwänden unterliegen wie Kennzahlen zur Kapitalrendite. Anhand der aufgezeigten Top-Kenndaten wird man dem detaillierten Geschäftsbericht letztlich andere Informationen entnehmen als dem ursprünglichen Pressekommentar.

Es verbleibt jedoch ein weiteres Manko: der zu kurze Betrachtungszeitraum. Der **klassische Quartalsbericht** – vorgeschrieben für börsennotierte

▼ Abb. 8-60 **Quartalsdaten Akzo Nobel** (Quelle: Quartalsberichte 2003 und 2004)

in Mio. EUR	2003	I. Quartal 2003	II. Quartal 2003	III. Quartal 2003	IV. Quartal 2003	I. Quartal 2004	II. Quartal 2004	III. Quartal 2004
Umsatz/Gesamt	**13.051**	**3.287**	**3.399**	**3.254**	**3.111**	**3.138**	**3.325**	**3.185**
▪ Pharma	3.550	884	888	877	901	821	808	801
▪ Coatings	5.233	1.262	1.411	1.323	1.183	1.231	1.397	1.381
▪ Chemicals	4.397	1.175	1.133	1.087	1.056	1.118	1.147	1.033
EBIT	**1.347**	**274**	**328**	**304**	**441**	**292**	**335**	**329**
Umsatzrendite	**10,3**	**8,3**	**9,6**	**9,3**	**14,2**	**9,3**	**10,1**	**10,3**
Capital Employed (CE)	**7.153**	**7.719**	**7.742**	**7.509**	**7.153**	**7.522**	**7.503**	**6.883**
ROCE*	**18,8**	**14,2**	**16,9**	**16,2**	**24,7**	**15,5**	**17,9**	**19,1**
▪ Pharma	27,6	22,1	22,7	18,9	45,5	23,5	17,7	21,1
▪ Coatings	20,7	11,8	22,6	21,8	16,5	14,5	26,4	25,0
▪ Chemicals	12,7	13,9	11,5	11,3	13,3	14,1	14,0	14,5
Kapitalumschlag*	**1,82**	**1,70**	**1,76**	**1,73**	**1,74**	**1,67**	**1,77**	**1,85**
Bilanzsumme	**11.954**	**12.747**	**13.231**	**12.777**	**11.954**	**12.086**	**12.065**	**12.763**
Investitionen	**581**	**113**	**144**	**123**	**201**	**107**	**134**	**138**
Abschreibungen	**599**	**152**	**154**	**145**	**148**	**144**	**143**	**132**
Beschäftigte	**64.580**	**67.500**	**66.360**	**65.240**	**64.580**	**64.320**	**63.950**	**62.990**

* zur Vergleichbarkeit errechnet (offizielle Zahlen 2003: 16,0 % und 1,55)

Unternehmen – führt zu einer Überbetonung kurzfristiger Informationen gegenüber langfristigen Entwicklungen. Statt deshalb Quartalsberichte zu verweigern, sollte man vierteljährlich rollierende Jahresberichte einführen. Dies wird im Folgenden – ebenfalls am Beispiel Akzo Nobel – mit Hilfe der aktuellen Geschäftsdaten 2003 und 2004 demonstriert. Nur einmal im Jahr wird ein komplettes Geschäftsjahr dargestellt; unterjährig lediglich einzelne Quartale sowie daraus kumulierte Halbjahres- und Dreivierteljahresberichte (◀ Abb. 8-60).

Ein Vergleich einzelner Quartale ist aber grundsätzlich problematisch, weil die **saisonalen Schwankungen** der Geschäftsentwicklung die Grundstruktur der Geschäftsdaten überlagern und verfälschen. Ein vierteljährlicher Vergleich rollierender Geschäftsjahre zeigt dagegen – von allen saisonalen Effekten bereinigt – die kontinuierliche Entwicklung des Unternehmens (▶ Abb. 8-61).

▼ Abb. 8-61 **Rollierende Geschäftsjahre Akzo Nobel** (Quelle: Quartalsberichte 2003 und 2004)

in Mio. EUR	2003	II/03 bis I/04 (1)	III/03 bis II/04 (2)	IV/03 bis III/04 (3)	Abweichung Spalte (3) zu 2003
Umsatz/Gesamt	**13.051**	**12.902**	**12.828**	**12.759**	**–2,24** %
▪ Pharma	3.550	3.487	3.407	3.331	–6,17 %
▪ Coatings	5.233	5.148	5.134	5.192	–0,78 %
▪ Chemicals	4.397	4.394	4.408	4.354	–0,98 %
EBIT	**1.347**	**1.365**	**1.372**	**1.397**	**50 abs.**
Umsatzrendite	**10,3**	**10,6**	**10,7**	**10,9**	**0,6 %-Punkte**
Capital Employed (CE)*	**7.153**	**7.482**	**7.422**	**7.265**	**112 abs.**
ROCE**	**18,8**	**18,2**	**18,5**	**19,2**	**0,4 %-Punkte**
▪ Pharma	27,6	27,6	26,3	26,8	–0,8 %-Punkte
▪ Coatings	20,7	19,0	19,8	20,6	–0,1 %-Punkte
▪ Chemicals	12,7	12,5	13,2	14,0	1,3 %-Punkte
Kapitalumschlag**	**1,82**	**1,72**	**1,73**	**1,76**	**–0,06**
Bilanzsumme	**11.954**	**12.086**	**12.065**	**12.763**	**809 abs.**
Investitionen	**581**	**575**	**565**	**580**	**–1 abs.**
Abschreibungen	**599**	**591**	**580**	**567**	**–32 abs.**
Beschäftigte***	**64.580**	**64.320**	**63.950**	**62.990**	**–1.590 abs.**

* über die Quartale durchschnittlich gebundenes Kapital
** zur Vergleichbarkeit errechnet (offizielle Zahlen 2003: 16,0 % und 1,55)
*** jeweils auf das Ende des rollierenden Geschäftsjahrs bezogen

Diese Daten stehen durch die **Verknüpfung von Quartalsberichten** zur Verfügung, werden jedoch weder in Geschäftsberichten selbst noch in den Kommentaren der Wirtschaftspresse genutzt. Der Ausweis von derart strukturierten vierteljährlichen Jahreszahlen löst sowohl die Ansprüche der Investoren nach aktuellen Informationen als auch diejenigen des Managements nach längerfristig ausgerichteten Geschäftsdaten ein.

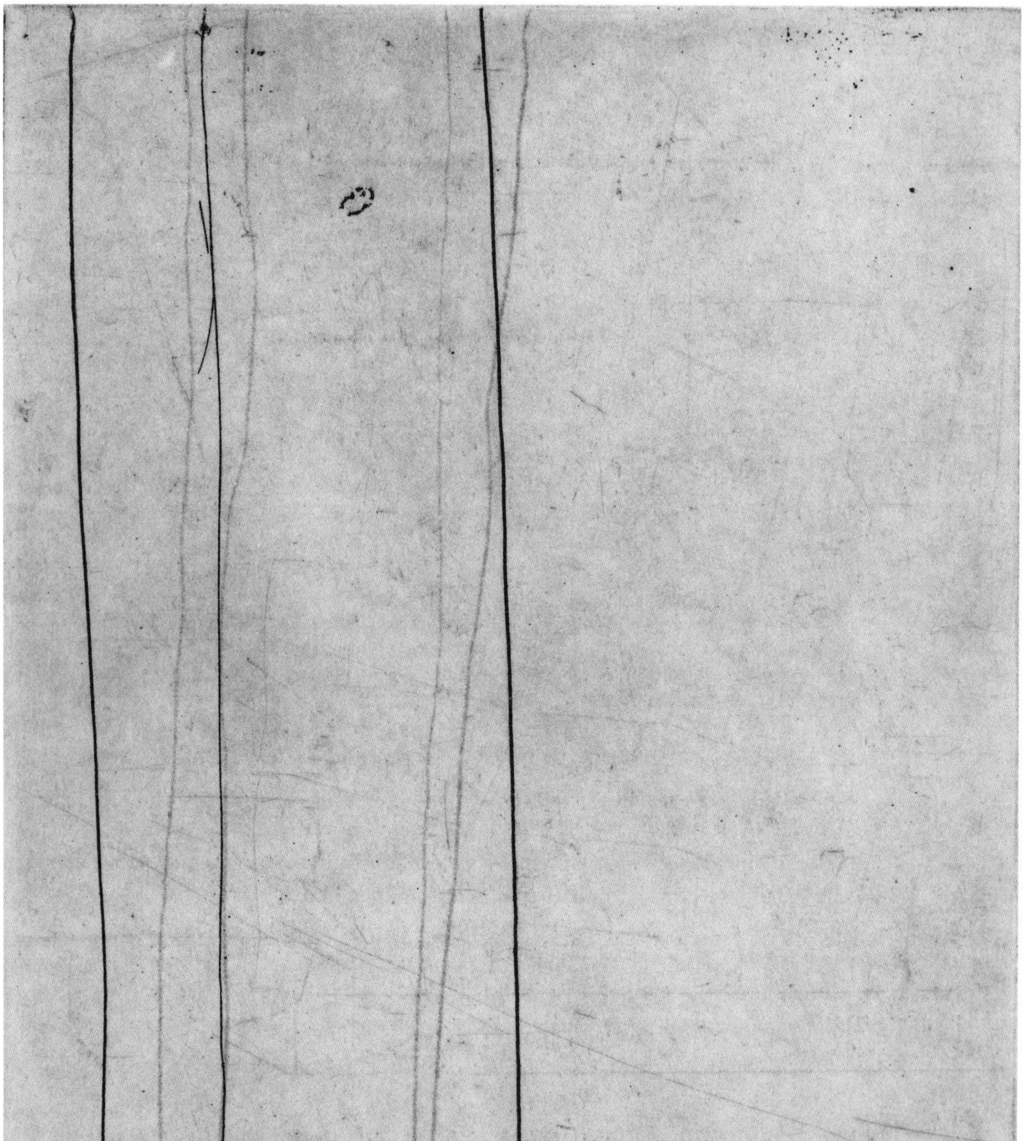

Literaturverzeichnis

Achleitner, Ann-Kristin/Bassen, Alexander (Hrsg.) (2003): Controlling von jungen Unternehmen. Stuttgart.

Adam, Dietrich (2000): Investitionscontrolling. 3. Aufl., München und Wien.

Arbeitskreis Internes Rechnungswesen der Schmalenbach-Gesellschaft (2010): Vergleich von Praxiskonzepten zur wertorientierten Unternehmenssteuerung. In: Zeitschrift für betriebswirtschaftliche Forschung, 62. Jg., S. 797 – 820.

Arbeitskreis Internes Rechnungswesen der Schmalenbach-Gesellschaft (2017): Säulen der Kostenrechnung. München.

Baum, Heinz-Georg/Coenenberg, Adolf G./Günther, Thomas (2013): Strategisches Controlling. 5. Aufl., Stuttgart.

Becker, Jörg (Hrsg.) (1996): Münsteraner Fallstudien zum Rechnungswesen und Controlling. München und Wien.

Berens, Wolfgang/Hoffjan, Andreas (2004): Controlling in der öffentlichen Verwaltung. Grundlagen, Fallstudien, Lösungen. Stuttgart.

Berens, Wolfgang/Hoffjan, Andreas/Schmitting, Walter (Hrsg.) (1999): Controlling in Fallstudien. Von Erbsenzählern und Zahlenzauberinnen. Stuttgart.

Bliesener, Max-Michael (2002): Logistik-Controlling. Von der Produktivität zum Prozess. München.

Bramsemann, Rainer (1993): Handbuch Controlling. 3. Aufl., München und Wien.

Braun, Karen W./Tietz, Wendy M. (2013): Managerial Accounting – International Edition. 3. Aufl., Upper Saddle River, New Jersey.
Brede, Hauke (1998): Prozeßorientiertes Controlling. Ansatz zu einem neuen Controllingverständnis im Rahmen wandelbarer Prozeßstrukturen. München.
Bürgel, Dietmar (1989): Controlling von Forschung und Entwicklung. Erkenntnisse und Erfahrungen aus der Praxis. München.
Burger, Anton/Buchhart, Anton (2002): Risiko-Controlling. München und Wien.
Busse von Colbe, Walther/Coenenberg, Adolf G./Kajüter, Peter/Linnhoff, Ulrich/Pellens, B. (Hrsg.) (2011): Betriebswirtschaft für Führungskräfte. Eine Einführung für Ingenieure, Naturwissenschaftler, Juristen und Geisteswissenschaftler. 4. Aufl., Stuttgart.
Busse von Colbe, Walther/Crasselt, Nils/Pellens, Bernhard (Hrsg.) (2011): Lexikon des Rechnungswesens. 5. Aufl., München.
Coenenberg, Adolf G./Fischer, Thomas M./Günther, Thomas (2016): Kostenrechnung und Kostenanalyse. 9. Aufl., Stuttgart.
Corsten, Hans/Friedl, Birgit (1999): Einführung in das Produktionscontrolling. München.
David, Ulrich (2005): Strategisches Management von Controllerbereichen – Konzept und Fallstudien. Wiesbaden.
Dettmer, Harald/Hausmann, Thomas/Kaufner, Michaela et al. (1998): Controlling im Food & Beverage-Management. München und Wien.
Deyhle, Albrecht (2008): Controller-Handbuch. 5 Bände, 6. Aufl., Offenburg.
Drury, Colin (2018): Management and Cost Accounting. 10. Aufl., Andover, United Kingdom.
Eberle, Reto/Oesch, David/Pfaff, Dieter (Hrsg.) (2017): Jahrbuch zum Finanz- und Rechnungswesen. Zürich etc. (erscheint jährlich).
Eschenbach, Rolf (1996): Controlling. 2. Aufl., Stuttgart.
Ewert, Ralf/Wagenhofer, Alfred (2014): Interne Unternehmensrechnung. 8. Aufl., Berlin.
Fickert, Reiner/Geuppert, Florian/Künzle, Andreas (2003): Finanzcontrolling für Nicht-Finanz-Spezialisten. Bern.
Fiedler, Rudolf (2016): Controlling von Projekten. 7. Aufl., Wiesbaden.
Fischer, Thomas M. (Hrsg.) (2000): Kosten-Controlling. Neue Methoden und Inhalte. Stuttgart.
Franz, Klaus-Peter/Kajüter, Peter (Hrsg.) (2002): Kostenmanagement. Wertsteigerung durch systematische Kostensteuerung. 2. Aufl., Stuttgart.

Franz, Klaus-Peter/Winkler, Carsten (2006): Unternehmenssteuerung und IFRS. Grundlagen und Praxisbeispiele. München.

Freidank, Carl-Christian/Mayer, Elmar (Hrsg.) (2003): Controlling-Konzepte. Neue Strategien und Werkzeuge für die Unternehmenspraxis. 6. Aufl., Wiesbaden.

Freidank, Carl-Christian/Tanski, Joachim (Hrsg.) (2009): Management-Handbuch Accounting, Controlling & Finance. 7. Aufl., München.

Friedag, Herwig R./Schmidt, Walter (2004): My Balanced Scorecard. 3. Aufl., Freiburg.

Friedag, Herwig R./Schmidt, Walter (2015): Taschenguide Balanced Scorecard. 5. Aufl., Freiburg.

Friedl, Birgit (2013): Controlling. 2. Aufl., Konstanz und München.

Friedl, Gunther/Hofmann, Christian/Pedell, Burkhard (2017): Kostenrechnung. Eine entscheidungsorientierte Einführung. 3. Aufl., München.

Friedl, Gunther/Pedell, Burkhard (2017): Controlling mit SAP®. 7. Aufl., Wiesbaden.

Gewald, Stefan (2001): Hotel-Controlling. 2. Aufl., München und Wien.

Gienke, Helmuth/Kämpf, Rainer (Hrsg.) (2007): Handbuch Produktion. Innovatives Produktionsmanagement: Organisation, Konzepte, Controlling. München.

Gladen, Werner (2003): Kennzahlen- und Berichtssysteme: Grundlagen zum Performance Measurement. 2. Aufl., Wiesbaden.

Gleich, Ronald/Seidenschwarz, Werner (Hrsg.) (1997): Die Kunst des Controlling. München.

Götze, Uwe (2014): Investitionsrechnung. Modelle und Analysen zur Beurteilung von Investitionsvorhaben. 7. Aufl., Berlin.

Günther, Thomas (2013): Unternehmenswertorientiertes Controlling. 2. Aufl., München.

Hachmeister, Dirk (Hrsg.) (2004): Risikomanagement und Risikocontrolling. Zeitschrift für Controlling & Management. Sonderheft 3/2004. Wiesbaden.

Hahn, Dietger/Hungenberg, Harald (2001): PuK. Planung und Kontrolle, Planungs- und Kontrollsysteme, Planungs- und Kontrollrechnung. Wertorientierte Controllingkonzepte. 6. Aufl., Wiesbaden.

Hail, Luzi/Meyer, Conrad (2006): Abschlussanalyse und Unternehmensbewertung. Fallstudien zum finanziellen Rechnungswesen. 2. Aufl., Zürich.

Hauser, Marcus A./Turnes, Ernesto (2017): Unternehmensbewertung und Aktienanalyse. Grundlagen – Methoden – Aufgaben. 3. Aufl., Zürich.

Hering, Ekbert/Rieg, Robert (2002): Prozessorientiertes Controlling-Management. 2. Aufl., München und Wien.

Hoffjan, Andreas/Weber, Jürgen (2007): Internationales Controlling. Steuerung von Auslandsgesellschaften. Weinheim.

Homburg, Christian/Weber, Jürgen (Hrsg.) (2000): Marketing-Controlling. krp – Kostenrechnungspraxis. Sonderheft 3/2000. Wiesbaden.

Horváth & Partners (Hrsg.) (2004): Beyond Budgeting umsetzen. Erfolgreich planen mit Advanced Budgeting. Stuttgart.

Horváth & Partners (Hrsg.) (2007): Balanced Scorecard umsetzen. 4. Aufl., Stuttgart.

Horváth, Péter (Hrsg.) (2002): Performance Controlling. Strategie, Leistung und Anreizsystem effektiv verbinden. Stuttgart.

Horváth, Péter (Hrsg.) (2005): Organisationsstrukturen und Geschäftsprozesse wirkungsvoll steuern. Stuttgart

Horváth, Péter/Gleich, Ronald/Seiter, Mischa (2015): Controlling. 13. Aufl., München.

Horváth, Péter/Gleich, Ronald/Seiter, Mischa (2017): Controlling. 10 Fallstudien aus der Unternehmenspraxis. München.

Horváth, Péter/Gleich, Ronald/Voggenreiter, Dietmar (2012): Controlling umsetzen. Fallstudien, Lösungen und Basiswissen. 5. Aufl., Stuttgart.

Horváth, Péter/Reichmann, Thomas (2002): Vahlens Großes Controlling Lexikon. 2. Aufl., München.

Huch, Burkhard/Behme, Wolfgang/Ohlendorf, Thomas (2004): Rechnungswesenorientiertes Controlling. Ein Leitfaden für Studium und Praxis. 4. Aufl., Heidelberg.

Hungenberg, Harald/Kaufmann, Lutz (2001): Kostenmanagement. 2. Aufl., München.

International Group of Controlling (IGC) (Hrsg.) (2005): Controller-Wörterbuch. Die zentralen Begriffe der Controllerarbeit mit ausführlichen Erläuterungen. Deutsch–Englisch, Englisch–Deutsch. 3. Aufl., Stuttgart.

Kajüter, Peter/Mindermann, Torsten/Winkler, Carsten (Hrsg.) (2011): Controlling und Rechnungslegung. Bestandesaufnahme, Schnittstellen, Perspektiven. Stuttgart.

Kaplan, Robert S./Norton, David P. (1996): The Balanced Scorecard. Boston (Mass.).

Kaplan, Robert S./Norton, David P. (2001): The Strategy-focused Organization: How Balanced Scorecard Companies Thrive in the New Business Environment. Boston (Mass.).

Karlöf, Bengt/Östblom, Svante (1994): Das Benchmarking-Konzept. Wegweiser zur Spitzenleistung in Qualität und Produktivität. München.

Kettiger, Daniel (2000): Gesetzescontrolling. Ansätze zur nachhaltigen Pflege von Gesetzen. Bern.

Klein, Andreas/Vikas, Kurt/Zehetner, Karl (Hrsg.) (2004): Der Controller-Berater. Loseblattwerk und CD. Freiburg.

Knollmann, Ramon (2007): Kooperation von Controllerbereich und Strategieabteilung. Messung, Wirkungen, Determinanten. Wiesbaden.

Krause, Hans-Ulrich/Steins, Ulrich (2001): Controlling. Ein zielorientiertes Steuerungssystem im Managementprozess. Stuttgart.

Kremin-Buch, Beate (2007): Strategisches Kostenmanagement. Grundlagen und moderne Instrumente. Wiesbaden.

Küpper, Hans-Ulrich/Friedl, Gunther/Hofmann, Christian/Hofmann, Yvette/Pedell, Burkhard (2013): Controlling. Konzeption, Aufgaben, Instrumente. 6. Aufl., Stuttgart.

Küpper, Hans-Ulrich/Wagenhofer, Alfred (Hrsg.) (2002): Handwörterbuch Unternehmensrechnung und Controlling. 4. Aufl., Stuttgart.

Küpper, Hans-Ulrich/Weber, Jürgen (1995): Grundbegriffe des Controlling. Stuttgart.

Lachnit, Laurenz (Hrsg.) (1992): Controllingsysteme für ein PC-gestütztes Erfolgs- und Finanzmanagement. München.

Lachnit, Laurenz (1995): Controllingkonzeption für Unternehmen mit Projektleistungstätigkeit. Modell zur systemgestützten Unternehmensführung bei auftraggebundener Einzelfertigung, Großanlagenbau und Dienstleistungsgroßaufträgen. München.

Liessmann, Konrad (Hrsg.) (1997): Gabler Lexikon Controlling und Kostenrechnung. Wiesbaden.

Lisges, Guido/Schübbe, Fred (2009): Personalcontrolling. Personalbedarf planen, Fehlzeiten reduzieren, Kosten steuern. 3. Aufl., Planegg.

Litke, Hans-D./Kunow, Ilonka (2007): Projektmanagement. 5. Aufl., Planegg.

Männel, Wolfgang (Hrsg.) (2002): Mittelstands-Controlling. Zeitschrift krp – Kostenrechnungspraxis. Sonderheft 1/2002. Wiesbaden.

Mayer, Elmar/Weber, Jürgen (1990): Handbuch Controlling. Stuttgart.

Meckl, Reinhard (2000): Controlling im Internationalen Unternehmen. Erfolgsorientiertes Management internationaler Organisationsstrukturen. München.

Mertins, Kai/Kohl, Holger (Hrsg.) (2009): Benchmarking. Leitfaden für den Vergleich mit den Besten. Düsseldorf.

Messelhaeuser, Martina Maria (2016): Zielkonflikte im Working Capital Management. Eine empirische Untersuchung. Baden-Baden.

Nau, Hans-Rainer (2007): Controlling-Instrumente. Die besten Werkzeuge für eine effiziente Unternehmenssteuerung. Planegg.

Nobles, Tracie L./Mattison, Brenda, L./Matsumura, Ella Mae (2015): Horngren's Accounting, Global Edition. 10. Aufl., Harlow, United Kingdom.

Ossadnik, Wolfgang (2009): Controlling. 4. Aufl., München und Wien.

Peemöller, Volker H. (2005): Controlling. Grundlagen und Einsatzgebiete. 5. Aufl., Herne und Berlin.

Peters, Gerd (1971): Ziele und Methoden der dynamischen Investitionsrechnung. In: Zeitschrift für Betriebswirtschaft, 41. Jg., S. 335–352.

Peters, Gerd (1972): Die Rentabilität von Realinvestitionen. In: krp – Kostenrechnungspraxis, 16. Jg., S. 13–18.

Peters, Gerd (1973): Zur dynamischen Investitionsrechnung: Gleichzeitig eine Entgegnung an Dr. W. Ruppert. In: krp – Kostenrechnungspraxis, 17. Jg., S. 69–78.

Peters, Gerd (2000): Kennzahlensystem zur effizienten Profit Center-Steuerung. In: ControllerPraxis 12/2000, Zürich, Teil 4, Beitrag 11.

Peters, Gerd (2001a): Der Verbund: Regeln und Rituale des gruppeninternen Geschäfts. In: ControllerPraxis 03/2001, Zürich, Teil 3, Beitrag 4.

Peters, Gerd (2001b): Das Rendite-Chaos. Wie steuert die Industrie? – Analyse von Geschäftsberichten und der Wirtschaftspresse. In: ControllerPraxis 09/2001, Zürich, Teil 5, Beitrag 4.

Peters, Gerd (2003): Investitions- und Wirtschaftlichkeitsrechnung. Methodisches aus Theorie und Praxis (Chemie). In: ControllerPraxis 10/2003, Zürich, Teil 4, Beitrag 13.

Peters, Gerd/Pfaff, Dieter (2007): Investitionsrechnung in der Praxis. Herausforderungen und Lösungsmethoden. In: *Seicht, Gerhard* (Hrsg.): Jahrbuch für Controlling und Rechnungswesen. Wien, S. 27–46.

Pfaff, Dieter (1998): Gemeinkostenmanagement. In: *Busse von Colbe, Walther/Pellens, Bernhard* (Hrsg.): Lexikon des Rechnungswesens. 4. Aufl., München, S. 271–274.

Pfaff, Dieter (2001a): Prozesscontrolling. In: *Bühner, Rolf* (Hrsg.): Management-Lexikon. München und Wien, S. 636–638.

Pfaff, Dieter (2001b): Rechnungswesen, Verbindung externes und internes. In: *Bühner, Rolf* (Hrsg.): Management-Lexikon. München und Wien, S. 665–667.

Pfaff, Dieter (2001c): Finanzcontrolling. In: *Gerke, Wolfgang/Steiner, Manfred* (Hrsg.): Handwörterbuch des Bank- und Finanzwesens. 3. Aufl., S. 729–742.

Pfaff, Dieter (2002): Budgetierung. In: *Küpper, Hans-Ulrich/Wagenhofer, Alfred* (Hrsg.): Handwörterbuch Unternehmensrechnung und Controlling (HWUC). 4. Aufl., Stuttgart, S. 231–241.

Pfaff, Dieter (2003a): Moderne Entwicklungen im Controlling. In: *Siegwart, Hans* (Hrsg.): Jahrbuch zum Finanz- und Rechnungswesen 2003. Zürich etc., S. 13–45.

Pfaff, Dieter (2003b): Methodische Fragen einer internationalen Konzernkostenrechnung. In: *Franz, Klaus-Peter/Hieronimus, Albert* (Hrsg.): Kostenrechnung im international vernetzten Konzern. Sonderheft 49/03 der Zeitschrift für betriebswirtschaftliche Forschung. Düsseldorf und Frankfurt, S. 29–46.

Pfaff, Dieter (2008a): Gefahren der Kostenaufschlagsmethode in Konzernen. In: Rechnungswesen und Controlling, Nr. 2, S. 3–5.

Pfaff, Dieter (2008b): Wertorientierte Unternehmenssteuerung. In: scorecard, das Themenmagazin für Führungskräfte, Heft Controlling: Erfolgreiche Unternehmenssteuerung, S. 12–13.

Pfaff, Dieter (2011): Gemeinkostenmanagement. In: *Busse von Colbe, W./Crasselt, N./Pellens, B.* (Hrsg.): Lexikon des Rechnungswesens. 5. Aufl., München, S. 295–298.

Pfaff, Dieter/Bärtl, Oliver (2000): Akquisition und Desinvestition aus wertorientierter Sicht. In: *Wagenhofer, Alfred/Hrebicek, Gerhard* (Hrsg.): Wertorientiertes Management. Konzepte und Umsetzungen zur Unternehmenswertsteigerung. Stuttgart, S. 95–115.

Pfaff, Dieter/Gabor, Günther (2004): Rechnungswesen und Organisation. In: *Schreyögg, Georg/v. Werder, Axel* (Hrsg.): Handwörterbuch Unternehmensführung und Organisation (HWO). 4. Aufl., Stuttgart, S. 1244–1252.

Pfaff, Dieter/Gathge, Dieter/Stefani, Ulrike (2004): Zielkostenmanagement (Target Costing). In: *Jenny, Hermann* (Hrsg.): Controller Leitfaden. Loseblattwerk, Zürich etc., Teil 9, Kapitel 12.

Pfaff, Dieter/Höllbacher, Alexander (2008): Controlling statt Bankrott. In: Rechnungswesen und Controlling, Nr. 3, S. 3–6.

Pfaff, Dieter/Hummel, Katrin (2012): Wert- und risikoorientierte Gesamtbanksteuerung. In: *Frick, Roman/Gantenbein, Pascal/Reichling, Peter* (Hrsg.): Asset Management. Stuttgart und Wien, S. 391–399.

Pfaff, Dieter/Hummel, Katrin (2013): Wertorientierte Performancemessung. In: *Nagel-Jungo, Gabriela/Schreiner, Sandra* (Hrsg.): Finanzielle Führung bei Banken. Zürich, S. 119–138.

Pfaff, Dieter/Hummel, Katrin (2014): Funktionen und Zielkonflikte der Verrechnungspreisgestaltung. Ergebnisse einer empirischen Erhebung in der Schweiz. In: *Dobler, Michael/Hachmeister, Dirk/Kuhner, Christoph/Rammert, Stefan* (Hrsg.): Rechnungslegung, Prüfung und Unternehmensbewertung. Stuttgart, S. 587–604.

Pfaff, Dieter/Hummel, Katrin/Bisig, Benedikt (2015): Funktionen und Methoden der Verrechnungspreisgestaltung. In: *Meyer, Conrad/Pfaff, Dieter* (Hrsg.): Finanz- und Rechnungswesen Jahrbuch 2015. Zürich, S. 313–340.

Pfaff, Dieter/Ising, Peter (2010): Kundencontrolling – Wichtige Methoden und Techniken. In: *Georgi, Dominik/Hadwich, Karsten* (Hrsg.): Management von Kundenbeziehungen, Perspektiven – Analysen – Strategien – Instrumente. Wiesbaden, S. 105 – 128.

Pfaff, Dieter/Kunz, Alexis H./Pfeiffer, Thomas (2000): Zu Risiko und Nebenwirkungen eines Ausbaus der Balanced Scorecard vom Planungs- zum Anreizinstrument. In: krp – Kostenrechnungspraxis. Sonderheft 2/2000. Wiesbaden, S. 129–132.

Pfaff, Dieter/Peters, Gerd (2006): Anforderungen an die Zwischenberichterstattung im Lichte des operativen Controllings. In: *Seicht, Gerhard* (Hrsg.): Jahrbuch für Controlling und Rechnungswesen. Wien, S. 285–303.

Pfaff, Dieter/Peters, Gerd (2007a): Falsche Methoden und Daten im Controlling. In: *Meyer, Conrad/Pfaff, Dieter* (Hrsg.): Jahrbuch zum Finanz- und Rechnungswesen. Zürich etc., S. 289–316.

Pfaff, Dieter/Peters, Gerd (2007b): Konzernkostenrechnung. In: *Jenny, Hermann* (Hrsg.): Controller Leitfaden. Loseblattwerk, Zürich etc., Teil 8, Kapitel 5.

Pfaff, Dieter/Peters, Gerd (2011): Mindestanforderungen des Managements an das operative Controlling. In: *Mattle, Herbert/Pfaff, Dieter* (Hrsg.): Rechnungswesen, Rechnungslegung und Controlling in der Schweiz: Mindestanforderungen aus betriebswirtschaftlicher, rechtlicher und steuerlicher Sicht. Zürich, S. 45 – 71.

Pfaff, Dieter/Peters, Gerd (2015): Umsatzrendite und Kapitalumschlag: Scheidung ausgeschlossen. In: Rechnungswesen und Controlling, Nr. 3, S. 10 – 11.

Pfaff, Dieter/Peters, Gerd/Hummel, Katrin (2015): Richtig gutes Controlling: Mehr wissen, besser steuern. Zürich.

Pfaff, Dieter/Peters, Gerd/Sweys, Marcel (2008): Über die Börsenfähigkeit staatlicher Eisenbahnen aus Sicht des Controllings: dargestellt am Beispiel der DB AG. In: *Seicht, Gerhard* (Hrsg.): Jahrbuch für Controlling und Rechnungswesen. Wien, S. 339–358.

Pfaff, Dieter/Ruud, Flemming (2016): Schweizer Leitfaden zum Internen Kontrollsystem (IKS). 7. Aufl., Zürich.

Pfaff, Dieter/Schneider, Tobias (2000): Prozesskostenrechnung in der Nahrungsmittelindustrie – Erkenntnisse aus einer Machbarkeitsstudie. In: krp – Kostenrechnungspraxis, 44. Jg., S. 246–250.

Pfaff, Dieter/Schultze, Wolfgang (2006): Beteiligungscontrolling. In: *Wagenhofer, Alfred* (Hrsg.): Controlling und IFRS. Berlin, S. 123–142.

Pfaff, Dieter/Stefani, Ulrike (2003): Wertorientierte Unternehmensführung, Residualgewinne und Anreizprobleme. In: *Franck, Egon/Arnoldussen, Ludger/Jungwirth, Carola* (Hrsg.): Marktwertorientierte Unternehmensführung. Sonderheft 50/03 der Zeitschrift für betriebswirtschaftliche Forschung. Düsseldorf und Frankfurt, S. 51–76.

Pfaff, Dieter/Stefani, Ulrike (2006): Verrechnungspreise in der Unternehmenspraxis. Eine Bestandsaufnahme zu Zwecken und Methoden. In: Controlling, Nr. 10, S. 517–524.

Pfaff, Dieter/Stefani, Ulrike (2007): Transferpreise in der Schweizer Unternehmenspraxis. Empirische Ergebnisse und betriebswirtschaftliche Steuerungsaufgaben. In: *Meyer, Conrad/Pfaff, Dieter* (Hrsg.): Jahrbuch zum Finanz- und Rechnungswesen. Zürich etc., S. 199–225.

Pfaff, Dieter/Troßmann, Ernst (2016): Die Kosten- und Leistungsrechnung – Ein Blick auf mehr als 70 Jahre Vergangenheit und eine spannende Zukunft. In: Die Unternehmung, Heft 4, S. 365 – 385.

Pfläging, Niels (2006): Führen mit flexiblen Zielen. Beyond Budgeting in der Praxis. Frankfurt am Main.

Picot, Arnold/Böhme, Marcus (1999): Controlling in dezentralen Unternehmensstrukturen. München.

Piontek, Jochem (1995): Distributionscontrolling. München und Wien.

Piontek, Jochem (2005): Controlling. Managementwissen für Studium und Praxis. 3. Aufl., München und Wien.

Piontek, Jochem (2012): Beschaffungscontrolling. Managementwissen für Studium und Praxis. 4. Aufl., München und Wien.

Plinke, Wulff/Rese, Mario/Utzig, Peter (2015): Industrielle Kostenrechnung. Eine Einführung. 8. Aufl., Berlin etc.

Posluschny, Peter (2004): Controlling für das Handwerk. Durchgängige Fallstudie mit Softwareunterstützung. München und Wien.

Preißler, Peter R. (1995): Controlling-Lexikon. München und Wien.

Preißler, Peter R. (2014): Controlling. Lehrbuch und Intensivkurs. 14. Aufl., München und Wien.

Preißner, Andreas (1999): Marketing-Controlling. 2. Aufl., München und Wien.

Preißner, Andreas (2003): Kundencontrolling. Erfolgreiche Steuerung der Kundenbeziehung. München.

Preißner, Andreas (2010): Praxiswissen Controlling. Grundlagen, Werkzeuge, Anwendungen. 6. Aufl., München.

Pufahl, Mario (2014): Vertriebscontrolling. So steuern Sie Absatz, Umsatz und Gewinn. 5. Aufl., Wiesbaden.

Reichmann, Thomas (Hrsg.) (1995): Handbuch Kosten- und Erfolgs-Controlling. München.

Reichmann, Thomas (2006): Controlling mit Kennzahlen und Management-Tools. Die systemgestützte Controlling-Konzeption. 7. Aufl., München.

Reinecke, Sven/Tomczak, Torsten (2006): Handbuch Marketingcontrolling. 2. Aufl., Wiesbaden.

Risak, Johann/Deyhle, Albrecht (Hrsg.) (1992): Controlling. State of the Art und Entwicklungstendenzen. 2. Aufl., Wiesbaden.

Rolfes, Bernd (2003): Moderne Investitionsrechnung. 3. Aufl., München und Wien.

Ruppert, Werner (1973): Überlegungen zum realen Zinsfußmodell. In: krp – Kostenrechnungspraxis, 17. Jg., S. 33–36.

Schäffer, Utz (Hrsg.) (2003): Budgetierung im Umbruch? Zeitschrift für Controlling & Management. Sonderheft 1/2003. Wiesbaden.

Schäffer, Utz/Weber, Jürgen (Hrsg.) (2005): Bereichscontrolling – Funktionsspezifische Anwendungsfelder, Methoden und Instrumente. Stuttgart.

Schaier, Sven (2007): Konvergenz von internem und externem Rechnungswesen. Bedarf für Neustrukturierung des Rechnungswesens? Wiesbaden.

Schauer, Reinbert/Andessner, René Clemens/Greiling, Dorothea (2015): Rechnungswesen für Nonprofit-Organisationen. Ergebnisorientierte Informations- und Steuerungsinstrumente für das NPO-Management. 4. Aufl., Bern.

Schelle, Heinz (2014): Projekte zum Erfolg führen: Projektmanagement systematisch und kompakt. 7. Aufl., München.

Scherm, Ewald/Pietsch, Gotthard (Hrsg.) (2004): Controlling. Theorien und Konzeptionen. München.

Schierenbeck, Henner/Lister, Michael (2002): Value Controlling. Grundlagen Wertorientierter Unternehmensführung. 2. Aufl., München und Wien.

Schulte, Christof (Hrsg.) (1996): Lexikon des Controlling. München und Wien.

Schulte, Christof (2011): Personal-Controlling mit Kennzahlen. 3. Aufl., München.

Schweitzer, Marcell/Küpper, Hans-Ulrich/Friedl, Gunther/Hofmann, Christian/Pedell, Burkhard (2015): Systeme der Kosten- und Erlösrechnung. 11. Aufl., München.

Serfling, Klaus (1992): Controlling. 2. Aufl., Stuttgart, Berlin und Köln.

Speck, Markus/Wolfisberg, Andreas/Röösli, Bruno (2017): Controlling für Manager und Unternehmer. Controlling als Steuerungs- und Führungsinstrument – einfach und verständlich. 2. Aufl., Zürich.

Spremann, Klaus/Zur, Eberhard (Hrsg.) (1992): Controlling. Grundlagen – Informationssysteme – Anwendungen. Wiesbaden.

Stahl, Hans-Werner (1999): Modernes Kostenmanagement und Controlling in 70 Fällen. München.

Steinle, Claus/Daum, Andreas (Hrsg.) (2007): Controlling. Kompendium für Ausbildung und Praxis. 4. Aufl., Stuttgart.

Steinle, Claus/Eggers, Bernd/Lawa, Dieter (1998): Zukunftsgerichtetes Controlling. Unterstützungs- und Steuerungssystem für das Management. 3. Aufl., Wiesbaden.

Steinmüller, Peter H. (Hrsg.) (2000): Die neue Schule des Controllers. Band 3, Stuttgart.

Troßmann, Ernst (2013): Controlling als Führungsfunktion. Eine Einführung in die Mechanismen betrieblicher Koordination. München.

Troßmann, Ernst/Baumeister, Alexander (2015): Internes Rechnungswesen. Kostenrechnung als Standardinstrument im Controlling. München.

Troßmann, Ernst/Baumeister, Alexander/Werkmeister, Clemens (2013): Fallstudien im Controlling. Lösungsstrategien für die Praxis. 3. Aufl., München.

VDMA (2006): Prozesse beschleunigen und gewinnorientiert steuern. Empfehlungen zur Unternehmensführung in der Investitionsgüterindustrie. Frankfurt am Main.

Velthuis, Louis John/Wesner, Peter (2005): Value Based Management – Bewertung, Performancemessung und Managemententlohnung mit ERIC. Stuttgart.

Vettiger, Thomas (1996): Wertorientiertes Bankcontrolling. Das Controlling im Dienste einer wertorientierten Bankführung. Bern.

Vögele, Alexander/Borstell, Thomas/Engler, Gerhard (2015): Verrechnungspreise. Betriebswirtschaft – Steuerrecht. 4. Aufl., München.

Volkart, Rudolf/Wagner, Alexander F. (2014): Corporate Finance. Grundlagen von Finanzierung und Investition. 6. Aufl., Zürich.

Wagenhofer, Alfred (Hrsg.) (2006): Controlling und IFRS-Rechnungslegung – Konzepte, Schnittstellen, Umsetzung. Berlin.

Weber, Jürgen (Hrsg.) (2002): Dienstleistungs-Controlling. krp – Kostenrechnungspraxis. Sonderheft 2/2002. Wiesbaden.

Weber, Jürgen (2008): Von Top-Controllern lernen. Controlling in den DAX 30-Unternehmen. Weinheim.

Weber, Jürgen (2010): Logistik- und Supply-Chain-Controlling. 6. Aufl., Stuttgart.

Weber, Jürgen/Bramsemann, Urs/Heineke, Carsten/Hirsch, Bernhard (2004): Wertorientierte Unternehmenssteuerung. Konzepte – Implementierung – Praxisstatements. Wiesbaden.

Weber, Jürgen/Schäffer, Utz (2000): Balanced Scorecard & Controlling. Implementierung – Nutzen für Manager und Controller – Erfahrungen in deutschen Unternehmen. 3. Aufl., Wiesbaden.

Weber, Jürgen/Schäffer, Utz (2016): Einführung in das Controlling. 15. Aufl., Stuttgart.

Weber, Jürgen/Stoffels, Mario/Kleindienst, Ingo (2004): Internationale Verrechnungspreise im Konzern: Altes Problem – neuer Fokus. Reihe Advanced Controlling, Band 40, Vallendar.

Weber, Jürgen/Weißenberger, Barbara E. (2015): Einführung in das Rechnungswesen. 9. Aufl., Stuttgart.

Weißenberger, Barbara E. (Hrsg.) (2004): IFRS und Controlling. Zeitschrift für Controlling & Management. Sonderheft 2/2004. Wiesbaden.

Weißenberger, Barbara E. (2007): IFRS für Controller. Alles, was Controller über IFRS wissen müssen. Freiburg etc.

Witt, Frank-Jürgen (2003): Dienstleistungscontrolling. München.

Wunderer, Rolf/Schlagenhaufer, Peter (1994): Personal-Controlling. Funktionen, Instrumente, Praxisbeispiele. Stuttgart.

Wurl, Hans-Jürgen (Hrsg.) (2003): Industrielles Beteiligungscontrolling. Stuttgart.

Ziegenbein, Klaus (2012): Controlling. 10. Aufl., Ludwigshafen.

Abbildungsverzeichnis

Abb. 1-1 Mögliche Entscheidungssituationen in Unternehmen ... 17
Abb. 1-2 Wertentwicklung einer Finanzinvestition ... 18
Abb. 1-3 Zinstabelle: Aufzinsungsfaktoren ... 19
Abb. 1-4 Zahlungsstrom einer Realinvestition (zu Nominalwerten) ... 20
Abb. 1-5 Zahlungsstrom einer Realinvestition (Nominalwerte summiert) ... 21
Abb. 1-6 Zahlungsstrom einer Realinvestition (summiert dynamisch) ... 22
Abb. 1-7 Endwert in Relation zur Anfangsauszahlung ... 23
Abb. 1-8 Iso-Kapitalrenditen und Zielfeld der Kapitalrendite ... 26
Abb. 1-9 Der Kapitalumschlag als Renditehebel ... 27
Abb. 1-10 Grundschema der Bilanz ... 31
Abb. 1-11 Bestandteile des betriebsnotwendigen Vermögens ... 32
Abb. 1-12 Abgrenzung des betrieblichen Ergebnisses ... 33
Abb. 1-13 Überblick über Renditestrukturen ausgewählter Branchen (Basis 2000) ... 33
Abb. 1-14 Ermittlung des Capital Employed aus der Bilanz der Ciba Spezialitätenchemie (Geschäftsbericht 2007) ... 34
Abb. 1-15 Ausweis von Nettoumsatz und EBIT in der Erfolgsrechnung der Ciba Spezialitätenchemie (Geschäftsbericht 2007) ... 35
Abb. 1-16 ROCE-Baum am Beispiel der Ciba Spezialitätenchemie ... 35
Abb. 1-17 Typische Profit-Center-Hierarchien in einem Konzern ... 36
Abb. 1-18 Ergebnisgrößen einer operativen Berichterstattung (nach Umsatzkosten) ... 37
Abb. 1-19 Sonstiges betriebliches Ergebnis (Beispiele) ... 38
Abb. 1-20 Kapitalrenditen auf Konzern- und Profit-Center-Ebene ... 38
Abb. 3-1 Trennung fixer und variabler Kosten ... 49
Abb. 3-2 Ergebnisrechnung unterschiedlicher Warenursprünge ... 51
Abb. 3-3 Profit-Center-Hierarchie (operative Ebene Produktbereich) ... 56
Abb. 3-4 Duale Struktur Produkt und Markt ... 58

Abb. 4-1 Entwicklung einer Kapitalrendite (Modellkonzern) 60
Abb. 4-2 Überleitung der Konzernrendite (ROCE) zur Bruttorendite 61
Abb. 4-3 Die zwei Schritte zur Bruttorendite 61
Abb. 4-4 Bruttorendite (BR) versus Umsatzrendite (UR) 62
Abb. 4-5 Kosten- und Erlösstruktur am Beispiel der Chemie 62
Abb. 4-6 Kosten- und Erlösstruktur am Beispiel eines Handelsunternehmens 63
Abb. 4-7 Ergebnisparameter eines Profit-Centers 63
Abb. 4-8 Fixkosten-Targets am Beispiel der Chemie 64
Abb. 4-9 Fixkosten-Targets am Beispiel eines Handelsunternehmens 65
Abb. 4-10 Struktur der variablen Kosten (Targets) am Beispiel der Chemie 65
Abb. 4-11 Struktur der variablen Kosten (Targets) am Beispiel eines Handelsunternehmens 65
Abb. 4-12 Umsatzrendite-Diagramm 66
Abb. 4-13 Bruttorendite-Diagramm 68
Abb. 4-14 Bedeutung der Positionierung im Kapitalrendite-Diagramm 69
Abb. 4-15 Voraussetzungen für das Controlling-Cockpit 70
Abb. 4-16 Controllingdaten (Excel-Formular) 71
Abb. 4-17 Komplettes Controlling-Cockpit (Beispiel; Basis Betriebsergebnis) 73
Abb. 4-18 Ergebnis, Break-even und Rendite im Controlling-Cockpit 74
Abb. 4-19 Kostenstruktur und Deckungsbeitrag im Controlling-Cockpit 74
Abb. 4-20 Aufteilung der Fixkosten (Umsatzkosten) im Controlling-Cockpit 75
Abb. 5-1 Ergebnisbasis Investitionsrechnung 80
Abb. 5-2 Übliche Darstellung der Methoden der Investitionsrechnung 81
Abb. 5-3 Kapitalwertmethode (Rückflüsse abgezinst) 83
Abb. 5-4 Kapitalwert (Net Present Value) 83
Abb. 5-5 Reale Zinsfußmethode 85
Abb. 5-6 Realer Zinsfuß (geometrische Durchschnittsrendite) 86
Abb. 5-7 Kapitalwertmethode (Rückflüsse zum Endwert aufgezinst) 87
Abb. 5-8 Gesplittete Investitionsauszahlung 89
Abb. 5-9 Differenzinvestition 90
Abb. 5-10 Beispiel einer statischen Investitionsrechnung 91
Abb. 5-11 Interne Zinsfußmethode 92
Abb. 5-12 Naiver Rentabilitäts-, Kosten- und Gewinnvergleich 93
Abb. 5-13 Differenzierter Kosten- und Gewinnvergleich 93
Abb. 5-14 Amortisationszeit 94
Abb. 5-15 Kennzahlen vor und nach Investition (reine Rationalisierungsinvestition) 97
Abb. 5-16 Planergebnisrechnung 100
Abb. 5-17 Sensitivität 101
Abb. 5-18 Beispiel Sensitivität: Basisdaten, Planungszeitraum 5 Jahre 102
Abb. 5-19 Beispiel Sensitivität: Planungszeitraum 4 statt 5 Jahre 102
Abb. 5-20 Beispiel Sensitivität: Rückflussausfall im Planjahr 1 103
Abb. 5-21 Investitionsentscheidung im Überblick 104
Abb. 5-22 Empfohlene Methoden der Investitionsrechnung 105
Abb. 5-23 Rechengrößen einer Dispositionsrechnung 106
Abb. 5-24 Break-even-Analyse (graphisch) 109
Abb. 5-25 Entwicklung Break-even (Ergebnisrückgang) 113
Abb. 5-26 Entwicklung Break-even (Ergebnisrückgang kumuliert) 114
Abb. 5-27 Entwicklung Break-even (Sanierung; Erreichen der Gewinnschwelle) 115

Abb. 5-28 Jahreshochschätzung per Juni ... 117
Abb. 5-29 Jahreshochschätzung per September ... 118
Abb. 5-30 Hochschätzung auf Basis rollierender Jahreszahlen ... 119
Abb. 5-31 Planergebnisrechnung (Eckdaten) ... 121
Abb. 5-32 Planergebnisrechnung (Beispiel) ... 122
Abb. 5-33 Ziel-Fixkostenstruktur (Beispiel) ... 124
Abb. 5-34 Rechengrößen Preiskalkulation ... 125
Abb. 5-35 Beispiel Preiskalkulation ... 125
Abb. 5-36 Beispiel Preisuntergrenze bei knapper Kapazität: Ausgangssituation ... 127
Abb. 5-37 Produkt-Ranking und engpassspezifischer Deckungsbeitrag ... 127
Abb. 5-38 Verbund: Transferpreis und Verrechnungspreis ... 129
Abb. 5-39 Typen des Verbunds ... 131
Abb. 5-40 Arbeitsteilung zwischen Produktions- und Vertriebsgesellschaft ... 133
Abb. 5-41 Schnittstellenfreie Organisation zwischen Bereichen ... 136
Abb. 5-42 Schnittstelle Wirtschaftsstufe ... 137
Abb. 5-43 Schnittstelle Arbeitsteilung ... 138
Abb. 5-44 Gewinnteilung bei Transferwaren ... 139
Abb. 6-1 Fixkosten – tel quel gebucht ... 142
Abb. 6-2 Fixkosten geglättet ... 142
Abb. 6-3 Nettoumsatz (NU) und Auftragseingang (AE); gleitende Jahreswerte ... 144
Abb. 6-4 Monatliche Umsatz- und Auftragseingangswerte ... 145
Abb. 6-5 Gleitende Jahreswerte von Umsatz und Auftragseingang ... 145
Abb. 6-6 Entwicklung Investitionen und Abschreibungen (Modellkonzern) ... 152
Abb. 6-7 Richtlinienkonforme Verrechnungspreise im konzerninternen Geschäft ... 153
Abb. 6-8 Konzerninternes Geschäft mit richtlinienwidrigem Verrechnungspreis ... 154
Abb. 6-9 Ranking der Gesellschaftsergebnisse eines Bereichs (Top 7) ... 158
Abb. 6-10 ABC-Analyse ... 160
Abb. 6-11 Beispiel zur Sortimentsanalyse: Ausgangssituation ... 162
Abb. 6-12 Kernsortiment (circa 80 % der Deckungsbeiträge) ... 163
Abb. 6-13 Randsortiment (circa 19 % der Deckungsbeiträge) ... 164
Abb. 6-14 Kategorie C (Streichkandidaten) ... 165
Abb. 6-15 Verknüpfung Vergangenheits- und Zukunftsdaten (ursprüngliche Planung) ... 167
Abb. 6-16 Verknüpfung Vergangenheits- und Zukunftsdaten (überarbeitete Planung) ... 168
Abb. 6-17 Plausibilität der variablen Kosten ... 168
Abb. 6-18 Hockey-Stick-Effekt (Kapazitäts- und Absatzentwicklung) ... 169
Abb. 6-19 Produktlinie mit Kapitalumschlag von 1 bis 1,25 ... 170
Abb. 6-20 Das angemessene Anlagevermögen ... 171
Abb. 6-21 Kosten- und Ertragsstruktur Produktlinie ... 172
Abb. 6-22 Top-down-Planung der Fixkosten 1 ... 173
Abb. 6-23 Sensitivität der Kapitalrendite ... 174
Abb. 6-24 Wichtige und unsinnige Abweichungsgrößen ... 178
Abb. 7-1 Controllingaufgaben im Prozess des Risikomanagements und der Risikoberichterstattung ... 185
Abb. 7-2 Grundaufbau der Balanced Scorecard nach Kaplan/Norton (1996) ... 187
Abb. 7-3 Progressive versus retrograde Kalkulation ... 192
Abb. 7-4 Kostenstellen- versus Prozessorientierung (Beispiel Beschaffung) ... 195
Abb. 7-5 Beispiele kosten- und erlösrechnerischer Einheiten ... 201
Abb. 8-1 Duale Struktur der Color AG ... 212

Abb. 8-2 Produktbereiche Color AG nach strategischen Geschäftsfeldern 212
Abb. 8-3 Finanzbericht Color AG 214
Abb. 8-4 Controlling-Cockpit (Nullversion, Basis Bruttobetriebsergebnis) 215
Abb. 8-5 Markierung der Redundanzen und Trennung in fixe und variable Kosten 217
Abb. 8-6 Strukturdaten und Break-even (Basis Betriebsergebnis) 218
Abb. 8-7 Finanzdaten Eigenerzeugnisse 218
Abb. 8-8 Controlling-Cockpit Eigenerzeugnisse 219
Abb. 8-9 Ausgangssituation Sanierung 221
Abb. 8-10 Sanierung 222
Abb. 8-11 Definition Handelsgeschäft 224
Abb. 8-12 Ergebnisrechnung Eigenerzeugnisse 224
Abb. 8-13 Ergebnisrechnung Handelswaren 226
Abb. 8-14 Ergebnisrechnung Eigenproduktion nach Entlastung durch Handelswaren 226
Abb. 8-15 Ergebnisrechnung gesamt inklusive Handelswaren 227
Abb. 8-16 Kosten- und Ertragsstruktur von Werk 1 (inklusive Pigmentgelb) 229
Abb. 8-17 Kosten- und Ertragsstruktur von Pigmentgelb allein (Werk 1) 230
Abb. 8-18 Ergebnisrechnung von Werk 1 ohne Pigmentgelb 231
Abb. 8-19 5-Jahres-Plan China-Plant 234
Abb. 8-20 Planergebnisrechnung Pigmentgelb China-Plant 235
Abb. 8-21 Fixkosten ungeglättet 238
Abb. 8-22 Betriebsergebnisse bei ungeglätteten Fixkosten 238
Abb. 8-23 Fixkosten geglättet 239
Abb. 8-24 Betriebsergebnisse bei geglätteten Fixkosten 240
Abb. 8-25 Ergebnisdifferenz bei Fixkostenglättung 240
Abb. 8-26 Nettoumsatz und Auftragseingang (gleitende Jahreswerte) der Color AG 243
Abb. 8-27 Betriebsergebnisse geschätzt 244
Abb. 8-28 Trendumkehr Auftragseingang 245
Abb. 8-29 Ist- und Planergebnisrechnung »PO-Farbkonzentrate« 249
Abb. 8-30 Angebotspreiskalkulation (Modellrechnung) 250
Abb. 8-31 Ergebnisrechnung »Anorganisches Pigmentrot« der Color AG 252
Abb. 8-32 Ergebnisrechnung »Anorganisches Pigmentrot« beim Vertrieb USA 252
Abb. 8-33 Konsolidierte Rechnung Produktion und Vertrieb 254
Abb. 8-34 Bereinigte Rechnung Vertrieb USA 255
Abb. 8-35 Bereinigte Rechnung Produktion in Werk 1 255
Abb. 8-36 Ergebnisrechnung Rohviolett Bereich A 257
Abb. 8-37 Ergebnisrechnung Pigmentviolett Bereich B 257
Abb. 8-38 Rohviolett zu marktgerechten Verkaufspreisen 259
Abb. 8-39 Pigmentviolett bei Rohviolett-Zukauf zum vergleichbaren Marktpreis 260
Abb. 8-40 Pigmentviolett und Rohviolett konsolidiert 261
Abb. 8-41 Pigmentviolett saniert 261
Abb. 8-42 Sortiment nach Farbtönen 263
Abb. 8-43 Sortimentsanalyse (Einzelprodukte mit dem geringsten DB/kg pro Farbe) 264
Abb. 8-44 Herstellung nur des jeweils deckungsbeitragsstärksten Produkts 264
Abb. 8-45 Ergebnis bei Eliminierung der Verlustprodukte 265
Abb. 8-46 Ergebnisrechnung »Anorganisches Pigmentgelb« 267
Abb. 8-47 Ergebnisplanung »Anorganisches Pigmentgelb« 268
Abb. 8-48 Investitionsrechnung 269
Abb. 8-49 Preissensitivität 272

Abb. 8-50 Ergebnisplanung »Fortführung der Produktlinie« ... 274
Abb. 8-51 Wert der Produktlinie aus Sicht des Verkäufers ... 275
Abb. 8-52 Wert der Produktlinie aus Sicht des Käufers ... 276
Abb. 8-53 Ergebnisentwicklung der Color AG bis Periode 3 ... 279
Abb. 8-54 Mögliche Entwicklung ... 280
Abb. 8-55 Tatsächliche Entwicklung ... 281
Abb. 8-56 Henkel-Segmentberichterstattung (Quelle: Geschäftsbericht Henkel 2003) ... 285
Abb. 8-57 Henkel-Kapitalrenditen 2003 nach Segmenten ... 285
Abb. 8-58 Leistungswerte im Dreivierteljahr Akzo Nobel (Quelle: NZZ vom 25.10.2001, S. 29) ... 286
Abb. 8-59 Auswertung Dreivierteljahresbericht 2001 Akzo Nobel ... 287
Abb. 8-60 Quartalsdaten Akzo Nobel (Quelle: Quartalsberichte 2003 und 2004) ... 288
Abb. 8-61 Rollierende Geschäftsjahre Akzo Nobel (Quelle: Quartalsberichte 2003 und 2004) ... 289

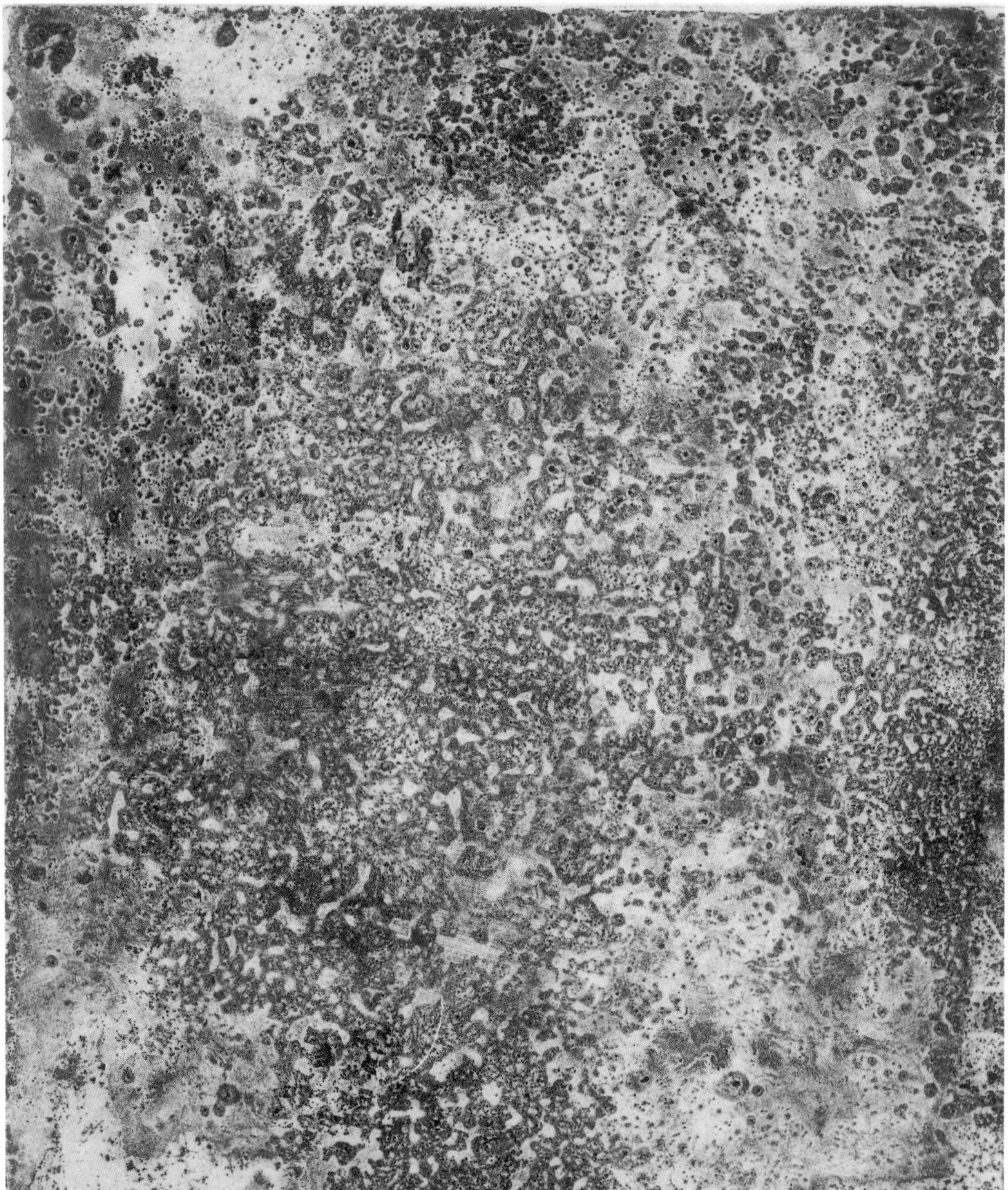

Anhang

Abkürzungen deutsch – englisch

Abkürzung	Deutsch	Englisch
ABC	Prozesskostenrechnung	**activity-based costing**
AE	**Auftragseingang**	inflow of orders
AfA	**Absetzung für Abnutzung** (Abschreibungen)	tax depreciation
AT	Kapitalumschlag	**asset (or capital) turnover**
AV	**Anlagevermögen**	fixed assets
AVP	**Angebotsverkaufspreis**	offer price
BBE	**Bruttobetriebsergebnis**	gross operating result
BE	**Betriebsergebnis**	operating result, operating profit
BNK	**Betriebsnotwendiges Kapital**	necessary operating capital
BR	**Bruttorendite**	gross rate of return
BS	**Bilanzsumme**	total assets
BSC	Balanced Scorecard	**balanced scorecard**
CE	Beschäftigtes Kapital	**capital employed**
CFROI	Cash Flow Return on Investment	**cash flow return on investment**
CM	Deckungsbeitrag	**contribution margin**
CT	Kapitalumschlag	**capital turnover**
CVA	Cash Value Added	**cash value added**
DB	**Deckungsbeitrag**	contribution margin
EBIT	Ergebnis vor Zinsen und Steuern	**earnings before interest and taxes**
EBITA	Ergebnis vor Zinsen, Steuern und Amortisation von Goodwill	**earnings before interest, taxes and amortization**
EBITDA	Ergebnis vor Zinsen, Steuern, Abschreibung und Amortisation von Goodwill	**earnings before interest, taxes, depreciation and amortization**
EPS	Gewinn pro Aktie	**earnings per share**
EVA	Economic Value Added	**economic value added**
F&E	**Forschung und Entwicklung**	research and development
GE	**Geldeinheit**	monetary unit
GKV	**Gesamtkostenverfahren**	total cost method
GOR	Bruttobetriebsergebnis	**gross operating result**
GuV	**Gewinn- und Verlustrechnung**	profit and loss account
H&B	**Hilfs- und Betriebsstoffe**	auxiliaries and factory supplies
IC	Investiertes Kapital	**invested capital**
IFRS	Internationale Rechnungslegungsstandards	**international financial reporting standards**

Abkürzung	Deutsch	Englisch
IRR	Interner Zinsfuß	**internal rate of return**
KGV	**Kurs-Gewinn-Verhältnis**	price-earnings ratio
KR	**Kapitalrendite**	return on capital
KU	**Kapitalumschlag**	asset (or capital) turnover
KW	**Kapitalwert**	net present value
LE	**Leistungseinheit**	output unit
L+L	**Lieferungen und Leistungen**	deliveries and services
ME	**Mengeneinheit**	quantity unit
NOA	Nettobetriebsvermögen	**net operating assets**
NOPAT	Nettobetriebsergebnis nach Steuern	**net operating profit after taxes**
NPV	Kapitalwert	**net present value**
NU	**Nettoumsatz**	net sales
OE	**Operatives Ergebnis**	operating result
OR	Operations Research	**operations research**
PE	Kurs-Gewinn-Verhältnis	**price-earnings ratio**
PIMS	Profit Impact of Market Strategies	**Profit Impact of Market Strategies**
R&D	Forschung und Entwicklung	**research and development**
ROA	Gesamtvermögensrendite	**return on (total) assets**
ROC	Gesamtkapitalrendite	**return on (total) capital**
ROCE	Rendite des beschäftigten Kapitals	**return on capital employed**
ROE	Eigenkapitalrendite	**return on equity**
ROI	Investitionsrendite	**return on investment**
ROIC	Rendite des investierten Kapitals	**return on invested capital**
RONA	Rendite auf das Nettovermögen	**return on net assets**
ROS	Umsatzrendite	**return on sales**
SLA	Dienstleistungsvertrag	**service level agreement**
UKV	**Umsatzkostenverfahren**	cost of sales method
UR	**Umsatzrendite**	return on sales
U.S. GAAP	US-amerikanische Rechnungslegungsstandards	**United States generally accepted accounting principles**
UV	**Umlaufvermögen**	current assets
V+F	**Vorräte und Forderungen**	inventories and receivables (third parties)
VP	**Verkaufspreis**	selling price
WACC	Gewichteter durchschnittlicher Kapitalkostensatz	**weighted average cost of capital**

Wörterbuch deutsch – französisch – italienisch – englisch

Deutsch	Français	Italiano	English
abgeleitete Kosten	coûts dérivés; coûts secondaires	costi derivati; costi secondari	derived cost; secondary cost
Abrechnung	comptabilité; système comptable	contabilità; sistema contabile	accounting; accounting system
Absatz	chiffre d'affaires	fatturato; cifra d'affari	sales; turnover
Absatzkosten	coûts de distribution	costi di vendita	distribution cost
Abschreibungen (Finanzanlagen)	amortissements (investissements financiers)	ammortamenti (investimenti finanziari)	write-downs
Abschreibungen (Goodwill)	amortissements (survaloir)	ammortamenti (goodwill)	amortization
Abschreibungen (Sachanlagen)	amortissements (immobilisations corporelles)	ammortamenti (impianti materiali)	depreciation; write-off
Abschreibungen, bilanzielle	amortissements comptables	ammortamenti di bilancio	book depreciation; depreciation for reporting purposes
Abschreibungen, kalkulatorische	amortissements incorporables	ammortamenti figurativi	imputed depreciation (allowance)
Abschreibungen, steuerliche	amortissements fiscaux	ammortamenti fiscali; ammortamento per usura	tax depreciation
Abschreibungsmethoden, degressive	amortissement dégressif, méthodes d'–	metodo di ammortamento decrescente	declining balance method (of depreciation)
Abschreibungsmethoden, lineare	amortissement linéaire, méthodes d'–	metodo di ammortamento lineare	straight-line method (of depreciation)
Absetzung für Abnutzung (AfA)	amortissements fiscaux	ammortamenti fiscali; ammortamento per usura	tax depreciation
Abweichung	écart	scostamento	variance
Abzugskapital	dette non rémunerée	capitale non oneroso	capital items deducted from total
Akquisition	acquisition	acquisizione	acquisition
Aktie	action	azione	share
Aktionär	actionnaire	azionista	shareholder
Aktiven; Aktiva	actif(s)	attivo; sostanza; immobilizzazioni	assets
aktivierte Kosten	coûts capitalisés	costi attivati	capitalized cost
allgemeine Bereichskosten	coûts généraux du secteur	costi comuni di settore	general divisional cost
allgemeine Betriebskosten	coûts généraux d'exploitation	costi comuni d'esercizio	general operational cost
allgemeine Unternehmenskosten	coûts généraux de l'entreprise	costi comuni d'impresa	general corporate cost
Amortisationsdauer	délai de récupération; durée d'amortissement	durata di ammortamento; durata di pay-back; tempo di recupero	pay-back time; pay-back period
Angebotsverkaufspreis	prix d'offre	prezzo di vendita offerto	offer price
Anlagenkosten	coût des immobilisations	costi degli immobilizzi	cost of fixed assets

Deutsch	Français	Italiano	English
Anlagevermögen	actif immobilisé	attivo immobilizzato	fixed assets
Anlagevermögen (Finanzanlagen)	immobilisations financières	attivo finanziario; investimenti finanziari	financial (fixed) assets
Anlagevermögen (Sachanlagen)	immobilisations corporelles	attivo materiale; impianti materiali	property, plant and equipment; tangible (fixed) assets
Anlagevermögen, immaterielles	immobilisations incorporelles	attivo immateriale	intangible (fixed) assets
Anschaffungskosten	coût d'acquisition	costi di acquisizione	acquisition cost
Artikel	article	articolo	article
Artikelkalkulation	calcul de coût de produit	calcolo del costo del prodotto	article calculation
Auftragseingang	carnet de commandes	entrata ordini	inflow of orders
Aufwand	charges	spese	expense
Ausgaben	dépenses	uscite	expenditure
Auslastung	degré d'activité	utilizzo della capacità produttiva; utilizzo delle capacità	capacity absorption; capacity utilization
Auszahlungen	décaissement	esborsi	cash disboursement; cash outflow
Badwill	*badwill*	badwill	badwill
Balanced Scorecard	tableau de bord prospectif	balanced scorecard	balanced scorecard
Barwert	valeur actuelle	valore attuale	present value
beeinflussbare Kosten	coûts contrôlables	costi controllabili	controllable cost
Benchmarking	*benchmarking*	benchmarking	benchmarking
Berichtswesen	comptes-rendus	resoconto	reporting
Beschaffung	achats	acquisto	purchasing
beschäftigtes Kapital	capitaux engagés	capitale impiegato	capital employed
Beschäftigung	activité	attività	activity; employment
Beschäftigungsgrad	degré d'activité	grado di attività	activity level
Bestände	stock	giacenze; scorte	inventories
Bestandsführung	gestion des stocks	gestione delle scorte	inventory management
Betriebsauftrag	ordre de fabrication	ordine di fabbricazione	production order
Betriebserfolg; Betriebsergebnis	résultat d'exploitation; résultat opérationnel	risultato d'esercizio; risultato operativo; utile d'esercizio	operating income; operating profit; operating result
Betriebsergebnis nach Steuern und Kapitalkosten	*economic value added* (EVA); création de valeur d'un exercice	economic value added (EVA); risultato d'esercizio al netto di imposte e costi di capitale	economic value added (EVA); operating profit after taxes and capital cost
betriebsnotwendiges Kapital	capital nécessaire à l'exploitation	capitale d'esercizio necessario	necessary operating capital
betriebsnotwendiges Vermögen	actif nécessaire à l'exploitation	attivo d'esercizio necessario	necessary operating assets
Bewertung	évaluation	valutazione	valuation
Bilanz	bilan	bilancio	balance sheet
bilanzielle Rendite	rendement bilanciel	rendimento di bilancio	book rate of return

Deutsch	Français	Italiano	English
Bilanzierungsvorschriften	normes internationales d'information financière	norme per la stesura del bilancio	financial reporting standards
Bilanzstichtag	date de clôture du bilan	data di chiusura del bilancio	balance-sheet date
Bilanzsumme	total du bilan	attivo complessivo; totale di bilancio	total assets
Bilanz- und Erfolgsanalyse	analyse du bilan et du compte de résultat	analisi di bilancio e del conto economico	analysis of balance sheet and income statement
Break-even-Analyse	analyse du point mort; analyse du seuil de rentabilité	analisi del break even (punto morto)	break even analysis
Break-even-Punkt	point mort; seuil de rentabilité	break even point; punto di pareggio; punto morte	break even point
Bruttobetriebsergebnis	excédent brut d'exploitation	risultato lordo d'esercizio	gross operating result
Bruttoergebnis; Bruttogewinn	marge brute; bénéfice brut	risultato lordo; utile lordo	gross profit
Bruttogewinnspanne	marge bénéficiaire brute	margine lordo di profitto	profit margin
Bruttorendite	rendement brut	rendimento lordo	gross rate of return
Bruttoumsatz	chiffre d'affaires brut	fatturato lordo	gross turnover
Buchwert	valeur comptable	valore contabile	book value
Budget	budget	budget	budget
Budgetierung	budgétisation	budgeting	budgeting
Business Plan	plan d'entreprise	business plan; piano d'impresa	business plan
Cash Flow	flux de trésorerie	cash flow; flusso di cassa; flusso di tesoreria; riflussi	cash flow
Cash Flow aus Betriebstätigkeit	flux de trésorerie liés à l'exploitation	cash flow da attività d'esercizio	cash flow from operations
Cash Flow aus Finanzierungstätigkeit	flux de trésorerie liés au financement	cash flow da attività di finanziamento	cash flow from financing activities
Cash Flow aus Investitionstätigkeit	flux de trésorerie liés à l'investissement	cash flow da attività d'investimento	cash flow from investing activities
Cash Value Added	*cash value added;* valeur ajoutée de trésorerie	cash value added	cash value added
Charge	lot	lotto	batch
Chargenproduktion	production par lots	produzione per lotti	batch production
Cost Center	centre de coûts	centro di costo; cost center	cost center
Cost-Income Ratio	profitabilité	economicità	cost-income ratio
Debitoren	créances; débiteurs	crediti; debitori	accounts receivables; receivables
Debt-to-Equity Ratio	degré d'endettement	grado di indebitamento	debt-to-equity ratio
Deckungsbeitrag	marge sur coûts variables	margine di contribuzione	contribution margin
Deckungsbeitrag pro Stück	marge sur coûts variables unitaires	margine di contribuzione unitario	contribution margin per unit
Deckungsbeitragsrate	taux de marge sur coûts variables	tasso del margine di contribuzione	rate of contribution
Deckungsbeitragsrechnung	méthode des coûts variables	calcolo del margine di contribuzione	contribution costing; direct costing

Deutsch	Français	Italiano	English
derivative Kosten	coûts dérivés; coûts secondaires	costi derivati; costi secondari	derived cost; secondary cost
Desinvestition; Devestition	désinvestissement	disinvestimento	divestment; negative investment
Dienstleistungsvertrag	accord de niveau de service	contratto sui livelli di servizio	service level agreement
Dividendenausschüttungsquote; Dividend Pay-out Ratio	ratio dividendes/bénéfice	payout dei dividendi	dividend pay-out ratio
DuPont-Schema	schéma DuPont	schema DuPont	ROI system of DuPont
durchgerechnete Kosten	coût consolidé	costi consolidati; costi cumulati	accumulated cost; consolidated cost
durchgerechnetes Ergebnis	résultat consolidé	risultato consolidato	consolidated profit
Earnings before Interest and Taxes (EBIT)	résultat avant intérêts et impôts	risultato al lordo di interessi e imposte; utile al lordo di interessi e imposte	earnings before interest and taxes (EBIT)
Earnings before Interest, Taxes, and Amortization (EBITA)	résultat avant intérêts, impôts et amortissement du survaloir	risultato al lordo di interessi, imposte e ammortamenti goodwill	earnings before interest, taxes, and amortization (EBITA)
Earnings before Interest, Taxes, Depreciation, and Amortization (EBITDA)	résultat avant intérêts, impôts et amortissement des immobilisations corporelles, des investissements financiers et du survaloir	risultato al lordo di interessi, imposte, deprezzamenti e ammortamenti goodwill	earnings before interest, taxes, depreciation, and amortization (EBITDA)
Earnings per Share (EPS)	bénéfice par action	utile per azione	earnings per share (EPS)
Earnings Retention Rate	taux de rétention du bénéfice	tasso di ritenzione degli utili	earnings retention rate
Economic Value Added (EVA)	*economic value added* (EVA); création de valeur d'un exercice	economic value added (EVA); risultato d'esercizio al netto di imposte e costi di capitale	economic value added (EVA); operating profit after taxes and capital cost
EDV (elektronische Datenverarbeitung)	informatique	EED (elaborazione elettronica dei dati)	EDP (electronic data processing)
EDV-Kosten	coûts informatiques	costi informatici; costi per EED	EDP cost; IT cost
Eigenkapital	capitaux propres	capitale proprio	equity capital; shareholders' equity
Eigenkapitalrendite; Eigenkapitalrentabilität	rendement des capitaux propres	rendimento del capitale proprio	return on equity (ROE)
Einnahmen	recettes	entrate	receipts
Einsatzstoffkosten	coûts de matières	costi delle materie	cost of materials
Einstandskosten	prix de revient	costi di acquisto	cost of merchandise sold
Einzahlungen	encaissement	versamenti	cash inflow; cash receipt
Einzelkosten	coûts directs	costi diretti	direct cost
Endkostenstelle	centre de coûts final	centro di costo finale	final cost center
Endwert	valeur finale	montante; valore finale	final value
Energiekosten	coûts d'énergie	costi per l'energia	cost of energy
Engpass	goulet d'étranglement	impasse; imbuto	bottleneck
Entscheidungsrechnung	calcul décisionnel	calcolo decisionale	accounting for decision making
Erfolgspotenziale	potentiel de réussite	potenziali di successo	potentials of success

Deutsch	Français	Italiano	English
Erfolgsrechnung	compte de résultat	conto economico; conto profitti e perdite	income statement; profit and loss account
Ergebnis	produit; résultat	reddito; guadagno; risultato	income
Ergebnis der Betriebstätigkeit	résultat opérationnel	risultato dell'attività d'esercizio	income from operations
Ergebnis nach Steuern	résultat après impôts	risultato al netto delle imposte	earnings after taxes
Ergebnisrechnung	compte de résultat	calcolo del risultato	operating result statement
Ergebnis vor Steuern	résultat avant impôts	risultato al lordo delle imposte	earnings before taxes
Ergebnis vor Zinsen, Steuern, Abschreibungen und Amortisation von Goodwill	résultat avant intérêts, impôts et amortissement des immobilisations corporelles, des investissements financiers et du survaloir	risultato al lordo di interessi, imposte, deprezzamenti e ammortamenti goodwill	earnings before interest, taxes, depreciation, and amortization (EBITDA)
Ergebnis vor Zinsen, Steuern und Amortisation von Goodwill	résultat avant intérêts, impôts et amortissement du survaloir	risultato al lordo di interessi, imposte e ammortamenti goodwill	earnings before interest, taxes, and amortization (EBITA)
Ergebnis vor Zinsen und Steuern	résultat avant intérêts et impôts	risultato al lordo di interessi e imposte; utile al lordo di interessi e imposte	earnings before interest and taxes (EBIT)
Erhaltungsaufwand	charges de maintenance	spese di manutenzione	maintenance cost
Erlös	ventes; volume d'affaires	ricavato	sales; turnover
Erlösminderungen; Erlösschmälerungen	diminutions de chiffre d'affaires	riduzioni sulle vendite	allowances; reduction in revenues
Ertrag	produit; résultat	reddito; guadagno; risultato	income; revenue
Ertragssteuern	impôt sur le revenu	imposte sul reddito	income taxes
Ertragswert	valeur de rendement	valore di rendimento	capitalized value of potential profits (dividends)
Ertragswertmethode	méthode de la valeur de rendement	metodo del valore di rendimento	discounted profit method
Erwerb	acquisition	acquisizione	acquisition
Erzeugnis	produit	prodotto	good; product
Erzeugnisse, fertige	produits finis	merce finita; prodotti finiti	finished goods
Fertigerzeugnisse	produits finis	merce finita; prodotti finiti	finished goods
Fertigung	fabrication	fabbricazione	manufacturing
Fertigungskosten	coût de fabrication	costi di fabbricazione	manufacturing cost
Fertigwaren	produits finis	merce finita; prodotti finiti	finished goods
Financial Leverage	levier financier	financial leverage	financial leverage
Finanzanlagen	immobilisations financières	attivo finanziario; investimenti finanziari	financial (fixed) assets
Finanzierung	financement	finanziamento	financing
fixe Kosten; Fixkosten	coûts fixes	costi fissi	fixed cost
Fixkostendeckungsrechnung	calcul de la couverture des coûts fixes	calcolo di copertura dei costi fissi	analysis of fixed-cost allocation

Deutsch	Français	Italiano	English
flüssige Mittel	liquidités	mezzi liquidi	cash and cash items
Forderungen	créances; débiteurs	crediti; debitori	accounts receivables; receivables
Forderungen an verbundene Unternehmen	créances sur des entreprises liées	crediti verso imprese collegate	accounts receivables from related parties
Forderungen aus Lieferungen und Leistungen	créances résultant de ventes et de prestations de service	crediti per forniture e prestazioni	accounts receivables from deliveries and services
Forderungsumschlagszeit	délai moyen de recouvrement	periodo di rotazione dei crediti	collection period (in days)
Forschungs- und Entwicklungskosten	coûts de recherche et développement	costi per ricerca e sviluppo	research and development expenses
Forschung und Entwicklung (F&E)	recherche et développement (R&D)	ricerca e sviluppo (R&S)	research and development (R&D)
Frachten	frais de transport	costi di trasporto	freight
freier (free) Cash Flow	flux de trésorerie disponibles	free cash flow	free cash flow
Fremdkapital	capitaux empruntés	capitale di terzi	borrowed capital; debt
Fremdumarbeitung	sous-traitance	tolling	tolling
Früherkennung	dépistage précoce	individuazione precoce	early warning
Gehalt	salaire	salario; stipendio	salary; wage
Geldfluss	flux de trésorerie	cash flow; flusso di cassa; flusso di tesoreria; riflussi	cash flow
Geldvermögen	actif monétaire	attivo monetario	financial assets
Gemeinkosten	coûts indirects	costi comuni	indirect cost
Gesamtkapitalrendite; Gesamtkapitalrentabilität	rendement du capital total	redditività del capitale complessivo	return on total capital (ROC)
Gesamtkosten	coûts totaux	costi completi	total cost
Gesamtkostenverfahren	méthode du coût complet	metodo dei costi completi	total cost method
Gesamtvermögen	total du bilan	attivo complessivo; totale di bilancio	total assets
Gesamtvermögensrendite	rendement de l'actif total	rendimento dell'attivo complessivo	return on total assets (ROA)
Geschäftsbericht	rapport annuel	rapporto di gestione; relazione annuale	annual report
Geschäftseinheit	unité commerciale	unità operativa	business unit
Geschäftsplan	plan d'entreprise	business plan; piano d'impresa	business plan
Geschäftswert	survaloir	avviamento; goodwill	goodwill
gewichteter durchschnittlicher Kapitalkostensatz	coût moyen pondéré du capital	costo medio ponderato del capitale	weighted average cost of capital (WACC)
Gewinn	bénéfice	utile	profit
Gewinneinbehaltungsquote	taux de rétention du bénéfice	tasso di ritenzione degli utili	earnings retention rate
Gewinn pro Aktie	bénéfice par action	utile per azione	earnings per share (EPS)
Gewinnreserven [CH]; Gewinnrücklagen [D]	réserves issues du bénéfice	riserve di utile	profit reserves

Deutsch	Français	Italiano	English
Gewinnschwelle	point mort; seuil de rentabilité	break even point; punto di pareggio; punto morte	break even point
Gewinn- und Verlustrechnung (GuV)	compte de résultat	conto economico; conto profitti e perdite	income statement; profit and loss account
Gewinn vor Zinsen und Steuern	résultat avant intérêts et impôts	risultato al lordo di interessi e imposte; utile al lordo di interessi e imposte	earnings before interest and taxes (EBIT)
Gewinnziel	objectif de bénéfice	utile obiettivo	profit target
gezeichnetes Kapital	capital souscrit	capitale sottoscritto	capital stock; subscribed capital
Goodwill	survaloir	avviamento; goodwill	goodwill
Grenzkosten	coût marginal	costi marginali	marginal cost
Grenzplankostenrechnung	calcul prévisionnel des coûts marginaux	calcolo dei costi marginali programmati	standard direct costing
Großkunde	grand compte	cliente chiave; cliente importante	key account
Großkundenmanagement	gestion des grands comptes	gestione della clientela importante	key account management
Gruppengesellschaft	société affiliée	affiliata; consociata	affiliate; group company
Gruppenwaren	produits du groupe	merci del gruppo	group goods
Halbfabrikate	produits semi-finis	semilavorati	semi-finished goods
Handelsmarge	marge commerciale	margine commerciale	gross margin
Handelswaren (von Dritten)	marchandises (de tiers)	merci commerciali (di terzi)	merchandise
Hauptkostenstelle	centre de coûts principal	centro di costo principale	direct cost center
Herstellkosten (Kostenrechnung); Herstellungskosten (externe Rechnungslegung)	coûts de production	costi di produzione	product cost; production cost
Hilfskostenstelle	centre de coûts auxiliaires; centre de coûts secondaire	centro di costo ausiliario; centro di costo secondario	indirect cost center; service cost center
Hilfs- und Betriebsstoffe (H&B)	consommables	materie sussidiarie e di consumo	auxiliaries and factory supplies
immaterielles Anlagevermögen	immobilisations incorporelles	attivo immateriale	intangible (fixed) assets
Inbetriebnahme	mise en service	messa in opera	start-up
Informatikkosten	coûts informatiques	costi informatici; costi per EED	EDP cost; IT cost
Innenumsatz	ventes intragroupe	fatturato interno	intra-group sales
innerbetriebliche Leistungen	prestations internes	prestazioni interne	intra-company services
innerbetriebliche Leistungsverrechnung	facturation interne	fatturazione interna	internal cross-charging; transfer pricing
interner Zinsfuß	taux de rendement interne	tasso di rendimento interno	internal rate of return
Inventur	inventaire	inventario	stock-taking
investiertes Kapital	capital investi	capitale investito	invested capital

Deutsch	Français	Italiano	English
Investition	investissement	investimento	capital expenditure; investment
Investitionsabrechnung	calcul d'investissement	calcolo degli investimenti; calcolo del progetto d'investimento	project accounting
Investitionsprojekt	projet d'investissement	progetto d'investimento	investment project
Investitionsrentabilität; Investitionsrendite	rendement de l'investissement	rendimento degli investimenti	return on investment (ROI)
Ist-Kosten	coût réel	costi effettivi	actual cost; historical cost
Jahresabschluss	comptes annuels	conto annuale	financial statement
Jahresbericht	rapport annuel	rapporto di gestione; relazione annuale	annual report
Jahresüberschuss [D]	bénéfice de l'exercice; bénéfice net	utile netto; utile netto d'esercizio	annual net income; annual net profit; net income; net profit
Kalkulation	calcul des coûts de revient	calcolo dei costi	calculation; costing
Kalkulationsverfahren	méthode de calcul des prix de revient	metodo del calcolo dei costi	costing method
Kalkulationszinsfuß; Kalkulationszinssatz	taux de rendement minimal	tasso di calcolazione	internal rate of discount; required rate of return
kalkulatorische Abschreibungen	amortissements incorporables	ammortamenti figurativi	imputed depreciation (allowance)
kalkulatorische Kosten	coûts incorporables	costi figurativi	imputed cost
kalkulatorische Zinsen	intérêt théorique	interessi figurativi	imputed interest
Kapazität	capacité	capacità	capacity
Kapazitätsauslastung	degré d'activité	utilizzo della capacità produttiva; utilizzo delle capacità	capacity absorption; capacity utilization
Kapital	capital	capitale	capital
Kapitalherkunft	origine des fonds	origine dei fondi; origine del capitale	source of funds
Kapitalkosten	coût du capital	costi di capitale	capital cost
Kapitalrendite; Kapitalrentabilität	rendement du capital	rendimento del capitale	return on capital (ROC); return on investment (ROI)
Kapitalrendite auf Cash-Flow-Basis	taux de rentabilité interne des investissements	rendimento del capitale per rapporto ai cash flow	cash flow return on investment (CFROI)
Kapitalreserven [CH]; Kapitalrücklage [D]	réserves issues du capital	riserve di capitale	capital reserve
Kapitalumschlag	rotation du capital	rotazione del capitale	asset (or capital) turnover
Kapitalverwendung	utilisation du capital; utilisation des fonds	utilizzo del capitale; utilizzo dei fondi	employment of capital; application of funds
Kapitalwert	valeur actuelle nette	valore attuale netto	net present value
Kennzahlen	indicateurs	indici	ratios
Kennzahlenanalyse	analyse des ratios	analisi degli indici	ratio analysis
Kennzahlensystem	système d'indicateurs	sistema degli indici	ratio system; ratio pyramid

Deutsch	Français	Italiano	English
konsolidierte Kosten	coût consolidé	costi consolidati; costi cumulati	accumulated cost; consolidated cost
konsolidierter Umsatz	chiffre d'affaires consolidé	fatturato consolidato	consolidated turnover
konsolidiertes Ergebnis	résultat consolidé	risultato consolidato	consolidated profit
Konsolidierung	consolidation	consolidamento	consolidation
Konzern	groupe	gruppo	group (of affiliated companies)
Konzernbilanz	bilan consolidé	bilancio di gruppo	consolidated balance sheet
Konzernwaren	produits du groupe	merci del gruppo	group goods
Kosten	coûts	costi	cost
Kosten, abgeleitete Kosten, derivative	coûts dérivés; coûts secondaires	costi derivati; costi secondari	derived cost; secondary cost
Kosten, fixe	coûts fixes	costi fissi	fixed cost
Kosten, kalkulatorisch	coûts incorporables	costi figurativi	imputed cost
Kosten, sekundäre	coûts dérivés; coûts secondaires	costi derivati; costi secondari	derived cost; secondary cost
Kosten- und Leistungsrechnung	comptabilité analytique	calcolo dei costi e delle prestazioni; contabilità dei costi; contabilità analitica	cost accounting
Kosten, variable	coûts variables	costi variabili	variable cost
Kostenallokation	répartition des coûts	allocazione dei costi	cost allocation
Kostenarten	types de coûts	tipo di costo	cost type
Kostenarten (abgeleitete Kosten)	types de coûts secondaires	tipi di costi derivati	derived (secondary) cost types
Kostenarten (originäre Kosten)	types de coûts primaires	tipi di costi originari	primary cost types
Kostenartenrechnung	comptabilité par nature	contabilità per tipo di costo	cost type accounting
Kostenplatz	source de coûts	punto di costo	cost place
Kostenrechnung	comptabilité analytique	calcolo dei costi e delle prestazioni; contabilità dei costi; contabilità analitica	cost accounting
Kostenstelle	centre de coûts	centro di costo; cost center	cost center
Kostenstelle (Endkostenstelle)	centre de coûts final	centro di costo finale	final cost center
Kostenstelle (Vorkostenstelle)	centre de coûts auxiliaires; centre de coûts secondaire	centro di costo ausiliario; centro di costo secondario	indirect cost center; service cost center
Kostenstellenrechnung	comptabilité par centres de coûts	contabilità per centro di costo	cost center accounting
Kostenträger	objet de coût	unità di costo	calculation object; cost unit
Kostenträgerrechnung	comptabilité par unités d'imputation	contabilità per unità di costo	product cost accounting; product costing
Kostentreiber	inducteur de coûts	generatore di costo	cost drivers
Kostenzuordnung	répartition des coûts	attribuzione dei costi	cost allocation
Kurs-Gewinn-Verhältnis (KGV)	rapport cours/bénéfice; coefficient de capitalisation des résultats	rapporto prezzo/utile (P/U)	price-earnings ratio (P/E)

Deutsch	Français	Italiano	English
kurzfristige Erfolgsrechnung	compte de résultat à court terme	conto economico a breve termine	short-term operational accounting
Lager	stock	magazzino	inventory; stock
Lagerbestand	stock	scorte	inventory level
Lagerbuch	registre des stocks	libro magazzino	stock book
Lagerbuchwerte	valeurs comptables de stock	valori di magazzino	stock book values
Lagerdauer	durée de stockage	durata delle scorte	average age of inventory
Lagerhüter	stock à rotation lente	giacenze a movimentazione lenta	slow-moving items
Lagerkosten	coût de possession des stocks	costi di magazzino	inventory cost
Lagerumschlag	rotation des stocks	rotazione delle scorte	inventory turnover
Leasing	crédit-bail	leasing	leasing
Leasinggeber	bailleur	concedente (il leasing)	lessor
Leasingnehmer	preneur (de crédit-bail)	cessionario (del leasing)	lessee
Lebenszykluskosten	coût de cycle de vie	costi del ciclo di vita	life cycle cost
Lebenszykluskostenrechnung	méthode du coût complet sur le cycle de vie	calcolo del ciclo di vita	life cycle costing
Leistungen	prestations	prestazioni	services
Leistungseinheit	unité d'œuvre	unità di attività	output unit
Leistungsgutschrift	crédit de prestations	accredito per prestazioni	credits for services
Leistungsverrechnung, innerbetriebliche	facturation interne	fatturazione interna	internal cross-charging; transfer pricing
leitende Angestellte	cadres	dirigenza	executive management
Lieferbereitschaftsgrad; Lieferservicegrad	capacité de livraison	disponibilità di consegna; tasso di consegna	service degree
Lieferungen und Leistungen	achats/ventes et prestations de service	forniture e prestazioni	deliveries and services
Liquidationserlös	produit de liquidation	ricavo dalla liquidazione	liquidation proceeds
Liquidationswert	valeur de liquidation	valore di liquidazione	liquidation value; realization value
liquide Mittel	liquidités	mezzi liquidi	cash and cash items
Liquidität	liquidité	liquidità	liquidity
Lizenzerträge	produits de licences	ricavi per licenze	royalty revenue
Logistik	logistique	logistica	logistics
Lohn	salaire	salario; stipendio	salary; wage
Marktwert	valeur de marché	valore di mercato	market value
Materialgemeinkosten	coûts indirects de matières	costi comuni delle materie	general material cost
Materialkosten	coûts de matières	costi delle materie	cost of materials
Menge	volume	quantità	quantity; volume
Mengeneinheit	unité de volume	unità quantitativa	quantity unit
Mengengerüst	nomenclature	distinta materiali; matrice quantitativa	bill of material

Deutsch	Français	Italiano	English
Minderauslastung	capacité de production non utilisée	capacità inoperosa	idle capacity
Mindestrendite	taux de rendement minimal	rendimento minimo	hurdle rate; minimum rate of return
Mittelherkunft	origine des fonds	origine dei fondi; origine del capitale	source of funds
Mittelverwendung	utilisation du capital; utilisation des fonds	utilizzo del capitale; utilizzo dei fondi	employment of capital; application of funds
Nachkalkulation	calcul du prix de revient définitif	calcolo consuntivo dei costi	actual cost calculation
Net Operating Profit After Taxes (NOPAT)	résultat net d'exploitation	risultato d'esercizio al netto delle imposte	net operating profit after taxes (NOPAT)
Nettobetriebsergebnis nach Steuern	résultat net d'exploitation	risultato d'esercizio al netto delle imposte	net operating profit after taxes (NOPAT)
Nettobetriebsvermögen	actif d'exploitation net	attivo d'esercizio netto	net operating assets
Nettoumlaufvermögen	actif circulant net	attivo circolante netto	net working capital
Nettoumsatz	chiffre d'affaires net	cifra d'affari netta; fatturato netto	net sales
Nettoumsatz an Dritte	chiffre d'affaires net réalisé avec des tiers	fatturato netto con terzi	net sales to third parties
Net Working Capital	actif circulant net	attivo circolante netto	net working capital
nicht typgerechte Ware	produit hors spécifications	prodotto fuori specifica	off-spec product
Nutzungsdauer	durée de vie économique	durata di utilizzo economica	economic utilization period
operatives Ergebnis	résultat d'exploitation; résultat opérationnel	risultato d'esercizio; risultato operativo; utile d'esercizio	operating income; operating profit; operating result
Opportunitätskosten	coût d'opportunité	costi di opportunità	opportunity cost
originäre Kosten	coûts primaires	costi originari; costi primari	primary cost
Overheadkosten	coûts fixes indirects	costi comuni fissi; costi overhead	overhead cost; overheads
Packmittel	matériel d'emballage	imballo	packing material
Passiva; Passiven	passif(s)	passività; passivo	total shareholders' equity and liabilities
Pay-back-Dauer	délai de récupération; durée d'amortissement	durata di ammortamento; durata di pay-back; tempo di recupero	pay-back time
Personalkosten	coûts de personnel	costi del personale	labor cost; personnel cost
Personalnebenkosten	coûts accessoires de personnel	costi accessori del personale	additional (supplementary) staff cost
Planergebnisrechnung	calcul prévisionnel de résultat	calcolo del risultato programmato	budgeted statement of operating results
Plankostenrechnung	calcul prévisionnel des coûts	calcolo dei costi programmati	standard costing
Preis	prix	prezzo	price
Preisabweichung	écart de prix	scostamento di prezzo	price variance
Preisminderung	réduction de prix	riduzione di prezzo	price reductions

Deutsch	Français	Italiano	English
Price-Earnings Ratio	rapport cours/bénéfice; coefficient de capitalisation des résultats	rapporto prezzo/utile (P/U)	price-earnings ratio (P/E)
primäre Kosten	coûts primaires	costi originari; costi primari	primary cost
Produkt	produit	prodotto	product
Produktergebnisrechnung	compte de résultat par produit	contabilità per risultato di prodotto	operating result accounting by product
Produktion	production	produzione	production
Produktionsauftrag	ordre de fabrication	ordine di fabbricazione	production order
Produktnummer	numéro de produit	numero del prodotto	product number
Profit-Center	centre de profit	profit center; unità responsabile del risultato	profit center
Projekt	projet	progetto	project
Projektabrechnung	calcul d'investissement	calcolo degli investimenti; calcolo del progetto d'investimento	project accounting
Projektbetrag	montant du projet	importo del progetto	project amount
proportionale Kosten	coûts proportionnels	costi proporzionali	proportional cost
Provision	commission	provvigione	commission
Prozesskosten	coûts de processus	costi per processo	activity-based cost
Prozesskostenrechnung	méthode des coûts par activité	calcolo dei costi per processo	activity-based costing; process costing
Qualität	qualité	qualità	quality
Rabatt	rabais	riduzione; scarto; sconto; ribasso	discount; rebate
Realer Zinsfuß	taux de rendement réel	tasso di rendimento reale	real interest rate
Reale Zinsfußmethode	méthode du taux de rendement réel	metodo del tasso di rendimento reale	real interest rate method
Rechnungsabgrenzungs-posten	comptes de régularisation	ratei e risconti	accruals and deferrals
Regelkreis	boucle d'asservissement	circuito di controllo	control loop
Reingewinn [CH]	bénéfice de l'exercice; bénéfice net	utile netto; utile netto d'esercizio	annual net income; annual net profit; net income; net profit
Reinvermögen	actif net	attivo netto	net assets
Rendite	rendement; rentabilité	redditività; rendimento	profitability
Rendite des beschäftigten Kapitals	rendement des capitaux engagés	rendimento del capitale impiegato	return on capital employed (ROCE)
Rendite des investierten Kapitals	rendement du capital investi	rendimento del capitale investito	return on invested capital (ROIC)
Rendite des Nettovermögens	rendement de l'actif net	rendimento dell'attivo netto	return on net assets (RONA)
Rentabilität	rendement; rentabilité	redditività; rendimento	profitability
Reparatur	réparation	riparazione	repair (work)
Reparaturfaktor	facteur de réparation	fattore di riparazione	repair and maintenance factor

Deutsch	Français	Italiano	English
Reparaturkosten	coûts de réparation	costi di riparazione	repair and maintenance expense
Reserven [CH]	réserves	riserve	reserves
Restbuchwert	valeur résiduelle comptable	valore contabile residuo	net book value
Restwert	valeur résiduelle	valore residuo	residual value
Return on Assets (ROA)	rendement de l'actif	rendimento dell'attivo	return on assets (ROA)
Return on Capital (ROC)	rendement des capitaux	rendimento del capitale	return on capital (ROC)
Return on Capital Employed (ROCE)	rendement des capitaux engagés	rendimento del capitale impiegato	return on capital employed (ROCE)
Return on Equity (ROE)	rendement des capitaux propres	rendimento del capitale proprio	return on equity (ROE)
Return on Invested Capital (ROIC)	rendement de l'investissement	rendimento del capitale investito	return on invested capital (ROIC)
Return on Investment (ROI)	rendement de l'investissement	rendimento degli investimenti	return on investment (ROI)
Return on Net Assets (RONA)	rendement de l'actif net	rendimento dell'attivo netto	return on net assets (RONA)
Return on Sales (ROS)	rentabilité du chiffre d'affaires	margine del fatturato; rendimento del fatturato; redditività della cifra d'affari	return on sales (ROS)
Richtkalkulation	calcul indicatif	calcolo indicativo	predetermined calculation
Rohstoffe	matières premières	materie prime	raw materials
Rohstoffkosten	coûts de matières premières	costi delle materie prime	raw materials cost
Rückflüsse	flux de trésorerie	cash flow; flusso di cassa; flusso di tesoreria; riflussi	cash flow
Rücklagen [D]	réserves	riserve	reserves
Rückstellungen	provisions	accantonamenti	provisions
Sachanlagen	immobilisations corporelles	attivo materiale; impianti materiali	property, plant and equipment; tangible (fixed) assets
Sanierung	assainissement	risanamento	financial restructuring; reorganization
Schichtbetrieb	travail posté	lavorazione a turni	shift operation
Schlüsselkunde	grand compte	cliente chiave; cliente importante	key account
Segmentberichterstattung	information sectorielle	reporting per segmenti	segment reporting
sekundäre Kosten	coûts dérivés; coûts secondaires	costi derivati; costi secondari	derived cost; secondary cost
Selbstkosten	coût de revient	costi industriali	total production cost (inclusive selling and administrative overhead)
Sensitivität	sensibilité	sensibilità	sensitivity
Skonto	rabais	riduzione; scarto; sconto; ribasso	discount
Soll-Ist-Vergleich	analyse des écarts entre budget et résultats	confronto tra dati effettivi e programmati	variance analysis of budget and actual figures

Deutsch	Français	Italiano	English
sonstige (übrige) Kosten	autres coûts	altri costi	other cost
sonstiger betrieblicher Aufwand	autres charges d'exploitation	altre spese d'esercizio	other operating expense
sonstiger betrieblicher Ertrag	autres produits d'exploitation	altri ricavi aziendali	other operating revenues
sprungfixe Kosten	coûts semi-variables	costi scalari	semi-variable cost
Standardkostenrechnung	calcul prévisionnel des coûts	calcolo dei costi programmati	standard costing
steuerliche Abschreibungen	amortissements fiscaux	ammortamenti fiscali; ammortamento per usura	tax depreciation
Steuern	impôts	imposte	taxes
Steuervorschriften	réglementations fiscales	norme fiscali	tax regulations
Stilllagekosten	coûts de suppression	costi di cessazione d'attività	cost of idle plant
Stilllegungskosten	coûts de fermeture	costi di chiusura attività	cost of closing down
Stillstandszeiten	temps mort	tempi di inattività	downtimes
Strategie	stratégie	strategia	strategy
strategische Werkzeuge	outils stratégiques	strumenti strategici	strategic tools
Strukturmaßnahmen	mesures structurelles	misure strutturali	transactions in reference to company's structure
Stückkosten	coûts unitaires	costi unitari	unit cost
Stückliste	nomenclature	distinta materiali; matrice quantitativa	bill of material
Substanzerhaltung	préservation de la valeur	mantenimento della sostanza	maintenance of real-asset values
Substanzwert (brutto)	valeur substantielle (brute)	valore reale (lordo)	asset value (gross)
Substanzwert (netto)	valeur substantielle (nette)	valore reale (netto)	asset value (net)
Sunk cost	coûts irrécupérables	costi sommersi	sunk cost
Sustainable Growth Rate	taux de croissance limite	sustainable growth rate	sustainable growth rate
Tageswert	cours du jour	valore corrente	current value
Target Costing	méthode des coûts cibles	calcolo dei costi obiettivo	target costing
Teilkostenrechnung	calcul du prix de revient partiel	calcolo a costi parziali	direct costing; partial costing; variable costing
Tochtergesellschaft	société affiliée	affiliata; consociata	affiliate; group company; subsidiary
Transfer	transfert	trasferimento	transfer
Transferpreis	prix de transfert	prezzo di trasferimento	transfer price
Transferpreisrechnung	calcul des prix de transfert	calcolo del prezzo di trasferimento	transfer pricing
übrige (sonstige) Kosten	autres coûts	altri costi	other cost
Umarbeitung	sous-traitance	tolling	tolling
Umlage	répartition des coûts	ripartizione dei costi	cost allocation
Umlageschlüssel	clé de répartition	chiavi di riparto	allocation formula

Deutsch	Français	Italiano	English
Umlaufvermögen	actif circulant	attivo circolante	current assets; working capital
Umsatz	volume d'affaires; volume des ventes	ricavato; vendite; venduto	sales; turnover
Umsatzkosten	coût des produits vendus	costi del venduto	cost of goods sold; cost of sales
Umsatzkostenstellen	centre de coûts final	centro di costo finale	cost-of-sales cost centers
Umsatzkostenverfahren	méthode du coût des ventes	metodo del costo del venduto	cost of sales method
Umsatzmarge; Umsatzrendite	rentabilité du chiffre d'affaires	margine del fatturato; rendimento del fatturato; redditività della cifra d'affari	return on sales (ROS)
Umsatzzuwachsrate	taux de croissance des ventes	tasso di crescita del fatturato	sales increase rate
Unternehmensbereich	division	settore d'impresa	operating division
Unternehmensbewertung	évaluation d'entreprise	valutazione d'impresa	company valuation
ursprüngliche Kosten	coûts primaires	costi originari; costi primari	primary cost
variable Kosten	coûts variables	costi variabili	variable cost
Verantwortungsbereich	domaine de responsabilité	area di responsabilità	area of responsibility
Verbindlichkeiten	dettes	debiti	liabilities
Verkauf	vente	vendita	sale
Verkaufspreis	prix de vente	prezzo di vendita	selling price
Verkehrswert	valeur vénale	valore venale	fair value
Verlust	perte	perdita	loss
Vermögen (Aktiva); Vermögensgegenstände	actif(s)	attivo; sostanza	assets
Verrechnungspreis	prix de cession interne; prix de transfert	prezzo di rifatturazione; prezzo di trasferimento	intercorporate price; transfer price
Versandkosten	frais d'expédition	costi di spedizione	shipping cost
Verschuldungsgrad	degré d'endettement	grado di indebitamento	debt-to-equity ratio
versunkene Kosten	coûts irrécupérables	costi sommersi	sunk cost
Vertriebskosten	coûts commerciaux	costi di distribuzione	selling cost
Vertriebsleistung	performance des ventes	performance di vendita	sales performance
Verwaltungskosten	coûts administratifs	costi di amministrazione	administration cost
Vollauslastung	pleine utilisation (des capacités de production)	massimo utilizzo (delle capacità produttive)	maximum utilization
Vollkostenrechnung	calcul du prix de revient global	calcolo a costi completi	full absorption costing; full costing
Vorkalkulation	calcul du prix de revient prévisionnel	calcolo preventivo dei costi	preliminary costing
Vorkostenstelle	centre de coûts auxiliaires; centre de coûts secondaire	centro di costo ausiliario; centro di costo secondario	indirect cost center; service cost center
Vorräte	stock	giacenze; scorte	inventories; inventory stocks
Vorratsfaktor	facteur de stock	fattore scorte	inventory factor
Werkstattkosten	coûts de maintenance	costi di manutenzione	maintenance cost

Deutsch	Français	Italiano	English
Werkstoffe	matières	materiali	materials
Wertberichtigung	ajustement de valeur	rettifica di valore	valuation adjustment; value adjustment
Wiederanlagezinsfuß	taux de réinvestissement	tasso di reinvestimento	reinvestment interest rate
Wiederbeschaffungskosten	coût de remplacement	costi di rimpiazzo	replacement cost
Wiederbeschaffungswert	valeur de remplacement	valore di rimpiazzo	replacement value
Wiedereinbringungszeit	délai de récupération; durée d'amortissement	durata di ammortamento; durata di pay-back; tempo di recupero	pay-back time
wirtschaftliche Nutzungsdauer	durée de vie économique	durata di utilizzo economica	economic utilization period
Wirtschaftlichkeit	profitabilité	economicità	cost-income ratio
Wirtschaftlichkeitsrechnung	calcul de profitabilité	calcolo della redditività	capital expenditure evaluation; preinvestment analysis
Wirtschaftsgut	bien économique	bene economico; cespite	asset; business asset
Working Capital	actif circulant	attivo circolante	current assets; working capital
Zahlungsstrom	flux de trésorerie	cash flow; flusso di cassa; flusso di tesoreria; riflussi	cash flow
Zielkosten	coûts cibles	costi obiettivo	target cost
Zielkostenrechnung	méthode des coûts cibles	calcolo dei costi obiettivo	target costing
Zinsen	intérêt	interessi	interest
Zinsfuß; Zinssatz	taux d'intérêt	tasso d'interesse	interest rate
Zinsfuß, Realer	taux de rendement réel	tasso di rendimento reale	real interest rate
Zölle	taxes douanières	dazi doganali	duty taxes
Zuschreibung	réévaluation	rivalutazione	write-up
Zwischenprodukt	produit intermédiaire	prodotto intermedio	intermediate (product)

Wörterbuch französisch – deutsch – italienisch – englisch

Français	Deutsch	Italiano	English
accord de niveau de service	Dienstleistungsvertrag	contratto sui livelli di servizio	service level agreement
achats	Beschaffung	acquisto	purchasing
achats/ventes et prestations de service	Lieferungen und Leistungen	forniture e prestazioni	deliveries and services
acquisition	Akquisition; Erwerb	acquisizione	acquisition
actif(s)	Aktiven; Aktiva; Vermögen; Vermögensgegenstände	attivo; sostanza; immobilizzazioni	assets
actif circulant	Umlaufvermögen	attivo circolante	current assets; working capital
actif circulant net	Nettoumlaufvermögen	attivo circolante netto	net working capital
actif d'exploitation net	Nettobetriebsvermögen	attivo d'esercizio netto	net operating assets
actif immobilisé	Anlagevermögen	attivo immobilizzato	fixed assets
actif monétaire	Geldvermögen	attivo monetario	financial assets
actif nécessaire à l'exploitation	betriebsnotwendiges Vermögen	attivo d'esercizio necessario	necessary operating assets
actif net	Reinvermögen	attivo netto	net assets
action	Aktie	azione	share
actionnaire	Aktionär	azionista	shareholder
activité	Beschäftigung	attività	activity; employment
ajustement de valeur	Wertberichtigung	rettifica di valore	valuation adjustment; value adjustment
amortissement dégressif, méthodes d'–	Abschreibungsmethoden, degressive	metodo di ammortamento decrescente	declining balance method (of depreciation)
amortissement linéaire, méthodes d'–	Abschreibungsmethoden, lineare	metodo di ammortamento lineare	straight-line method (of depreciation)
amortissements (immobilisations corporelles)	Abschreibungen (Sachanlagen)	ammortamenti (impianti materiali)	depreciation; write-off
amortissements (investissements financiers)	Abschreibungen (Finanzanlagen)	ammortamenti (investimenti finanziari)	write-downs
amortissements (survaloir)	Abschreibungen (Goodwill)	ammortamenti (goodwill)	amortization
amortissements comptables	Abschreibungen, bilanzielle	ammortamenti di bilancio	book depreciation; depreciation for reporting purposes
amortissements fiscaux	Absetzung für Abnutzung (AfA); steuerliche Abschreibungen	ammortamenti fiscali; ammortamento per usura	tax depreciation
amortissements incorporables	kalkulatorische Abschreibungen	ammortamenti figurativi	imputed depreciation (allowance)
analyse des écarts entre budget et résultats	Soll-Ist-Vergleich	confronto tra dati effettivi e programmati	variance analysis of budget and actual figures
analyse des ratios	Kennzahlenanalyse	analisi degli indici	ratio analysis

Français	Deutsch	Italiano	English
analyse du bilan et du compte de résultat	Bilanz- und Erfolgsanalyse	analisi di bilancio e del conto economico	analysis of balance sheet and income statement
analyse du point mort; analyse du seuil de rentabilité	Break-even-Analyse	analisi del break even (punto morto)	break even analysis
article	Artikel	articolo	article
assainissement	Sanierung	risanamento	financial restructuring; reorganization
autres charges d'exploitation	sonstiger betrieblicher Aufwand	altre spese d'esercizio	other operating expense
autres coûts	sonstige (übrige) Kosten	altri costi	other cost
autres produits d'exploitation	sonstiger betrieblicher Ertrag	altri ricavi aziendali	other operating revenues
badwill	Badwill	badwill	badwill
bailleur	Leasinggeber	concedente (il leasing)	lessor
benchmarking	Benchmarking	benchmarking	benchmarking
bénéfice	Gewinn	utile	profit
bénéfice brut	Bruttoergebnis; Bruttogewinn	risultato lordo; utile lordo	gross profit
bénéfice de l'exercice; bénéfice net	Jahresüberschuss [D]; Reingewinn [CH]	utile netto; utile netto d'esercizio	annual net income; annual net profit; net income; net profit
bénéfice par action	Gewinn pro Aktie	utile per azione	earnings per share (EPS)
bien économique	Wirtschaftsgut	bene economico; cespite	asset; business asset
bilan	Bilanz	bilancio	balance sheet
bilan consolidé	Konzernbilanz	bilancio di gruppo	consolidated balance sheet
boucle d'asservissement	Regelkreis	circuito di controllo	control loop
budget	Budget	budget	budget
budgétisation	Budgetierung	budgeting	budgeting
cadres	leitende Angestellte	dirigenza	executive management
calcul décisionnel	Entscheidungsrechnung	calcolo decisionale	accounting for decision making
calcul de coût de produit	Artikelkalkulation	calcolo del costo del prodotto	article calculation
calcul de la couverture des coûts fixes	Fixkostendeckungsrechnung	calcolo di copertura dei costi fissi	analysis of fixed-cost allocation
calcul de profitabilité	Wirtschaftlichkeitsrechnung	calcolo della redditività	capital expenditure evaluation; preinvestment analysis
calcul des coûts de revient	Kalkulation	calcolo dei costi	calculation; costing
calcul des prix de transfert	Transferpreisrechnung	calcolo del prezzo di trasferimento	transfer pricing
calcul d'investissement	Investitionsabrechnung; Projektabrechnung	calcolo degli investimenti; calcolo del progetto d'investimento	project accounting
calcul du prix de revient définitif	Nachkalkulation	calcolo consuntivo dei costi	actual cost calculation
calcul du prix de revient global	Vollkostenrechnung	calcolo a costi completi	full absorption costing; full costing

Français	Deutsch	Italiano	English
calcul du prix de revient partiel	Teilkostenrechnung	calcolo a costi parziali	direct costing; partial costing; variable costing
calcul du prix de revient prévisionnel	Vorkalkulation	calcolo preventivo dei costi	preliminary costing
calcul indicatif	Richtkalkulation	calcolo indicativo	predetermined calculation
calcul prévisionnel de résultat	Planergebnisrechnung	calcolo del risultato programmato	budgeted statement of operating results
calcul prévisionnel des coûts	Plankostenrechnung; Standardkostenrechnung	calcolo dei costi programmati	standard costing
calcul prévisionnel des coûts marginaux	Grenzplankostenrechnung	calcolo dei costi marginali programmati	standard direct costing
capacité	Kapazität	capacità	capacity
capacité de livraison	Lieferbereitschaftsgrad; Lieferservicegrad	disponibilità di consegna; tasso di consegna	service degree
capacité de production non utilisée	Minderauslastung	capacità inoperosa	idle capacity
capital	Kapital	capitale	capital
capital investi	investiertes Kapital	capitale investito	invested capital
capital nécessaire à l'exploitation	betriebsnotwendiges Kapital	capitale d'esercizio necessario	necessary operating capital
capital souscrit	gezeichnetes Kapital	capitale sottoscritto	capital stock; subscribed capital
capitaux empruntés	Fremdkapital	capitale di terzi	borrowed capital; debt
capitaux engagés	beschäftigtes Kapital	capitale impiegato	capital employed
capitaux propres	Eigenkapital	capitale proprio	equity capital; shareholders' equity
carnet de commandes	Auftragseingang	entrata ordini	inflow of orders
cash value added	Cash Value Added	cash value added	cash value added
centre de coûts	Cost Center; Kostenstelle	centro di costo; cost center	cost center
centre de coûts auxiliaires	Hilfskostenstelle; Kostenstelle (Vorkostenstelle); Vorkostenstelle	centro di costo ausiliario; centro di costo secondario	indirect cost center; service cost center
centre de coûts final	Endkostenstelle; Kostenstelle (Endkostenstelle); Umsatzkostenstellen	centro di costo finale	final cost center
centre de coûts principal	Hauptkostenstelle	centro di costo principale	direct cost center
centre de coûts secondaire	Hilfskostenstelle; Kostenstelle (Vorkostenstelle); Vorkostenstelle	centro di costo ausiliario; centro di costo secondario	indirect cost center; service cost center
centre de profit	Profit-Center	profit center; unità responsabile del risultato	profit center
charges	Aufwand	spese	expense
charges de maintenance	Erhaltungsaufwand; Werkstattkosten	costi di manutenzione; spese di manutenzione	maintenance cost

Français	Deutsch	Italiano	English
chiffre d'affaires	Absatz; Erlös; Umsatz	fatturato; cifra d'affari; ricavato; vendite; venduto	sales; turnover
chiffre d'affaires brut	Bruttoumsatz	fatturato lordo	gross turnover
chiffre d'affaires consolidé	konsolidierter Umsatz	fatturato consolidato	consolidated turnover
chiffre d'affaires net	Nettoumsatz	cifra d'affari netta; fatturato netto	net sales
chiffre d'affaires net réalisé avec des tiers	Nettoumsatz an Dritte	fatturato netto con terzi	net sales to third parties
clé de répartition	Umlageschlüssel	chiavi di riparto	allocation formula
coefficient de capitalisation des résultats	Kurs-Gewinn-Verhältnis (KGV)	rapporto prezzo/utile (P/U)	price-earnings ratio (P/E)
commission	Provision	provvigione	commission
comptabilité	Abrechnung; Rechnungswesen	contabilità; sistema contabile	accounting; accounting system
comptabilité analytique	Kostenrechnung; Kosten- und Leistungsrechnung	calcolo dei costi e delle prestazioni; contabilità dei costi; contabilità analitica	cost accounting
comptabilité par centres de coûts	Kostenstellenrechnung	contabilità per centro di costo	cost center accounting
comptabilité par nature	Kostenartenrechnung	contabilità per tipo di costo	cost type accounting
comptabilité par unités d'imputation	Kostenträgerrechnung	contabilità per unità di costo	product cost accounting; product costing
compte de résultat	Erfolgsrechnung; Gewinn- und Verlustrechnung (GuV); Ergebnisrechnung	conto economico; conto profitti e perdite; calcolo del risultato	income statement; profit and loss account; operating result statement
compte de résultat à court terme	kurzfristige Erfolgsrechnung	conto economico a breve termine	short-term operational accounting
compte de résultat par produit	Produktergebnisrechnung	contabilità per risultato di prodotto	operating result accounting by product
comptes annuels	Jahresabschluss	conto annuale	financial statement
comptes de régularisation	Rechnungsabgrenzungs-posten	ratei e risconti	accruals and deferrals
comptes-rendus	Berichtswesen	resoconto	reporting
consolidation	Konsolidierung	consolidamento	consolidation
consommables	Hilfs- und Betriebsstoffe (H&B)	materie sussidiarie e di consumo	auxiliaries and factory supplies
cours du jour	Tageswert	valore corrente	current value
coût consolidé	durchgerechnete Kosten; konsolidierte Kosten	costi consolidati; costi cumulati	accumulated cost; consolidated cost
coût d'acquisition	Anschaffungskosten	costi di acquisizione	acquisition cost
coût de cycle de vie	Lebenszykluskosten	costi del ciclo di vita	life cycle cost
coût de fabrication	Fertigungskosten	costi di fabbricazione	manufacturing cost
coût de possession des stocks	Lagerkosten	costi di magazzino	inventory cost
coût de remplacement	Wiederbeschaffungskosten	costi di rimpiazzo	replacement cost

Français	Deutsch	Italiano	English
coût de revient	Selbstkosten	costi industriali	total production cost (inclusive selling and administrative overhead)
coût des immobilisations	Anlagenkosten	costi degli immobilizzi	cost of fixed assets
coût des produits vendus	Umsatzkosten	costi del venduto	cost of goods sold; cost of sales
coût d'opportunité	Opportunitätskosten	costi di opportunità	opportunity cost
coût du capital	Kapitalkosten	costi di capitale	capital cost
coût marginal	Grenzkosten	costi marginali	marginal cost
coût moyen pondéré du capital	gewichteter durchschnittlicher Kapitalkostensatz	costo medio ponderato del capitale	weighted average cost of capital (WACC)
coût réel	Ist-Kosten	costi effettivi	actual cost; historical cost
coûts	Kosten	costi	cost
coûts accessoires de personnel	Personalnebenkosten	costi accessori del personale	additional (supplementary) staff cost
coûts administratifs	Verwaltungskosten	costi di amministrazione	administration cost
coûts capitalisés	aktivierte Kosten	costi attivati	capitalized cost
coûts cibles	Zielkosten	costi obiettivo	target cost
coûts commerciaux	Vertriebskosten	costi di distribuzione	selling cost
coûts contrôlables	beeinflussbare Kosten	costi controllabili	controllable cost
coûts de distribution	Absatzkosten	costi di vendita	distribution cost
coûts de fermeture	Stilllegungskosten	costi di chiusura attività	cost of closing down
coûts de matières	Einsatzstoffkosten; Materialkosten	costi delle materie	cost of materials
coûts de matières premières	Rohstoffkosten	costi delle materie prime	raw materials cost
coûts d'énergie	Energiekosten	costi per l'energia	cost of energy
coûts de personnel	Personalkosten	costi del personale	labor cost; personnel cost
coûts de processus	Prozesskosten	costi per processo	activity-based cost
coûts de production	Herstellkosten (Kostenrechnung); Herstellungskosten (externe Rechnungslegung)	costi di produzione	product cost; production cost
coûts dérivés	abgeleitete Kosten; derivative Kosten; sekundäre Kosten	costi derivati; costi secondari	derived cost; secondary cost
coûts de suppression	Stilllagekosten	costi di cessazione d'attività	cost of idle plant
coûts directs	Einzelkosten	costi diretti	direct cost
coûts de recherche et développement	Forschungs- und Entwicklungskosten	costi per ricerca e sviluppo	research and development expenses
coûts de réparation	Reparaturkosten	costi di riparazione	repair and maintenance expense
coûts fixes	fixe Kosten; Fixkosten	costi fissi	fixed cost
coûts fixes indirects	Overheadkosten	costi comuni fissi; costi overhead	overhead cost; overheads

Français	Deutsch	Italiano	English
coûts généraux de l'entreprise	allgemeine Unternehmenskosten	costi comuni d'impresa	general corporate cost
coûts généraux d'exploitation	allgemeine Betriebskosten	costi comuni d'esercizio	general operational cost
coûts généraux du secteur	allgemeine Bereichskosten	costi comuni di settore	general divisional cost
coûts incorporables	kalkulatorische Kosten	costi figurativi	imputed cost
coûts indirects	Gemeinkosten	costi comuni	indirect cost
coûts indirects de matières	Materialgemeinkosten	costi comuni delle materie	general material cost
coûts informatiques	EDV-Kosten; Informatikkosten	costi informatici; costi per EED	EDP cost; IT cost
coûts irrécupérables	versunkene Kosten	costi sommersi	sunk cost
coûts primaires	originäre Kosten; primäre Kosten; ursprüngliche Kosten	costi originari; costi primari	primary cost
coûts proportionnels	proportionale Kosten	costi proporzionali	proportional cost
coûts secondaires	abgeleitete Kosten; derivative Kosten; sekundäre Kosten	costi derivati; costi secondari	derived cost; secondary cost
coûts semi-variables	sprungfixe Kosten	costi scalari	semi-variable cost
coûts totaux	Gesamtkosten	costi completi	total cost
coûts unitaires	Stückkosten	costi unitari	unit cost
coûts variables	variable Kosten	costi variabili	variable cost
créances	Debitoren; Forderungen	crediti; debitori	accounts receivables; receivables
créances résultant de ventes et de prestations de service	Forderungen aus Lieferungen und Leistungen	crediti per forniture e prestazioni	accounts receivables from deliveries and services
créances sur des entreprises liées	Forderungen an verbundene Unternehmen	crediti verso imprese collegate	accounts receivables from related parties
création de valeur d'un exercice	Betriebsergebnis nach Steuern und Kapitalkosten	risultato d'esercizio al netto di imposte e costi di capitale	economic value added (EVA); operating profit after taxes and capital cost
crédit-bail	Leasing	leasing	leasing
crédit de prestations	Leistungsgutschrift	accredito per prestazioni	credits for services
date de clôture du bilan	Bilanzstichtag	data di chiusura del bilancio	balance-sheet date
débiteurs	Debitoren; Forderungen	crediti; debitori	accounts receivables; receivables
décaissement	Auszahlungen	esborsi	cash disboursement; cash outflow
degré d'activité	Beschäftigungsgrad; Auslastung; Kapazitätsauslastung	grado di attività; utilizzo della capacità produttiva; utilizzo delle capacità	activity level; capacity absorption; capacity utilization
degré d'endettement	Verschuldungsgrad	grado di indebitamento	debt-to-equity ratio
délai de récupération	Amortisationsdauer; Pay-back-Dauer; Wiedereinbringungszeit	durata di ammortamento; durata di pay-back; tempo di recupero	pay-back time; pay-back period
délai moyen de recouvrement	Forderungsumschlagszeit	periodo di rotazione dei crediti	collection period (in days)

Français	Deutsch	Italiano	English
dépenses	Ausgaben	uscite	expenditure
dépistage précoce	Früherkennung	individuazione precoce	early warning
désinvestissement	Desinvestition; Devestition	disinvestimento	divestment; negative investment
dette non rémunerée	Abzugskapital	capitale non oneroso	capital items deducted from total
dettes	Verbindlichkeiten	debiti	liabilities
diminutions de chiffre d'affaires	Erlösminderungen; Erlösschmälerungen	riduzioni sulle vendite	allowances; reduction in revenues
division	Unternehmensbereich	settore d'impresa	operating division
domaine de responsabilité	Verantwortungsbereich	area di responsabilità	area of responsibility
durée d'amortissement	Amortisationsdauer; Pay-back-Dauer; Wiedereinbringungszeit	durata di ammortamento; durata di pay-back; tempo di recupero	pay-back time; pay-back period
durée de stockage	Lagerdauer	durata delle scorte	average age of inventory
durée de vie économique	wirtschaftliche Nutzungsdauer	durata di utilizzo economica	economic utilization period
***earnings before interest and taxes* (EBIT)**	Ergebnis vor Zinsen und Steuern	risultato al lordo di interessi e imposte; utile al lordo di interessi e imposte	earnings before interest and taxes (EBIT)
écart	Abweichung	scostamento	variance
écart de prix	Preisabweichung	scostamento di prezzo	price variance
***economic value added* (EVA)**	Economic Value Added (EVA); Betriebsergebnis nach Steuern und Kapitalkosten	economic value added (EVA); risultato d'esercizio al netto di imposte e costi di capitale	economic value added (EVA); operating profit after taxes and capital cost
encaissement	Einzahlungen	versamenti	cash inflow; cash receipt
évaluation	Bewertung	valutazione	valuation
évaluation d'entreprise	Unternehmensbewertung	valutazione d'impresa	company valuation
excédent brut d'exploitation	Bruttobetriebsergebnis	risultato lordo d'esercizio	gross operating result
fabrication	Fertigung	fabbricazione	manufacturing
facteur de réparation	Reparaturfaktor	fattore di riparazione	repair and maintenance factor
facteur de stock	Vorratsfaktor	fattore scorte	inventory factor
facturation interne	innerbetriebliche Leistungsverrechnung	fatturazione interna	internal cross-charging; transfer pricing
financement	Finanzierung	finanziamento	financing
flux de trésorerie	Cash Flow; Geldfluss; Rückflüsse; Zahlungsstrom	cash flow; flusso di cassa; flusso di tesoreria; riflussi	cash flow
flux de trésorerie disponibles	freier (free) Cash Flow	free cash flow	free cash flow
flux de trésorerie liés à l'exploitation	Cash Flow aus Betriebstätigkeit	cash flow da attività d'esercizio	cash flow from operations
flux de trésorerie liés à l'investissement	Cash Flow aus Investitionstätigkeit	cash flow da attività d'investimento	cash flow from investing activities
flux de trésorerie liés au financement	Cash Flow aus Finanzierungstätigkeit	cash flow da attività di finanziamento	cash flow from financing activities
frais de transport	Frachten	costi di trasporto	freight

Français	Deutsch	Italiano	English
frais d'expédition	Versandkosten	costi di spedizione	shipping cost
gestion des grands comptes	Großkundenmanagement	gestione della clientela importante	key account management
gestion des stocks	Bestandsführung	gestione delle scorte	inventory management
goulet d'étranglement	Engpass	impasse; imbuto	bottleneck
grand compte	Großkunde; Schlüsselkunde	cliente chiave; cliente importante	key account
groupe	Konzern	gruppo	group (of affiliated companies)
immobilisations corporelles	Sachanlagen; Anlagevermögen (Sachanlagen)	attivo materiale; impianti materiali	property, plant and equipment; tangible (fixed) assets
immobilisations financières	Finanzanlagen; Anlagevermögen (Finanzanlagen)	attivo finanziario; investimenti finanziari	financial (fixed) assets
immobilisations incorporelles	immaterielles Anlagevermögen	attivo immateriale	intangible (fixed) assets
impôts	Steuern	imposte	taxes
impôt sur le revenu	Ertragssteuern	imposte sul reddito	income taxes
indicateurs	Kennzahlen	indici	ratios
inducteur de coûts	Kostentreiber	generatore di costo	cost drivers
information sectorielle	Segmentberichterstattung	reporting per segmenti	segment reporting
informatique	EDV (elektronische Datenverarbeitung)	EED (elaborazione elettronica dei dati)	EDP (electronic data processing)
intérêt	Zinsen	interessi	interest
intérêt théorique	kalkulatorische Zinsen	interessi figurativi	imputed interest
inventaire	Inventur	inventario	stock-taking
investissement	Investition	investimento	capital expenditure; investment
levier financier	Financial Leverage	financial leverage	financial leverage
liquidité	Liquidität	liquidità	liquidity
liquidités	flüssige Mittel; liquide Mittel	mezzi liquidi	cash and cash items
logistique	Logistik	logistica	logistics
lot	Charge	lotto	batch
marchandises (de tiers)	Handelswaren (von Dritten)	merci commerciali (di terzi)	merchandise
marge bénéficiaire brute	Bruttogewinnspanne	margine lordo di profitto	profit margin
marge brute	Bruttoergebnis; Bruttogewinn	risultato lordo; utile lordo	gross profit
marge commerciale	Handelsmarge	margine commerciale	gross margin
marge sur coûts variables	Deckungsbeitrag	margine di contribuzione	contribution margin
marge sur coûts variables unitaires	Deckungsbeitrag pro Stück	margine di contribuzione unitario	contribution margin per unit
matériel d'emballage	Packmittel	imballo	packing material
matières	Werkstoffe	materiali	materials
matières premières	Rohstoffe	materie prime	raw materials
mesures structurelles	Strukturmaßnahmen	misure strutturali	transactions in reference to company's structure

Français	Deutsch	Italiano	English
méthode de calcul des prix de revient	Kalkulationsverfahren	metodo del calcolo dei costi	costing method
méthode de la valeur de rendement	Ertragswertmethode	metodo del valore di rendimento	discounted profit method
méthode des coûts cibles	Zielkostenrechnung	calcolo dei costi obiettivo	target costing
méthode des coûts par activité	Prozesskostenrechnung	calcolo dei costi per processo	process costing; activity-based costing
méthode des coûts variables	Deckungsbeitragsrechnung	calcolo del margine di contribuzione	contribution costing; direct costing
méthode du coût complet	Gesamtkostenverfahren	metodo dei costi completi	total cost method
méthode du coût complet sur le cycle de vie	Lebenszykluskostenrechnung	calcolo dei costi del ciclo di vita	life cycle costing
méthode du coût des ventes	Umsatzkostenverfahren	metodo del costo del venduto	cost of sales method
méthode du taux de rendement réel	Reale Zinsfußmethode	metodo del tasso di rendimento reale	real interest rate method
méthodes d'amortissement dégressif	Abschreibungsmethoden, degressive	metodo di ammortamento decrescente	declining balance method (of depreciation)
méthodes d'amortissement linéaire	Abschreibungsmethoden, lineare	metodo di ammortamento lineare	straight-line method (of depreciation)
mise en service	Inbetriebnahme	messa in opera	start-up
montant du projet	Projektbetrag	importo del progetto	project amount
***net operating profit after taxes* (NOPAT)**	Nettobetriebsergebnis nach Steuern	risultato d'esercizio al netto delle imposte	net operating profit after taxes (NOPAT)
nomenclature	Mengengerüst; Stückliste	distinta materiali; matrice quantitativa	bill of material
normes internationales d'information financière	Bilanzierungsvorschriften	norme per la stesura del bilancio	financial reporting standards
numéro de produit	Produktnummer	numero del prodotto	product number
objectif de bénéfice	Gewinnziel	utile obiettivo	profit target
objet de coût	Kostenträger	unità di costo	calculation object; cost unit
ordre de fabrication	Betriebsauftrag; Produktionsauftrag	ordine di fabbricazione	production order
origine des fonds	Kapitalherkunft; Mittelherkunft	origine dei fondi; origine del capitale	source of funds
outils stratégiques	strategische Werkzeuge	strumenti strategici	strategic tools
passif(s)	Passiva; Passiven	passività; passivo	total shareholders' equity and liabilities
performance des ventes	Vertriebsleistung	performance di vendita	sales performance
perte	Verlust	perdita	loss
plan d'entreprise	Business Plan; Geschäftsplan	business plan; piano d'impresa	business plan
pleine utilisation (des capacités de production)	Vollauslastung	massimo utilizzo (delle capacità produttive)	maximum utilization
point mort	Break-even-Punkt; Gewinnschwelle	break even point; punto di pareggio; punto morte	break even point

Français	Deutsch	Italiano	English
potentiel de réussite	Erfolgspotenziale	potenziali di successo	potentials of success
preneur (de crédit-bail)	Leasingnehmer	cessionario (del leasing)	lessee
préservation de la valeur	Substanzerhaltung	mantenimento della sostanza	maintenance of real-asset values
prestations	Leistungen	prestazioni	services
prestations internes	innerbetriebliche Leistungen	prestazioni interne	intra-company services
prix	Preis	prezzo	price
prix de cession interne; prix de transfert	Verrechnungspreis; Transferpreis	prezzo di rifatturazione; prezzo di trasferimento	intercorporate price; transfer price
prix de revient	Einstandskosten	costi di acquisto	cost of merchandise sold
prix de vente	Verkaufspreis	prezzo di vendita	selling price
prix d'offre	Angebotsverkaufspreis	prezzo di vendita offerto	offer price
production par lots	Chargenproduktion	produzione per lotti	batch production
produit	Erzeugnis; Produkt; Ergebnis; Ertrag	prodotto; reddito; guadagno; risultato	good; product; revenue; income
produit de liquidation	Liquidationserlös	ricavo dalla liquidazione	liquidation proceeds
produit hors spécifications	nicht typgerechte Ware	prodotto fuori specifica	off-spec product
produit intermédiaire	Zwischenprodukt	prodotto intermedio	intermediate (product)
produits de licences	Lizenzerträge	ricavi per licenze	royalty revenue
produits du groupe	Gruppenwaren; Konzernwaren	merci del gruppo	group goods
produits finis	Erzeugnisse, fertige; Fertigerzeugnisse; Fertigwaren	merce finita; prodotti finiti	finished goods
produits semi-finis	Halbfabrikate	semilavorati	semi-finished goods
profitabilité	Wirtschaftlichkeit	economicità	cost-income ratio
projet	Projekt	progetto	project
projet d'investissement	Investitionsprojekt	progetto d'investimento	investment project
provisions	Rückstellungen	accantonamenti	provisions
qualité	Qualität	qualità	quality
rabais	Rabatt; Skonto	riduzione; scarto; sconto; ribasso	discount; rebate
rapport annuel	Geschäftsbericht; Jahresbericht	rapporto di gestione; relazione annuale	annual report
rapport cours/bénéfice	Kurs-Gewinn-Verhältnis (KGV)	rapporto prezzo/utile (P/U)	price-earnings ratio (P/E)
ratio dividendes/bénéfice	Dividendenausschüttungsquote	payout dei dividendi	dividend pay-out ratio
recettes	Einnahmen	entrate	receipts
recherche et développement (R&D)	Forschung und Entwicklung (F&E)	ricerca e sviluppo (R&S)	research and development (R&D)
réduction de prix	Preisminderung	riduzione di prezzo	price reductions
réévaluation	Zuschreibung	rivalutazione	write-up
registre des stocks	Lagerbuch	libro magazzino	stock book
réglementations fiscales	Steuervorschriften	norme fiscali	tax regulations

Français	Deutsch	Italiano	English
rendement bilanciel	bilanzielle Rendite	rendimento di bilancio	book rate of return
rendement brut	Bruttorendite	rendimento lordo	gross rate of return
rendement de l'actif	Gesamtvermögensrendite	rendimento dell'attivo	return on assets (ROA)
rendement de l'actif net	Rendite des Nettovermögens	rendimento dell'attivo netto	return on net assets (RONA)
rendement de l'actif total	Gesamtvermögensrendite	rendimento dell'attivo complessivo	return on total assets (ROA)
rendement de l'investissement	Investitionsrentabilität; Investitionsrendite	rendimento degli investimenti	return on investment (ROI)
rendement des capitaux engagés	Rendite des beschäftigten Kapitals	rendimento del capitale impiegato	return on capital employed (ROCE)
rendement des capitaux propres	Eigenkapitalrendite; Eigenkapitalrentabilität	rendimento del capitale proprio	return on equity (ROE)
rendement du capital	Return on Capital (ROC); Kapitalrendite; Kapitalrentabilität	rendimento del capitale	return on capital (ROC); return on investment (ROI)
rendement du capital investi	Rendite des investierten Kapitals	rendimento del capitale investito	return on invested capital (ROIC)
rendement du capital total	Gesamtkapitalrendite; Gesamtkapitalrentabilität	redditività del capitale complessivo	return on total capital (ROC)
rentabilité	Rendite; Rentabilität	redditività; rendimento	profitability
rentabilité du chiffre d'affaires	Umsatzmarge; Umsatzrendite	margine del fatturato; rendimento del fatturato; redditività della cifra d'affari	return on sales (ROS)
réparation	Reparatur	riparazione	repair (work)
répartition des coûts	Kostenallokation; Kostenzuordnung; Umlage	allocazione dei costi; attribuzione dei costi; ripartizione dei costi	cost allocation
réserves	Reserven [CH]; Rücklagen [D]	riserve	reserves
réserves issues du bénéfice	Gewinnreserven [CH]; Gewinnrücklagen [D]	riserve di utile	profit reserves
réserves issues du capital	Kapitalreserven [CH]; Kapitalrücklage [D]	riserve di capitale	capital reserve
résultat	Ergebnis; Ertrag	reddito; guadagno; risultato	income
résultat après impôts	Ergebnis nach Steuern	risultato al netto delle imposte	earnings after taxes
résultat avant impôts	Ergebnis vor Steuern	risultato al lordo delle imposte	earnings before taxes
résultat avant intérêts et impôts	Ergebnis vor Zinsen und Steuern	risultato al lordo di interessi e imposte; utile al lordo di interessi e imposte	earnings before interest and taxes (EBIT)
résultat avant intérêts, impôts et amortissement du survaloir	Ergebnis vor Zinsen, Steuern und Amortisation von Goodwill	risultato al lordo di interessi, imposte e ammortamenti goodwill	earnings before interest, taxes, and amortization (EBITA)
résultat avant intérêts, impôts et amortissement des immobilisations corporelles, des investissements financiers et du survaloir	Ergebnis vor Zinsen, Steuern, Abschreibungen und Amortisation von Goodwill	risultato al lordo di interessi, imposte, deprezzamenti e ammortamenti goodwill	earnings before interest, taxes, depreciation, and amortization (EBITDA)

Français	Deutsch	Italiano	English
résultat consolidé	durchgerechnetes Ergebnis; konsolidiertes Ergebnis	risultato consolidato	consolidated profit
résultat d'exploitation	Betriebserfolg; Betriebsergebnis; operatives Ergebnis	risultato d'esercizio; risultato operativo; utile d'esercizio	operating income; operating profit; operating result
résultat net d'exploitation	Nettobetriebsergebnis nach Steuern	risultato d'esercizio al netto delle imposte	net operating profit after taxes (NOPAT)
résultat opérationnel	Betriebserfolg; Betriebsergebnis; Ergebnis der Betriebstätigkeit; operatives Ergebnis	risultato dell'attività d'esercizio; risultato d'esercizio; risultato operativo; utile d'esercizio	income from operations; operating result; operating profit; operating income
return on assets **(ROA)**	Gesamtvermögensrendite	rendimento dell'attivo	return on assets (ROA)
return on capital **(ROC)**	Return on Capital (ROC); Kapitalrendite; Kapitalrentabilität	rendimento del capitale	return on capital (ROC)
return on capital employed **(ROCE)**	Rendite des beschäftigten Kapitals	rendimento del capitale impiegato	return on capital employed (ROCE)
return on equity **(ROE)**	Eigenkapitalrendite; Eigenkapitalrentabilität	rendimento del capitale proprio	return on equity (ROE)
return on invested capital **(ROIC)**	Rendite des investierten Kapitals	rendimento del capitale investito	return on invested capital (ROIC)
return on investment **(ROI)**	Investitionsrentabilität; Investitionsrendite	rendimento degli investimenti	return on investment (ROI)
return on net assets **(RONA)**	Rendite des Nettovermögens	rendimento dell'attivo netto	return on net assets (RONA)
return on sales **(ROS)**	Umsatzmarge; Umsatzrendite	margine del fatturato; rendimento del fatturato; redditività della cifra d'affari	return on sales (ROS)
rotation des stocks	Lagerumschlag	rotazione delle scorte	inventory turnover
rotation du capital	Kapitalumschlag	rotazione del capitale	asset (or capital) turnover
salaire	Gehalt; Lohn	salario; stipendio	salary; wage
schéma DuPont	DuPont-Schema	schema DuPont	ROI system of DuPont
sensibilité	Sensitivität	sensibilità	sensitivity
seuil de rentabilité	Break-even-Punkt; Gewinnschwelle	break even point; punto di pareggio; punto morte	break even point
société affiliée	Gruppengesellschaft; Tochtergesellschaft	affiliata; consociata	affiliate; group company; subsidiary
source de coûts	Kostenplatz	punto di costo	cost place
sous-traitance	Fremdumarbeitung; Umarbeitung	tolling	tolling
stock	Bestände; Lager; Lagerbestand; Vorräte	giacenze; magazzino; scorte	inventories; inventory; inventory level; inventory stocks; stock
stock à rotation lente	Lagerhüter	giacenze a movimentazione lenta	slow-moving items
stratégie	Strategie	strategia	strategy

Français	Deutsch	Italiano	English
survaloir	Goodwill; Geschäftswert	avviamento; goodwill	goodwill
système comptable	Abrechnung; Rechnungswesen	contabilità; sistema contabile	accounting; accounting system
système d'indicateurs	Kennzahlensystem	sistema degli indici	ratio system; ratio pyramid
tableau de bord prospectif	Balanced Scorecard	balanced scorecard	balanced scorecard
taux de croissance des ventes	Umsatzzuwachsrate	tasso di crescita del fatturato	sales increase rate
taux de croissance limite	Sustainable Growth Rate	sustainable growth rate	sustainable growth rate
taux de marge sur coûts variables	Deckungsbeitragsrate	tasso del margine di contribuzione	rate of contribution
taux de réinvestissement	Wiederanlagezinsfuß	tasso di reinvestimento	reinvestment interest rate
taux de rendement interne	interner Zinsfuß	tasso di rendimento interno	internal rate of return
taux de rendement minimal	Kalkulationszinsfuß; Kalkulationszinssatz; Mindestrendite	rendimento minimo; tasso di calcolazione	hurdle rate; internal rate of discount; minimum rate of return; required rate of return
taux de rendement réel	Realer Zinsfuß	tasso di rendimento reale	real interest rate
taux de rentabilité interne des investissements	Kapitalrendite auf Cash-Flow-Basis	rendimento del capitale per rapporto ai cash flow	cash flow return on investment (CFROI)
taux de rétention du bénéfice	Gewinneinbehaltungsquote	tasso di ritenzione degli utili	earnings retention rate
taux d'intérêt	Zinsfuß; Zinssatz	tasso d'interesse	interest rate
taxes douanières	Zölle	dazi doganali	duty taxes
temps mort	Stillstandszeiten	tempi di inattività	downtimes
total du bilan	Bilanzsumme; Gesamtvermögen	attivo complessivo; totale di bilancio	total assets
transfert	Transfer	trasferimento	transfer
travail posté	Schichtbetrieb	lavorazione a turni	shift operation
types de coûts	Kostenarten	tipo di costo	cost type
types de coûts primaires	Kostenarten (originäre Kosten)	tipi di costi originari	primary cost types
types de coûts secondaires	Kostenarten (abgeleitete Kosten)	tipi di costi derivati	derived (secondary) cost types
unité commerciale	Geschäftseinheit	unità operativa	business unit
unité de volume	Mengeneinheit	unità quantitativa	quantity unit
unité d'œuvre	Leistungseinheit	unità di attività	output unit
utilisation des fonds; utilisation du capital	Mittelverwendung; Kapitalverwendung	utilizzo dei fondi; utilizzo del capitale	application of funds; employment of capital
valeur actuelle	Barwert	valore attuale	present value
valeur actuelle nette	Kapitalwert	valore attuale netto	net present value
valeur ajoutée de trésorerie	Cash Value Added	cash value added	cash value added
valeur comptable	Buchwert	valore contabile	book value
valeur de liquidation	Liquidationswert	valore di liquidazione	liquidation value; realization value
valeur de marché	Marktwert	valore di mercato	market value

Français	Deutsch	Italiano	English
valeur de remplacement	Wiederbeschaffungswert	valore di rimpiazzo	replacement value
valeur de rendement	Ertragswert	valore di rendimento	capitalized value of potential profits (dividends)
valeur finale	Endwert	montante; valore finale	final value
valeur résiduelle	Restwert	valore residuo	residual value
valeur résiduelle comptable	Restbuchwert	valore contabile residuo	net book value
valeurs comptables de stock	Lagerbuchwerte	valori di magazzino	stock book values
valeur substantielle (brute)	Substanzwert (brutto)	valore reale (lordo)	asset value (gross)
valeur substantielle (nette)	Substanzwert (netto)	valore reale (netto)	asset value (net)
valeur vénale	Verkehrswert	valore venale	fair value
vente	Verkauf	vendita	sale
ventes	Absatz; Erlös; Umsatz	fatturato; cifra d'affari; ricavato; vendite; venduto	sales; turnover
ventes/achats et prestations de service	Lieferungen und Leistungen	forniture e prestazioni	deliveries and services
ventes intragroupe	Innenumsatz	fatturato interno	intra-group sales
volume	Menge	quantità	quantity; volume
volume d'affaires; volume des ventes	Absatz; Erlös; Umsatz	fatturato; cifra d'affari; ricavato; vendite; venduto	sales; turnover

Wörterbuch italienisch – deutsch – französisch – englisch

Italiano	Deutsch	Français	English
accantonamenti	Rückstellungen	provisions	provisions
accredito per prestazioni	Leistungsgutschrift	crédit de prestations	credits for services
acquisizione	Akquisition; Erwerb	acquisition	acquisition
acquisto	Beschaffung	achats	purchasing
affiliata	Gruppengesellschaft; Tochtergesellschaft	société affiliée	affiliate; group company; subsidiary
allocazione dei costi	Kostenallokation; Kostenzuordnung; Umlage	répartition des coûts	cost allocation
altre spese d'esercizio	sonstiger betrieblicher Aufwand	autres charges d'exploitation	other operating expense
altri costi	sonstige (übrige) Kosten	autres coûts	other cost
altri ricavi aziendali	sonstiger betrieblicher Ertrag	autres produits d'exploitation	other operating revenues
ammortamenti (goodwill)	Abschreibungen (Goodwill)	amortissements (survaloir)	amortization
ammortamenti (impianti materiali)	Abschreibungen (Sachanlagen)	amortissements (immobilisations corporelles)	depreciation; write-off
ammortamenti (investimenti finanziari)	Abschreibungen (Finanzanlagen)	amortissements (investissements financiers)	write-downs
ammortamenti di bilancio	Abschreibungen, bilanzielle	amortissements comptables	book depreciation; depreciation for reporting purposes
ammortamenti fiscali	Absetzung für Abnutzung (AfA); Steuerliche Abschreibungen	amortissements fiscaux	tax depreciation
ammortamenti figurativi	kalkulatorische Abschreibungen	amortissements incorporables	imputed depreciation (allowance)
ammortamento decrescente, metodo di –	Abschreibungsmethoden, degressive	amortissement dégressif, méthodes d'–	declining balance method (of depreciation)
ammortamento lineare, metodo di –	Abschreibungsmethoden, lineare	amortissement linéaire, méthodes d'–	straight-line method (of depreciation)
ammortamento per usura	Absetzung für Abnutzung (AfA); steuerliche Abschreibungen	amortissements fiscaux	tax depreciation
analisi del break even (punto morto)	Break-even-Analyse	analyse du point mort; analyse du seuil de rentabilité	break even analysis
analisi degli indici	Kennzahlenanalyse	analyse des ratios	ratio analysis
analisi di bilancio e del conto economico	Bilanz- und Erfolgsanalyse	analyse du bilan et du compte de résultat	analysis of balance sheet and income statement
area di responsabilità	Verantwortungsbereich	domaine de responsabilité	area of responsibility
articolo	Artikel	article	article
attività	Beschäftigung	activité	activity; employment
attivo	Aktiven; Aktiva; Vermögen; Vermögensgegenstände	actif(s)	assets
attivo circolante	Umlaufvermögen	actif circulant	current assets; working capital

Italiano	Deutsch	Français	English
attivo circolante netto	Nettoumlaufvermögen	actif circulant net	net working capital
attivo complessivo	Bilanzsumme; Gesamtvermögen	total du bilan	total assets
attivo d'esercizio necessario	betriebsnotwendiges Vermögen	actif nécessaire à l'exploitation	necessary operating assets
attivo d'esercizio netto	Nettobetriebsvermögen	actif d'exploitation net	net operating assets
attivo finanziario	Finanzanlagen; Anlagevermögen (Finanzanlagen)	immobilisations financières	financial (fixed) assets
attivo immateriale	immaterielles Anlagevermögen	immobilisations incorporelles	intangible (fixed) assets
attivo immobilizzato	Anlagevermögen	actif immobilisé	fixed assets
attivo materiale	Sachanlagen; Anlagevermögen (Sachanlagen)	immobilisations corporelles	property, plant and equipment; tangible (fixed) assets
attivo monetario	Geldvermögen	actif monétaire	financial assets
attivo netto	Reinvermögen	actif net	net assets
attribuzione dei costi	Kostenallokation; Kostenzuordnung; Umlage	répartition des coûts	cost allocation
avviamento	Goodwill; Geschäftswert	survaloir	goodwill
azione	Aktie	action	share
azionista	Aktionär	actionnaire	shareholder
badwill	Badwill	*badwill*	badwill
balanced scorecard	Balanced Scorecard	tableau de bord prospectif	balanced scorecard
benchmarking	Benchmarking	*benchmarking*	benchmarking
bene economico	Wirtschaftsgut	bien économique	asset; business asset
bilancio	Bilanz	bilan	balance sheet
bilancio di gruppo	Konzernbilanz	bilan consolidé	consolidated balance sheet
break even point	Break-even-Punkt; Gewinnschwelle	point mort; seuil de rentabilité	break even point
budget	Budget	budget	budget
budgeting	Budgetierung	budgétisation	budgeting
business plan	Business Plan; Geschäftsplan	plan d'entreprise	business plan
calcolo a costi completi	Vollkostenrechnung	calcul du prix de revient global	full absorption costing; full costing
calcolo a costi parziali	Teilkostenrechnung	calcul du prix de revient partiel	direct costing; partial costing; variable costing
calcolo consuntivo dei costi	Nachkalkulation	calcul du prix de revient définitif	actual cost calculation
calcolo decisionale	Entscheidungsrechnung	calcul décisionnel	accounting for decision making
calcolo degli investimenti	Investitionsabrechnung; Projektabrechnung	calcul d'investissement	project accounting
calcolo dei costi	Kalkulation	calcul des coûts de revient	calculation; costing

Italiano	Deutsch	Français	English
calcolo dei costi del ciclo di vita	Lebenszykluskostenrechnung	méthode du coût complet sur le cycle de vie	life cycle costing
calcolo dei costi e delle prestazioni	Kostenrechnung; Kosten- und Leistungsrechnung	comptabilité analytique	cost accounting
calcolo dei costi marginali programmati	Grenzplankostenrechnung	calcul prévisionnel des coûts marginaux	standard direct costing
calcolo dei costi obiettivo	Zielkostenrechnung	méthode des coûts cibles	target costing
calcolo dei costi per processo	Prozesskostenrechnung	méthode des coûts par activité	activity-based costing; process costing
calcolo dei costi programmati	Plankostenrechnung; Standardkostenrechnung	calcul prévisionnel des coûts	standard costing
calcolo del costo del prodotto	Artikelkalkulation	calcul de coût de produit	article calculation
calcolo della redditività	Wirtschaftlichkeitsrechnung	calcul de profitabilité	capital expenditure evaluation; preinvestment analysis
calcolo del margine di contribuzione	Deckungsbeitragsrechnung	méthode des coûts variables	contribution costing; direct costing
calcolo del prezzo di trasferimento	Transferpreisrechnung	calcul des prix de transfert	transfer pricing
calcolo del progetto d'investimento	Investitionsabrechnung; Projektabrechnung	calcul d'investissement	project accounting
calcolo del risultato	Ergebnisrechnung	compte de résultat	operating result statement
calcolo del risultato programmato	Planergebnisrechnung	calcul prévisionnel de résultat	budgeted statement of operating results
calcolo di copertura dei costi fissi	Fixkostendeckungsrechnung	calcul de la couverture des coûts fixes	analysis of fixed-cost allocation
calcolo indicativo	Richtkalkulation	calcul indicatif	predetermined calculation
calcolo preventivo dei costi	Vorkalkulation	calcul du prix de revient prévisionnel	preliminary costing
capacità	Kapazität	capacité	capacity
capacità inoperosa	Minderauslastung	capacité de production non utilisée	idle capacity
capitale	Kapital	capital	capital
capitale d'esercizio necessario	betriebsnotwendiges Kapital	capital nécessaire à l'exploitation	necessary operating capital
capitale di terzi	Fremdkapital	capitaux empruntés	borrowed capital; debt
capitale impiegato	beschäftigtes Kapital	capitaux engagés	capital employed
capitale investito	investiertes Kapital	capital investi	invested capital
capitale non oneroso	Abzugskapital	dette non rémunerée	capital items deducted from total
capitale proprio	Eigenkapital	capitaux propres	equity capital; shareholders' equity
capitale sottoscritto	gezeichnetes Kapital	capital souscrit	capital stock; subscribed capital

Italiano	Deutsch	Français	English
cash flow	Cash Flow; Geldfluss; Rückflüsse; Zahlungsstrom	flux de trésorerie	cash flow
cash flow da attività d'esercizio	Cash Flow aus Betriebstätigkeit	flux de trésorerie liés à l'exploitation	cash flow from operations
cash flow da attività di finanziamento	Cash Flow aus Finanzierungstätigkeit	flux de trésorerie liés au financement	cash flow from financing activities
cash flow da attività d'investimento	Cash Flow aus Investitionstätigkeit	flux de trésorerie liés à l'investissement	cash flow from investing activities
cash value added	Cash Value Added	*cash value added;* valeur ajoutée de trésorerie	cash value added
centro di costo	Cost Center; Kostenstelle	centre de coûts	cost center
centro di costo ausiliario	Hilfskostenstelle; Kostenstelle (Vorkostenstelle); Vorkostenstelle	centre de coûts auxiliaires; centre de coûts secondaire	indirect cost center; service cost center
centro di costo finale	Endkostenstelle; Kostenstelle (Endkostenstelle); Umsatzkostenstellen	centre de coûts final	final cost center
centro di costo principale	Hauptkostenstelle	centre de coûts principal	direct cost center
centro di costo secondario	Hilfskostenstelle; Kostenstelle (Vorkostenstelle); Vorkostenstelle	centre de coûts auxiliaires; centre de coûts secondaire	indirect cost center; service cost center
cespite	Wirtschaftsgut	bien économique	asset; business asset
cessionario (del leasing)	Leasingnehmer	preneur (de crédit-bail)	lessee
chiavi di riparto	Umlageschlüssel	clé de répartition	allocation formula
cifra d'affari	Absatz; Erlös; Umsatz	chiffre d'affaires; ventes; volume d'affaires; volume des ventes	sales; turnover
cifra d'affari netta	Nettoumsatz	chiffre d'affaires net	net sales
circuito di controllo	Regelkreis	boucle d'asservissement	control loop
cliente chiave; cliente importante	Großkunde; Schlüsselkunde	grand compte	key account
concedente (il leasing)	Leasinggeber	bailleur	lessor
confronto tra dati effettivi e programmati	Soll-Ist-Vergleich	analyse des écarts entre budget et résultats	variance analysis of budget and actual figures
consociata	Gruppengesellschaft; Tochtergesellschaft	société affiliée	affiliate; group company
consolidamento	Konsolidierung	consolidation	consolidation
contabilità	Abrechnung; Rechnungswesen	comptabilité; système comptable	accounting; accounting system
contabilità analitica; contabilità dei costi	Kostenrechnung; Kosten- und Leistungsrechnung	comptabilité analytique	cost accounting
contabilità per centro di costo	Kostenstellenrechnung	comptabilité par centres de coûts	cost center accounting

Italiano	Deutsch	Français	English
contabilità per risultato di prodotto	Produktergebnisrechnung	compte de résultat par produit	operating result accounting by product
contabilità per tipo di costo	Kostenartenrechnung	comptabilité par nature	cost type accounting
contabilità per unità di costo	Kostenträgerrechnung	comptabilité par unités d'imputation	product cost accounting; product costing
conto annuale	Jahresabschluss	comptes annuels	financial statement
conto economico	Erfolgsrechnung; Gewinn- und Verlustrechnung (GuV)	compte de résultat	income statement; profit and loss account
conto economico a breve termine	kurzfristige Erfolgsrechnung	compte de résultat à court terme	short-term operational accounting
conto profitti e perdite	Erfolgsrechnung; Gewinn- und Verlustrechnung (GuV)	compte de résultat	income statement; profit and loss account
contratto sui livelli di servizio	Dienstleistungsvertrag	accord de niveau de service	service level agreement
cost center	Cost Center; Kostenstelle	centre de coûts	cost center
costi	Kosten	coûts	cost
costi accessori del personale	Personalnebenkosten	coûts accessoires de personnel	additional (supplementary) staff cost
costi attivati	aktivierte Kosten	coûts capitalisés	capitalized cost
costi completi	Gesamtkosten	coûts totaux	total cost
costi comuni	Gemeinkosten	coûts indirects	indirect cost
costi comuni delle materie	Materialgemeinkosten	coûts indirects de matières	general material cost
costi comuni d'esercizio	allgemeine Betriebskosten	coûts généraux d'exploitation	general operational cost
costi comuni d'impresa	allgemeine Unternehmens-kosten	coûts généraux de l'entreprise	general corporate cost
costi comuni di settore	allgemeine Bereichskosten	coûts généraux du secteur	general divisional cost
costi comuni fissi	Overheadkosten	coûts fixes indirects	overhead cost; overheads
costi consolidati; costi cumulati	durchgerechnete Kosten; konsolidierte Kosten	coût consolidé	accumulated cost; consolidated cost
costi controllabili	beeinflussbare Kosten	coûts contrôlables	controllable cost
costi degli immobilizzi	Anlagenkosten	coût des immobilisations	cost of fixed assets
costi del ciclo di vita	Lebenszykluskosten	coût de cycle de vie	life cycle cost
costi delle materie	Einsatzstoffkosten; Materialkosten	coûts de matières	cost of materials
costi delle materie prime	Rohstoffkosten	coûts de matières premières	raw materials cost
costi del personale	Personalkosten	coûts de personnel	labor cost; personnel cost
costi del venduto	Umsatzkosten	coût des produits vendus	cost of goods sold; cost of sales
costi derivati	abgeleitete Kosten; derivative Kosten; sekundäre Kosten	coûts dérivés; coûts secondaires	derived cost; secondary cost
costi di acquisto	Einstandskosten	prix de revient	cost of merchandise sold
costi di acquisizione	Anschaffungskosten	coût d'acquisition	acquisition cost
costi di amministrazione	Verwaltungskosten	coûts administratifs	administration cost
costi di capitale	Kapitalkosten	coût du capital	capital cost

Italiano	Deutsch	Français	English
costi di cessazione d'attività	Stilllagekosten	coûts de suppression	cost of idle plant
costi di chiusura attività	Stilllegungskosten	coûts de fermeture	cost of closing down
costi di distribuzione	Vertriebskosten	coûts commerciaux	selling cost
costi di fabbricazione	Fertigungskosten	coût de fabrication	manufacturing cost
costi di magazzino	Lagerkosten	coût de possession des stocks	inventory cost
costi di manutenzione	Werkstattkosten	coûts de maintenance	maintenance cost
costi di opportunità	Opportunitätskosten	coût d'opportunité	opportunity cost
costi di produzione	Herstellkosten (Kostenrechnung); Herstellungskosten (externe Rechnungslegung)	coûts de production	product cost; production cost
costi diretti	Einzelkosten	coûts directs	direct cost
costi di rimpiazzo	Wiederbeschaffungskosten	coût de remplacement	replacement cost
costi di riparazione	Reparaturkosten	coûts de réparation	repair and maintenance expense
costi di spedizione	Versandkosten	frais d'expédition	shipping cost
costi di trasporto	Frachten	frais de transport	freight
costi di vendita	Absatzkosten	coûts de distribution	distribution cost
costi effettivi	Ist-Kosten	coût réel	actual cost; historical cost
costi figurativi	kalkulatorische Kosten	coûts incorporables	imputed cost
costi fissi	fixe Kosten; Fixkosten	coûts fixes	fixed cost
costi industriali	Selbstkosten	coût de revient	total production cost (inclusive selling and administrative overhead)
costi informatici	EDV-Kosten; Informatikkosten	coûts informatiques	EDP cost; IT cost
costi marginali	Grenzkosten	coût marginal	marginal cost
cost-income ratio	Wirtschaftlichkeit	profitabilité	cost-income ratio
costi obiettivo	Zielkosten	coûts cibles	target cost
costi originari	originäre Kosten; primäre Kosten; ursprüngliche Kosten	coûts primaires	primary cost
costi overhead	Overheadkosten	coûts fixes indirects	overhead cost; overheads
costi per EED	EDV-Kosten; Informatikkosten	coûts informatiques	EDP cost; IT cost
costi per l'energia	Energiekosten	coûts d'énergie	cost of energy
costi per processo	Prozesskosten	coûts de processus	activity-based cost
costi per ricerca e sviluppo	Forschungs- und Entwicklungskosten	coûts de recherche et développement	research and development expenses
costi primari	originäre Kosten; primäre Kosten; ursprüngliche Kosten	coûts primaires	primary cost
costi proporzionali	proportionale Kosten	coûts proportionnels	proportional cost
costi scalari	sprungfixe Kosten	coûts semi-variables	semi-variable cost
costi secondari	abgeleitete Kosten; derivative Kosten; sekundäre Kosten	coûts dérivés; coûts secondaires	derived cost; secondary cost
costi sommersi	versunkene Kosten	coûts irrécupérables	sunk cost
costi unitari	Stückkosten	coûts unitaires	unit cost

Italiano	Deutsch	Français	English
costi variabili	variable Kosten	coûts variables	variable cost
costo medio ponderato del capitale	gewichteter durchschnittlicher Kapitalkostensatz	coût moyen pondéré du capital	weighted average cost of capital (WACC)
crediti	Debitoren; Forderungen	créances; débiteurs	accounts receivables; receivables
crediti per forniture e prestazioni	Forderungen aus Lieferungen und Leistungen	créances résultant de ventes et de prestations de service	accounts receivables from deliveries and services
crediti verso imprese collegate	Forderungen an verbundene Unternehmen	créances sur des entreprises liées	accounts receivables from related parties
data di chiusura del bilancio	Bilanzstichtag	date de clôture du bilan	balance-sheet date
dazi doganali	Zölle	taxes douanières	duty taxes
debiti	Verbindlichkeiten	dettes	liabilities
debitori	Debitoren; Forderungen	créances; débiteurs	accounts receivables; receivables
debt-to-equity ratio	Verschuldungsgrad	degré d'endettement	debt-to-equity ratio
dirigenza	leitende Angestellte	cadres	executive management
disinvestimento	Desinvestition; Devestition	désinvestissement	divestment; negative investment
disponibilità di consegna	Lieferbereitschaftsgrad; Lieferservicegrad	capacité de livraison	service degree
distinta materiali	Mengengerüst; Stückliste	nomenclature	bill of material
dividend pay-out ratio	Dividendenausschüttungsquote	ratio dividendes/bénéfice	dividend pay-out ratio
durata delle scorte	Lagerdauer	durée de stockage	average age of inventory
durata di ammortamento; durata di pay-back	Amortisationsdauer; Pay-back-Dauer; Wiedereinbringungszeit	délai de récupération; durée d'amortissement	pay-back time; pay-back period
durata di utilizzo economica	wirtschaftliche Nutzungsdauer	durée de vie économique	economic utilization period
earnings before interest and taxes (EBIT)	Ergebnis vor Zinsen und Steuern	résultat avant intérêts et impôts	earnings before interest and taxes (EBIT)
earnings per share (EPS)	Gewinn pro Aktie	bénéfice par action	earnings per share (EPS)
earnings retention rate	Gewinneinbehaltungsquote	taux de rétention du bénéfice	earnings retention rate
economicità	Wirtschaftlichkeit	profitabilité	cost-income ratio
economic value added (EVA)	Economic Value Added (EVA); Betriebsergebnis nach Steuern und Kapitalkosten	*economic value added* (EVA); création de valeur d'un exercice	economic value added (EVA); operating profit after taxes and capital cost
EED (elaborazione elettronica dei dati)	EDV (elektronische Datenverarbeitung)	informatique	EDP (electronic data processing)
entrata ordini	Auftragseingang	carnet de commandes	inflow of orders
entrate	Einnahmen	recettes	receipts
esborsi	Auszahlungen	décaissement	cash disboursement; cash outflow
fabbricazione	Fertigung	fabrication	manufacturing
fattore di riparazione	Reparaturfaktor	facteur de réparation	repair and maintenance factor
fattore scorte	Vorratsfaktor	facteur de stock	inventory factor

Italiano	Deutsch	Français	English
fatturato	Absatz; Erlös; Umsatz	chiffre d'affaires; ventes; volume d'affaires; volume des ventes	sales; turnover
fatturato consolidato	konsolidierter Umsatz	chiffre d'affaires consolidé	consolidated turnover
fatturato interno	Innenumsatz	ventes intragroupe	intra-group sales
fatturato lordo	Bruttoumsatz	chiffre d'affaires brut	gross turnover
fatturato netto	Nettoumsatz	chiffre d'affaires net	net sales
fatturato netto con terzi	Nettoumsatz an Dritte	chiffre d'affaires net réalisé avec des tiers	net sales to third parties
fatturazione interna	innerbetriebliche Leistungsverrechnung	facturation interne	internal cross-charging; transfer pricing
financial leverage	Financial Leverage	levier financier	financial leverage
finanziamento	Finanzierung	financement	financing
flusso di cassa; flusso di tesoreria	Cash Flow; Geldfluss; Rückflüsse; Zahlungsstrom	flux de trésorerie	cash flow
forniture e prestazioni	Lieferungen und Leistungen	achats/ventes et prestations de service	deliveries and services
free cash flow	freier (free) Cash Flow	flux de trésorerie disponibles	free cash flow
generatore di costo	Kostentreiber	inducteur de coûts	cost drivers
gestione della clientela importante	Großkundenmanagement	gestion des grands comptes	key account management
gestione delle scorte	Bestandsführung	gestion des stocks	inventory management
giacenze	Bestände; Vorräte	stock	inventories
giacenze a movimentazione lenta	Lagerhüter	stock à rotation lente	slow-moving items
goodwill	Goodwill; Geschäftswert	survaloir	goodwill
grado di attività	Beschäftigungsgrad	degré d'activité	activity level
grado di indebitamento	Verschuldungsgrad	degré d'endettement	debt-to-equity ratio
gruppo	Konzern	groupe	group (of affiliated companies)
guadagno	Ergebnis; Ertrag	produit; résultat	income; revenue
imballo	Packmittel	matériel d'emballage	packing material
immobilizzazioni	Aktiven; Aktiva; Vermögen; Vermögensgegenstände	actif(s)	assets
impasse; imbuto	Engpass	goulet d'étranglement	bottleneck
impianti materiali	Sachanlagen; Anlage-vermögen (Sachanlagen)	immobilisations corporelles	property, plant and equipment; tangible (fixed) assets
importo del progetto	Projektbetrag	montant du projet	project amount
imposte	Steuern	impôts	taxes
imposte sul reddito	Ertragssteuern	impôt sur le revenu	income taxes
indici	Kennzahlen	indicateurs	ratios
individuazione precoce	Früherkennung	dépistage précoce	early warning
interessi	Zinsen	intérêt	interest
interessi figurativi	kalkulatorische Zinsen	intérêt théorique	imputed interest
inventario	Inventur	inventaire	stock-taking

Italiano	Deutsch	Français	English
investimenti finanziari	Finanzanlagen; Anlagevermögen (Finanzanlagen)	immobilisations financières	financial (fixed) assets
investimento	Investition	investissement	capital expenditure; investment
lavorazione a turni	Schichtbetrieb	travail posté	shift operation
leasing	Leasing	crédit-bail	leasing
libro magazzino	Lagerbuch	registre des stocks	stock book
liquidità	Liquidität	liquidité	liquidity
logistica	Logistik	logistique	logistics
lotto	Charge	lot	batch
magazzino	Lager	stock	inventory; stock
mantenimento della sostanza	Substanzerhaltung	préservation de la valeur	maintenance of real-asset values
margine commerciale	Handelsmarge	marge commerciale	gross margin
margine del fatturato	Umsatzmarge; Umsatzrendite	rentabilité du chiffre d'affaires	return on sales (ROS)
margine di contribuzione	Deckungsbeitrag	marge sur coûts variables	contribution margin
margine di contribuzione unitario	Deckungsbeitrag pro Stück	marge sur coûts variables unitaires	contribution margin per unit
margine lordo di profitto	Bruttogewinnspanne	marge bénéficiaire brute	profit margin
massimo utilizzo (delle capacità produttive)	Vollauslastung	pleine utilisation (des capacités de production)	maximum utilization
materiali	Werkstoffe	matières	materials
materie prime	Rohstoffe	matières premières	raw materials
materie sussidiarie e di consumo	Hilfs- und Betriebsstoffe (H&B)	consommables	auxiliaries and factory supplies
matrice quantitativa	Mengengerüst; Stückliste	nomenclature	bill of material
merce finita	Erzeugnisse, fertige; Fertigerzeugnisse; Fertigwaren	produits finis	finished goods
merci commerciali (di terzi)	Handelswaren (von Dritten)	marchandises (de tiers)	merchandise
merci del gruppo	Gruppenwaren; Konzernwaren	produits du groupe	group goods
messa in opera	Inbetriebnahme	mise en service	start-up
metodo dei costi completi	Gesamtkostenverfahren	méthode du coût complet	total cost method
metodo del calcolo dei costi	Kalkulationsverfahren	méthode de calcul des prix de revient	costing method
metodo del costo del venduto	Umsatzkostenverfahren	méthode du coût des ventes	cost of sales method
metodo del tasso di rendimento reale	Reale Zinsfußmethode	méthode du taux de rendement réel	real interest rate method
metodo del valore di rendimento	Ertragswertmethode	méthode de la valeur de rendement	discounted profit method
metodo di ammortamento decrescente	Abschreibungsmethoden, degressive	amortissement dégressif, méthodes d'–	declining balance method (of depreciation)
metodo di ammortamento lineare	Abschreibungsmethoden, lineare	amortissement linéaire, méthodes d'–	straight-line method (of depreciation)
mezzi liquidi	flüssige Mittel; liquide Mittel	liquidités	cash and cash items

Italiano	Deutsch	Français	English
misure strutturali	Strukturmaßnahmen	mesures structurelles	transactions in reference to company's structure
montante	Endwert	valeur finale	final value
net operating profit after taxes (NOPAT)	Nettobetriebsergebnis nach Steuern	résultat net d'exploitation	net operating profit after taxes (NOPAT)
net working capital	Nettoumlaufvermögen	actif circulant net	net working capital
norme fiscali	Steuervorschriften	réglementations fiscales	tax regulations
norme per la stesura del bilancio	Bilanzierungsvorschriften	normes internationales d'information financière	financial reporting standards
numero del prodotto	Produktnummer	numéro de produit	product number
ordine di fabbricazione	Betriebsauftrag; Produktionsauftrag	ordre de fabrication	production order
origine dei fondi; origine del capitale	Kapitalherkunft; Mittelherkunft	origine des fonds	source of funds
passività; passivo	Passiva; Passiven	passif(s)	total shareholders' equity and liabilities
payout dei dividendi	Dividendenausschüttungsquote	ratio dividendes/bénéfice	dividend pay-out ratio
perdita	Verlust	perte	loss
performance di vendita	Vertriebsleistung	performance des ventes	sales performance
periodo di rotazione dei crediti	Forderungsumschlagszeit	délai moyen de recouvrement	collection period (in days)
piano d'impresa	Business Plan; Geschäftsplan	plan d'entreprise	business plan
potenziali di successo	Erfolgspotenziale	potentiel de réussite	potentials of success
prestazioni	Leistungen	prestations	services
prestazioni interne	innerbetriebliche Leistungen	prestations internes	intra-company services
prezzo	Preis	prix	price
prezzo di rifatturazione; prezzo di trasferimento	Verrechnungspreis; Transferpreis	prix de cession interne; prix de transfert	intercorporate price; transfer price
prezzo di vendita	Verkaufspreis	prix de vente	selling price
prezzo di vendita offerto	Angebotsverkaufspreis	prix d'offre	offer price
price-earnings ratio (P/E)	Kurs-Gewinn-Verhältnis (KGV)	rapport cours/bénéfice; coefficient de capitalisation des résultats	price-earnings ratio (P/E)
prodotti finiti	Erzeugnisse, fertige; Fertigerzeugnisse; Fertigwaren	produits finis	finished goods
prodotto	Erzeugnis; Produkt	produit	good; product
prodotto fuori specifica	nicht typgerechte Ware	produit hors spécifications	off-spec product
prodotto intermedio	Zwischenprodukt	produit intermédiaire	intermediate (product)
produzione	Produktion	production	production
produzione per lotti	Chargenproduktion	production par lots	batch production
profit center	Profit-Center	centre de profit	profit center
progetto	Projekt	projet	project
progetto d'investimento	Investitionsprojekt	projet d'investissement	investment project

Italiano	Deutsch	Français	English
provvigione	Provision	commission	commission
punto di costo	Kostenplatz	source de coûts	cost place
punto di pareggio; punto morto	Break-even-Punkt; Gewinnschwelle	point mort; seuil de rentabilité	break even point
qualità	Qualität	qualité	quality
quantità	Menge	volume	quantity; volume
rapporto di gestione	Geschäftsbericht; Jahresbericht	rapport annuel	annual report
rapporto prezzo/utile (P/U)	Kurs-Gewinn-Verhältnis (KGV)	rapport cours/bénéfice; coefficient de capitalisation des résultats	price-earnings ratio (P/E)
ratei e risconti	Rechnungsabgrenzungs-posten	comptes de régularisation	accruals and deferrals
redditività	Rendite; Rentabilität	rendement; rentabilité	profitability
redditività del capitale complessivo	Gesamtkapitalrendite; Gesamtkapitalrentabilität	rendement du capital total	return on total capital (ROC)
redditività della cifra d'affari	Umsatzmarge; Umsatzrendite	rentabilité du chiffre d'affaires	return on sales (ROS)
reddito	Ergebnis; Ertrag	produit; résultat	income; revenue
relazione annuale	Geschäftsbericht; Jahresbericht	rapport annuel	annual report
rendimento	Rendite; Rentabilität	rendement; rentabilité	profitability
rendimento degli investimenti	Investitionsrentabilität; Investitionsrendite	rendement de l'investissement	return on investment (ROI)
rendimento del capitale	Return on Capital (ROC); Kapitalrendite; Kapitalrentabilität	rendement du capital	return on capital (ROC); return on investment (ROI)
rendimento del capitale impiegato	Rendite des beschäftigten Kapitals	rendement des capitaux engagés	return on capital employed (ROCE)
rendimento del capitale investito	Rendite des investierten Kapitals	rendement du capital investi	return on invested capital (ROIC)
rendimento del capitale per rapporto ai cash flow	Kapitalrendite auf Cash-Flow-Basis	taux de rentabilité interne des investissements	cash flow return on investment (CFROI)
rendimento del capitale proprio	Eigenkapitalrendite; Eigenkapitalrentabilität	rendement des capitaux propres	return on equity (ROE)
rendimento del fatturato	Umsatzmarge; Umsatzrendite	rentabilité du chiffre d'affaires	return on sales (ROS)
rendimento dell'attivo	Gesamtvermögensrendite	rendement de l'actif	return on assets (ROA)
rendimento dell'attivo complessivo	Gesamtvermögensrendite	rendement de l'actif total	return on total assets (ROA)
rendimento dell'attivo netto	Rendite des Nettovermögens	rendement de l'actif net	return on net assets (RONA)
rendimento di bilancio	bilanzielle Rendite	rendement bilanciel	book rate of return
rendimento lordo	Bruttorendite	rendement brut	gross rate of return
rendimento minimo	Mindestrendite	taux de rendement minimal	hurdle rate; minimum rate of return
reporting per segmenti	Segmentberichterstattung	information sectorielle	segment reporting

Italiano	Deutsch	Français	English
resoconto	Berichtswesen	comptes-rendus	reporting
rettifica di valore	Wertberichtigung	ajustement de valeur	valuation adjustment; value adjustment
return on assets (ROA)	Gesamtvermögensrendite	rendement de l'actif	return on assets (ROA)
return on capital (ROC)	Return on Capital (ROC); Kapitalrendite; Kapitalrentabilität	rendement des capitaux	return on capital (ROC)
return on capital employed (ROCE)	Rendite des beschäftigten Kapitals	rendement des capitaux engagés	return on capital employed (ROCE)
return on equity (ROE)	Eigenkapitalrendite; Eigenkapitalrentabilität	rendement des capitaux propres	return on equity (ROE)
return on invested capital (ROIC)	Rendite des investierten Kapitals	rendement du capital investi	return on invested capital (ROIC)
return on investment (ROI)	Investitionsrentabilität; Investitionsrendite	rendement de l'investissement	return on investment (ROI)
return on net assets (RONA)	Rendite des Nettovermögens	rendement de l'actif net	return on net assets (RONA)
return on sales (ROS)	Umsatzmarge; Umsatzrendite	rentabilité du chiffre d'affaires	return on sales (ROS)
ribasso	Rabatt; Skonto	rabais	discount; rebate
ricavato	Absatz; Erlös; Umsatz	chiffre d'affaires; ventes; volume d'affaires; volume des ventes	sales; turnover
ricavi per licenze	Lizenzerträge	produits de licences	royalty revenue
ricavo dalla liquidazione	Liquidationserlös	produit de liquidation	liquidation proceeds
ricerca e sviluppo (R&S)	Forschung und Entwicklung (F&E)	recherche et développement (R&D)	research and development (R&D)
riduzione	Rabatt; Skonto	rabais	discount
riduzione di prezzo	Preisminderung	réduction de prix	price reductions
riduzioni sulle vendite	Erlösminderungen; Erlösschmälerungen	diminutions de chiffre d'affaires	allowances; reduction in revenues
riflussi	Cash Flow; Geldfluss; Rückflüsse; Zahlungsstrom	flux de trésorerie	cash flow
riparazione	Reparatur	réparation	repair (work)
ripartizione dei costi	Kostenallokation; Kostenzuordnung; Umlage	répartition des coûts	cost allocation
risanamento	Sanierung	assainissement	financial restructuring; reorganization
riserve	Reserven [CH]; Rücklagen [D]	réserves	reserves
riserve di capitale	Kapitalreserven [CH]; Kapitalrücklage [D]	réserves issues du capital	capital reserve
riserve di utile	Gewinnreserven [CH]; Gewinnrücklagen [D]	réserves issues du bénéfice	profit reserves
risultato	Ergebnis; Ertrag	produit; résultat	income; revenue
risultato al lordo delle imposte	Ergebnis vor Steuern	résultat avant impôts	earnings before taxes
risultato al lordo di interessi e imposte	Ergebnis vor Zinsen und Steuern	résultat avant intérêts et impôts	earnings before interest and taxes (EBIT)

Italiano	Deutsch	Français	English
risultato al lordo di interessi, imposte, deprezzamenti e ammortamenti goodwill	Ergebnis vor Zinsen, Steuern, Abschreibungen und Amortisation von Goodwill	résultat avant intérêts, impôts et amortissement des immobilisations corporelles, des investissements financiers et du survaloir	earnings before interest, taxes, depreciation, and amortization (EBITDA)
risultato al lordo di interessi, imposte e ammortamenti goodwill	Ergebnis vor Zinsen, Steuern und Amortisation von Goodwill	résultat avant intérêts, impôts et amortissement du survaloir	earnings before interest, taxes, and amortization (EBITA)
risultato al netto delle imposte	Ergebnis nach Steuern	résultat après impôts	earnings after taxes
risultato consolidato	durchgerechnetes Ergebnis; konsolidiertes Ergebnis	résultat consolidé	consolidated profit
risultato dell'attività d'esercizio	Ergebnis der Betriebstätigkeit	résultat opérationnel	income from operations
risultato d'esercizio	Betriebserfolg; Betriebsergebnis; operatives Ergebnis	résultat d'exploitation; résultat opérationnel	operating income; operating profit; operating result
risultato d'esercizio al netto delle imposte	Nettobetriebsergebnis nach Steuern	résultat net d'exploitation	net operating profit after taxes (NOPAT)
risultato d'esercizio al netto di imposte e costi di capitale	Economic Value Added (EVA); Betriebsergebnis nach Steuern und Kapitalkosten	*economic value added* (EVA); création de valeur d'un exercice	economic value added (EVA); operating profit after taxes and capital cost
risultato lordo	Bruttoergebnis; Bruttogewinn	marge brute; bénéfice brut	gross profit
risultato lordo d'esercizio	Bruttobetriebsergebnis	excédent brut d'exploitation	gross operating result
risultato operativo	Betriebserfolg; Betriebsergebnis; operatives Ergebnis	résultat d'exploitation; résultat opérationnel	operating income; operating profit; operating result
rivalutazione	Zuschreibung	réévaluation	write-up
rotazione del capitale	Kapitalumschlag	rotation du capital	asset (or capital) turnover
rotazione delle scorte	Lagerumschlag	rotation des stocks	inventory turnover
salario	Gehalt; Lohn	salaire	salary; wage
scarto	Rabatt; Skonto	rabais	discount
schema DuPont	DuPont-Schema	schéma DuPont	ROI system of DuPont
sconto	Rabatt; Skonto	rabais	discount; rebate
scorte	Bestände; Lagerbestand; Vorräte	stock	inventories; inventory level; inventory stocks
scostamento	Abweichung	écart	variance
scostamento di prezzo	Preisabweichung	écart de prix	price variance
semilavorati	Halbfabrikate	produits semi-finis	semi-finished goods
sensibilità	Sensitivität	sensibilité	sensitivity
settore d'impresa	Unternehmensbereich	division	operating division
sistema contabile	Abrechnung; Rechnungswesen	comptabilité; système comptable	accounting; accounting system
sistema degli indici	Kennzahlensystem	système d'indicateurs	ratio system; ratio pyramid
sostanza	Aktiven; Aktiva; Vermögen; Vermögensgegenstände	actif(s)	assets
spese	Aufwand	charges	expense

Italiano	Deutsch	Français	English
spese di manutenzione	Erhaltungsaufwand	charges de maintenance	maintenance cost
stipendio	Gehalt; Lohn	salaire	salary; wage
strategia	Strategie	stratégie	strategy
strumenti strategici	strategische Werkzeuge	outils stratégiques	strategic tools
sunk cost	versunkene Kosten	coûts irrécupérables	sunk cost
sustainable growth rate	Sustainable Growth Rate	taux de croissance limite	sustainable growth rate
target costing	Zielkostenrechnung	méthode des coûts cibles	target costing
tasso del margine di contribuzione	Deckungsbeitragsrate	taux de marge sur coûts variables	rate of contribution
tasso di calcolazione	Kalkulationszinsfuß; Kalkulationszinssatz	taux de rendement minimal	internal rate of discount; required rate of return
tasso di consegna	Lieferbereitschaftsgrad; Lieferservicegrad	capacité de livraison	service degree
tasso di crescita del fatturato	Umsatzzuwachsrate	taux de croissance des ventes	sales increase rate
tasso d'interesse	Zinsfuß; Zinssatz	taux d'intérêt	interest rate
tasso di reinvestimento	Wiederanlagezinsfuß	taux de réinvestissement	reinvestment interest rate
tasso di rendimento interno	interner Zinsfuß	taux de rendement interne	internal rate of return
tasso di rendimento reale	Realer Zinsfuß	taux de rendement réel	real interest rate
tasso di ritenzione degli utili	Gewinneinbehaltungsquote	taux de rétention du bénéfice	earnings retention rate
tempi di inattività	Stillstandszeiten	temps mort	downtimes
tempo di recupero	Amortisationsdauer; Pay-back-Dauer; Wiedereinbringungszeit	délai de récupération; durée d'amortissement	pay-back time; pay-back period
tipi di costi derivati	Kostenarten (abgeleitete Kosten)	types de coûts secondaires	derived (secondary) cost types
tipi di costi originari	Kostenarten (originäre Kosten)	types de coûts primaires	primary cost types
tipo di costo	Kostenarten	types de coûts	cost type
tolling	Fremdumarbeitung; Umarbeitung	sous-traitance	tolling
totale di bilancio	Bilanzsumme; Gesamtvermögen	total du bilan	total assets
trasferimento	Transfer	transfert	transfer
unità di attività	Leistungseinheit	unité d'œuvre	output unit
unità di costo	Kostenträger	objet de coût	calculation object; cost unit
unità operativa	Geschäftseinheit	unité commerciale	business unit
unità quantitativa	Mengeneinheit	unité de volume	quantity unit
unità responsabile del risultato	Profit-Center	centre de profit	profit center
uscite	Ausgaben	dépenses	expenditure
utile	Gewinn	bénéfice	profit
utile al lordo di interessi e imposte	Gewinn vor Zinsen und Steuern	résultat avant intérêts et impôts	earnings before interest and taxes (EBIT)

Italiano	Deutsch	Français	English
utile lordo	Bruttoergebnis; Bruttogewinn	marge brute; bénéfice brut	gross profit
utile netto; utile netto d'esercizio	Jahresüberschuss [D]; Reingewinn [CH]	bénéfice de l'exercice; bénéfice net	annual net income; annual net profit; net income; net profit
utile obiettivo	Gewinnziel	objectif de bénéfice	profit target
utile operativo	Betriebserfolg; Betriebsergebnis; operatives Ergebnis	résultat d'exploitation; résultat opérationnel	operating income; operating profit; operating result
utile per azione	Gewinn pro Aktie	bénéfice par action	earnings per share (EPS)
utilizzo dei fondi; utilizzo del capitale	Mittelverwendung; Kapitalverwendung	utilisation des fonds; utilisation du capital	application of funds; employment of capital
utilizzo della capacità produttiva; utilizzo delle capacità	Auslastung; Kapazitätsauslastung	degré d'activité	capacity absorption; capacity utilization
valore attuale	Barwert	valeur actuelle	present value
valore attuale netto	Kapitalwert	valeur actuelle nette	net present value
valore contabile	Buchwert	valeur comptable	book value
valore contabile residuo	Restbuchwert	valeur résiduelle comptable	net book value
valore corrente	Tageswert	cours du jour	current value
valore di liquidazione	Liquidationswert	valeur de liquidation	liquidation value; realization value
valore di mercato	Marktwert	valeur de marché	market value
valore di rendimento	Ertragswert	valeur de rendement	capitalized value of potential profits (dividends)
valore di rimpiazzo	Wiederbeschaffungswert	valeur de remplacement	replacement value
valore finale	Endwert	valeur finale	final value
valore reale (lordo)	Substanzwert (brutto)	valeur substantielle (brute)	asset value (gross)
valore reale (netto)	Substanzwert (netto)	valeur substantielle (nette)	asset value (net)
valore residuo	Restwert	valeur résiduelle	residual value
valore venale	Verkehrswert	valeur vénale	fair value
valori di magazzino	Lagerbuchwerte	valeurs comptables de stock	stock book values
valutazione	Bewertung	évaluation	valuation
valutazione d'impresa	Unternehmensbewertung	évaluation d'entreprise	company valuation
vendita	Verkauf	vente	sale
vendite; venduto	Absatz; Erlös; Umsatz	chiffre d'affaires; ventes; volume d'affaires; volume des ventes	sales; turnover
versamenti	Einzahlungen	encaissement	cash inflow; cash receipt
working capital	Umlaufvermögen	actif circulant	current assets; working capital

Wörterbuch englisch – deutsch – französisch – italienisch

English	Deutsch	Français	Italiano
accounting; accounting system	Abrechnung; Rechnungswesen	comptabilité; système comptable	contabilità; sistema contabile
accounting for decision making	Entscheidungsrechnung	calcul décisionnel	calcolo decisionale
accounts receivables	Debitoren; Forderungen	créances; débiteurs	crediti; debitori
accounts receivables from deliveries and services	Forderungen aus Lieferungen und Leistungen	créances résultant de ventes et de prestations de service	crediti per forniture e prestazioni
accounts receivables from related parties	Forderungen an verbundene Unternehmen	créances sur des entreprises liées	crediti verso imprese collegate
accruals and deferrals	Rechnungsabgrenzungs-posten	comptes de régularisation	ratei e risconti
accumulated cost	durchgerechnete Kosten; konsolidierte Kosten	coût consolidé	costi consolidati; costi cumulati
acquisition	Akquisition; Erwerb	acquisition	acquisizione
acquisition cost	Anschaffungskosten	coût d'acquisition	costi di acquisizione
activity	Beschäftigung	activité	attività
activity-based cost	Prozesskosten	coûts de processus	costi per processo
activity-based costing	Prozesskostenrechnung	méthode des coûts par activité	calcolo dei costi per processo
activity level	Beschäftigungsgrad	degré d'activité	grado di attività
actual cost	Ist-Kosten	coût réel	costi effettivi
actual cost calculation	Nachkalkulation	calcul du prix de revient définitif	calcolo consuntivo dei costi
additional (supplementary) staff cost	Personalnebenkosten	coûts accessoires de personnel	costi accessori del personale
administration cost	Verwaltungskosten	coûts administratifs	costi di amministrazione
affiliate	Gruppengesellschaft; Tochtergesellschaft	société affiliée	affiliata; consociata
allocation formula	Umlageschlüssel	clé de répartition	chiavi di riparto
allowances	Erlösminderungen; Erlösschmälerungen	diminutions de chiffre d'affaires	riduzioni sulle vendite
amortization	Abschreibungen (Goodwill)	amortissements (survaloir)	ammortamenti (goodwill)
analysis of balance sheet and income statement	Bilanz- und Erfolgsanalyse	analyse du bilan et du compte de résultat	analisi di bilancio e del conto economico
analysis of fixed-cost allocation	Fixkostendeckungsrechnung	calcul de la couverture des coûts fixes	calcolo di copertura dei costi fissi
annual net income; annual net profit	Jahresüberschuss [D]; Reingewinn [CH]	bénéfice de l'exercice; bénéfice net	utile netto; utile netto d'esercizio
annual report	Geschäftsbericht; Jahresbericht	rapport annuel	rapporto di gestione; relazione annuale
application of funds	Mittelverwendung; Kapitalverwendung	utilisation des fonds; utilisation du capital	utilizzo dei fondi; utilizzo del capitale

English	Deutsch	Français	Italiano
area of responsibility	Verantwortungsbereich	domaine de responsabilité	area di responsabilità
article	Artikel	article	articolo
article calculation	Artikelkalkulation	calcul de coût de produit	calcolo del costo del prodotto
asset	Wirtschaftsgut	bien économique	bene economico; cespite
assets	Aktiven; Aktiva; Vermögen; Vermögensgegenstände	actif(s)	attivo; sostanza; immobilizzazioni
asset (or capital) turnover	Kapitalumschlag	rotation du capital	rotazione del capitale
asset value (gross)	Substanzwert (brutto)	valeur substantielle (brute)	valore reale (lordo)
asset value (net)	Substanzwert (netto)	valeur substantielle (nette)	valore reale (netto)
auxiliaries and factory supplies	Hilfs- und Betriebsstoffe (H&B)	consommables	materie sussidiarie e di consumo
average age of inventory	Lagerdauer	durée de stockage	durata delle scorte
badwill	Badwill	*badwill*	badwill
balanced scorecard	Balanced Scorecard	tableau de bord prospectif	balanced scorecard
balance sheet	Bilanz	bilan	bilancio
balance-sheet date	Bilanzstichtag	date de clôture du bilan	data di chiusura del bilancio
batch	Charge	lot	lotto
batch production	Chargenproduktion	production par lots	produzione per lotti
benchmarking	Benchmarking	*benchmarking*	benchmarking
bill of material	Mengengerüst; Stückliste	nomenclature	distinta materiali; matrice quantitativa
book depreciation	Abschreibungen, bilanzielle	amortissements comptables	ammortamenti di bilancio
book rate of return	bilanzielle Rendite	rendement bilanciel	rendimento di bilancio
book value	Buchwert	valeur comptable	valore contabile
borrowed capital	Fremdkapital	capitaux empruntés	capitale di terzi
bottleneck	Engpass	goulet d'étranglement	impasse; imbuto
break even analysis	Break-even-Analyse	analyse du point mort; analyse du seuil de rentabilité	analisi del break even (punto morto)
break even point	Break-even-Punkt; Gewinnschwelle	point mort; seuil de rentabilité	break even point; punto di pareggio; punto morto
budget	Budget	budget	budget
budgeted statement of operating results	Planergebnisrechnung	calcul prévisionnel de résultat	calcolo del risultato programmato
budgeting	Budgetierung	budgétisation	budgeting
business asset	Wirtschaftsgut	bien économique	bene economico; cespite
business plan	Business Plan; Geschäftsplan	plan d'entreprise	business plan; piano d'impresa
business unit	Geschäftseinheit	unité commerciale	unità operativa
calculation	Kalkulation	calcul des coûts de revient	calcolo dei costi
calculation object	Kostenträger	objet de coût	unità di costo
capacity	Kapazität	capacité	capacità
capacity absorption; capacity utilization	Auslastung; Kapazitätsauslastung	degré d'activité	utilizzo della capacità produttiva; utilizzo delle capacità
capital	Kapital	capital	capitale

English	Deutsch	Français	Italiano
capital cost	Kapitalkosten	coût du capital	costi di capitale
capital employed	beschäftigtes Kapital	capitaux engagés	capitale impiegato
capital expenditure	Investition	investissement	investimento
capital expenditure evaluation	Wirtschaftlichkeitsrechnung	calcul de profitabilité	calcolo della redditività
capital items deducted from total	Abzugskapital	dette non rémunerée	capitale non oneroso
capitalized cost	aktivierte Kosten	coûts capitalisés	costi attivati
capitalized value of potential profits (dividends)	Ertragswert	valeur de rendement	valore di rendimento
capital reserve	Kapitalreserven [CH]; Kapitalrücklage [D]	réserves issues du capital	riserve di capitale
capital stock	gezeichnetes Kapital	capital souscrit	capitale sottoscritto
cash and cash items	flüssige Mittel; liquide Mittel	liquidités	mezzi liquidi
cash disboursement	Auszahlungen	décaissement	esborsi
cash flow	Cash Flow; Geldfluss; Rückflüsse; Zahlungsstrom	flux de trésorerie	cash flow; flusso di cassa; flusso di tesoreria; riflussi
cash flow from financing activities	Cash Flow aus Finanzierungstätigkeit	flux de trésorerie liés au financement	cash flow da attività di finanziamento
cash flow from investing activities	Cash Flow aus Investitionstätigkeit	flux de trésorerie liés à l'investissement	cash flow da attività d'investimento
cash flow from operations	Cash Flow aus Betriebstätigkeit	flux de trésorerie liés à l'exploitation	cash flow da attività d'esercizio
cash flow return on investment (CFROI)	Kapitalrendite auf Cash-Flow-Basis	taux de rentabilité interne des investissements	rendimento del capitale per rapporto ai cash flow
cash inflow	Einzahlungen	encaissement	versamenti
cash outflow	Auszahlungen	décaissement	esborsi
cash receipt	Einzahlungen	encaissement	versamenti
cash value added	Cash Value Added	*cash value added;* valeur ajoutée de trésorerie	cash value added
collection period (in days)	Forderungsumschlagszeit	délai moyen de recouvrement	periodo di rotazione dei crediti
commission	Provision	commission	provvigione
company valuation	Unternehmensbewertung	évaluation d'entreprise	valutazione d'impresa
consolidated balance sheet	Konzernbilanz	bilan consolidé	bilancio di gruppo
consolidated cost	durchgerechnete Kosten; konsolidierte Kosten	coût consolidé	costi consolidati; costi cumulati
consolidated profit	durchgerechnetes Ergebnis; konsolidiertes Ergebnis	résultat consolidé	risultato consolidato
consolidated turnover	konsolidierter Umsatz	chiffre d'affaires consolidé	fatturato consolidato
consolidation	Konsolidierung	consolidation	consolidamento
contribution costing	Deckungsbeitragsrechnung	méthode des coûts variables	calcolo del margine di contribuzione
contribution margin	Deckungsbeitrag	marge sur coûts variables	margine di contribuzione
contribution margin per unit	Deckungsbeitrag pro Stück	marge sur coûts variables unitaires	margine di contribuzione unitario
controllable cost	beeinflussbare Kosten	coûts contrôlables	costi controllabili

English	Deutsch	Français	Italiano
control loop	Regelkreis	boucle d'asservissement	circuito di controllo
cost	Kosten	coûts	costi
cost accounting	Kostenrechnung; Kosten- und Leistungsrechnung	comptabilité analytique	calcolo dei costi e delle prestazioni; contabilità dei costi; contabilità analitica
cost allocation	Kostenallokation; Kostenzuordnung; Umlage	répartition des coûts	allocazione dei costi; attribuzione dei costi; ripartizione dei costi
cost center	Cost Center; Kostenstelle	centre de coûts	centro di costo; cost center
cost center accounting	Kostenstellenrechnung	comptabilité par centres de coûts	contabilità per centro di costo
cost drivers	Kostentreiber	inducteur de coûts	generatore di costo
cost-income ratio	Wirtschaftlichkeit	profitabilité	economicità
costing	Kalkulation	calcul des coûts de revient	calcolo dei costi
costing method	Kalkulationsverfahren	méthode de calcul des prix de revient	metodo del calcolo dei costi
cost of closing down	Stilllegungskosten	coûts de fermeture	costi di chiusura attività
cost of energy	Energiekosten	coûts d'énergie	costi per l'energia
cost of fixed assets	Anlagenkosten	coût des immobilisations	costi degli immobilizzi
cost of goods sold	Umsatzkosten	coût des produits vendus	costi del venduto
cost of idle plant	Stilllagekosten	coûts de suppression	costi di cessazione d'attività
cost of materials	Einsatzstoffkosten; Materialkosten	coûts de matières	costi delle materie
cost of merchandise sold	Einstandskosten	prix de revient	costi di acquisto
cost of sales	Umsatzkosten	coût des produits vendus	costi del venduto
cost-of-sales cost centers	Umsatzkostenstellen	centre de coûts final	centro di costo finale
cost of sales method	Umsatzkostenverfahren	méthode du coût des ventes	metodo del costo del venduto
cost place	Kostenplatz	source de coûts	punto di costo
cost type	Kostenarten	types de coûts	tipo di costo
cost type accounting	Kostenartenrechnung	comptabilité par nature	contabilità per tipo di costo
cost unit	Kostenträger	objet de coût	unità di costo
credits for services	Leistungsgutschrift	crédit de prestations	accredito per prestazioni
current assets	Umlaufvermögen	attivo circolante	actif circulant
current value	Tageswert	cours du jour	valore corrente
debt	Fremdkapital	capitaux empruntés	capitale di terzi
debt-to-equity ratio	Verschuldungsgrad	degré d'endettement	grado di indebitamento
declining balance method (of depreciation)	Abschreibungsmethoden, degressive	amortissement dégressif, méthodes d'–	metodo di ammortamento decrescente
deliveries and services	Lieferungen und Leistungen	achats/ventes et prestations de service	forniture e prestazioni
depreciation	Abschreibungen (Sachanlagen)	amortissements (immobilisations corporelles)	ammortamenti (impianti materiali)

English	Deutsch	Français	Italiano
depreciation for reporting purposes	Abschreibungen, bilanzielle	amortissements comptables	ammortamenti di bilancio
derived cost	abgeleitete Kosten; derivative Kosten; sekundäre Kosten	coûts dérivés; coûts secondaires	costi derivati; costi secondari
derived (secondary) cost types	Kostenarten (abgeleitete Kosten)	types de coûts secondaires	tipi di costi derivati
direct cost	Einzelkosten	coûts directs	costi diretti
direct cost center	Hauptkostenstelle	centre de coûts principal	centro di costo principale
direct costing	Deckungsbeitragsrechnung; Teilkostenrechnung	méthode des coûts variables; calcul du prix de revient partiel	calcolo del margine di contribuzione; calcolo a costi parziali
discount	Rabatt; Skonto	rabais	riduzione; scarto; sconto; ribasso
discounted profit method	Ertragswertmethode	méthode de la valeur de rendement	metodo del valore di rendimento
distribution cost	Absatzkosten	coûts de distribution	costi di vendita
divestment	Desinvestition; Devestition	désinvestissement	disinvestimento
dividend pay-out ratio	Dividendenausschüttungsquote	ratio dividendes/bénéfice	payout dei dividendi
downtimes	Stillstandszeiten	temps mort	tempi di inattività
duty taxes	Zölle	taxes douanières	dazi doganali
early warning	Früherkennung	dépistage précoce	individuazione precoce
earnings after taxes	Ergebnis nach Steuern	résultat après impôts	risultato al netto delle imposte
earnings before interest and taxes (EBIT)	Ergebnis vor Zinsen und Steuern	résultat avant intérêts et impôts	risultato al lordo di interessi e imposte; utile al lordo di interessi e imposte
earnings before interest, taxes, and amortization (EBITA)	Ergebnis vor Zinsen, Steuern und Amortisation von Goodwill	résultat avant intérêts, impôts et amortissement du survaloir	risultato al lordo di interessi, imposte e ammortamenti goodwill
earnings before interest, taxes, depreciation, and amortization (EBITDA)	Ergebnis vor Zinsen, Steuern, Abschreibungen und Amortisation von Goodwill	résultat avant intérêts, impôts et amortissement des immobilisations corporelles, des investissements financiers et du survaloir	risultato al lordo di interessi, imposte, deprezzamenti e ammortamenti goodwill
earnings before taxes	Ergebnis vor Steuern	résultat avant impôts	risultato al lordo delle imposte
earnings per share (EPS)	Gewinn pro Aktie	bénéfice par action	utile per azione
earnings retention rate	Gewinneinbehaltungsquote	taux de rétention du bénéfice	tasso di ritenzione degli utili
economic utilization period	wirtschaftliche Nutzungsdauer	durée de vie économique	durata di utilizzo economica
economic value added (EVA)	Economic Value Added (EVA); Betriebsergebnis nach Steuern und Kapitalkosten	*economic value added* (EVA); création de valeur d'un exercice	economic value added (EVA); risultato d'esercizio al netto di imposte e costi di capitale
EDP (electronic data processing)	EDV (elektronische Datenverarbeitung)	informatique	EED (elaborazione elettronica dei dati)
EDP cost	EDV-Kosten; Informatikkosten	coûts informatiques	costi informatici; costi per EED
employment	Beschäftigung	activité	attività

English	Deutsch	Français	Italiano
employment of capital	Kapitalverwendung; Mittelverwendung	utilisation du capital; utilisation des fonds	utilizzo del capitale; utilizzo dei fondi
equity capital	Eigenkapital	capitaux propres	capitale proprio
executive management	leitende Angestellte	cadres	dirigenza
expenditure	Ausgaben	dépenses	uscite
expense	Aufwand	charges	spese
fair value	Verkehrswert	valeur vénale	valore venale
final cost center	Endkostenstelle; Kostenstelle (Endkostenstelle)	centre de coûts final	centro di costo finale
final value	Endwert	montante; valore finale	montante
financial assets	Geldvermögen	actif monétaire	attivo monetario
financial (fixed) assets	Finanzanlagen; Anlagevermögen (Finanzanlagen)	immobilisations financières	attivo finanziario; investimenti finanziari
financial leverage	Financial Leverage	levier financier	financial leverage
financial reporting standards	Bilanzierungsvorschriften	normes internationales d'information financière	norme per la stesura del bilancio
financial restructuring	Sanierung	assainissement	risanamento
financial statement	Jahresabschluss	comptes annuels	conto annuale
financing	Finanzierung	financement	finanziamento
finished goods	Erzeugnisse, fertige; Fertigerzeugnisse; Fertigwaren	produits finis	merce finita; prodotti finiti
fixed assets	Anlagevermögen	actif immobilisé	attivo immobilizzato
fixed cost	fixe Kosten; Fixkosten	coûts fixes	costi fissi
free cash flow	freier (free) Cash Flow	flux de trésorerie disponibles	free cash flow
freight	Frachten	frais de transport	costi di trasporto
full absorption costing; full costing	Vollkostenrechnung	calcul du prix de revient global	calcolo a costi completi
general corporate cost	allgemeine Unternehmenskosten	coûts généraux de l'entreprise	costi comuni d'impresa
general divisional cost	allgemeine Bereichskosten	coûts généraux du secteur	costi comuni di settore
general material cost	Materialgemeinkosten	coûts indirects de matières	costi comuni delle materie
general operational cost	allgemeine Betriebskosten	coûts généraux d'exploitation	costi comuni d'esercizio
good	Erzeugnis	produit	prodotto
goodwill	Goodwill; Geschäftswert	survaloir	avviamento; goodwill
gross margin	Handelsmarge	marge commerciale	margine commerciale
gross operating result	Bruttobetriebsergebnis	excédent brut d'exploitation	risultato lordo d'esercizio
gross profit	Bruttoergebnis; Bruttogewinn	marge brute; bénéfice brut	risultato lordo; utile lordo
gross rate of return	Bruttorendite	rendement brut	rendimento lordo
gross turnover	Bruttoumsatz	chiffre d'affaires brut	fatturato lordo
group (of affiliated companies)	Konzern	groupe	gruppo
group company	Gruppengesellschaft; Tochtergesellschaft	société affiliée	affiliata; consociata

English	Deutsch	Français	Italiano
group goods	Gruppenwaren; Konzernwaren	produits du groupe	merci del gruppo
historical cost	Ist-Kosten	coût réel	costi effettivi
hurdle rate	Mindestrendite	taux de rendement minimal	rendimento minimo
idle capacity	Minderauslastung	capacité de production non utilisée	capacità inoperosa
imputed cost	kalkulatorische Kosten	coûts incorporables	costi figurativi
imputed depreciation (allowance)	kalkulatorische Abschreibungen	amortissements incorporables	ammortamenti figurativi
imputed interest	kalkulatorische Zinsen	intérêt théorique	interessi figurativi
income	Ergebnis; Ertrag	produit; résultat	reddito; guadagno; risultato
income from operations	Ergebnis der Betriebstätigkeit	résultat opérationnel	risultato dell'attività d'esercizio
income statement	Erfolgsrechnung; Gewinn- und Verlustrechnung (GuV)	compte de résultat	conto economico; conto profitti e perdite
income taxes	Ertragssteuern	impôt sur le revenu	imposte sul reddito
indirect cost	Gemeinkosten	coûts indirects	costi comuni
indirect cost center	Hilfskostenstelle; Kostenstelle (Vorkostenstelle); Vorkostenstelle	centre de coûts auxiliaires; centre de coûts secondaire	centro di costo ausiliario; centro di costo secondario
inflow of orders	Auftragseingang	carnet de commandes	entrata ordini
intangible (fixed) assets	immaterielles Anlagevermögen	immobilisations incorporelles	attivo immateriale
intercorporate price	Verrechnungspreis	prix de cession interne	prezzo di rifatturazione
interest	Zinsen	intérêt	interessi
interest rate	Zinsfuß; Zinssatz	taux d'intérêt	tasso d'interesse
intermediate (product)	Zwischenprodukt	produit intermédiaire	prodotto intermedio
internal cross-charging	innerbetriebliche Leistungsverrechnung	facturation interne	fatturazione interna
internal rate of discount	Kalkulationszinsfuß; Kalkulationszinssatz	taux de rendement minimal	tasso di calcolazione
internal rate of return	interner Zinsfuß	taux de rendement interne	tasso di rendimento interno
intra-company services	innerbetriebliche Leistungen	prestations internes	prestazioni interne
intra-group sales	Innenumsatz	ventes intragroupe	fatturato interno
inventories	Bestände; Vorräte	stock	giacenze; scorte
inventory	Lager	stock	magazzino
inventory cost	Lagerkosten	coût de possession des stocks	costi di magazzino
inventory factor	Vorratsfaktor	facteur de stock	fattore scorte
inventory level	Lagerbestand	stock	scorte
inventory management	Bestandsführung	gestion des stocks	gestione delle scorte
inventory stocks	Vorräte	stock	scorte
inventory turnover	Lagerumschlag	rotation des stocks	rotazione delle scorte

English	Deutsch	Français	Italiano
invested capital	investiertes Kapital	capital investi	capitale investito
investment	Investition	investissement	investimento
investment project	Investitionsprojekt	projet d'investissement	progetto d'investimento
IT cost	EDV-Kosten; Informatikkosten	coûts informatiques	costi informatici; costi per EED
key account	Großkunde; Schlüsselkunde	grand compte	cliente chiave; cliente importante
key account management	Großkundenmanagement	gestion des grands comptes	gestione della clientela importante
labor cost	Personalkosten	coûts de personnel	costi del personale
leasing	Leasing	crédit-bail	leasing
lessee	Leasingnehmer	preneur (de crédit-bail)	cessionario (del leasing)
lessor	Leasinggeber	bailleur	concedente (il leasing)
liabilities	Verbindlichkeiten	dettes	debiti
life cycle cost	Lebenszykluskosten	coût de cycle de vie	costi del ciclo di vita
life cycle costing	Lebenszykluskostenrechnung	méthode du coût complet sur le cycle de vie	calcolo dei costi del ciclo di vita
liquidation proceeds	Liquidationserlös	produit de liquidation	ricavo dalla liquidazione
liquidation value	Liquidationswert	valeur de liquidation	valore di liquidazione
liquidity	Liquidität	liquidité	liquidità
logistics	Logistik	logistique	logistica
loss	Verlust	perte	perdita
maintenance cost	Erhaltungsaufwand; Werkstattkosten	charges de maintenance; coûts de maintenance	spese di manutenzione; costi di manutenzione
maintenance of real-asset values	Substanzerhaltung	préservation de la valeur	mantenimento della sostanza
manufacturing	Fertigung	fabrication	fabbricazione
manufacturing cost	Fertigungskosten	coût de fabrication	costi di fabbricazione
marginal cost	Grenzkosten	coût marginal	costi marginali
market value	Marktwert	valeur de marché	valore di mercato
materials	Werkstoffe	matières	materiali
maximum utilization	Vollauslastung	pleine utilisation (des capacités de production)	massimo utilizzo (delle capacità produttive)
merchandise	Handelswaren (von Dritten)	marchandises (de tiers)	merci commerciali (di terzi)
minimum rate of return	Mindestrendite	taux de rendement minimal	rendimento minimo
necessary operating assets	betriebsnotwendiges Vermögen	actif nécessaire à l'exploitation	attivo d'esercizio necessario
necessary operating capital	betriebsnotwendiges Kapital	capital nécessaire à l'exploitation	capitale d'esercizio necessario
negative investment	Desinvestition; Devestition	désinvestissement	disinvestimento
net assets	Reinvermögen	actif net	attivo netto
net asset value	Substanzwert (netto)	valeur substantielle (nette)	valore reale (netto)
net book value	Restbuchwert	valeur résiduelle comptable	valore contabile residuo

English	Deutsch	Français	Italiano
net income	Jahresüberschuss [D]; Reingewinn [CH]	bénéfice de l'exercice; bénéfice net	utile netto; utile netto d'esercizio
net operating assets	Nettobetriebsvermögen	actif d'exploitation net	attivo d'esercizio netto
net operating profit after taxes (NOPAT)	Nettobetriebsergebnis nach Steuern	résultat net d'exploitation	risultato d'esercizio al netto delle imposte
net present value	Kapitalwert	valeur actuelle nette	valore attuale netto
net profit	Jahresüberschuss [D]; Reingewinn [CH]	bénéfice de l'exercice; bénéfice net	utile netto; utile netto d'esercizio
net sales	Nettoumsatz	chiffre d'affaires net	cifra d'affari netta; fatturato netto
net sales to third parties	Nettoumsatz an Dritte	chiffre d'affaires net réalisé avec des tiers	fatturato netto con terzi
net working capital	Nettoumlaufvermögen	actif circulant net	attivo circolante netto
offer price	Angebotsverkaufspreis	prix d'offre	prezzo di vendita offerto
off-spec product	nicht typgerechte Ware	produit hors spécifications	prodotto fuori specifica
operating division	Unternehmensbereich	division	settore d'impresa
operating income; operating profit; operating result	Betriebsergebnis; Betriebserfolg; operatives Ergebnis	résultat d'exploitation; résultat opérationnel	risultato d'esercizio; risultato operativo; utile d'esercizio
operating profit after taxes and capital cost	Economic Value Added (EVA); Betriebsergebnis nach Steuern und Kapitalkosten	*economic value added* (EVA); création de valeur d'un exercice	economic value added (EVA); risultato d'esercizio al netto di imposte e costi di capitale
operating result accounting by product	Produktergebnisrechnung	compte de résultat par produit	contabilità per risultato di prodotto
operating result statement	Ergebnisrechnung	compte de résultat	calcolo del risultato
opportunity cost	Opportunitätskosten	coût d'opportunité	costi di opportunità
other cost	sonstige (übrige) Kosten	autres coûts	altri costi
other operating expense	sonstiger betrieblicher Aufwand	autres charges d'exploitation	altre spese d'esercizio
other operating revenues	sonstiger betrieblicher Ertrag	autres produits d'exploitation	altri ricavi aziendali
output unit	Leistungseinheit	unité d'œuvre	unità di attività
overhead cost; overheads	Overheadkosten	coûts fixes indirects	costi comuni fissi; costi overhead
packing material	Packmittel	matériel d'emballage	imballo
partial costing	Teilkostenrechnung	calcul du prix de revient partiel	calcolo a costi parziali
pay-back period; pay-back time	Amortisationsdauer; Pay-back-Dauer; Wiedereinbringungszeit	délai de récupération; durée d'amortissement	durata di ammortamento; durata di pay-back; tempo di recupero
personnel cost	Personalkosten	coûts de personnel	costi del personale
potentials of success	Erfolgspotenziale	potentiel de réussite	potenziali di successo
predetermined calculation	Richtkalkulation	calcul indicatif	calcolo indicativo
preinvestment analysis	Wirtschaftlichkeitsrechnung	calcul de profitabilité	calcolo della redditività
preliminary costing	Vorkalkulation	calcul du prix de revient prévisionnel	calcolo preventivo dei costi
present value	Barwert	valeur actuelle	valore attuale

English	Deutsch	Français	Italiano
price	Preis	prix	prezzo
price-earnings ratio (P/E)	Kurs-Gewinn-Verhältnis (KGV)	rapport cours/bénéfice; coefficient de capitalisation des résultats	rapporto prezzo/utile (P/U)
price reductions	Preisminderung	réduction de prix	riduzione di prezzo
price variance	Preisabweichung	écart de prix	scostamento di prezzo
primary cost	originäre Kosten; primäre Kosten; ursprüngliche Kosten	coûts primaires	costi originari; costi primari
primary cost types	Kostenarten (originäre Kosten)	types de coûts primaires	tipi di costi originari
process costing	Prozesskostenrechnung	méthode des coûts par activité	calcolo dei costi per processo
product	Erzeugnis; Produkt	produit	prodotto
product cost	Herstellkosten (Kostenrechnung); Herstellungskosten (externe Rechnungslegung)	coûts de production	costi di produzione
product cost accounting	Kostenträgerrechnung	comptabilité par unités d'imputation	contabilità per unità di costo
product costing	Kostenträgerrechnung	comptabilité par unités d'imputation	contabilità per unità di costo
production	Produktion	production	produzione
production cost	Herstellkosten (Kostenrechnung); Herstellungskosten (externe Rechnungslegung)	coûts de production	costi di produzione
production order	Betriebsauftrag; Produktionsauftrag	ordre de fabrication	ordine di fabbricazione
product number	Produktnummer	numéro de produit	numero del prodotto
profit	Gewinn	bénéfice	utile
profitability	Rendite; Rentabilität	rendement; rentabilité	redditività; rendimento
profit and loss account	Erfolgsrechnung; Gewinn- und Verlustrechnung (GuV)	compte de résultat	conto economico; conto profitti e perdite
profit center	Profit-Center	centre de profit	profit center; unità responsabile del risultato
profit margin	Bruttogewinnspanne	marge bénéficiaire brute	margine lordo di profitto
profit reserves	Gewinnreserven [CH]; Gewinnrücklagen [D]	réserves issues du bénéfice	riserve di utile
profit target	Gewinnziel	objectif de bénéfice	utile obiettivo
project	Projekt	projet	progetto
project accounting	Investitionsabrechnung; Projektabrechnung	calcul d'investissement	calcolo degli investimenti; calcolo del progetto d'investimento
project amount	Projektbetrag	montant du projet	importo del progetto
property, plant and equipment	Sachanlagen; Anlagevermögen (Sachanlagen)	immobilisations corporelles	attivo materiale; impianti materiali
proportional cost	proportionale Kosten	coûts proportionnels	costi proporzionali
provisions	Rückstellungen	provisions	accantonamenti

English	Deutsch	Français	Italiano
purchasing	Beschaffung	achats	acquisto
quality	Qualität	qualité	qualità
quantity	Menge	volume	quantità
quantity unit	Mengeneinheit	unité de volume	unità quantitativa
rate of contribution	Deckungsbeitragsrate	taux de marge sur coûts variables	tasso del margine di contribuzione
ratio analysis	Kennzahlenanalyse	analyse des ratios	analisi degli indici
ratios	Kennzahlen	indicateurs	indici
ratio system; ratio pyramid	Kennzahlensystem	système d'indicateurs	sistema degli indici
raw materials	Rohstoffe	matières premières	materie prime
raw materials cost	Rohstoffkosten	coûts de matières premières	costi delle materie prime
real interest rate	Realer Zinsfuß	taux de rendement réel	tasso di rendimento reale
real interest rate method	Reale Zinsfußmethode	méthode du taux de rendement réel	metodo del tasso di rendimento reale
realization value	Liquidationswert	valeur de liquidation	valore di liquidazione
rebate	Rabatt	rabais	riduzione; scarto; sconto; ribasso
receipts	Einnahmen	recettes	entrate
receivables	Forderungen; Debitoren	créances; débiteurs	crediti; debitori
reduction in revenues	Erlösminderungen; Erlösschmälerungen	diminutions de chiffre d'affaires	riduzioni sulle vendite
reinvestment interest rate	Wiederanlagezinsfuß	taux de réinvestissement	tasso di reinvestimento
reorganization	Sanierung	assainissement	risanamento
repair (work)	Reparatur	réparation	riparazione
repair and maintenance expense	Reparaturkosten	coûts de réparation	costi di riparazione
repair and maintenance factor	Reparaturfaktor	facteur de réparation	fattore di riparazione
replacement cost	Wiederbeschaffungskosten	coût de remplacement	costi di rimpiazzo
replacement value	Wiederbeschaffungswert	valeur de remplacement	valore di rimpiazzo
reporting	Berichtswesen	comptes-rendus	resoconto
required rate of return	Kalkulationszinsfuß; Kalkulationszinssatz	taux de rendement minimal	tasso di calcolazione
research and development (R&D)	Forschung und Entwicklung (F&E)	recherche et développement (R&D)	ricerca e sviluppo (R&S)
research and development expenses	Forschungs- und Entwicklungskosten	coûts de recherche et développement	costi per ricerca e sviluppo
reserves	Reserven [CH]; Rücklagen [D]	réserves	riserve
residual value	Restwert	valeur résiduelle	valore residuo
return on assets (ROA)	Gesamtvermögensrendite	rendement de l'actif	rendimento dell'attivo
return on capital (ROC)	Return on Capital (ROC); Kapitalrendite; Kapitalrentabilität	rendement des capitaux; rendement du capital	rendimento del capitale

English	Deutsch	Français	Italiano
return on capital employed (ROCE)	Rendite des beschäftigten Kapitals	rendement des capitaux engagés	rendimento del capitale impiegato
return on equity (ROE)	Eigenkapitalrendite; Eigenkapitalrentabilität	rendement des capitaux propres	rendimento del capitale proprio
return on invested capital (ROIC)	Rendite des investierten Kapitals	rendement du capital investi	rendimento del capitale investito
return on investment (ROI)	Return on Capital (ROC); Kapitalrendite; Kapitalrentabilität; Investitionsrentabilität; Investitionsrendite	rendement des capitaux; rendement du capital; rendement de l'investissement	rendimento del capitale; rendimento degli investimenti
return on net assets (RONA)	Rendite des Nettovermögens	rendement de l'actif net	rendimento dell'attivo netto
return on sales (ROS)	Umsatzmarge; Umsatzrendite	rentabilité du chiffre d'affaires	margine del fatturato; rendimento del fatturato; redditività della cifra d'affari
return on total assets (ROA)	Gesamtvermögensrendite	rendement de l'actif total	rendimento dell'attivo complessivo
return on total capital (ROC)	Gesamtkapitalrendite; Gesamtkapitalrentabilität	rendement du capital total	redditività del capitale complessivo
revenue	Ertrag	produit	reddito; guadagno
ROI system of DuPont	DuPont-Schema	schéma DuPont	schema DuPont
royalty revenue	Lizenzerträge	produits de licences	ricavi per licenze
salary	Gehalt; Lohn	salaire	salario; stipendio
sale	Verkauf	vente	vendita
sales	Absatz; Erlös; Umsatz	chiffre d'affaires; volume d'affaires; volume des ventes	fatturato; cifra d'affari; ricavato; vendite; venduto
sales increase rate	Umsatzzuwachsrate	taux de croissance des ventes	tasso di crescita del fatturato
sales performance	Vertriebsleistung	performance des ventes	performance di vendita
secondary cost	abgeleitete Kosten; derivative Kosten; sekundäre Kosten	coûts dérivés; coûts secondaires	costi derivati; costi secondari
segment reporting	Segmentberichterstattung	information sectorielle	reporting per segmenti
selling cost	Vertriebskosten	coûts commerciaux	costi di distribuzione
selling price	Verkaufspreis	prix de vente	prezzo di vendita
semi-finished goods	Halbfabrikate	produits semi-finis	semilavorati
semi-variable cost	sprungfixe Kosten	coûts semi-variables	costi scalari
sensitivity	Sensitivität	sensibilité	sensibilità
service cost center	Hilfskostenstelle; Kostenstelle (Vorkostenstelle); Vorkostenstelle	centre de coûts auxiliaires; centre de coûts secondaire	centro di costo ausiliario; centro di costo secondario
service degree	Lieferbereitschaftsgrad; Lieferservicegrad	capacité de livraison	disponibilità di consegna; tasso di consegna
service level agreement	Dienstleistungsvertrag	accord de niveau de service	contratto sui livelli di servizio
services	Leistungen	prestations	prestazioni
share	Aktie	action	azione

English	Deutsch	Français	Italiano
shareholder	Aktionär	actionnaire	azionista
shareholders' equity	Eigenkapital	capitaux propres	capitale proprio
shift operation	Schichtbetrieb	travail posté	lavorazione a turni
shipping cost	Versandkosten	frais d'expédition	costi di spedizione
short-term operational accounting	kurzfristige Erfolgsrechnung	compte de résultat à court terme	conto economico a breve termine
slow-moving items	Lagerhüter	stock à rotation lente	giacenze a movimentazione lenta
source of funds	Kapitalherkunft; Mittelherkunft	origine des fonds	origine dei fondi; origine del capitale
standard costing	Plankostenrechnung; Standardkostenrechnung	calcul prévisionnel des coûts	calcolo dei costi programmati
standard direct costing	Grenzplankostenrechnung	calcul prévisionnel des coûts marginaux	calcolo dei costi marginali programmati
start-up	Inbetriebnahme	mise en service	messa in opera
stock	Lager	stock	magazzino
stock book	Lagerbuch	registre des stocks	libro magazzino
stock book values	Lagerbuchwerte	valeurs comptables de stock	valori di magazzino
stock-taking	Inventur	inventaire	inventario
straight-line method (of depreciation)	Abschreibungsmethoden, lineare	amortissement linéaire, méthodes d'–	metodo di ammortamento lineare
strategic tools	strategische Werkzeuge	outils stratégiques	strumenti strategici
strategy	Strategie	stratégie	strategia
subscribed capital	gezeichnetes Kapital	capital souscrit	capitale sottoscritto
subsidiary	Tochtergesellschaft	société affiliée	affiliata
sunk cost	versunkene Kosten	coûts irrécupérables	costi sommersi
sustainable growth rate	Sustainable Growth Rate	taux de croissance limite	sustainable growth rate
tangible (fixed) assets	Sachanlagen; Anlagevermögen (Sachanlagen)	immobilisations corporelles	attivo materiale; impianti materiali
target cost	Zielkosten	coûts cibles	costi obiettivo
target costing	Zielkostenrechnung	méthode des coûts cibles	calcolo dei costi obiettivo
tax depreciation	Absetzung für Abnutzung (AfA); steuerliche Abschreibungen	amortissements fiscaux	ammortamenti fiscali; ammortamento per usura
taxes	Steuern	impôts	imposte
tax regulations	Steuervorschriften	réglementations fiscales	norme fiscali
tolling	Fremdumarbeitung; Umarbeitung	sous-traitance	tolling
total assets	Bilanzsumme; Gesamtvermögen	total du bilan	attivo complessivo; totale di bilancio
total cost	Gesamtkosten	coûts totaux	costi completi
total cost method	Gesamtkostenverfahren	méthode du coût complet	metodo dei costi completi
total production cost (inclusive selling and administrative overhead)	Selbstkosten	coût de revient	costi industriali

English	Deutsch	Français	Italiano
total shareholders' equity and liabilities	Passiva; Passiven	passif(s)	passività; passivo
transactions in reference to company's structure	Strukturmaßnahmen	mesures structurelles	misure strutturali
transfer	Transfer	transfert	trasferimento
transfer price	Verrechnungspreis; Transferpreis	prix de cession interne; prix de transfert	prezzo di rifatturazione; prezzo di trasferimento
transfer pricing	innerbetriebliche Leistungsverrechnung; Transferpreisrechnung	facturation interne; calcul des prix de transfert	fatturazione interna; calcolo del prezzo di trasferimento
turnover	Absatz; Erlös; Umsatz	chiffre d'affaires; ventes; volume d'affaires; volume des ventes	fatturato; cifra d'affari; ricavato
unit cost	Stückkosten	coûts unitaires	costi unitari
valuation	Bewertung	évaluation	valutazione
valuation adjustment	Wertberichtigung	ajustement de valeur	rettifica di valore
value adjustment	Wertberichtigung	ajustement de valeur	rettifica di valore
variable cost	variable Kosten	coûts variables	costi variabili
variable costing	Teilkostenrechnung	calcul du prix de revient partiel	calcolo a costi parziali
variance	Abweichung	écart	scostamento
variance analysis of budget and actual figures	Soll-Ist-Vergleich	analyse des écarts entre budget et résultats	confronto tra dati effettivi e programmati
volume	Menge	volume	quantità
wage	Gehalt; Lohn	salaire	salario; stipendio
weighted average cost of capital (WACC)	gewichteter durchschnittlicher Kapitalkostensatz	coût moyen pondéré du capital	costo medio ponderato del capitale
working capital	Umlaufvermögen	attivo circolante	actif circulant
write-downs	Abschreibungen (Finanzanlagen)	amortissements (investissements financiers)	ammortamenti (investimenti finanziari)
write-off	Abschreibungen (Sachanlagen)	amortissements (immobilisations corporelles)	ammortamenti (impianti materiali)
write-up	Zuschreibung	réévaluation	rivalutazione

Glossar

A

Abgeleitete Kosten	Synonyme: sekundäre Kosten, derivative Kosten; beziehen sich – in der Kostenstellenrechnung – auf die Abrechnung der innerbetrieblichen Leistungen
Absatz	Menge eines Verkaufsprodukts (in Stück, Tonnen, Liter, Quadratmeter etc.)
Abschreibungen	Wertminderungen von Aktiven während einer Periode; die Abschreibung von Goodwill wird häufig als Amortisation bezeichnet
Abschreibungen, bilanzielle	Abschreibungen gemäß handels- und steuerrechtlichen Vorschriften (Gewinn- und Verlustrechnung, Erfolgsrechnung)
Abschreibungen, kalkulatorische	Siehe kalkulatorische Abschreibungen
Abschreibungs-methoden, degressive	Häufig geometrisch degressive Abschreibung in Form eines festen Prozentsatzes vom jeweiligen Restbuchwert
Abschreibungs-methoden, lineare	Abschreibung in gleichmäßigen Raten bis zum Ende der Nutzung
Absetzung für Abnutzung (AfA)	In Deutschland steuerrechtlicher Begriff für Abschreibungen
Abzugskapital	Nichtverzinsliches Fremdkapital (insbesondere Verbindlichkeiten aus Lieferungen und Leistungen, erhaltene Anzahlungen sowie kurzfristige Rückstellungen)
Akquisition	Erwerb eines fremden Unternehmens oder Unternehmensteils
Aktiven, Aktiva	Auf der Sollseite der Bilanz ausgewiesene, dem Unternehmen wirtschaftlich gehörende Vermögensgegenstände und Rechnungsabgrenzungsposten; Untergliederung in Anlage- und Umlaufvermögen sowie Rechnungsabgrenzungsposten
Amortisationsdauer	Siehe Wiedereinbringungszeit
Anlagevermögen	Vermögensgegenstände eines Unternehmens für den längerfristigen Geschäftsbetrieb
Anlagevermögen, Finanzanlagen	Geldanlagen außerhalb des eigenen Unternehmens, die der Erzielung von Finanzerträgen (zum Beispiel Zinsen und Dividenden) dienen (Beteiligungen, Wertpapiere, Darlehen etc.)
Anlagevermögen, immaterielles Vermögen	Vermögensgegenstände, die nicht körperlich sind (Markennamen, Patente, Lizenzen, Konzessionen, Know-how, akquirierte Firmenwerte)
Anlagevermögen, Sachanlagen	Körperliche Vermögensgegenstände für den längerfristigen Geschäftsbetrieb (Grundstücke, Gebäude, Maschinen und Betriebsanlagen)
Anschaffungskosten	Kosten der Anschaffung eines Vermögensgegenstands (inklusive Anschaffungsnebenkosten)

Aufwand	Periodisierte Ausgaben; Abnahme des Reinvermögens (Gegenposition: Ertrag)
Ausgaben	Abnahme des Geldvermögens (Gegenposition: Einnahme)
Auszahlungen	Abnahme der liquiden Mittel (Gegenposition: Einzahlung)

B

Badwill	Negative Differenz zwischen Kaufpreis und anteiligem Reinvermögen einer Beteiligung
Balanced Scorecard	Strategisches Planungsinstrument, das den Wertschöpfungsprozess eines Unternehmens über ein Modell hypothetischer Ursache-Wirkungs-Zusammenhänge abzubilden versucht, aus dem dann konkrete Ziele, Aktionen und Kennzahlen kapital-, kunden-, prozess- und mitarbeiterorientiert entwickelt werden sollen
Benchmarking	Instrument, mit dem die operative und strategische Lern- und Leistungsfähigkeit von Unternehmen durch vergleichende Analysen erhöht werden soll; ein Spezialfall des Benchmarkings ist der Vergleich von ergebnisverantwortlichen Organisationseinheiten über Kennzahlen
Beschäftigungsgrad	Relation der Ist-Auslastung zur Voll- beziehungsweise Standard-Auslastung (zum Beispiel 80 %)
Betriebsergebnis	Ergebnis aus operativer Geschäftstätigkeit
Betriebsnotwendiges Kapital	Betriebsnotwendiges Vermögen abzüglich nichtverzinsliches Fremdkapital (Abzugskapital)
Betriebsnotwendiges Vermögen	Für das operative Geschäft eingesetztes Anlage- und Umlaufvermögen
Bilanz	Gegenüberstellung des Kapitals (Mittelherkunft) und Vermögens (Mittelverwendung); zeitpunktbezogener Überblick über die Aktiven und Passiven eines Unternehmens
Bilanzielle Rendite	Bilanzielles Betriebsergebnis im Verhältnis zum betriebsnotwendigen Vermögen
Break-even-Punkt	Synonym: Gewinnschwelle; Umsatz eines Unternehmens oder einer Unternehmenseinheit (Profit-Center), dessen Unterschreiten zu Verlusten und dessen Überschreiten zu Gewinnen führt
Bruttobetriebsergebnis	Ergebnis eines Profit-Centers vor Abzug von Overhead- und Einmalkosten; also Nettoumsatz minus variable Kosten minus direkt zurechenbare Fixkosten (Fertigungs-, Vertriebs- und Versandkosten) des Profit-Centers
Bruttoergebnis	Synonym: Bruttogewinn; Differenz aus Nettoumsatz und Herstellkosten der zur Erzielung des Umsatzes erbrachten Leistungen
Bruttogewinn	Siehe Bruttoergebnis
Bruttogewinnspanne	Verhältnis von Bruttogewinn zu Nettoumsatz; siehe auch Umsatzrendite oder Return on Sales
Bruttorendite	Bruttobetriebsergebnis im Verhältnis zum betriebsnotwendigen Kapital (auf Profit-Center-Ebene)

	Bruttoumsatz	Umsatz vor Abzug von Erlösschmälerungen (Boni, Skonti, Rabatte)
	Buchwert	Bilanzieller Wert eines Vermögensgegenstands
C	**Cash Flow**	Saldogröße aus Einzahlungen (Cash Inflow) und Auszahlungen (Cash Outflow) einer Abrechnungsperiode; häufig indirekt ermittelt als Ergebnis plus/minus liquiditätswirksame Aufwendungen/Erträge; je nach Herkunft lassen sich Cash Flows aus Betriebs-, Finanzierungs- und Investitionstätigkeit unterscheiden
	Cash Flow aus Betriebstätigkeit	Saldo aller Mittelzu- und -abflüsse aus operativer Geschäftstätigkeit
	Cash Flow aus Finanzierungstätigkeit	Saldo aller Mittelzu- und -abflüsse aus Kapitalerhöhungen und -rückzahlungen, Dividenden, aus der Begebung und Tilgung von Anleihen sowie aus der Aufnahme und Tilgung von Krediten
	Cash Flow aus Investitionstätigkeit	Saldo aller Mittelzu- und -abflüsse aus Investitionen und Desinvestitionen
	Cost-Income Ratio	Verhältnis von Geschäftsaufwand zum Bruttoertrag einer Bank
D	**Debt-to-Equity Ratio**	Siehe Verschuldungsgrad
	Deckungsbeitrag	Allgemein: Differenz zwischen Umsatz und bestimmten Teilkosten; besondere Bedeutung hat der Deckungsbeitrag 1 (DB 1) als Differenz zwischen Nettoumsatz und variablen Kosten des Umsatzes
	Deckungsbeitrag pro Stück	Verkaufspreis je Stück minus variable Stückkosten
	Deckungsbeitragsrate; Deckungsbeitragsintensität	Deckungsbeitrag in Prozent des Umsatzes
	Derivative Kosten	Siehe abgeleitete Kosten
	Desinvestition; Devestition	Veräußerung von Sach- oder Finanzanlagen
	Dividend Pay-out Ratio	Anteil der Dividendenausschüttungen am Jahresüberschuss (Reingewinn)
	DuPont-Schema	Von DuPont Inc. (USA) in den 1920er Jahren entwickeltes Kennzahlensystem, mit dem der Return on Investment mit Hilfe einer Hierarchie von Kennzahlen rechnerisch in Daten des finanziellen Rechnungswesens aufgespalten wird
	Durchgerechnete Kosten	Synonym: konsolidierte Kosten; Kosten in einem arbeitsteiligen Gruppengeschäft nach Eliminierung von Umsätzen/Einstandskosten zwischen Gesellschaften der Gruppe (des Konzerns)
	Durchgerechnetes Ergebnis	Synonym: konsolidiertes Ergebnis; Ergebnis in einem arbeitsteiligen Gruppengeschäft nach Eliminierung von Umsätzen/Einstandskosten sowie den entsprechenden Zwischengewinnen zwischen Konzerngesellschaften

E

Earnings Before Interest and Taxes (EBIT)	Betriebsergebnis vor Zinsen und Steuern
Earnings per Share (EPS)	Gewinn pro Aktie; das auf den gewichteten Durchschnitt der ausstehenden Stammaktien entfallende Jahresergebnis, bereinigt um das auf die Vorzugsaktien entfallende Ergebnis
Earnings Retention Rate	Gewinneinbehaltungsquote: Anteil am Jahresüberschuss (Reingewinn), der dem Unternehmen zur Finanzierung von Investitionen aller Art verbleibt
Economic Value Added (EVA)	Korrigiertes Betriebsergebnis nach Steuern (NOPAT) und Kapitalkosten; die Kapitalkosten ermitteln sich als Produkt von Kapitalkostensatz (WACC) und investiertem Kapital (IC)
Eigenkapital	Passivposten der Bilanz; Differenz zwischen Vermögen und Schulden (auch als Reinvermögen bezeichnet)
Eigenkapitalrendite	Siehe Return on Equity
Einnahmen	Zunahme des Geldvermögens (Gegenposition: Ausgabe)
Einsatzstoffkosten	Kosten für Rohstoffe und Vorprodukte zur Herstellung von Fertigprodukten
Einstandskosten	Kosten für zugekaufte Handelswaren (von Dritten) oder Gruppenwaren (Konzernwaren)
Einzahlungen	Zunahme der liquiden Mittel (Gegenposition: Auszahlung)
Einzelkosten	Kosten, die direkt einem Bezugsobjekt (zum Beispiel Produkt) zurechenbar sind (Gegenposition: Gemeinkosten)
Endkostenstellen	Kostenstellen mit verbleibenden Kosten (Umsatzkostenstellen), die nur noch an die Kostenträger weiterverrechnet werden
Endwert	Auf den Endzeitpunkt aufgezinste (Free) Cash Flows einer Investition
Erfolgsrechnung	Siehe Gewinn- und Verlustrechnung (GuV)
Ergebnis nach Steuern	Entspricht häufig dem Jahresüberschuss (Reingewinn) in der Gewinn- und Verlustrechnung (Erfolgsrechnung)
Erhaltungsaufwand	Aufwand für nichtaktivierte Reparaturen bei Sachanlagen
Erlös	Siehe Umsatz
Erlösschmälerungen	Rechnungsabzüge vom Bruttoumsatz (Boni, Skonti, Rabatte)
Ertrag	Periodisierte Einnahmen; Zunahme des Reinvermögens (Gegenposition: Aufwand)
Ertragssteuern	Steuern, die an den betrieblichen Gewinn anknüpfen
Ertragswert	Barwert der an die Eigentümer eines Investitionsobjekts fließenden Ausschüttungen
Erzeugnisse	Hergestellte Produkte (Vor- und Zwischenprodukte, Fertigwaren)

F	**Fertigungskosten**	Kosten, die bei der Verarbeitung von Fertigungsmaterial zu Erzeugnissen anfallen
	Financial Leverage	Verhältnis des Gesamtvermögens (Total Aktiven) zum Eigenkapital
	Finanzierung	Beschaffung des für die Durchführung der Investitionen erforderlichen Kapitals
	Fixe Kosten, Fixkosten	Kosten, die von (kurzfristigen) Änderungen der Beschäftigung unbeeinflusst sind
	Flüssige Mittel	Siehe liquide Mittel
	Forderungsumschlagszeit	Quotient aus Forderungsbestand und Umsatz pro Tag; bezeichnet die durchschnittliche Zeit in Tagen, die vergeht, bis sich der fakturierte Umsatz auch im Zahlungseingang widerspiegelt
	Freier (Free) Cash Flow	Cash Flow aus Betriebstätigkeit nach Investitionen, Steuern und operativen Finanzgeschäften, jedoch vor Kapitalfinanzierungsaktivitäten wie dem Abbau von Schulden oder Dividendenausschüttungen (bei Gesamtunternehmenssicht); bei Eigentümersicht muss zusätzlich die Rückzahlung von Schulden abgezogen werden
	Fremdkapital	Schulden des Unternehmens; Passivposten der Bilanz
G	**Geldvermögen**	Liquide Mittel zuzüglich Forderungen abzüglich Verbindlichkeiten
	Gemeinkosten	Kosten, die nicht direkt einem Bezugsobjekt (zum Beispiel Produkt) zurechenbar sind (Gegenposition: Einzelkosten)
	Gesamtkapitalrendite	Siehe Return on Capital
	Gesamtkostenverfahren	Gestaltungsform innerhalb der kurzfristigen Erfolgsrechnung, bei welcher der Gesamtleistung (Umsatz ± Bestandsveränderungen + andere aktivierte Eigenleistungen) die Gesamtkosten (Personalkosten, Abschreibungen etc.) gegenübergestellt werden; die Gliederung der Kosten erfolgt nach Kostenarten; siehe im Gegensatz dazu das Umsatzkostenverfahren
	Gesamtvermögensrendite	Siehe Return on Assets
	Geschäftseinheit	Unternehmenseinheit, für die eine eigene Strategie definiert ist und auf die Maßnahmen oder Ressourcen zugeteilt werden können
	Geschäftswert	Siehe Goodwill
	Gewinn	Differenz zwischen Ertrag und Aufwand einer Periode
	Gewinn- und Verlustrechnung (GuV)	In der Schweiz üblicherweise als Erfolgsrechnung bezeichnet; Aufstellung des Erfolgs einer Periode; systematische Gegenüberstellung der in einer Periode angefallenen Erträge und Aufwendungen
	Gewinnschwelle	Siehe Break-even-Punkt
	Goodwill	Synonym: Geschäftswert; positive Differenz zwischen dem Kaufpreis und dem anteiligen Reinvermögen (nach Auflösung stiller Reserven und Lasten) eines erworbenen Unternehmens

	Gruppenwaren	Synonym: Konzernwaren; von Unternehmen des eigenen Konzernverbunds zugekaufte Produkte
H	**Handelswaren (von Dritten)**	Von Dritten zugekaufte Fertigprodukte, zum Beispiel zur Sortimentsergänzung
	Herstellkosten	Summe aus Fertigungskosten und Materialkosten; Basis für die Vorratsbewertung
	Hilfs- und Betriebsstoffe (H&B)	Stoffe, die – neben Rohstoffen – bei der Fertigung ge- und verbraucht werden (zum Beispiel Schmiermittel für Maschinen)
I, J	**Inbetriebnahme**	Zeitpunkt des Beginns der Kostenabrechnung zum Beispiel einer neuen Produktionsanlage
	Innenumsatz	Umsatz zwischen Unternehmen eines Konzernverbunds
	Innerbetriebliche Leistungen	Unternehmensleistungen, die im Betrieb verwendet werden
	Interner Zinsfuß	Zinsfuß, bei dem der Kapitalwert gleich null ist; dabei wird unterstellt, dass Rückflüsse zum selben internen Zinsfuß auf- oder abgezinst werden müssen
	Investition	Umwandlung von Geldkapital in Realkapital (oder: von flüssigen Mitteln in andere Formen von Vermögen)
	Jahresüberschuss	Synonym: Reingewinn; Differenz aus der Gegenüberstellung aller Erträge und Aufwendungen (inklusive Steuern) eines Unternehmens (GuV-Position, Passivposten der Bilanz)
K	**Kalkulationszinsfuß, Kalkulationszinssatz**	Zinsfuß, zu dem die Cash Flows einer Investition im Unternehmen verzinst (wiederangelegt) oder diskontiert werden
	Kalkulatorische Abschreibungen	Abschreibungen, die sich für interne Zwecke (Kostenrechnung) von der bilanziellen Abschreibung (in der Abschreibungssumme, Nutzungsdauer oder im Verfahren) unterscheiden können
	Kalkulatorische Kosten	Kosten, die sich für interne Zwecke vom entsprechenden Aufwand der Periode unterscheiden können; im Fall von Zusatzkosten wie kalkulatorischen Zinsen auf das Eigenkapital gibt es überhaupt keinen entsprechenden Aufwand
	Kalkulatorische Zinsen	Zinsen für das betriebsnotwendige Kapital, also unter Einschluss von fiktiven Zinsen für das Eigenkapital
	Kapazität (Menge, Stück)	Maßzahl für die mögliche (technische) Ausbringung einer Produktionsanlage
	Kapitalherkunft	Siehe Mittelherkunft
	Kapitalrentabilität	Rentabilität des Eigenkapitals (siehe Return on Equity) oder des Gesamtkapitals (siehe Return on Capital)

Kapitalumschlag	Verhältnis von Nettoumsatz zu eingesetztem (betriebsnotwendigen) Kapital
Kapitalverwendung	Siehe Mittelverwendung
Kapitalwert	Auf den Zeitpunkt unmittelbar vor Durchführung der Investition bezogener Mehrwert der Investition im Vergleich zu einer fiktiven Anlage der Investitionsauszahlung zum Kalkulationszinssatz; der Kapitalwert berechnet sich, indem die Salden der erwarteten, zeitlich differenzierten Ein- und Auszahlungen (Nettozahlungen, Cash Flows) zu einem Kalkulationszinssatz (Kapitalkostensatz) auf den Bewertungszeitpunkt abgezinst (diskontiert) werden
Konsolidierte Kosten	Siehe durchgerechnete Kosten
Konsolidierter Umsatz	Umsatz eines Konzerns minus Innenumsatz; Umsatz an Dritte
Konsolidiertes Ergebnis	Siehe durchgerechnetes Ergebnis
Konzern	Gruppe von rechtlich selbständigen, aber wirtschaftlich verflochtenen Unternehmen; dabei stehen ein oder mehrere abhängige Unternehmen (Tochterunternehmen) unter der einheitlichen Leitung eines herrschenden Unternehmens (Konzernobergesellschaft oder Konzernmutter)
Konzernwaren	Siehe Gruppenwaren
Kosten	Auf den Betriebszweck bezogener, bewerteter Güter- und Leistungsverzehr (wertmäßiger Kostenbegriff)
Kostenarten	Gliederung der Kosten nach Art des Faktorverbrauchs (zum Beispiel für Personal, Materialverbrauch, Abschreibungen, Steuern: primäre Kosten) oder nach Funktionsbereichen (zum Beispiel nach Beschaffung, Herstellung, Verwaltung, Vertrieb, Forschung und Entwicklung: sekundäre Kosten)
Kostenartenrechnung	Teilbereich der Kostenrechnung, welcher der Erfassung und Gliederung der in einer Periode angefallenen Kosten dient
Kostenrechnung	Teilgebiet des internen Rechnungswesens, das auf der Abgrenzung von Kosten und Leistungen aufbaut; Bestandteile sind Kostenarten-, Kostenstellen-, Kostenträgerstück- und Kostenträgerzeitrechnung
Kostenstelle	Organisatorische Einheit zur Abrechnung von Kosten
Kostenstelle, Endkostenstellen	Kostenstellen mit verbleibenden Kosten (Umsatzkostenstellen), die nur noch auf Kostenträger weiterverrechnet werden
Kostenstelle, Vorkostenstellen	Kostenstellen, deren Kosten vollständig auf Endkostenstellen entlastet werden
Kostenstellenrechnung	Erfassung aller Kostenarten einer Periode eindeutig und überschneidungsfrei nach Kostenstellen sowie Zurechnung der Kosten der Vorkostenstellen auf die Endkostenstellen nach Konventionen
Kostenträger	Produkte und Leistungen, welche die Kosten letztlich (er)tragen müssen
Kostenträgerrechnung	Gliedert sich in die Kostenträgerstückrechnung und die Kostenträgerzeitrechnung; die Kostenträgerstückrechnung (Kalkulation) ermittelt die

		Kosten der betrieblichen Produkte pro Leistungseinheit; die Kostenträgerzeitrechnung ermittelt den Erfolg von Kostenträgern (Produkte) für bestimmte Zeitabschnitte (zum Beispiel Monat, Quartal, Semester und Jahr)
	Kostentreiber	Einflussfaktoren auf die Kosten; Begriff wird häufig im Zusammenhang mit der Prozesskostenrechnung verwendet
	Kurs-Gewinn-Verhältnis	Siehe Price-Earnings Ratio
	Kurzfristige Erfolgsrechnung	Ermittelt den Erfolg eines Unternehmens oder Betriebs unterjährig (zum Beispiel monatlich, quartals- oder semesterweise)
L	**Lagerumschlag**	Quotient aus Umsatz und durchschnittlichem Lagerbestand einer Periode; gibt an, wie oft das Warenlager pro Periode verkauft (umgeschlagen) wurde
	Leasing	Vermieten oder Verpachten von Vermögensgegenständen, zum Beispiel Industrieanlagen
	Lebenszyklus-kostenrechnung	Kombination von Investitions- und Kostenrechnung, die auf das Konzept des Produktlebenszyklus zurückgreift, um die Kosten eines Kostenträgers »von der Wiege bis zur Bahre« analysier- und steuerbar zu machen
	Leistungen	Hergestellte, in Geld bewertete Güter und Dienstleistungen
	Lieferservicegrad	Ausmaß der Übereinstimmung zwischen Wunschtermin (bei Auftragsproduktion) und tatsächlichem Auftragserfüllungstermin; bei Lagerprodukten wird die unmittelbare Auslieferbarkeit herangezogen
	Liquidationserlös	Synonym: Restwert; entspricht dem Verkaufserlös nach Ablauf der Nutzungszeit, vermindert um die Abbruchkosten einer Realinvestition
	Liquide Mittel	Synonym: flüssige Mittel; Zahlungsmittel, die dem Unternehmen unmittelbar zur Verfügung stehen (Kasse, Bankguthaben sowie nicht ausgenutzte Kreditlinien)
	Liquidität	Fähigkeit eines Unternehmens, fristgemäß seinen Zahlungsverpflichtungen nachzukommen; sie wird unter anderem gemessen, indem die flüssigen Mittel und die rasch in flüssige Mittel umwandelbaren Aktiven ins Verhältnis zu den kurzfristigen Verbindlichkeiten gesetzt werden (Liquiditätsgrad I)
M	**Mindestrendite**	Vorgabe für die Mindestverzinsung eines Profit-Centers beziehungsweise einer Investition
	Mittelherkunft	Synonym: Kapitalherkunft; beschreibt die Arten des dem Unternehmen zur Verfügung stehenden Kapitals; dokumentiert sich in den Positionen der Passiven der Bilanz; siehe auch Mittelverwendung
	Mittelverwendung	Synonym: Kapitalverwendung; beschreibt, in welchen Vermögensarten das dem Unternehmen zur Verfügung stehende Kapital gebunden ist; dokumentiert sich in den Positionen der Aktiven der Bilanz; bevorzugte Sichtweise des operativen Managements; siehe auch Mittelherkunft

N	**Nachkalkulation**	Nach der Erstellung einer Leistung werden – bezogen auf eine Leistungseinheit eines Kostenträgers – die anteiligen Fertigungs- und Materialkosten zu den Herstellkosten abgerechnet, um Schätzungsfehler und andere Fehlerquellen der Vorkalkulation sowie Unwirtschaftlichkeiten bei der Leistungserstellung selbst aufzudecken und in Zukunft zu vermeiden
	Net Operating Profit After Taxes	Nettobetriebsergebnis nach Anpassungen (Conversions gemäß EVA®-Konzept) und nach adjustierten Ertragssteuern
	Net Working Capital	Synonym: Nettoumlaufvermögen; berechnet als Umlaufvermögen abzüglich kurzfristiges Fremdkapital (= insbesondere Verbindlichkeiten aus Lieferungen und Leistungen)
	Nettoumlaufvermögen	Siehe Net Working Capital
	Nettoumsatz	Fakturierter Umsatz (Bruttoumsatz) abzüglich Erlösschmälerungen (Boni, Skonti, Rabatte)
	Nettoumsatz an Dritte	Nettoumsatz abzüglich Innenlieferungen in einem Konzern
	Nutzungsdauer	Siehe wirtschaftliche Nutzungsdauer
O	**Opportunitätskosten**	(Entgangener) Erfolg eines Faktors bei bester anderweitiger Verwendung; prominentes Beispiel für Opportunitätskosten sind Eigenkapitalkosten
	Originäre Kosten	Synonyme: primäre Kosten, ursprüngliche Kosten; Kosten, die dem Unternehmen aufgrund seiner Beziehungen zur Umwelt entstehen; von außen bezogene Faktorverbräuche
	Overheadkosten	Fixe Gemeinkosten des operativen Geschäfts, zum Beispiel Verwaltungskosten, F&E-Kosten und Kosten sonstiger indirekter Bereiche
P	**Passiva, Passiven**	Die auf der Habenseite der Bilanz ausgewiesenen, dem Unternehmen zur Verfügung gestellten Mittel; Untergliederung in Eigen- und Fremdkapital
	Pay-back-Dauer	Siehe Wiedereinbringungszeit
	Planergebnisrechnung	Für eine organisatorische Einheit (in der Regel ein Profit-Center) erstellte Ergebnisplanung basierend auf Umsätzen und Kosten für einen oder mehrere Zeitabschnitte (zum Beispiel Monat, Quartal, Semester oder Jahr)
	Plankostenrechnung	Kostenplanung für eine Planergebnisrechnung
	Price-Earnings Ratio	Synonym: Kurs-Gewinn-Verhältnis oder KGV; Verhältnis des Kurses einer Aktie zu dem auf sie entfallenden Reingewinn
	Primäre Kosten	Siehe originäre Kosten
	Produktergebnisrechnung	Gegenüberstellung von Erlösen und Kosten eines Kostenträgers (Produkts); Ergebnisrechnung nach Umsatzkostenverfahren

Profit-Center	Organisatorische Einheit eines Unternehmens, dessen Leitung für Gewinn oder Verlust verantwortlich ist
Projektabrechnung	Gegenüberstellung von Erlösen und Kosten eines Projekts
Projektbetrag	Projektkosten aus aktivierungspflichtigen (Investition) und nicht-aktivierungspflichtigen Anteilen
Prozesskosten	Kosten von Haupt- und Teilprozessen

R

Realer Zinsfuß	Geometrische Durchschnittsrendite, die sich aus der Gegenüberstellung von Investitionsauszahlung und Endwert der Rückflüsse aus der Investition ergibt; die Aufzinsung der Rückflüsse erfolgt zum Kalkulationszinsfuß (Hurdle Rate) beziehungsweise Wiederanlagezinsfuß, analog zur Kapitalwertmethode
Reale Zinsfußmethode	Endwertmethode der dynamischen Investitionsrechnung zur Ermittlung des Realen Zinsfußes
Rechnungs-abgrenzungsposten	Rechnungsabgrenzungsposten dienen der Periodisierung von Vermögensänderungen; aktivische Rechnungsabgrenzungsposten: Ausgaben vor dem Abschlussstichtag, soweit sie Aufwand für eine bestimmte Zeit danach darstellen; passivische Rechnungsabgrenzungsposten: Einnahmen vor dem Abschlussstichtag, soweit sie Ertrag für eine bestimmte Zeit nach diesem Tag darstellen
Reingewinn	Siehe Jahresüberschuss
Reinvermögen	Differenz zwischen Vermögen und Schulden eines Unternehmens
Rentabilität; Rendite	Allgemein: Verhältnis einer Gewinngröße zum entsprechend eingesetzten Kapital
Reparaturfaktor	Relation der Reparaturausgaben einer Produktionsanlage zu ihrem Wiederbeschaffungswert
Reparaturkosten	Kosten zur Erhaltung der Betriebsbereitschaft einer Anlage
Reserven	Siehe Rücklagen
Restwert	Siehe Liquidationserlös
Return on Assets	Synonym: Gesamtvermögensrendite; Gewinn (inklusive Zinsergebnis) dividiert durch Gesamtvermögen (Total Aktiva)
Return on Capital	Synonym: Gesamtkapitalrendite; Gewinn (inklusive Zinsergebnis) dividiert durch Gesamtkapital; entspricht dem Return on Assets
Return on Capital Employed	Verhältnis von Betriebsergebnis (in der Regel EBIT) zum beschäftigten Kapital (betriebsnotwendiges Vermögen abzüglich nichtverzinsliches Fremdkapital); Kennzahl kann vor oder nach (angepassten) Ertragssteuern ermittelt werden
Return on Equity	Synonym: Eigenkapitalrendite; Gewinn (in der Regel Jahresüberschuss oder Reingewinn) eines Unternehmens dividiert durch das Eigenkapital des Unternehmens

Return on Invested Capital	Nettobetriebsergebnis nach Anpassungen und nach adjustierten Ertragssteuern (NOPAT) im Verhältnis zum investierten Kapital; das investierte Kapital ergibt sich aus dem betriebsnotwendigen Vermögen abzüglich dem nichtverzinslichen Fremdkapital; entspricht mit Ausnahme der Conversions dem Return on Capital Employed
Return on Investment	Verhältnis von Gewinn zu investiertem Kapital (meist auf Profit-Center-Ebene angewendet); wird gemäß DuPont-Schema weiter in Umsatzrendite und Kapitalumschlag zerlegt
Return on Net Assets	Rendite bezogen auf Netto-Aktiven: Betriebsergebnis zuzüglich Finanzerträge im Verhältnis zum Gesamtvermögen abzüglich nichtverzinsliches Fremdkapital (Abzugskapital)
Return on Sales (ROS)	Synonyme: Bruttogewinnspanne, Umsatzmarge, Umsatzrendite; Gewinn dividiert durch Umsatz (in der Regel Nettoumsatz)
Rückflüsse	Cash Flows aus einer Investition
Rücklagen	Synonym: Reserven; offen ausgewiesene Kapital- und Gewinnrücklagen (-reserven) in einer Bilanz; Kapitalrücklage: die von den Eignern des Unternehmens über das Nominalkapital hinaus zugeführten Eigenkapitalanteile (zum Beispiel Agio oder Aufgeld); Gewinnrücklagen: Beträge, die im Unternehmen durch Einbehalten von Teilen des Gewinns gebildet wurden
Rückstellungen	Passivposten in der Bilanz; zukünftige Zahlungsverpflichtungen, die hinsichtlich Höhe oder Fälligkeit ungewiss und durch die laufende oder vergangene Geschäftstätigkeit verursacht sind

S

Segmentberichterstattung	Differenzierte Angaben zu einzelnen Teilbereichen (Segmenten) diversifizierter Unternehmen, um die Rendite-Risiko-Struktur des Unternehmens besser beurteilen zu können; Probleme bestehen in der Abgrenzung der Segmente sowie im Umfang der Angaben zu den einzelnen Segmenten
Sekundäre Kosten	Siehe abgeleitete Kosten
Selbstkosten	Summe aller Kosten eines betrieblichen Leistungserstellungs- und -verwertungsprozesses
Sonstige betriebliche Aufwendungen und Erträge	Alle diejenigen Erträge und Aufwendungen der Geschäftstätigkeit, die nicht bereits in anderen Aufwands- und Ertragspositionen enthalten sind (zum Beispiel Gewinne oder Verluste aus dem Verkauf von Gegenständen des Anlagevermögens, Währungsgewinne und -verluste)
Sprungfixe Kosten	Sind innerhalb bestimmter Beschäftigungsintervalle konstant, steigen jedoch, wenn die Beschäftigung die Intervallgrenze überschreitet
Steuern	Öffentliche Abgaben, die von einem Gemeinwesen kraft Zwangsgewalt in einer einseitig festgesetzten Höhe und ohne Gewährung einer (unmittelbaren) Gegenleistung von natürlichen und juristischen Personen erhoben wird
Stilllagekosten	Kosten der Stilllegung eines Geschäfts

	Substanzwert (brutto)	Summe der einzelnen Marktwerte, welche die Vermögensgegenstände eines Unternehmens bei Wiederbeschaffung hätten
	Substanzwert (netto)	Bruttosubstanzwert abzüglich Wert des Fremdkapitals
	Sunk Costs	Synonym: versunkene Kosten; wurden durch vergangene Entscheidungen determiniert und sind durch gegenwärtige oder zukünftige Entscheidungen nicht mehr zu verändern (rückgängig zu machen); daher in der Regel in Entscheidungsrechnungen nicht (mehr) relevant
	Sustainable Growth Rate	Wachstumsrate von Umsatz und Aktiven, die aus eigener Kraft aus einbehaltenen Gewinnen, also ohne Aufnahme zusätzlichen Eigen- oder Fremdkapitals, finanziert werden kann
T	**Tageswert**	Aktueller Preis eines Vermögensgegenstands zum Bilanzstichtag
	Target Costing	Siehe Zielkostenrechnung
	Teilkostenrechnung	Ergebnisrechnung mit Verrechnung nur eines Teils der Kosten (zum Beispiel ein- und mehrstufige Deckungsbeitragsrechnungen, Fixkostendeckungsrechnung)
	Transfer	Lieferungen und Leistungen zwischen Profit-Centern derselben Gesellschaft
	Transferpreis	Zwischen Profit-Centern einer Gesellschaft verrechneter Preis für konzerninterne Lieferungen und Leistungen (nicht gesellschaftsübergreifend)
U	**Umlageschlüssel**	Regeln (Konventionen), um Gemeinkosten auf Kostenträger zuzuordnen
	Umlaufvermögen	Synonym: Working Capital; Teil des Gesamtvermögens (Aktiva), das zum Verbrauch bestimmt ist
	Umlaufvermögen, Forderungen	Zahlungsansprüche aus Lieferungen und Leistungen an Dritte
	Umlaufvermögen, Vorräte	Bestände an fertigen und unfertigen Produkten und Waren
	Umsatz	Synonym: Erlös; Wert der verkauften Waren und der erbrachten Dienstleistungen eines Unternehmens
	Umsatzkosten	Kosten der Periode nach Funktionen (Versand, Vertrieb, Fertigung etc.)
	Umsatzkostenstellen	Siehe Endkostenstellen
	Umsatzkostenverfahren	Gestaltungsform innerhalb der kurzfristigen Erfolgsrechnung, bei der dem Umsatz die zur Erzielung des Umsatzes angefallenen Kosten gegenübergestellt werden; Bestandsveränderungen und die darauf entfallenden Kosten werden nicht ausgewiesen; Gliederung der Kosten nach Funktionen (Herstellung, Versand, Vertrieb, F&E, Verwaltung etc.); siehe im Gegensatz dazu das Gesamtkostenverfahren
	Umsatzmarge	Siehe Umsatzrendite
	Umsatzrendite	Synonyme: Bruttogewinnspanne, Return on Sales, Umsatzmarge; Ergebnis im Verhältnis zum Umsatz der Periode

	Unternehmensbereich	In der Regel oberstes Profit-Center eines Konzerns
	Ursprüngliche Kosten	Siehe originäre Kosten
V	**Variable Kosten**	Kosten, die direkt von Änderungen der Beschäftigung abhängig sind
	Vermögen (Aktiva)	Positionen der Aktivseite der Bilanz (Mittelverwendung)
	Verrechnungspreis	Preise für Güter und Leistungen zwischen verbundenen Unternehmen
	Versandkosten	Für den Versand von Gütern anfallende Kosten der Bereitstellung und Bereithaltung von Versandkapazitäten und -betriebsbereitschaft sowie der Durchführung von Versandvorgängen (Umsatzkosten)
	Verschuldungsgrad	Verhältnis von Fremd- zu Eigenkapital
	Versunkene Kosten	Siehe Sunk Costs
	Vertriebskosten	Kosten für Marketing, Innen- und Außendienst, Anwendungstechnik, Werbung und Auftragsabwicklung (Umsatzkosten)
	Vollkostenrechnung	Kostenrechnungssysteme, bei denen die gesamten (fixen und variablen) Kosten vollständig über die Kostenstellen bis auf die Kostenträgereinheiten verteilt werden
	Vorkalkulation	Ermittlung der anteiligen Fertigungskosten und Materialkosten eines Kostenträgers vor der Leistungserstellung; besonders in Betrieben mit Einzelfertigung ist die Vorkalkulation Grundlage für die Angebotsstellung
	Vorratsfaktor	Quotient aus optimalem Vorratswert und Umsatz eines Monats (Kehrwert des auf den Monat bezogenen optimalen Lagerumschlags)
W	**Wiederanlagezinsfuß**	Zinsfuß, zu dem freie Cash Flows angelegt werden können
	Wiederbeschaffungskosten	Zu Wiederbeschaffungspreisen bewerteter Güterverbrauch
	Wiederbeschaffungswert	Voraussichtlicher Anschaffungswert eines Produktionsfaktors zum Ersatzzeitpunkt; Wertbasis für die Ermittlung das Reparaturfaktors als Relation der Reparaturausgaben einer Produktionsanlage zum Wiederbeschaffungswert der Anlage
	Wiedereinbringungszeit	Synonyme: Amortisationsdauer, Pay-back-Dauer; Zeit, die vergeht, bis die diskontierten Rückflüsse einer Investition deren Anfangsauszahlung abdecken
	Wirtschaftliche Nutzungsdauer	Zeitraum, in dem ein abnutzbarer Vermögensgegenstand in betriebswirtschaftlich sinnvoller Weise, also rentabel, eingesetzt werden kann
	Wirtschaftlichkeitsrechnung	Bewertung von geplanten Investitionen, um festzustellen, ob deren Durchführung wirtschaftlich (rentabel) ist; besteht aus zwei Rechnungen: der Investitionsrechnung zur Ermittlung der Vorteilhaftigkeit der Investition (Kapitalwert oder Realer Zinsfuß) und der Planergebnisrechnung zur Ermittlung der Bruttorendite des Profit-Centers nach der Investition
	Working Capital	Siehe Umlaufvermögen

Z

Zahlungsstrom	Geldfluss- oder Cash-Flow-Entwicklung
Zielkosten (Target Costs)	Die im Rahmen des Zielkostenmanagements vor der Entwicklungsphase eines Produkts oder einer Leistung ermittelten Kosten, die ein Produkt bei Einführung höchstens kosten darf
Zielkostenrechnung	Synonym: Target Costing; Kostenkalkulation mit Vorgaben (Targets), die ein Produkt nicht übersteigen darf; beinhaltet auch die Aufspaltung der erlaubten Kosten auf Komponenten eines Produkts oder einer Leistung
Zinsen	Entgelt für die Inanspruchnahme von Kapital
Zinsfuß, Zinssatz	Der als Dezimalwert oder in Prozent ausgedrückte Preis für die zeitlich begrenzte Zurverfügungstellung von Fremdkapital; siehe auch Kalkulationszinsfuß, Wiederanlagezinsfuß, Realer Zinsfuß
Zuschreibungen	Erhöhungen des Buchwerts von Vermögensgegenständen; dient in der Regel dazu, außerplanmäßige Abschreibungen vorangegangener Geschäftsjahre rückgängig zu machen (Wertaufholung); Gegenposition zur Abschreibung

Controlling-Cockpit (Bruttobetriebsergebnis): Formular

Gesellschaft: Modell AG	**Standort/Produktlinie: XYZ**			grau: Eingabefelder	
in 1.000 EUR					
Perioden	**1**	**2**	**3**	**4**	**5**
Menge in Tonnen	**0**	**0**	**0**	**0**	**0**
Verkaufspreis EUR/kg	**0,00**	**0,00**	**0,00**	**0,00**	**0,00**
Nettoumsatz (NU)					
Bruttobetriebsergebnis (BBE)					
Umsatzrendite (BBE in % vom NU)					
Break-even (Umsatz)					
Break-even (Menge)					
Fixkosten 1	**0**	**0**	**0**	**0**	**0**
▪ *in % vom NU*					
Variable Kosten					
▪ *in % vom NU*					
▪ **EUR/kg**	**0,00**	**0,00**	**0,00**	**0,00**	**0,00**
Deckungsbeitrag (DB 1)					
▪ *in % vom NU*					
Anlagevermögen (AV)	**0**	**0**	**0**	**0**	**0**
Bruttorendite (BBE in % vom AV)					
Kapitalumschlag (NU/AV)					

Fixkostenstruktur	**in 1.000 EUR**		***in % vom NU***		**Schwachstellen**
	Periode 4	**Periode 5**	**Periode 4**	**Periode 5**	☐ Menge
▪ Versandkosten	0	0			☐ Fixkosten
▪ Vertriebskosten	0	0			☐ Preis
▪ Fertigungskosten	0	0			☐ Variable Kosten
Summe					☐ Kapitalbindung

Umsatzrendite-(UR-)Diagramm

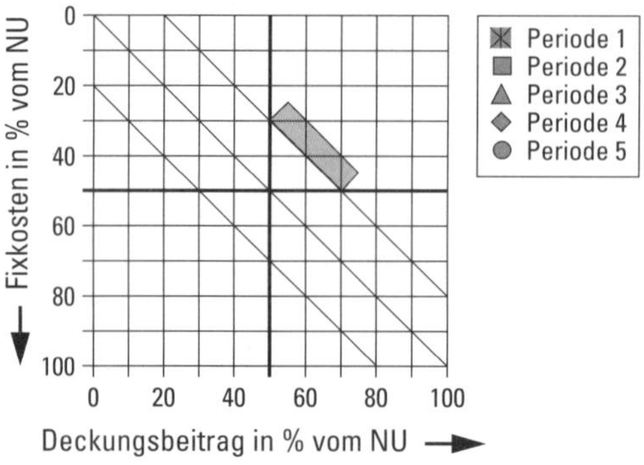

Zielfeld: UR = 20–30%

Kapitalrendite-(KR-)Diagramm

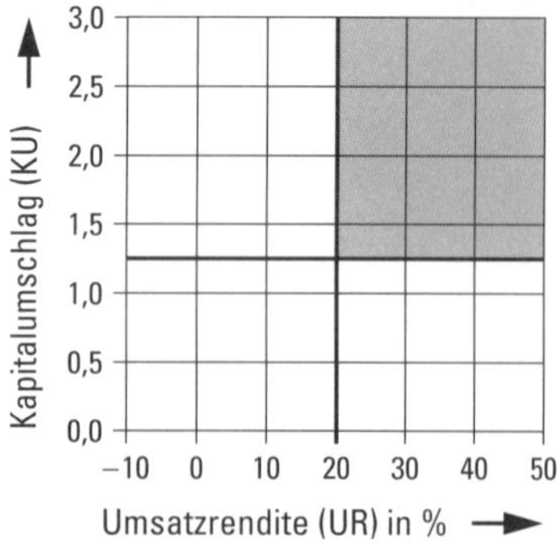

Zielfeld: UR > 20%; KU > 1,25

Controlling-Cockpit (Gross Operating Result): Form

Company: Model Ltd.	**Location/Product Group: XYZ**				grey: data input
in 1.000 EUR **Periods**	**1**	**2**	**3**	**4**	**5**
Quantity in tons	**0**	**0**	**0**	**0**	**0**
Average Price EUR/kg	**0.00**	**0.00**	**0.00**	**0.00**	**0.00**
Net Sales					
Gross Operating Result (GOR)					
Return on Sales (GOR in % of Net Sales)					
Break Even (Sales)					
Break Even (Quantity)					
Fixed Cost 1	**0**	**0**	**0**	**0**	**0**
▪ *in % of Sales*					
Variable Cost					
▪ *in % of Sales*					
▪ **EUR/kg**	**0.00**	**0.00**	**0.00**	**0.00**	**0.00**
Contribution Margin (CM 1)					
▪ *in % of Sales*					
Assets (Investment)	**0**	**0**	**0**	**0**	**0**
Return on Investment (GOR in % of Assets)					
Asset Turnover (Sales over Assets)					

Fixed Cost Structure	**in 1,000 EUR**		***in % of Sales***		**Weakness Analysis**
	Period 4	**Period 5**	**Period 4**	**Period 5**	☐ Quantity
▪ Shipping cost	0	0			☐ Fixed Cost
▪ Selling cost	0	0			☐ Average Price
▪ Manufacturing cost	0	0			☐ Variable Cost
Total					☐ Assets

Return on Sales (ROS) graph

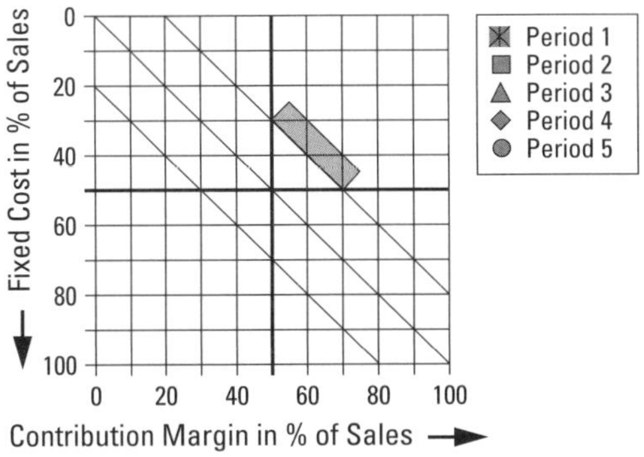

Target: ROS = 20–30%

Return on Investment (ROI) graph

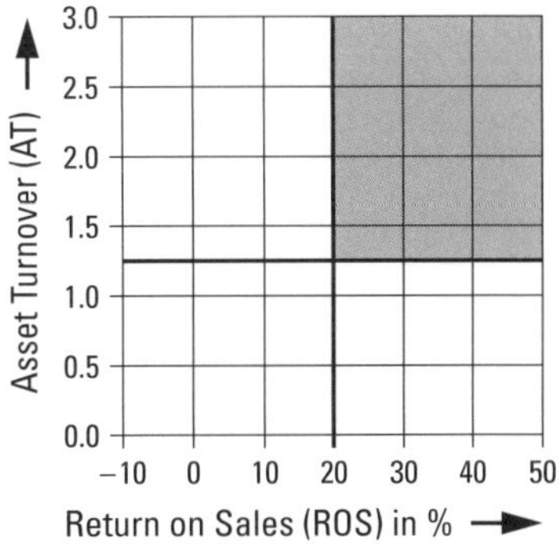

Target: ROS > 20%; AT > 1.25

Controlling-Cockpit (Bruttobetriebsergebnis): Beispiel

Gesellschaft: Modell AG	**Standort/Produktlinie: XYZ**			grau: Eingabefelder	
in 1.000 EUR					
Perioden	**1**	**2**	**3**	**4**	**5**
Menge in Tonnen	**1.000**	**1.100**	**1.200**	**1.300**	**1.400**
Verkaufspreis EUR/kg	**10,00**	**10,40**	**10,60**	**10,80**	**11,00**
Nettoumsatz (NU)	10.000	11.440	12.720	14.040	15.400
Bruttobetriebsergebnis (BBE)	2.000	2.830	3.480	4.150	4.840
Umsatzrendite (BBE in % vom NU)	*20,0*	*24,7*	*27,4*	*29,6*	*31,4*
Break-even (Umsatz)	6.667	6.768	6.956	7.145	7.333
Break-even (Menge)	667	651	656	662	667
Fixkosten 1	**4.000**	**4.100**	**4.200**	**4.300**	**4.400**
▪ *in % vom NU*	*40,0*	*35,8*	*33,0*	*30,6*	*28,6*
Variable Kosten	4.000	4.510	5.040	5.590	6.160
▪ *in % vom NU*	*40,0*	*39,4*	*39,6*	*39,8*	*40,0*
▪ **EUR/kg**	**4,00**	**4,10**	**4,20**	**4,30**	**4,40**
Deckungsbeitrag (DB 1)	6.000	6.930	7.680	8.450	9.240
▪ *in % vom NU*	*60,0*	*60,6*	*60,4*	*60,2*	*60,0*
Anlagevermögen (AV)	**8.000**	**8.500**	**9.000**	**9.500**	**10.000**
Bruttorendite (BBE in % vom AV)	*25,0*	*33,3*	*38,7*	*43,7*	*48,4*
Kapitalumschlag (NU/AV)	1,25	1,35	1,41	1,48	1,54

Fixkostenstruktur	**in 1.000 EUR**		***in % vom NU***		**Schwachstellen**
	Periode 4	**Periode 5**	**Periode 4**	**Periode 5**	☐ Menge
▪ Versandkosten	300	300	*2,1*	*1,9*	☐ Fixkosten
▪ Vertriebskosten	1.300	1.300	*9,3*	*8,4*	☐ Preis
▪ Fertigungskosten	2.700	2.800	*19,2*	*18,2*	☐ Variable Kosten
Summe	4.300	4.400	*30,6*	*28,6*	☐ Kapitalbindung

Umsatzrendite-(UR-)Diagramm

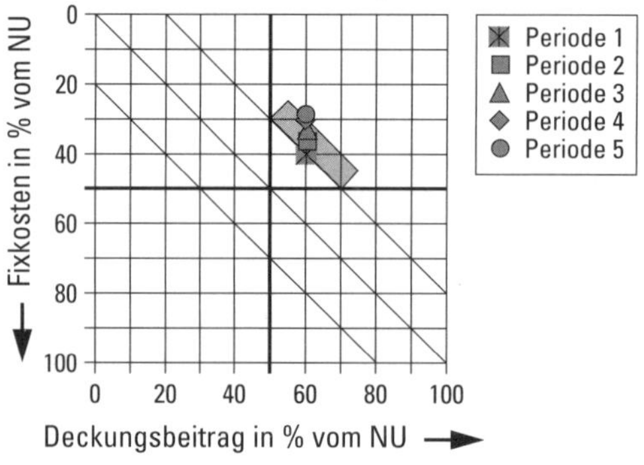

Zielfeld: UR = 20–30%

Kapitalrendite-(KR-)Diagramm

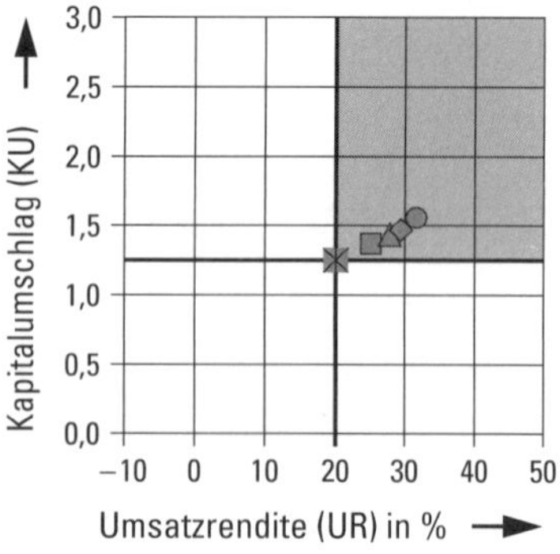

Zielfeld: UR > 20%; KU > 1,25

Controlling-Cockpit (Gross Operating Result): Example

Company: Model Ltd.	**Location/Product Group: XYZ**			grey: data input	
in 1.000 EUR					
Periods	**1**	**2**	**3**	**4**	**5**
Quantity in tons	**1,000**	**1,100**	**1,200**	**1,300**	**1,400**
Average Price EUR/kg	**10.00**	**10.40**	**10.60**	**10.80**	**11.00**
Net Sales	10,000	11,440	12,720	14,040	15,400
Gross Operating Result (GOR)	2,000	2,830	3,480	4,150	4,840
Return on Sales (GOR in % of Net Sales)	*20.0*	*24.7*	*27.4*	*29.6*	*31.4*
Break Even (Sales)	6,667	6,768	6,956	7,145	7,333
Break Even (Quantity)	667	651	656	662	667
Fixed Cost 1	**4,000**	**4,100**	**4,200**	**4,300**	**4,400**
■ *in % of Sales*	*40.0*	*35.8*	*33.0*	*30.6*	*28.6*
Variable Cost	4,000	4,510	5,040	5,590	6,160
■ *in % of Sales*	*40.0*	*39.4*	*39.6*	*39.8*	*40.0*
■ **EUR/kg**	**4.00**	**4.10**	**4.20**	**4.30**	**4.40**
Contribution Margin (CM 1)	6,000	6,930	7,680	8,450	9,240
■ *in % of Sales*	*60.0*	*60.6*	*60.4*	*60.2*	*60.0*
Assets (Investment)	**8,000**	**8,500**	**9,000**	**9,500**	**10,000**
Return on Investment (GOR in % of Assets)	*25.0*	*33.3*	*38.7*	*43.7*	*48.4*
Asset Turnover (Sales over Assets)	1.25	1.35	1.41	1.48	1.54

Fixed Cost Structure	**in 1,000 EUR**		***in % of Sales***		**Weakness Analysis**
	Period 4	**Period 5**	**Period 4**	**Period 5**	☐ Quantity
■ Shipping cost	300	300	*2.1*	*1.9*	☐ Fixed Cost
■ Selling cost	1.300	1.300	*9.3*	*8.4*	☐ Average Price
■ Manufacturing cost	2.700	2.800	*19.2*	*18.2*	☐ Variable Cost
Total	4.300	4.400	*30.6*	*28.6*	☐ Assets

Return on Sales (ROS) graph

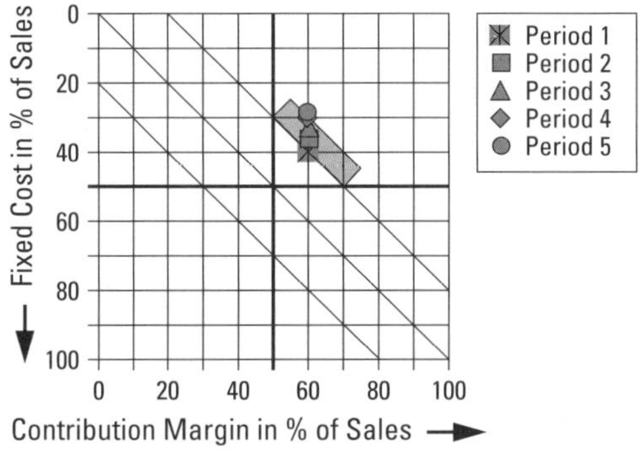

Target: ROS = 20–30%

Return on Investment (ROI) graph

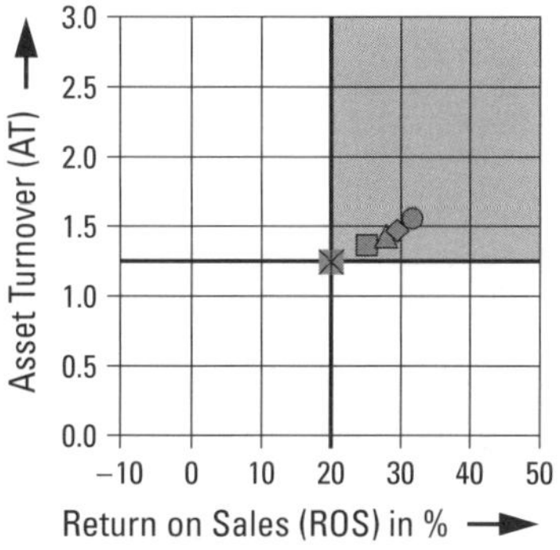

Target: ROS > 20%; AT > 1.25

Cockpit du contrôle de gestion (excédent brut d'exploitation): exemple

Société: Exemple S. A.	**Site/Ligne de produit: XYZ**			En gris: zones de saisie	
en 1 000 EUR					
Périodes	**1**	**2**	**3**	**4**	**5**
Volume en tonnes	**1 000**	**1 100**	**1 200**	**1 300**	**1 400**
Prix de vente EUR/kg	**10,00**	**10,40**	**10,60**	**10,80**	**11,00**
Chiffre d'affaires net (CAN)	10 000	11 440	12 720	14 040	15 400
Excédent brut d'exploitation (EBE)	2 000	2 830	3 480	4 150	4 840
Rentabilité du chiffre d'affaires (EBE en % du CAN)	*20,0*	*24,7*	*27,4*	*29,6*	*31,4*
Seuil de rentabilité (chiffre d'affaires)	6 667	6 768	6 956	7 145	7 333
Seuil de rentabilité (volume)	667	651	656	662	667
Coûts fixes 1	**4 000**	**4 100**	**4 200**	**4 300**	**4 400**
■ *en % du CAN*	*40,0*	*35,8*	*33,0*	*30,6*	*28,6*
Coûts variables	4 000	4 510	5 040	5 590	6 160
■ *en % du CAN*	*40,0*	*39,4*	*39,6*	*39,8*	*40,0*
■ **EUR/kg**	**4,00**	**4,10**	**4,20**	**4,30**	**4,40**
Marge sur coûts variables (MCV 1)	6 000	6 930	7 680	8 450	9 240
■ *en % du CAN*	*60,0*	*60,6*	*60,4*	*60,2*	*60,0*
Actif immobilisé (AI)	**8 000**	**8 500**	**9 000**	**9 500**	**10 000**
Rendement brut (EBE en % de l'AI)	*25,0*	*33,3*	*38,7*	*43,7*	*48,4*
Rotation du capital (CAN/AI)	1,25	1,35	1,41	1,48	1,54

Structure des coûts fixes	**en 1 000 EUR**		***en % du CAN***		**Faiblesses**
	Période 4	**Période 5**	**Période 4**	**Période 5**	☐ Volume
■ Frais d'expédition	300	300	*2,1*	*1,9*	☐ Coûts fixes
■ Coûts commerciaux	1 300	1 300	*9,3*	*8,4*	☐ Prix
■ Coûts de fabrication	2 700	2 800	*19,2*	*18,2*	☐ Coûts variables
Somme	4 300	4 400	*30,6*	*28,6*	☐ Immobilisation de capital

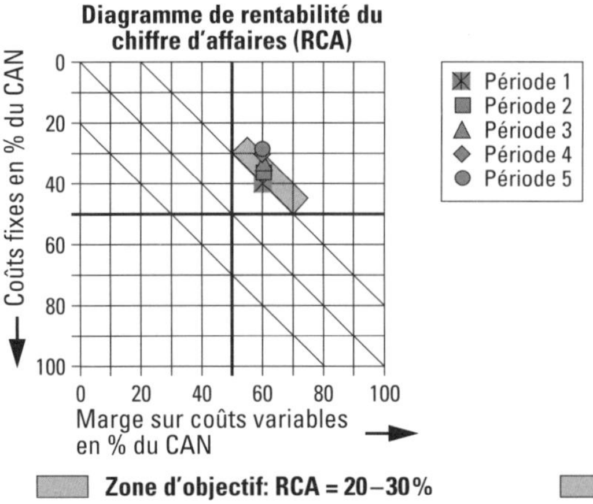

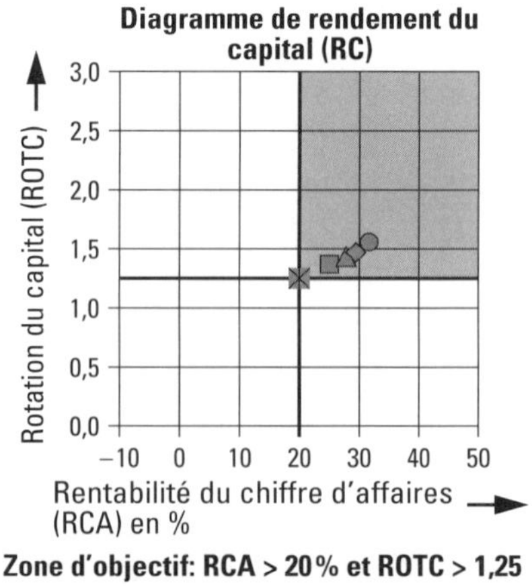

Controlling cockpit (Risultato lordo d'esercizio): esempio

Società: Modello SA	**Sede/Linea prodotti: XYZ**			grigio: campi di immissione	
in 1.000 di EUR					
Periodi	**1**	**2**	**3**	**4**	**5**
Quantità in tonnellate	**1.000**	**1.100**	**1.200**	**1.300**	**1.400**
Prezzo di vendita EUR/kg	**10,00**	**10,40**	**10,60**	**10,80**	**11,00**
Cifra d'affari netta (CAN)	10.000	11.440	12.720	14.040	15.400
Risultato lordo d'esercizio (RLE)	2.000	2.830	3.480	4.150	4.840
Redditività della cifra d'affari (RLE in % della CAN)	*20,0*	*24,7*	*27,4*	*29,6*	*31,4*
Break even point (Fatturato)	6.667	6.768	6.956	7.145	7.333
Break even point (Quantità)	667	651	656	662	667
Costi fissi 1	**4.000**	**4.100**	**4.200**	**4.300**	**4.400**
▪ *in % della CAN*	*40,0*	*35,8*	*33,0*	*30,6*	*28,6*
Costi variabili	4.000	4.510	5.040	5.590	6.160
▪ *in % della CAN*	*40,0*	*39,4*	*39,6*	*39,8*	*40,0*
▪ **EUR/kg**	**4,00**	**4,10**	**4,20**	**4,30**	**4,40**
Margine di contribuzione (MC 1)	6.000	6.930	7.680	8.450	9.240
▪ *in % della CAN*	*60,0*	*60,6*	*60,4*	*60,2*	*60,0*
Attivo immobilizzato (AI)	**8.000**	**8.500**	**9.000**	**9.500**	**10.000**
Rendimento lordo (RLE in % dell'AI)	*25,0*	*33,3*	*38,7*	*43,7*	*48,4*
Rotazione del capitale (CAN/AI)	1,25	1,35	1,41	1,48	1,54

Struttura dei costi fissi	**in 1.000 di EUR**		***in % della CAN***		**Punti deboli**
	Periodo 4	**Periodo 5**	**Periodo 4**	**Periodo 5**	☐ Quantità
▪ Costi di spedizione	300	300	*2,1*	*1,9*	☐ Costi fissi
▪ Costi di distribuzione	1.300	1.300	*9,3*	*8,4*	☐ Prezzo
▪ Costi di fabbricazione	2.700	2.800	*19,2*	*18,2*	☐ Costi variabili
Totale	4.300	4.400	*30,6*	*28,6*	☐ Immobilizzazione di capitale

Diagramma della redditività della cifra d'affari (ROS)

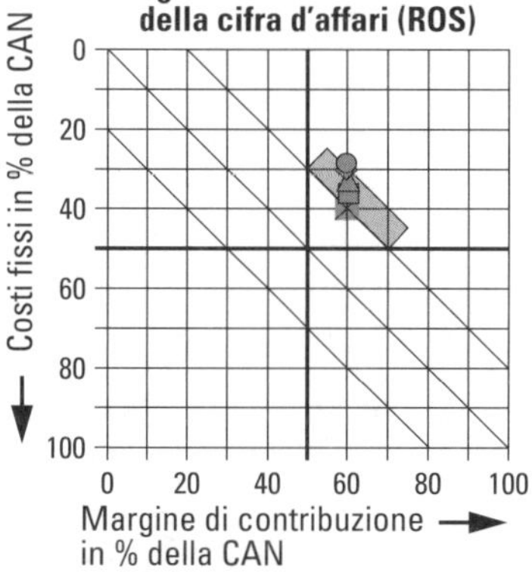

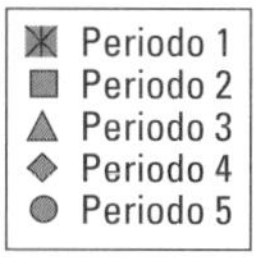

Diagramma del rendimento del capitale (RC)

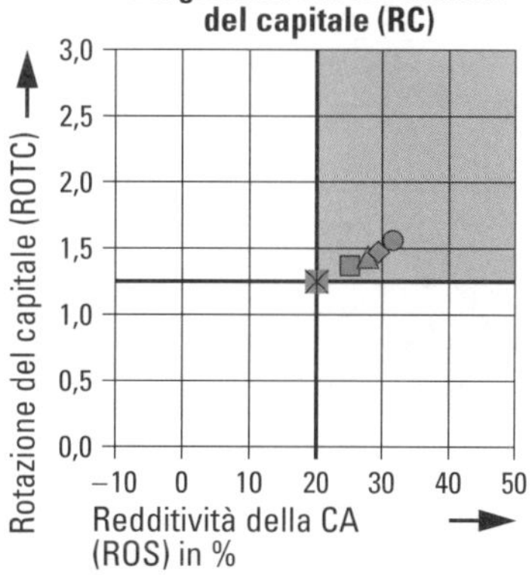

Zona d'obiettivo: ROS = 20–30%

Zona d'obiettivo: ROS >20% e ROTC >1,25

Stichwortverzeichnis

A

ABC-Analyse 158–165
abgeleitete Kosten 42, 52, *371*
Absatz *371*
Abschreibungen *371*
bilanzielle *371*
kalkulatorische *376*
und Investition 151
Abschreibungsmethoden
degressive *371*
lineare *371*
Absetzung für Abnutzung *371*
Abzugskapital 32, 39, *371*
Accounting Adjustments 181
Ad-hoc-Berichterstattung 146
Akquisition *371*
Aktiva, Aktiven 31, *371*
Amortisationsdauer,
Amortisationszeit 94, 271
Siehe Wiedereinbringungszeit
Anfangsauszahlung 22, 83
Angebotspreiskalkulation 123–126, 248
angemessenes Anlagevermögen 170
Anlagevermögen 31, *371*
angemessenes 170
Finanzanlagen *371*
Anlagevermögen (Forts.)
immaterielles Vermögen *371*
Sachanlagen *371*
Anschaffungskosten *371*
aperiodische Auszahlungen 141
Arbeitsteilung 54, 130–131, 138
Auftragseingang 143–144
und Umsatz 143–144
Auftragsprodukte 148
Aufwand *372*
Erhaltungs- *374*
Aufzinsungsformel 16, 21, 23
Ausgaben *372*
Auszahlungen *372*
aperiodische einmalige 141
aperiodische wiederkehrende 141

B

Badwill *372*
Balanced Scorecard
(BSC) 180, 186–189, *372*
Baldwin-Zins 86
Barwert 21, 271
Barwertmethode 82
Benchmarking 207–209, *372*
externes 208

Benchmarking (Forts.)
funktionales 208
internes 207
Bereichscontrolling 60
Berichterstattung
Ad-hoc- 146
finanzwirtschaftliche
Fallbeispiel 213–219
Monatsbericht 116
Monats-Schnellbericht 157
Fallbeispiel 236–241
operative 37
Quartals- 146, 287
Risiko- 184
Segment- 56, *381*
Wirtschaftsteil von Tageszeitungen
Fallbeispiele 282–289
Beschäftigungsabhängigkeit 48–50
Beschäftigungsgrad *372*
»best in class« 207
Beta-Faktor 183
betriebliches Ergebnis 32–33
Betriebsergebnis 37, 72–73, *372*
betriebsnotwendiges
Kapital 32, 39, 72, 80, *372*
betriebsnotwendiges Vermögen 32, *372*
Bestandteile 32
Bilanz *372*
Ciba Spezialitätenchemie 34
Grundschema 31
bilanzielle Abschreibungen *371*
bilanzielle Rendite *372*
Break-even 108–119
Ergebnisschätzung 116–119
Fallbeispiel 236–246
Herleitung 108–111
kritischer Preis 111–112
Veränderung 113–116
Break-even-
-Analyse 108–119
graphisch 109
-Menge 110
-Punkt 50, *372*
-Umsatz 110
Bruttoanlageinvestitionen 77
Bruttobetriebsergebnis 37, 49, 72, *372*
Bruttoergebnis 33, *372*
Bruttogewinn *Siehe* Bruttoergebnis
Bruttogewinnspanne *372*
Bruttorendite 60–62, 68, 90, *372*
Bruttorendite-Diagramm 67–68
Bruttoumsatz *373*
BSC (Balanced
Scorecard) 180, 186–189, *372*
Buchwert *373*
Business Process Reengineering 194

C

Capital Asset Pricing Model 183
Capital Employed 59, 80
Cash Flow 20, 85, *373*
aus Betriebstätigkeit *373*
aus Finanzierungstätigkeit *373*
aus Investitionstätigkeit *373*
Freier (Free) *375*
Center-Organisation 54
Controlling
Aufgaben 184–185
Bereichs- 60
Funktions- 55
-Handbuch 203
Risiko- 180, 184–186
Zentral- 60
Controllingbericht 71
Controlling-Cockpit 70–75, 113
Bruttobetriebsergebnis
Beispiel 388
deutsche Version 386
französische Version 390
italienische Version 391
Formular 71, 73
Gross Operating Result
Beispiel 389
englische Version 387
Nullversion 215
Voraussetzungen 70
controllingrelevante Daten 47–58, 71
Fallbeispiel 213–219
»falsche« Daten 174–178
absolute variable Kosten 177–178
fixe Stückkosten 177–178
Gewinnveränderung
in Prozent 175–176
Herstellkosten 177
historische Daten 166–168

controllingrelevante Daten (Forts.)
Plausibilität ... 166–173
qualitative Prüfung ... 170–173
richtige Kostenstruktur ... 172
rollierende Daten ... 144–146
Techniken zur optimalen
Nutzung ... 141–178
Voraussetzungen ... 47–58
Cost-Income Ratio ... 209, *373*
Customer Life Cycle Costing ... 190

D

Daten
controllingrelevante ... 47–58, 71
des Rechnungswesens ... 41–46
»falsche« ... 174–178
historische ... 166–168
inflationsneutrale ... 165–166
konsolidierte ... 153–154
rollierende ... 144–146
DB (Deckungsbeitrag) .. 108, 126, 262, *373*
dealing at arm's length ... 132–133
Debitoren ... 150
Debitorenrisiko ... 150
Debt-to-Equity Ratio ... 28
Siehe Verschuldungsgrad
Deckungsbeitrag (DB) ... 108, 262, *373*
engpassspezifischer ... 126–127
pro Engpassfaktor ... 126
pro Stück ... *373*
Deckungsbeitrags-
-intensität ... 64, *373*
-rate ... 63–64, 116, *373*
-rechnung ... 92
entscheidungsbezogene ... 105
degressive Abschreibungsmethoden ... *371*
derivative Kosten
Siehe abgeleitete Kosten
Desinvestition, Devestition ... *373*
Fallbeispiel ... 273–277
Desinvestitionsrechnung
Fallbeispiel ... 273–277
Differenzinvestition ... 89
Dispositionsrechnung ... 105–107
Fallbeispiel ... 223–232
Dividendenpolitik ... 29
Dividend Pay-out Ratio ... *373*
duale Struktur ... 57
Dualität von Projekt- und
Produktrechnung ... 96–97
DuPont-Schema ... *373*
durchgerechnete Kosten ... *373*
durchgerechnetes Ergebnis ... *373*
dynamische Investitionsrechnung ... 82–90

E

Earnings Before Interest and Taxes
(EBIT) ... 32, *374*
Earnings per Share (EPS) ... *374*
Earnings Retention Rate ... *374*
EBIT (Earnings Before Interest and
Taxes) ... 32, *374*
Economic Value Added (EVA) 180–184, *374*
Conversions ... 181
Residualgewinn ... 181
Eigenerzeugnis ... 50
Eigenkapital ... 31, *374*
Eigenkapital-
-äquivalente ... 182
-kostensatz ... 183
-rendite ... 28
Siehe Return on Equity (ROE)
Einnahmen ... *374*
Einperiodenrechnung ... 104–105
Einsatzstoffkosten ... *374*
Einstandskosten ... *374*
Einzahlungen ... *374*
Einzelkosten ... 51–53, *374*
Endkostenstellen ... 43, *374*, *377*
Endwert ... 21–22, 85, *374*
Endwertformel ... 19, 23
engpassspezifischer
Deckungsbeitrag ... 126–127
EPS (Earnings per Share) ... *374*
Erfolgsrechnung
Konzern- ... 198
kurzfristige ... *378*
Siehe Gewinn- und Verlustrechnung
Ergebnis
betriebliches ... 32–33
Betriebs- ... 37, 72–73, *372*
Brutto- ... 33, *372*
Bruttobetriebs- ... 37, 49, 72, *372*
durchgerechnetes ... *373*
konsolidiertes ... 153–154, 251–261
Siehe durchgerechnetes Ergebnis

Ergebnis (Forts.)
nach Steuern 29, 33, *374*
operatives 72
Quartals- 146
sonstiges betriebliches 38
vor Steuern 33
Ergebniskonsolidierung
Fallbeispiel 251–255
im internen Transfer
Fallbeispiel 256–261
Ergebnisparameter 63
Fallbeispiel 220–222
Überblick 63
Ergebnisplanung 120–122
bottom up 120
Fallbeispiel 278–281
top down 120
Ergebnisrechnung
Plan- 82, 120–122, *379*
Produkt- *379*
unterschiedliche Warenursprünge 51
Ergebnisschätzung
Break-even 116–119
Jahreshochschätzung 116
Monatsbericht 116
Erhaltungsaufwand *374*
Erlös *Siehe* Umsatz
Erlösschmälerungen *374*
Ertrag *374*
Ertragssteuern *374*
Ertragswert *374*
Erzeugnisse *374*
EVA (Economic Value Added) 180–184, *374*

F

Fallbeispiele 211–289
Aufbau eines
Controllingsystems 213–219
Break-even 236–246
Desinvestition einer
Produktlinie 273–277
Dispositionsrechnung 223–232
Ergebniskonsolidierung
im internen Transfer 256–261
Ergebniskonsolidierung
Produktion und Vertrieb 251–255
Ergebnisparameter 220–222
Fallbeispiele (Forts.)
finanzwirtschaftliche
Berichterstattung 213–219
Investitions- und Wirtschaftlich-
keitsrechnung 266–272
Preisfindung bei der
Auftragsfertigung 247–250
Sanierung einer Produktlinie . . . 220–222
Schließung eines
Produktionsbetriebs 228–232
Schwachstellenanalyse 278–281
Sortimentsanalyse 262–265
Umsatz- und Ergebnisprognose
in der Jahreshochschätzung . 242–246
Umsatz- und Ergebnisschätzung
im Monats-Schnellbericht . . 236–241
Unternehmensbewertung 273–281
Verlagerung einer Produktlinie . 233–235
Wirtschaftsteil von
Tageszeitungen 282–289
Zukauf von Handelswaren 223–227
Fallkosten 46
»falsche« Daten 174–178
Fertigungskosten *375*
Fertigungstiefe 67
Financial Leverage 28–30, *375*
Finanzanlagen *371*
Finanzhebel 28
Finanzierung *375*
Finanzinvestition 15, 18
Fixkosten 48–50, *375*
Fixkostenglättung 141–143, 239
Fixkostenrate 64
flüssige Mittel *Siehe* liquide Mittel
Forderungen 146–150, *382*
und Vorräte 146–150
Forderungsumschlagszeit 150, *375*
Freier (Free) Cash Flow *375*
Fremdkapital 31, *375*
Fremdkapitalkostensatz 183
Frühindikator 143
Funktionscontrolling 55

G

Gearing 28
Geldvermögen *375*
Gemeinkosten 51–53, *375*

geometrische Durchschnittsrendite .. 23, 85
Gesamtkapitalrendite
Siehe Return on Capital
Gesamtkostenverfahren *375*
Gesamtunternehmenssteuerung 31–35
Gesamtvermögensrendite
Siehe Return on Assets
Geschäftsbericht
Analyse in Tageszeitungen 282–289
Geschäftseinheit *375*
Geschäftswert *Siehe* Goodwill
Gewinn *375*
Brutto- *Siehe* Bruttoergebnis
Rein- *Siehe* Jahresüberschuss
Residual- 181
Über- 24, 30, 62, 181
vor Steuern 29
Gewinn-
-schwelle 50, 108–119
Siehe auch Break-even-Punkt
-spanne, Brutto- *372*
-teilung, Transferware 139
-vergleichsmethode 93
Gewinn- und Verlustrechnung (GuV) 33, *375*
Ciba Spezialitätenchemie 35
Umsatzkostenverfahren 33
Glättung von Fixkosten 141–143, 239
Goodwill 32, 182, *375*
Grundformel wirtschaftlichen
Handelns 24–25
gruppeninternes Geschäft 128
Siehe auch Verbund
Gruppenwaren 50, *376*

H

Handelswaren 50, 223–227, *376*
Hauptkostenstelle 43
Hauptprozesse 194
Herstellkosten 236, *376*
Hilfskostenstelle 43
Hilfs- und Betriebsstoffe (H&B) *376*
Hockey-Stick-Effekt 98, 169
Hurdle Rate 82, 86

I

immaterielles Vermögen *371*
Inbetriebnahme *376*
inflationsneutrale Daten 165–166
Innenumsatz *376*
innerbetriebliche Leistungen *376*
Interner Zinsfuß 91, *376*
Interne Zinsfußmethode 91
Investition 77, *376*
Bedeutung 77
Begriff 77
Bruttoanlage- 77
Des- *373*
Fallbeispiel 273–277
Differenz- 89
fiktive 89
Finanz- 15, 18
Kalkulationszeitraum 95–96
Real- 18, 20
Rückflüsse 85
und Abschreibungen 151–152
und Reparaturen 150–151
Investitionsentscheidung 79
Pay-back-Dauer 94–95, 271
Siehe auch Wiedereinbringungszeit
Planergebnisrechnung . 82, 120–122, *379*
Überblick 104–105
Wiedereinbringungszeit 94–95, 271, *383*
Investitionspläne 78
Investitionspolitik 78
Investitionsprojekt
Kurzläufer 94
Langläufer 94
Risikobetrachtung 99–103
Sensitivität 99–103
Investitionsrechenmethoden
Barwertmethode 82
dynamische 82–90
Interne Zinsfußmethode 91
Kapitalwertmethode 82–84, 87
OR-Methoden 81
Reale Zinsfußmethode 85–88
statische 90–91
Überblick 79–82
Wiedereinbringungszeit 94–95, 271, *383*
Investitionsrechnung 77–105, 266–272
Differenzinvestition 89
dynamische 82–90
Fallbeispiel 266–272
Plausibilität 98–99

Investitionsrechnung (Forts.)
  produktbezogene Rechnung 96–97
  projektbezogene Rechnung 96
  qualitative Risikobetrachtung 98–99
  Splittung von Zahlungen 88–89
  statische 90–91
  Vergleichbarkeit alternativer
    Investitionsprojekte 89–90
Iso-Kapitalrenditen 26

J

Jahreshochschätzung 116
  Fallbeispiel 242–246
Jahresüberschuss *376*

K

Kalkulation 45
  Nach- *379*
  progressive 192
  retrograde 191–192
  Vor- *383*
Kalkulationszeitraum 95–96
Kalkulationszinsfuß,
  -zinssatz 24, 82, 84, 155, *376*
kalkulatorische Abschreibungen *376*
kalkulatorische Kosten *376*
kalkulatorische Zinsen *376*
Kapazität *376*
Kapital
  Abzugs- 32, 39, *371*
  betriebsnotwendiges 39, 72, 80, *372*
  Eigen- 31, *374*
  Fremd- 31, *375*
Kapital-
  -bindung 150
  -herkunft 31
    Siehe Mittelherkunft
  -kosten 25
  -kostensatz 155
  -rendite 17–39, 69
    -Diagramm 26, 67
    Sensitivität 220–222, 272
    Siehe Kapitalrentabilität
  -rentabilität 69, *376*
  -umschlag 25–28, 68–69, *377*
    Optimierung des 67
  -umschlag-Umsatzrendite-Diagramm
    Siehe Kapitalrendite-Diagramm
Kapital- (Forts.)
  -verwendung 31
    Siehe auch Mittelverwendung
  -wert 84, 270, *377*
  -wertmethode 82–84, 87
Kennzahlen
  Cost-Income Ratio 209, *373*
  Forderungsumschlagszeit 150, *375*
  Kapitalumschlag 25–28, 68, *377*
  Lagerumschlag 148, *378*
  Lieferservicegrad 148, *378*
  Reparaturfaktor 151, *380*
  Umsatzrendite 25–28, 66, *382*
  Verschuldungsgrad *383*
  Vorratsfaktor 149, *383*
Kennziffern *Siehe* Kennzahlen
Kernsortiment 160, 163
klassische Kapitalwertmethode 82–84
Komplexität der Organisation 57
konsolidierte Daten 153–154
konsolidierte Kosten
  Siehe durchgerechnete Kosten
konsolidierter
  Umsatz 153–154, 251–261, *377*
konsolidiertes
  Ergebnis 153–154, 251–261
  Siehe durchgerechnetes Ergebnis
Konsolidierung 204
Konzern *377*
Konzernerfolgsrechnung 198
Konzernkostenrechnung 197–206
  einheitliche Grundkonzeption 203
  Konsolidierungskreis 201
  Konzernprimärkostenrechnung . 204–206
  Organisation der 199
  Wirtschaftlichkeit der Rechnung 206
  Zwischenerfolgseliminierung 204
Konzernrendite
  Siehe Return on Capital Employed
    (ROCE)
Konzernwaren 50
  Siehe Gruppenwaren
Kosten *377*
  abgeleitete 42, 52, *371*
  Anschaffungs- *371*
  derivative *Siehe* abgeleitete Kosten
  durchgerechnete *373*

Kosten (Forts.)
Einsatzstoff- ... *374*
Einstands- ... *374*
Einzel- ... 51–53, *374*
Fall- ... 46
Fertigungs- ... *375*
Fix- ... 48–50, *375*
Gemein- ... 51–53, *375*
Herstell- ... 236, *376*
kalkulatorische ... *376*
Kapital- ... 25
konsolidierte
Siehe durchgerechnete Kosten
Opportunitäts- ... 25, 127, 154–155, *379*
originäre ... 42, 52, *379*
Overhead- ... 52, 75, 249, 251, *379*
primäre *Siehe* originäre Kosten
Prozess- ... 194–197, *380*
Reparatur- ... *380*
Schlüsselung ... 52
sekundäre *Siehe* abgeleitete Kosten
Selbst- ... *381*
sprungfixe ... 49–50, *381*
Stillage- ... *381*
sunk costs ... 156, *382*
Umlage ... 52
Umsatz- ... 43, *382*
ursprüngliche *Siehe* originäre Kosten
variable ... 48–50, *383*
Versand- ... *383*
versunkene *Siehe* sunk costs
Vertriebs- ... *383*
Wiederbeschaffungs- ... *383*
Ziel- ... 191–193, *384*
Kostenarten ... 42–44, *377*
Kostenartenrechnung ... 41–44, 52, *377*
Kostenaufschlagsmethode ... 135
Kostenrechnung ... *377*
Konzern- ... 197–206
Konzernprimär- ... 204–206
Lebenszyklus- ... 189–191, *378*
Plan- ... *379*
prozessorientierte ... 194–197
Teil- ... *382*
Voll- ... *383*
Ziel- ... 191–193, *384*
Kostenstelle ... *377*
End- ... 43, *374*, *377*
Haupt- ... 43
Hilfs- ... 43
Umsatz- *Siehe* Endkostenstellen
Verbrauchs- ... 42
Vor- ... 43, *377*
Kostenstellenrechnung . 41–44, 52, 237, *377*
Kostenstrukturen
Chemie ... 62, 64–65
Handel ... 63, 65
Kostenträger ... 44–45, *377*
Kostenträgerrechnung .. 41, 44–46, 52, *377*
Kostenträgerstückrechnung ... 45
Kostenträgerzeitrechnung ... 45–46
Kostentransparenz ... 194
Kostentreiber ... *378*
Kostenverhalten ... 48
Kreditrisiko ... 150
Kuppelproduktion ... 51, 53
Kurs-Gewinn-Verhältnis
Siehe Price-Earnings Ratio
kurzfristige Erfolgsrechnung ... *378*
Kurzläufer ... 94

L

Lagerhüter ... 149
Lagerumschlag ... 148, *378*
Langläufer ... 94
Lead-Indikator ... 143
Leasing ... *378*
Lebenszykluskostenrechnung 189–191, *378*
Leistungen ... *378*
innerbetriebliche ... *376*
Lieferservicegrad ... 148, *378*
Life Cycle Costing
Siehe Lebenszykluskostenrechnung
lineare Abschreibungsmethoden ... *371*
Liquidationserlös ... 88, *378*
liquide Mittel ... *378*
Liquidität ... *378*
Logistik ... 148, 223
Lorenz-Kurve ... 160

M

Marginalprinzip ... 96
market-into-company ... 192
Materiality-Grundsatz ... 206

Mehrperiodenrechnung 81, 105
Mehrprodukt-Sortiment 108
Mehrwert 24
Methoden der Investitionsrechnung . . 79–91
Mindestrendite, Mindestverzinsung . 24, *378*
Mittelherkunft *378*
Mittelverwendung *378*
Monatsbericht 116
Monats-Schnellbericht 157
  Fallbeispiel 236–241

N

Nachkalkulation 45, *379*
Net Operating Profit After Taxes . . 181, *379*
Net Present Value 84, 270
Net-Present-Value-Methode 82
Nettoumlaufvermögen
  Siehe Net Working Capital
Nettoumsatz *379*
  an Dritte *379*
Net Working Capital *379*
NPV-Methode 82
Nutzungsdauer
  Siehe wirtschaftliche Nutzungsdauer

O

operative Berichterstattung 37, 49
operatives Ergebnis 72
Opportunitätskosten . 25, 127, 154–155, *379*
Organisationshandbuch 43
originäre Kosten 42, 52, *379*
Overheadkosten . . 37, 52, 75, 249, 251, *379*

P

Pareto-Kurve 160
Pareto-Prinzip 156–158
Passiva, Passiven 31, *379*
Pay-back-Dauer 94–95, 271
  Siehe Wiedereinbringungszeit
PIMS (Profit Impact of
  Market Strategies) 207
Planergebnisrechnung 120–122, *379*
  Investition 82
  top down 171, 173
Plankostenrechnung *379*
Preis
  Transfer- 128–139, 256, *382*
  Verrechnungs- 128–139, 251, *383*
Preisfindung 122–128
  bei der Auftragsfertigung
    Fallbeispiel 247–250
Preisgrenzen 122–123
Preiskalkulation 122
  Angebots- 123–126, 248
  knappe Kapazität 126–128
Preisuntergrenze
  knappe Kapazität 126–128
  Zusatzauftrag 127
Preisvergleichsmethode 133
Price-Earnings Ratio *379*
primäre Kosten *Siehe* originäre Kosten
Produktergebnisrechnung . . . 41, 44–46, *379*
Produktlebenszyklus 190
Profit-Center 56, 59, *380*
  Bruttorendite 60
  Ergebnisparameter 63
  Kostenstruktur 62
Profit-Center-Hierarchien 36
Profit-Center-Steuerung 75
Profit Impact of Market Strategies
  (PIMS) 207
progressive Kalkulation 192
Projektabrechnung *380*
Projektbetrag *380*
Prozesscontrolling 197
Prozesskosten 194–197, *380*
prozessorientierte Kostenrechnung 194–197
  Business Process Reengineering 194
  Hauptprozesse 194
  Teilprozesse 194

Q

qualitative Risikobetrachtung 98–99
quantitative Risikobetrachtung 99–103
Quartalsberichterstattung 146, 287
Quartalsergebnis 146

R

Randsortiment 161, 164
Realer Zinsfuß 23, 85–88, 271, *380*
Reale Zinsfußmethode 85–88, *380*
Realinvestition 18, 20
Rechnungsabgrenzungsposten *380*
Rechnungswesen
  Daten 41–46
  Systeme 41–46

Reingewinn *Siehe* Jahresüberschuss
Reinvermögen *380*
Rendite 25, *380*
  bilanzielle *372*
  Brutto- 60–62, 68, 90, *372*
  Eigenkapital- 28
    Siehe Return on Equity (ROE)
  geometrische Durchschnitts- 23, 85
  Gesamtkapital-
    Siehe Return on Capital
  Gesamtvermögens-
    Siehe Return on Assets
  Kapital- 17–39, 69
  Konzern-
    Siehe Return on Capital Employed (ROCE)
  Mindest- 24, *378*
  Return on Assets *380*
  Return on Capital *380*
  Return on Capital Employed . 31–35, *380*
  Return on Equity 28, *380*
  Return on Invested Capital 31, *381*
  Return on Investment *381*
  Return on Net Assets *381*
  Return on Sales (ROS)
    Siehe Umsatzrendite
  Umsatz- 25–28, 66–70, *382*
Renditeformel 19
Renditehebel 27
Renditestrukturen
  Chemie 62, 64–65
  Handel 63, 65
Rentabilität 25, *380*
  Kapital- 17–39, 69, *376*
Reparaturen 150–151
  und Investitionen 150–151
Reparaturfaktor 151, *380*
Reparaturkosten *380*
Reserven *Siehe* Rücklagen
residualer Reinvermögenszuwachs 25
  Siehe auch Übergewinn
Residualgewinn 181
Restwert *Siehe* Liquidationserlös
retrograde Kalkulation 191–192
Return on Assets *380*
Return on Capital *380*
Return on Capital Employed
  (ROCE) 31–35, *380*
  Ermittlung aus Finanzdaten 34
  ROCE-Baum 35
  ROCE-Konzept 31–35
Return on Equity (ROE) 28, *380*
  nach Steuern 29
  vor Steuern 28–29
Return on Invested Capital (ROIC) . 31, *381*
Return on Investment 90, *381*
Return on Net Assets *381*
Return on Sales (ROS)
  Siehe Umsatzrendite
Risiko
  Beta-Faktor 183
  Debitoren- 150
  Kredit- 150
  systematisches 183
Risiko-
  -berichterstattung 184
  -betrachtung
    qualitative 98–99
    quantitative 99–103
  -controlling 180, 184–186
  -management 151
    Siehe Risikocontrolling
  -zuschlag 24
risikoloser Zinssatz 183
ROCE (Return on Capital
  Employed) 31–35, *380*
ROE (Return on Equity) 28, *380*
ROIC (Return on Invested Capital) . 31, *381*
rollierende Daten 144–146
Rückflüsse 85, *381*
  Siehe Cash Flow
Rücklagen *381*
Rückstellung 236, *381*

S

Sachanlagen *371*
Sanierung einer Produktlinie
  Fallbeispiel 220–222
Schließung eines Produktionsbetriebs
  Fallbeispiel 228–232
Schlüsselung von Kosten 52
Schnittstelle zwischen
  Leistungs-Centern 54–58

Schwachstellenanalyse
Fallbeispiel ... 278–281
Schwachstellen-Bewertung ... 74
Segmentberichterstattung ... 56, *381*
sekundäre Kosten
Siehe abgeleitete Kosten
Selbstkosten ... *381*
Sensitivität von Daten ... 99–103, 173–174
Service Level Agreement ... 55
Shareholder Value ... 183
Sieben-Zehner-Regel ... 19
sonstige betriebliche Aufwendungen und Erträge ... *381*
sonstiges betriebliches Ergebnis ... 38
Sortimentsanalyse ... 159–165
Beispiel ... 161
Fallbeispiel ... 262–265
Kernsortiment ... 160, 163
Randsortiment ... 161, 164
Streichkandidaten ... 165
sprungfixe Kosten ... 49, *381*
Standardprodukte ... 148
statische Investitionsrechnung ... 90–91
Steuern ... 29, *381*
Ertrags- ... *374*
Steuerungsgrößen ... 64
Stilllagekosten ... *381*
Strukturgrößen ... 64, 120
Substanzwert ... *382*
sunk costs ... 156, *382*
Sustainable Growth Rate ... 29–30, *382*
systematisches Risiko ... 183
Systemkompatibilität ... 54

T

Tageswert ... *382*
Target Costing *Siehe* Zielkostenrechnung
Target Costs *Siehe* Zielkosten
Teilkostenrechnung ... *382*
Teilprozesse ... 194
Transfer ... 136–139, *382*
Fallbeispiel ... 256–261
Transfer-
-preis ... 128–139, 256, *382*
dealing at arm's length ... 132–133
Definition ... 128
-richtlinie ... 131–132, 256
Transfer- (Forts.)
-produkt ... 137
-waren ... 138
Gewinnteilung ... 139

U

Übergewinn ... 24, 30, 62, 181
Umlageschlüssel ... *382*
Umlage von Kosten ... 52
Umlaufvermögen ... 32, 146, *382*
Umsatz ... 143–144, *382*
Brutto- ... *373*
Innen- ... *376*
konsolidierter ... 153–154, 251–261, *377*
Netto- ... *379*
und Auftragseingang ... 143–144
Umsatz-
-kosten ... 43, *382*
-verfahren ... 33, *382*
-kostenstellen *Siehe* Endkostenstellen
-marge *Siehe* Umsatzrendite
-rendite ... 25–28, 66–70, *382*
-Diagramm ... 66
Optimierung der ... 67
Unternehmensbereich ... *383*
Unternehmensbewertung
Fallbeispiel ... 273–277
ursprüngliche Kosten
Siehe originäre Kosten

V

variable Kosten ... 48–50, *383*
Verbindlichkeiten ... 150
Verbrauchskostenstelle ... 42
Verbund ... 128–139
Definition ... 128
Grundsätze ... 131
Typen ... 130–131
Verlagerung einer Produktlinie
Fallbeispiel ... 233–235
Vermögen ... *383*
Anlage- ... 31, *371*
betriebsnotwendiges ... 32, *372*
Geld- ... *375*
Rein- ... *380*
Umlauf- ... 32, 146, *382*
Vermögenszuwachs ... 17–39

Verrechnungspreis 128–139, 251, *383*
dealing at arm's length 132–133
Definition 128
richtlinienkonformer 153
richtlinienwidriger 154
Verrechnungspreisfindung
Kostenaufschlagsmethode 135
Preisvergleichsmethode 133
Wiederverkaufspreismethode 134
Verrechnungspreisrichtlinie 131–132
Versandkosten *383*
Verschuldungsgrad 28, *383*
versunkene Kosten *Siehe* sunk costs
Vertriebskosten *383*
Vollkostenrechnung *383*
Vorkalkulation 45, *383*
Vorkostenstelle 43, *377*
Vorräte 146–150, *382*
Auftragsprodukte 148
Kennzahlen 148
Lagerumschlag 148
Lieferservicegrad 148
Standardprodukte 148
und Forderungen 146–150
Vorratsfaktor 149, *383*

W

WACC (Weighted Average
Cost of Capital) 183
Waren
Gruppen- 50, *376*
Handels- 50, 223–227, *376*
Konzern- 50
Siehe Gruppenwaren
Transfer- 138
Warenursprung
Trennung 50–51
Weighted Average Cost of Capital
(WACC) 183
Wertbeitrag 24
Wertorientierung 11, 179
Wertschöpfungsketten 201
Wiederanlageprämisse 21, 86
Wiederanlagezinsfuß *383*
Wiederbeschaffungskosten *383*
Wiederbeschaffungswert *383*
Wiedereinbringungszeit ... 94–95, 271, *383*
Wiederverkaufspreismethode 134
wirtschaftliche Nutzungsdauer *383*
Wirtschaftlichkeitsprinzip 206
Wirtschaftlichkeitsrechnung ... 79–105, *383*
Fallbeispiel 266–272
Wirtschaftskommentare
Aussagekraft 282
Fallbeispiele 282–289
Wirtschaftsstufe 54–58, 130–131, 137
Working Capital
Siehe Umlaufvermögen
»worst case«-Szenario 174

Z

Zahlungsstrom *384*
Zentralcontrolling 60
Ziel-Kapitalrendite 33, 36, 59–61
Ziel-Kapitalumschlag 33, 59–61
Zielkosten 191–193, *384*
Zielkostenrechnung 191–193, *384*
market-into-company 192
Zielkostenspaltung 192
Ziel-Rendite 24, 33, 48, 126
Ziel-Umsatzrendite 33, 59–61
Zins-
-fuß, -satz 18, *384*
Interner 91, *376*
Kalkulations- ... 24, 82, 84, 155, *376*
Realer 23, 85–88, 271, *380*
risikoloser 183
Wiederanlage- *383*
-fußmethode
Interne 91
Reale 85–88, *380*
Zins, Zinsen 15–16, *384*
Baldwin- 86
kalkulatorische *376*
Zinseszinsrechnung 15
Zukauf von Handelswaren
Fallbeispiel 223–227
Zuschreibung *384*
Zwischenerfolgseliminierung 204

Dr. Gerd Peters Ingenieurstudium (Bergbau) und Promotion (Betriebswirtschaft) an der TU Clausthal.

Seit 1971 fast 30 Jahre in leitenden Funktionen der BASF-Gruppe mit den Schwerpunkten Controlling, Marketing und Logistik.

Nach Stabstätigkeit beim Vorstand der BASF Lacke und Farben AG (L+F) in Stuttgart von 1975 bis 1980 Geschäftsführer (Marketing/Vertrieb) der französischen L+F-Tochtergesellschaft Couleurs Paris S.A.

Zwischen 1980 und 1987 Abteilungsdirektor Logistik & Controlling des Ressorts Pigmente der BASF L+F in Stuttgart.

Seit 1987 als Prokurist der BASF Aktiengesellschaft in Ludwigshafen verantwortlich für das Controlling der Unternehmensbereiche Farbmittel und Prozesschemikalien sowie des 1997 neu formierten Unternehmensbereichs Farben.

Von 2001 bis 2017 Lehrbeauftragter (Controlling) am Institut für Betriebswirtschaftslehre sowie Dozent im Executive-MBA-Programm der Universität Zürich.

Veröffentlichungen zu den Themen Kennzahlen, Investitionsrechnung sowie Transfer- und Verrechnungspreise.

Prof. Dr. Dieter Pfaff Seit 1994 Ordinarius für Betriebswirtschaftslehre, insbesondere Accounting, und von 2011 bis 2014 Direktor des Instituts für Betriebswirtschaftslehre der Universität Zürich.

Studium, Promotion und Habilitation an der Johann-Wolfgang-Goethe-Universität Frankfurt am Main. Von 1993 bis 1999 Gastprofessor an der Wissenschaftlichen Hochschule für Unternehmensführung (Otto-Beisheim-Hochschule, Vallendar). Im Jahre 1990 ausgezeichnet mit dem Egon-Zehnder-Preis für die Dissertation. Langjährige Erfahrung in der Durchführung von Weiterbildungsseminaren sowie Kaderschulungen. Vizepräsident von veb.ch, des größten Schweizer Verbands für Rechnungslegung und Controlling, sowie Verwaltungsrats- und Finanzausschussmitglied.

Autor und Mitherausgeber mehrerer Fachbücher sowie Verfasser zahlreicher Beiträge in nationalen und internationalen Fachzeitschriften und Sammelbänden zu den Themen Controlling, Rechnungslegung und Finanzwirtschaft.

Massimo Danielis (1963) studierte Kunst an den Akademien von Sevilla, Nürnberg und München. 1999 schloss er seine Studien als Meisterschüler bei Prof. Weißhaar an der Kunstakademie München ab. Seine Bilder wurden an verschiedenen Ausstellungen in Deutschland, Italien, Frankreich und in der Schweiz gezeigt. Massimo Danielis lebt und arbeitet in Deutschland (Pfaffenhofen) und Italien (Udine).

Weitere Informationen zum Künstler Massimo Danielis unter
www.interart.net/massimodanielis

Die Illustrationen »Die zehn Radierungen sind als Paare aufgebaut: einem Motiv mit einer ›klaren Linie‹ steht ein offenes, undefinierbares Motiv gegenüber. Der Hintergrund der Arbeiten: Klarheit, Einfluss, Kontrolle versus das Unvorhersehbare, Zufällige, Unbeeinflussbare; bekannt gegenüber unbekannt …«

Titel der Serie: »s-conosciuto« (un-bekannt)
Motive der Linie: Radierung mit Vernis mou von 2 Platten
Motive der offenen Fläche: Aquatinta-/Schellack-Radierung von 1 Platte
Plattenformat 25 × 20 cm
gedruckt auf Hahnemühle Kupferbütten, Blattformat 53 × 40 cm
Auflage: 25 Exemplare
2004